South American Archaeology Series No 18
Edited by Andrés D. Izeta

# El uso de Sistemas de Información Geográfica (SIG) en arqueología sudamericana

Editado por

María José Figuerero Torres
Andrés D. Izeta

BAR International Series 2497
2013

Published in 2016 by
BAR Publishing, Oxford

BAR International Series 2497

South American Archaeology Series 18
Edited by Andrés D. Izeta

*El uso de Sistemas de Información Geográfica (SIG) en arqueología sudamericana*

ISBN 978 1 4073 1113 5



BAR Publishing is the trading name of British Archaeological Reports (Oxford) Ltd. British Archaeological Reports was first incorporated in 1974 to publish the BAR Series, International and British. In 1992 Hadrian Books Ltd became part of the BAR group. This volume was originally published by Archaeopress in conjunction with British Archaeological Reports (Oxford) Ltd / Hadrian Books Ltd, the Series principal publisher, in 2013. This present volume is published by BAR Publishing, 2016.

Printed in England

BAR
PUBLISHING

BAR titles are available from:

BAR Publishing
122 Banbury Rd, Oxford, OX2 7BP, UK
EMAIL info@barpublishing.com
PHONE +44 (0)1865 310431
FAX +44 (0)1865 316916
www.barpublishing.com

INDICE

INDICE....................1

LISTA DE EVALUADORES....................3

INTRODUCCION....................5

INCORPORACION DE SISTEMAS DE INFORMACION GEOGRAFICA A ESTUDIOS ARQUEOLÓGICOS DE CAZADORES RECOLECTORES, SECTOR NORTE DEL MACIZO CENTRAL DE SANTA CRUZ, ARGENTINA
Lucía A. Magnín....................9

MAPEO DE INFORMACIÓN ESPACIAL PARA EL ESTUDIO DE FORMAS DE USO DEL ESPACIO EN LA ZONA VOLCÁNICA PALI AIKE, EXTREMO SUR DE LA PATAGONIA CONTINENTAL
Liliana M. Manzi, Mariano Orlando, M. Julieta Jaime y Florencia Weber....................31

CUANTIFICACION Y ANALISIS DE LA DISTRIBUCION DE ROCAS ÚTILES PARA LA MANUFACTURA DE INSTRUMENTOS A TRAVÉS DEL USO DE SISTEMAS DE INFORMACIÓN GEOGRÁFICA EN SANTA CRUZ, ARGENTINA.
G. Roxana Cattáneo, Claudia Di Lello y Juan Carlos Gómez....................43

A REGIONAL MODEL OF ARCHAEOLOGICAL DISTRIBUTIONS FOR NORTHWESTERN ANDEAN PATAGONIA (ARGENTINA.)
Vivian G. Scheinsohn y Silvia D. Matteucci....................61

ARCHAEOLOGICAL SURFACE VISIBILITY: A GIS MODEL FOR THE LAGO POSADAS BASIN, SANTA CRUZ PROVINCE, SOUTHERN PATAGONIA
Maria José Figuerero Torres, Fernando X. Pereyra, Chiara P. Movia y Leonor Cusato....................73

ELABORACIÓN DE LA CARTA DIGITAL DE RIESGO ARQUEOLÓGICO DE LA CIUDAD DE CÓRDOBA CON EL EMPLEO DE LOS SISTEMAS DE INFORMACIÓN GEOGRÁFICA
Rubén Actis Danna, Enrique Rossetto, Eduardo Rojas y Jose Tedesco....................91

ARQUEOLOGÍA DEL CAMPESINADO EN EL VALLE DEL BOLSÓN. PRODUCCIÓN Y RESIDENCIA COMO LÍNEAS DE ANÁLISIS PARA UNA ESCALA DE LARGA DURACIÓN
Laura Quiroga y M. Alejandra Korstanje....................101

SIG, CARTOGRAFÍA TEMÁTICA Y ANÁLISIS LOCACIONALES EN SITIOS FORMATIVOS DE LA QUEBRADA DEL TORO (SALTA, ARGENTINA)
María Eugenia De Feo....................125

DISTRIBUCION Y EMPLAZAMIENTO DE SITIOS ARQUEOLOGICOS EN PICA-TARAPACÁ, NORTE DE CHILE. UN ACERCAMIENTO A TRAVÉS DE LOS SISTEMAS DE INFORMACIÓN GEOGRÁFICA
Rolando C. Ajata López....................139

SISTEMA DE INFORMAÇÃO DA PROVÍNCIA JESUÍTICA DO PARAGUAI
Lizete Dias de Oliveira....................157

PERFIL DE FRAGMENTACION OSEA: UNA APROXIMACION BASADA EN EL ANALISIS DE IMÁGENES GENERADAS POR SISTEMAS DE INFORMACIÓN GEOGRÁFICA (SIG)
Andrés Darío Izeta..........173

MÉTODOS DE EXCAVACIÓN, ESTRATIGRAFÍA Y SIG: RECONSTRUCCIÓN DE CONTEXTOS DEPOSITACIONALES EN EL SITIO PIEDRAS BLANCAS, VALLE DE AMBATO, PROVINCIA DE CATAMARCA, ARGENTINA.
Marcos Román Gastaldi..........185

DESDE LA SUPERFICIE DE LOS AMARILLOS: SECUENCIA DE OCUPACIÓN A PARTIR DE LA EVIDENCIA SUPERFICIAL Y SIG
Maximiliano H. Berardi..........201

# EVALUADORES EXTERNOS DEL VOLUMEN

Abe, Yoshiko. *Stony Brook University, USA*

Aldenderfer, Mark. *Department of Anthoropology, University of Arizona, USA.*

Barceló, Joan Antón. *Departamento de Prehistoria, Universitat Autónoma de Barcelona, España.*

Bonomo, Mariano. *CONICET, Departamento Científico de Arqueología, Museo de La Plata, Facultad de Ciencias Naturales y Museo, Universidad Nacional de La Plata, Argentina.*

Bugliani, Maria Fabiana. *CONICET, Museo Etnográfico, Facultad de Filosofía y Letras, Universidad de Buenos Aires, Argentina.*

Cruzate, Gustavo. *Instituto de Suelos, INTA, Argentina*

De Barrio, Raúl. *Instituto de Recursos Minerales, Universidad Nacional de La Plata, Argentina.*

Ferella, Federico. *Dirección de Estadística de la Provincia de Buenos Aires, Argentina.*

Fernández, Mabel. *Instituto de Estudios Socio-Historicos, Universidad Nacional de La Pampa, Argentina.*

Gallardo, Francisco. *Museo Chileno de Arte Precolombino, Chile*

Imai, Nilton. *Universidade Estadual Paulista, Brasil.*

Martínez, Jorge. *CONICET, Instituto Superior de Estudios Sociales e Instituto de Arqueología, Facultad de Ciencias Naturales e Instituto Miguel Lillo, Universidad Nacional de Tucumán, Argentina.*

Larson, Mary Lou. *Department of Anthropology, University of Wyoming, USA.*

Loponte, Daniel. *CONICET, Instituto Nacional de Antropología y Pensamiento Latinoamericano, Argentina.*

Mondini, Mariana. *CONICET, Museo de Antropología, Facultad de Filosofía y Humanidades, Universidad Nacional de Córdoba, Argentina.*

Perillo, Gerardo. *Instituto Argentino de Oceanografia, CONICET, Argentina.*

Ratto, Norma. *Museo Etnográfico, Facultad de Filosofía y Letras, Universidad de Buenos Aires, Argentina.*

Santoro, Calogero. *Universidad de Tarapacá, Chile.*

Seelenfreund, Andrea. *Escuela de Antropología, Universidad Academia de Humanismo Cristiano , Chile.*

Senatore, Maria Ximena. *CONICET- Instituto Multidisciplinario de Historia y Ciencias Humanas, Argentina.*

Usunoff, Eduardo, *Instituto de Hidrología de Llanura, CIC, Argentina.* †

van Leusen, Martin. *Rijksuniversiteit Groningen, Nederland.*

Williams, Verónica. *CONICET, Instituto de Arqueología, Facultad de Filosofía y Letras, Universidad de Buenos Aires, Argentina.*

Yacobaccio, Hugo. *CONICET, Instituto de Arqueología, Facultad de Filosofía y Letras, Universidad de Buenos Aires, Argentina.*

Zarankin, Andrés. *Universidade Federal de Minas Gerais, Brasil*

y evaluadores anónimos.

# EL USO DE SISTEMAS DE INFORMACIÓN GEOGRÁFICA (SIG) EN ARQUEOLOGÍA SUDAMERICANA: UNA INTRODUCCION.

Figuerero Torres, María José*, Izeta, Andrés D**

* *Instituto de Arqueología - Universidad de Buenos Aires, 25 de Mayo 217 piso 3, 1002, Buenos Aires, Argentina. E-mail:* mjfiguerero@yahoo.com.ar. ** *Consejo Nacional de Investigaciones Científicas y Técnicas / Museo de Antropología – Facultad de Filosofía y Humanidades – Universidad Nacional de Córdoba, Av. Hipólito Yrigoyen 174 (5000) Córdoba, Argentina. E-mail*: androx71@gmail.com.

La última década ha visto un incremento notable en el uso de Sistemas de Información Geográfica (SIG) en el ámbito de la arqueología, lo cual introdujo cambios en la metodología de análisis y amplió determinados enfoques teóricos. Una revisión de la literatura reciente sugiere que estas metodologías están circunscriptas a instituciones, investigadores y problemas arqueológicos del hemisferio norte. Quedaba por conocer cuán prevalente es el uso de los SIG en la arqueología de Sudamérica o de la Argentina o las áreas temáticas en donde ha sido implementado. De identificar los potenciales centros de implementación se facilitaría el intercambio de conocimiento y la incorporación de esta metodología en los diseños de investigación, y así impulsar la potencialidad de esta metodología.

Con ese fin durante el año 2004 se propuso a través del 15 Congreso Nacional de Arqueología Argentina (Universidad Nacional de Río Cuarto) crear un ámbito en el cual los arqueólogos que estaban utilizando esas técnicas y metodologías pudiéramos interactuar en ámbito de nivel académico. Si bien el marco lo daba un encuentro nacional la invitación fue realizada a escala continental con lo que se intento lograr un alcance mas amplio de regiones y temáticas.

Por lo tanto, la meta general de este simposio fue brindar un lugar faltante para la presentación y discusión de los resultados de estas novedosas investigaciones. La agenda para este simposio fue el relevamiento de los modos de utilizar SIG, los procedimientos y problemas metodológicos y los distintos enfoques teóricos de los cuales parten los análisis. A esta primera convocatoria la respuesta inicial comprometió a 27 equipos de 6 países. Finalmente se presentaron 19 trabajos de investigadores de Argentina, Brasil y Chile y las exposiciones se extendieron por espacio de dos días, el miércoles 22 y jueves 23 de septiembre de 2004.

En este volumen se presentan catorce trabajos que representan parte de lo que se presento y discutió en el Simposio.

## CONTENIDO DEL SIMPOSIO

El primer grupo de trabajos presentado durante la mañana y parte de la tarde del primer día del simposio (22/09/04) tuvo como denominador común ser trabajos de escala regional en Patagonia Meridional. Los estudios se concentraron en áreas de investigación distribuidas por toda Santa Cruz, desde la costa a la cordillera (Andolfo y Gómez, Cattáneo *et al.*, Figuerero Torres *et al.*, Frete, Magnin, Manzi *et al.*) con un solo caso proveniente del Chubut (Scheinsohn y Matteucci).

Los temas de análisis fueron variados:

- Localización potencial de sitios
- Patrones de distribución de sitios arqueológicos en relación con unidades de paisajes
- Disponibilidad y cuantificación de fuentes de materias primas
- Visibilidad arqueológica regional

Las fuentes de datos analizadas resultaron de mapeos precisos de información ambiental (geológica, geomorfológica), la interpretación de imágenes y aerofotos, los análisis geomorfológicos o fitogeográficos y la definición de unidades de paisaje. En todos estos estudios se evidenció un fuerte y preponderante énfasis en los datos ambientales como marco para las explicaciones ofrecidas.
El segundo grupo de trabajos fue presentado esa primera tarde (22/09) y el foco principal centraba en el registro y manejo del patrimonio arqueológico. Las diferentes aplicaciones incluían perspectivas amplias del concepto de patrimonio de la Quebrada de Humahuaca (Chalabe y Dip), los factores de riesgo urbano (Actis Danna *et al.*) y la educación patrimonial (Kashimoto *et al.*). Este último caso, de escala regional, también involucraba el procesamiento de las unidades de paisaje con el registro de sitios resultado de grandes proyectos de rescate.

El tercer grupo de trabajos se presentó en la mañana del segundo día de exposiciones (23/09) correspondiendo a varias áreas y temáticas. En esa oportunidad se expuso el tratamiento de temas tales como el estudio de patrones de asentamiento de sociedades campesinas relacionados con distintas geoformas (Korstanje y Quiroga) o la construcción de modelos predictivos y su contratación con la localización de sitios y rasgos arqueológicos (Ajata López). Otros dos trabajos focalizaron en aspectos metodológicos relacionados con la aplicación de SIG en la interpretación de distintos casos de estudio (De Feo *et al.,* Lanzelotti). De Feo *et al.* centraron su análisis en la contrastación de hipótesis locacionales en sitios del NOA, en tanto que Lanzelotti presentó la construcción de bases de datos (cuestión también tratada por Manzi *et al.* el día anterior) comparando diferentes sitios del NOA y Patagonia.

Otro bloque trató sobre cartografía temática de sitios arqueológicos de momentos históricos. Rosetto *et al.* presentaron un enfoque metodológico para la identificación de límites y estructura interna de un sitio jesuita, en tanto que Ramos *et al.* lo hicieron en relación a la localización de sitios de rastrilladas del siglo XIX en la región pampeana.

El cuarto y último grupo de trabajos presentó trabajos focalizados en una escala de resolución mas fina en tanto tocaron temas tales como análisis intrasitio (Tardivo *et al.*, Gastaldi) o de colecciones (Izeta) provenientes del Litoral Mesopotámico argentino el primero y del noroeste argentino los segundos.

## PERFIL DE LOS ANALISTAS

La convocatoria original fue respondida por una gran variedad de investigadores (27) de 6 países sudamericanos. Aprovechamos esta oportunidad para realizar una encuesta y conocer el perfil de los analistas.

La intervención de los arqueólogos en los diseños que incorporan este análisis es preponderante, pero muestra aún una estrecha dependencia de otras disciplinas que implementan los SIG en forma sostenida. Esto es evidente en el grado de colaboración que hay y en las profesiones de los autores que firman los trabajos, por ejemplo:
- 60% de los trabajos tienen a arqueólogos como autores principales, casi la mitad de los cuales presenta como autor único.
- 50% de los trabajos son interdisciplinarios.

Las otras disciplinas están representadas primordialmente por geólogos y geógrafos y, en segundo término, por biólogos e historiadores. Otras profesionales intervinientes incluyen a botánicos, diseñadores gráficos, ingenieros e ingenieros de sistemas.

La tendencia a una mayor autonomía de los arqueólogos para implementar los SIG se evidencia en la práctica declarada y en la bibliografía existente. En esto nos benefició usar como muestra a los encuestados de 6 países que respondieron a la convocatoria original. Sabemos ahora que los SIG se usan en la arqueología sudamericana desde 1994. Hasta el 2000, todo indica que los arqueólogos hicieron uso exploratorio de esta metodología, pero es recién a partir de este momento que se duplica el número que maneja los SIG en forma directa y autónoma.

Esta tendencia a una mayor autonomía también está reflejada en los análisis realizados y los resultados logrados. De hecho, las primeras publicaciones por arqueólogos aparecen esporádicamente entre 1994-2001. La inflexión se da a partir del año 2003 cuando hay un aumento exponencial en los trabajos presentados. Y este simposio fue un hito en el sentido de catalizar esta tendencia y exhibir la variedad y tipos de análisis que se están gestando en la comunidad sudamericana.

## LAS VIVENCIAS Y RESULTADOS DE ESE ENCUENTRO

Desde las primeras presentaciones fue claro que la meta de crear un punto de encuentro fue plenamente cumplida. Este brindó un lugar de franca discusión en el cual cada participante con toda comodidad incluyó en su exposición los problemas y frustraciones que experimentó en la realización de cada proyecto. La recepción del público, por su lado, fue espontánea, curiosa y entusiasta ante la creatividad y flexibilidad de esta metodología para distintos problemas. En este sentido también se cumplió con la meta de llegar a los colegas interesados en los avances locales.

Al concluir el simposio y luego del redondeo final, el día jueves se realizó el sorteo de la Licencia ArcView 8.3 donada por ESRI-Aeroterra y que fue ganada por Alejandra Korstanje (Universidad Nacional de Tucumán, Argentina) participante del simposio.

El grupo de analistas que se vincularon por medio de esta convocatoria, conformaron el núcleo de una creciente red de investigadores latinoamericanos en el tema. Esta sigue en contacto por medio de la lista de discusión «arqueosig» (arqueosig-subscribe@gruposyahoo.com.ar). Además de la publicación en las Actas, los resultados de los trabajos convocados tendrán una difusión con alcance internacional por medio de la publicación de este volumen en la serie BAR.

## *Agradecimientos*

Además de la validez de nuestra propuesta es indudable que el marco del 15CNAA fue un atractivo importante para esta convocatoria y contribuyó a lograr las metas propuestas. Por lo tanto, estamos agradecidos a los organizadores del 15CNAA no sólo por haber aceptado el simposio sino también por hacer todo lo posible por acomodar nuestro expandido evento dentro del ajustado cronograma del congreso. También estamos muy agradecidos por el voto de confianza de Meryll Lyew (ESRI) y a Aeroterra S. A. por la donación de una licencia del software que fue sorteada durante el Simposio.

## Listado de trabajos presentados en el Simposio y no publicados en el presente volumen.

ANDOLFO, María De Los Ángeles, GÓMEZ, Juan Carlos. Implementación de sistemas de información geográfica como herramienta de análisis para el estudio de la resolución temporal del uso de la costa.

CHALABE, S. y S. DIP. Uso de Sistemas de Información Geográficos: arqueología y patrimonio. Ordenamiento territorial y planificación estratégica en Tilcara, Provincia de Jujuy, Argentina.

DE FEO, María Eugenia, GOBBO, Juan Diego, GÓMEZ, Juan Carlos, RUIZ, Ana Paula. Cartografía temática, SIG y arqueología. (este trabajo fue modificado para su publicación en este volumen)

FRETE, S.L.. Puerto San Julián, arqueofaunas y sistemas de información geográfica: usos y resultados dispares.

KASHIMOTO, E.M., A. TREVISANELLI SALLES y G.R. MARTINS. Utilização de técnicas de geoprocessamento em pesquisas arqueológicas no Parque Estadual Várzeas do Ivinhema e rio Paraná – MS, Brasil.

LANZELOTTI, Sonia Laura Artefactos, concheros y estructuras: Construyendo bases de datos.

RAMOS, Mariano, PICABEA, Facundo, PUGLIESE, Soledad Un problema del pasado y la aplicación de los SIG.

ROSSETTO, Enrique; ACTIS DANNA, Rubén; HERRERA, Ariel y VIEYRA, René. Uso de la Teledetección y los Sistemas de Información Geográfica en arqueología: primeros resultados de las prospecciones realizadas en el Sitio Estancia Jesuítica San Ignacio (Dpto. Calamuchita, Pcia. de Córdoba)

TARDIVO, Raquel, COCCO, Gabriel, SCARPONI, Alejandro Cartografía dinámica y análisis espacio-temporal de sitios arqueológicos de la Provincia de Santa Fe (Argentina) basado en teledetección y sistemas de información geográfica.

## Listado de resúmenes enviados pero no presentados en el Simposio

ASSANDRI, Susana. Unidades ambientales y ocupación del espacio durante el Periodo de Integración Regional en el Valle de Ambato, Catamarca.

COBO ARIZAGA, Cristóbal. 00°00’00”, 078°25’43”, La mitad del mundo.

CRAIG, Nathan. Investigating Late and Terminal Archaic residential occupations through the use of site based geographic information systems.

GRINSTEIN, Gloria. Uso de SIG para un sendero de interpretación de ruinas históricas en el Parque Nacional El Palmar.

MOIRANO, Jorge. Análisis geográficos preliminares de la tecnología lítica en el sistema serrano de Ventania, Pcia. de Buenos Aires.

MUÑOZ, Guillermo. Sistemas de Información Geográfica: Mesitas de El Colegio - Cundinamarca, Colombia, Sudamérica - 1996-2002.

El uso de Sistemas de Información Geográfica en arqueología sudamericana.
Figuerero Torres e Izeta (Ed.) 2012: 9-30

# INCORPORACION DE SISTEMAS DE INFORMACION GEOGRAFICA A ESTUDIOS ARQUEOLÓGICOS DE CAZADORES RECOLECTORES, SECTOR NORTE DEL MACIZO CENTRAL DE SANTA CRUZ, ARGENTINA

Lucía A. Magnin*

* CONICET - División Arqueología, Facultad de Ciencias Naturales y Museo, Universidad Nacional de La Plata , Paseo del Bosque s/n, La Plata, Argentina, E-mail: lmagnin@museo.fcnym.unlp.edu.ar

## RESUMEN

Los estudios arqueológicos del sector norte del Macizo Central del Deseado han abordado distintos aspectos de la espacialidad humana en las sociedades cazadoras recolectoras móviles que habitaron este territorio desde finales del Pleistoceno. Numerosas evidencias han sido posicionadas con GPS u otras técnicas en trabajos de campo desarrollados en distintos años y en respuesta a prioridades de estudio particulares en cada caso. En este momento de la investigación se presentó la necesidad de sistematizar los datos existentes e integrarlos bajo una escala micro-regional, de acuerdo con el objetivo de conocer el grado en que el área fue cubierta por las sucesivas prospecciones. La implementación de SIG permitió lograr esta sistematización y comenzar la exploración de esta información para extraer patrones cuyo análisis y discusión son de interés en el estudio del uso del paisaje por parte de grupos cazadores recolectores que habitaron la región en el pasado. Los resultados indican que las investigaciones arqueológicas realizadas hasta el año 2006 se concentraron en las localidades arqueológicas La Primavera, Piedra Museo y MNBP. También se concluyó que los sectores bajos, que corresponden a ambientes de menor visibilidad arqueológica fueron hasta el momento los más intensamente muestreados, mientras que las mesetas, de mayor visibilidad arqueológica, recibieron la menor intensidad en los muestreos.

A partir de la evaluación de la variabilidad interna de los datos espaciales disponibles se identificaron los siguientes patrones: 1) La unidad de mesetas se asocia con prácticas cinegéticas (caza), y el emplazamiento de enterratorios humanos; 2) La unidad de serranías se asocia fundamentalmente con locus de actividades múltiples y con pinturas rupestres realizados en las cuevas y abrigos rocosos; 3) Por último los sectores bajos se asocian a concentraciones de materiales que pueden estar indicando locus de actividades limitadas o campamentos transitorios, aunque debido a que corresponde a un ambiente donde predomina la depositación, se requiere de estudios más profundos para su mejor definición funcional.

## ABSTRACT

Archaeological studies at the Deseado Central Massif have considered different aspects of human spatiality in the mobile hunter gatherer societies who inhabited this territory since the late Pleistocene. Plenty of material evidences have been georeferenced with GPS receptors to satisfy different research objectives. In order to advance in the research, a systematization of the existing data and the evaluation of possible bias in the complete coverage of the study area was necessary. This systematization allowed us to extract and analyze landscape use patterns by hunter gatherers. GIS implementation allowed the generation of thematic maps and data queries necessary to perform statistical analysis.

The results indicate that archaeological research performed until the year 2006 was focused in La Primavera, Piedra Museo and MNBP localities. Research has been focused on lower portions of the landscape where archaeological visibility is lower, while the higher visibility plateau sector was surveyed to a lesser extent by archaeologists.

Given the internal variability of the available spatial data the following patterns have been detected: 1) the main activities performed by hunter-gatherers in the plateau landscape unit were cinegetic practices (hunting) and placement of burials; 2) the hills landscape unit is associated to multiple activity *loci* and with rock art painting in its caves and rock shelters 3) Finally, the low basins are associated to lithic scatters which could indicate limited activity *loci* or transitory camps but require further studies for a better functional definition.

Dentro de los estudios de arqueología de cazadores-recolectores de alta movilidad el interés en este trabajo se centra en el uso del espacio.

Como ha sido demostrado a través de numerosos modelos e investigaciones previas de distinta orientación teórica, la espacialidad es una dimensión de las sociedades que puede abordarse arqueológicamente para estudiar aspectos tales como las estrategias de movilidad a lo largo del año y la funcionalidad dentro de sitios (Butzer 1982, Binford 1980), las estrategias económicas de aprovisionamiento de recursos (Higgs y Vita Finzi 1972), las formas de asentamiento y organización social (Steward 1937, Willey 1953, Renfrew y Bahn 1991), las redes sociales de comunicación e intercambio (Gamble 1992, Ingold 1986) además de la percepción de los espacios y la significación que estos grupos humanos pudieron dar a ciertos lugares o hitos del paisaje (Wheatley y Gillings 2002, Tilley 1994, Criado Boado 1999)

Complementariamente, los cambios en las pautas de espacialidad pueden ser estudiados junto con los cambios ambientales a lo largo de la dimensión tiempo para conocer las continuidades y discontinuidades en este aspecto de la dinámica de los grupos humanos (Belardi 1992, Rossignol y Wandsnider 1992).

En las investigaciones arqueológicas en el Macizo Central de la provincia de Santa Cruz al sur de la cuenca del río Deseado, Patagonia Meridional argentina, el uso y ocupación humana del espacio se ha abordado desde distintas líneas de análisis, entre ellas: el estudio de las arqueofaunas y los paleoambientes (Salemme y Miotti 1987, Miotti 1989, 1993, 1996, 2003, Miotti y Salemme 1999, 2006; Miotti *et al.* 1999 a), las fuentes de obtención de materias primas líticas (Miotti et al. 1999 a, Cattáneo 1999, Miotti y Cattáneo 2003, Hermo 2004, 2008; Hermo y Miotti 2003), el emplazamiento topográfico de sitios (Miotti 1991, Hermo y Vazquez 1999, Miotti et al. 1999 a y Miotti et al. 1999 b), la distribución de recursos (Miotti 1993, 2006) y la visibilidad (Miotti et al. 1999 b). El presente trabajo se desarrolla desde el marco de la Arqueología Espacial (Hodder y Orton 1992, García Sanjuán 2005) y explora el mismo problema desde una perspectiva complementaria en la que se aplican técnicas estadísticas y sistemas de información geográfica (en adelante SIG) para analizar la presencia humana en el entorno natural, tomando al espacio como unidad de análisis.

Debido a que las sociedades en estudio son cazadoras recolectoras móviles (Miotti 1989), la escala de trabajo elegida es una que permite explorar las relaciones entre asentamientos así como también sus relaciones con el medio ambiente. Idealmente, un muestreo sistemático de la micro-región completa proveería la información óptima para un estudio como este. Pero dado que las posibilidades económicas y la disponibilidad de tiempo, como es común a la generalidad de la investigación arqueológica, implican que una estrategia semejante sea imposible en la práctica, se considera la alternativa de aprovechar el máximo potencial informativo que presentan los datos de localización existentes. En efecto, los trabajos de campo desarrollados durante 16 años en el área de estudio han producido información muy valiosa respecto a la localización espacial de evidencia arqueológica útil para inferir los procesos de exploración y colonización humana, así como para estudiar la circulación de materias primas, las formas de movilidad y la territorialidad, entre los principales temas relacionados al uso del espacio.

En este trabajo se resuelve la manera de implementar SIG para mapear las distribuciones arqueológicas sistematizando los datos existentes; explorar los datos estadísticamente identificando posibles sesgos de muestreo y extraer patrones de distribución para finalmente discutir los patrones hallados en relación con los estudios realizados mediante otras vías de análisis. Los mismos son considerados críticamente como producto de procesos complejos que involucran no solo la acción humana a lo largo del tiempo de ocupación de la región, sino también procesos naturales de formación del registro y la visibilidad diferencial de la evidencia arqueológica (entre otros numerosos autores: Butzer 1981, Dewar y McBride 1992, Waters 1992, Waters y Kuehn 1996, Zárate *et al.* 2000, Carballo Marina *et al.* 2000, Bellelli *et al.* 2000, Favier Dubois 2001, Scheinshon 2001, Belardi 2003, Belardi y Carballo Marina 2003, Carballo Marina 2006, Belardi *et al.* 2006, Magnin, 2007).

Los resultados obtenidos constituyen un avance en la detección de patrones en las distribuciones arqueológicas en norte del Macizo Central de Santa Cruz. Además, los procedimientos metodológicos y los conceptos teóricos usados pueden ser de utilidad para otros investigadores que se encuentren ante los primeros pasos en la aplicación de SIG a un proyecto de investigación para realizar un análisis exploratorio de la evidencia en búsqueda de patrones.

### Extensión espacio-temporal del estudio

La zona de estudio se localiza al norte del río Chico y al sur del río Deseado, está delimitada por las coordenadas de 67° 32' y 69° 23' longitud oeste y 47° 35' y 48° 7'de latitud sur (Figura 1). La extensión del área es de 140 kilómetros en sentido oeste-este y 68 kilómetros norte-sur (9,520 km$^2$) y está definida por la cuenca de drenaje de los zanjones temporarios Blanco, del Zorro y Rojo (Miotti 2003; Miotti y Salemme 2003). Los mismos presentan cauces de diseños caóticos que drenan este paisaje de mesetas volcánicas desde las mayores altitudes de 1,000 m.s.n.m. al Oeste en dirección hacia el Este, donde encuentran su nivel de base en la laguna Grande, a 50 m.s.n.m. (Panza 2001) (Figura 2).

Sobre estas mesetas, la vegetación dominante es la estepa arbustiva y estepa herbácea, con formas extremas de adaptación al viento y a la sequía. Se desarrollan sobre suelos esqueléticos arenosos-pedregosos, bajo un clima seco y frío con vientos intensos, fuertes nevadas durante el invierno y heladas casi todo el año (Cabrera y Willink 1973). A pesar de estas condiciones climáticas bastante duras, este área presenta una alta disponibilidad de recursos importantes para el desarrollo de la vida de los cazadores recolectores. Entre ellos, existen surgentes que permiten el crecimiento de praderas anegadas llamadas "mallines". Estos son sumamente importantes para las poblaciones humanas del pasado y el presente, ya que el agua es el recurso crítico en este sector de la Patagonia extra-andina (Miotti 1998, Miotti *et al.* 1997 b, Miotti y Salemme 2003, 2004). En cuanto a los recursos alimenticios que sostuvieron las poblaciones de cazadores recolectores en el pasado, los estudios arqueológicos han demostrado que el guanaco *(Lama guanicoe)*, complementado por rheidos han constituido el principal componente de la dieta desde el comienzo del poblamiento humano del área (Borrero 1985; Salemme y Miotti 1987, Miotti 1989, Miotti y Salemme 1999, 2004; Miotti *et al.* 1999 a). Por otro lado este sector es privilegiado respecto a la disponibilidad de acceso a materias primas líticas para confección de artefactos tallados y de abrigos que se forman en los afloramientos rocosos (Miotti 1989, 2006; Miotti *et al.* 1999 a; Panza 2001; Cattáneo 1999, 2002; Miotti y Cattáneo 2003; Miotti y Salemme 2003, 2004; Hermo 2004)

Tal vez debido a esta distribución de recursos básicos, y por ser una zona que ha estado disponible para la ocupación

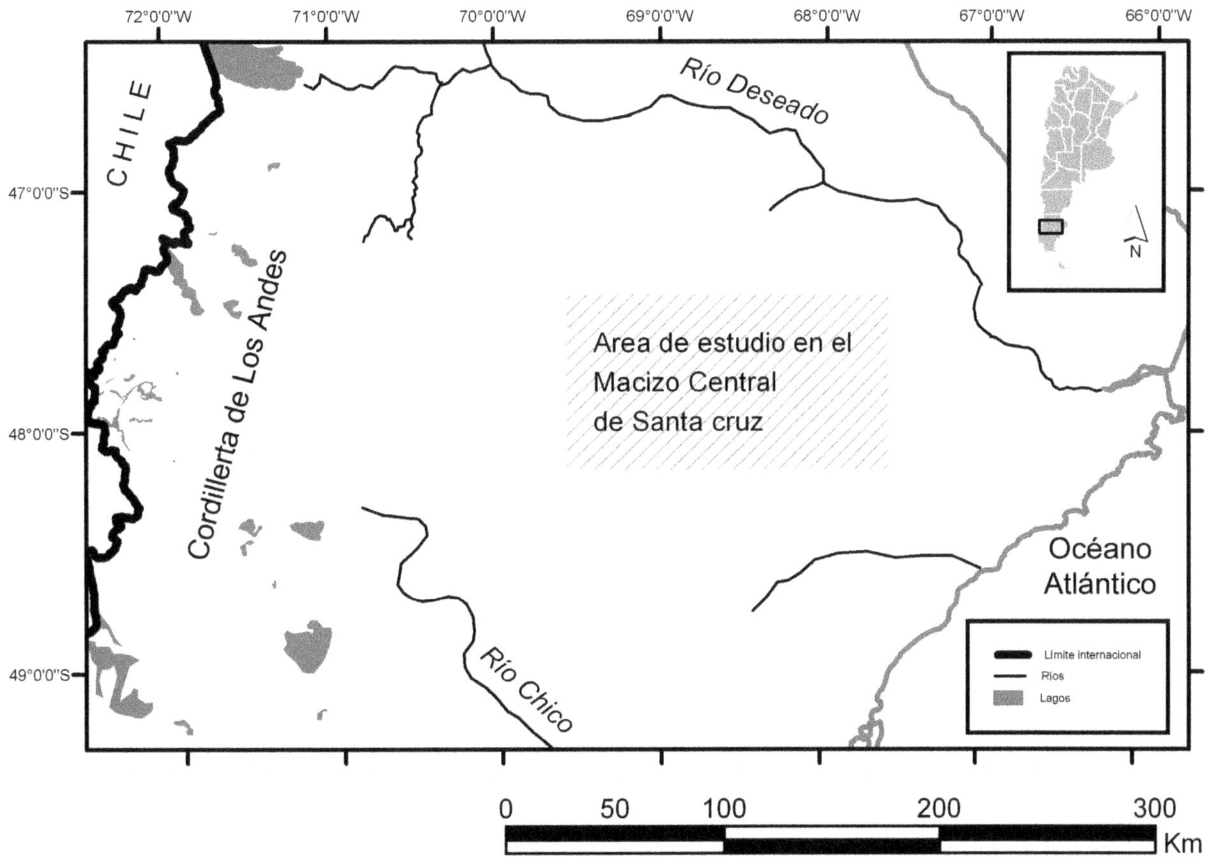


Figura 1- El Macizo Central se localiza en el centro norte de la provincia de Santa Cruz, al sur del Río Deseado.

humana (no afectada por restricciones en el nivel del mar o por acción glaciaria ni volcánica directa) esta zona presenta una larga y continua historia de ocupación humana desde la llegada de los primeros colonizadores a fines del Pleistoceno. Las primeras evidencias se remontan a la transición Pleistoceno-Holoceno: 12,890 ± 90 $^{14}$C años A.P. en el sitio AEP1 Localidad Piedra Museo y 12,600 ± 600 $^{14}$C años A.P. en Los Toldos. Por otro lado, los fechados mas tardíos corresponden al enterratorio El Sargento en la Localidad Piedra Museo con un fechado de 727 ± 48 $^{14}$C años A.P. y 1,078±40 $^{14}$C años A.P. en el sitio Cueva Maripe, localidad La Primavera (Tabla 1). Debido a que se incluyen en el análisis mas adelante todos los datos arqueológicos de estratigrafía y de superficie existentes, y al no existir fechados para toda a evidencia que se usa en este trabajo, la resolución temporal a la que se llega en este trabajo es gruesa y abarca todo el período de ocupación cazadora-recolectora (en relación con esto ver Binford 1982, Schiffer 1987, Zvelebil *et al.* 1992). Esto implica que los patrones reconocidos se relacionan con aquellas actividades que se repitieron a lo largo de la historia ocupacional del área en las mismas unidades de paisaje una y otra vez en detrimento de los eventos únicos o menos repetidos en el tiempo (ver definición de estructura del paisaje de Dewar y McBride 1992).

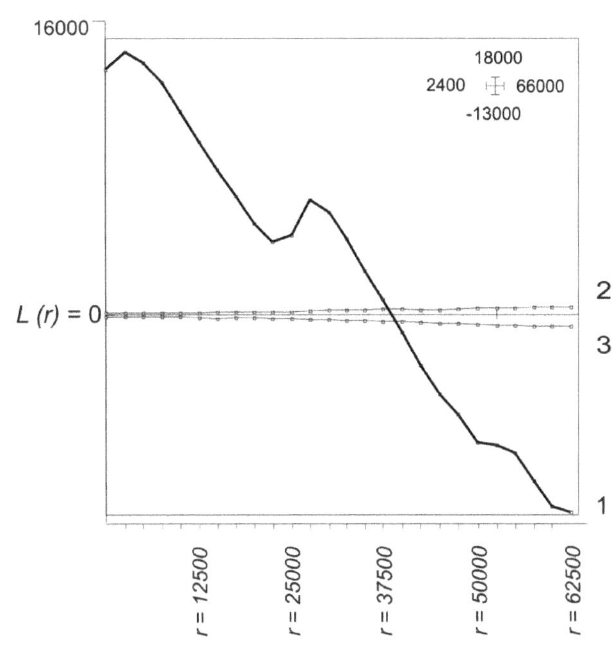


Figura 2- Mapa de densidad de registros arqueológicos en el Macizo Central de Santa Cruz. Los datos de afluentes y lagunas provienen del SIG 1: 250,000 de IGM. Convenio complementario N°3 U0092. Los datos están proyectados a Gauss Krüger Argentina faja 2. Grilla de referencia en coordenadas Geográficas, Datum WGS84.
Los números representan las principales localidades arqueológicas. 1-Piedra Museo, 2- Monumento Natural Bosque Petrificado (MNBP), 3-Aguada del Cuero, 4-Bajo Grande, 5- La Primavera y 6- Los Toldos.

## Antecedentes de algunos aspectos teóricos metodológicos tratados

Esta sección menciona algunos trabajos que presentan enfoques usados para desarrollar esta investigación. Se trata

| Sitio | Código de laboratorio | Material fechado | Datación ($^{14}C$ años A.P.) | Valor $\delta^{13}C$ | Citas bibliográficas |
|---|---|---|---|---|---|
| AEP1 | AA-20125 | carbón | 12,890 ± 90 | -25.8 □ | Miotti *et al.* 1999 a; Miotti *et al.* 2003:100 |
| LT □Cueva 3 | FRA 98 | carbón | 12,600 ± 600 | - | Cardich *et al.* 1973:98 |
| El Sargento | AA-65180 | hueso | 727 ± 48 | 17.8 □ | Miotti 2006:22 |
| Cueva Maripe | AA-65176 | carbón | 1,078±40 | -22.5 □ | Miotti *et al.* 2007:558 |

Tabla 1. Fechados citados en el texto.

de estudios que incluyen materiales de superficie hallados fuera de sitios, estudios centrados en la funcionalidad de sitios, estudios que analizan la variabilidad ambiental definiendo unidades de paisaje y estudios que conjugan ambas evidencias: arqueológica y ambiental para analizar los patrones de asentamiento. En la sección siguiente (materiales y métodos) se presentará la forma en que se articulan estos conceptos para generar un modelo descriptivo y analizar patrones de uso del espacio mediante el uso de SIG.

*Sitios en estratigrafía y superficie, concentraciones, hallazgos aislados y evidencia negativa como unidades arqueológicas de análisis*

Tomamos como antecedente metodológico a la perspectiva regional que considera que los materiales de superficie son igualmente importantes que los hallados en estratigrafía y son potencialmente informativos (Borrero 1995)[1]. Esta idea se funda en el reconocimiento de la conducta humana es espacialmente continua y que por lo tanto, para tener un panorama mas completo de la misma es conveniente estudiar las evidencias de las acciones humanas a través de todo el espacio ocupado (Foley 1981, Borrero *et al.* 1992, Belardi y Borrero 1999). Por otro lado, si bien se considera que "el registro arqueológico es un *continuum* con variaciones de densidad" (Ebert y Kohler 1988 en Borrero 1995:162), el registro arqueológico no debe interpretarse directamente como producto del uso humano del espacio. Los patrones observados son el producto de procesos naturales y culturales que incluyen: las actividades de un grupo humano a lo largo de la historia de ocupación de una región, el grado de reocupación de los espacios y la preservación diferencial de las evidencias (Bützer 1981, Belardi 1992, Dewar y McBride 1992, Zvelebil *et al.* 1992).

En este trabajo se usan indicadores culturales y naturales para inferir el tipo de actividades desarrolladas en distintos puntos del paisaje. Se asume que los lugares más redundantemente ocupados serán más visibles pero asumimos el riesgo de que la suma de ocupaciones de distinta funcionalidad simulen sitios de actividades múltiples (Binford 1982), y que la evidencia se encuentra sesgada por procesos de visibilidad y preservación diferencial. A pesar de estas dificultades, esperamos hallar tendencias en los datos que puedan interpretarse apelando a los conocimientos actuales de las dinámicas de formación de sitios. Además esperamos poder seguir mejorando nuestro control de estos procesos a futuro, siempre buscando aprender algo acerca del uso humano del espacio.

*Clasificación funcional y estudios de patrones de asentamiento*

La adjudicación de una funcionalidad o la inferencia de actividades desarrolladas a partir de la evidencia arqueológica y su relación con el entorno ambiental localiza a este trabajo dentro de los estudios locacionales o de estructura de asentamiento (ver por ejemplo Borrero 1984, Miotti 1989, Berón y Curtoni 1998, Berón 1994). Los estudios de funcionalidad se han focalizado en sitios estratigráficos que permiten la preservación de evidencia de distinto tipo, no solo lítica sino también ósea, vegetal, carbón, polen, valvas, etc. Su abordaje desde múltiples perspectivas permite relacionar cada caso con imágenes de la vida de estos grupos humanos construidas a partir de trabajos etnográficos y etnoarqueológicos. En este trabajo se parte de la información existente para los sitios estratigráficos y de superficie localizados en el área de trabajo analizados hasta el momento y publicada en trabajos previos (Tabla 2). Las interpretaciones de funcionalidad están basadas en las propuestas de Silvertsen (1980) y Binford (1980) y se apoyan en el análisis contextual del material óseo y lítico así como en variables topográficas (Miotti 1989). A la vez aquí se amplía la discusión para incluir la información de de no-sitios: concentraciones, hallazgos aislados e incluso evidencia negativa. Estas clases reciben un tratamiento similar que el resto de la evidencia, aunque asumen un nivel de incertidumbre mayor en cuanto a la funcionalidad o el tipo de actividades que pueden estar indicando, y en todo caso se quedan en un nivel descriptivo en el que se resalta la variabilidad del registro arqueológico. Entre otros trabajos previos que incluyen este tipo de evidencia pueden mencionarse a Belardi (1992) y Belardi y Borrero (1999).

*Unidades de paisaje*

La delimitación de distintos "ambientes", "unidades de paisaje" y "unidades geomórficas" ha sido usada recurrentemente como un procedimiento útil para el estudio de la dinámica de superficies con implicancias en la preservación y visibilidad diferencial de materiales arqueológicos. Aunque reconocemos que estas unidades son bastante amplias y que dentro de ellas pueden existir sub-unidades con variabilidad en los procesos que afectan el registro arqueológico, en un trabajo de escala micro-regional como este aceptamos el uso de estas unidades para realizar análisis preliminares en las tendencias (ver ejemplos en Carballo Marina *et al.* 2000, Bellelli *et al.* 2000:17, Favier Dubois 2001, Scheinshon 2001, Belardi 2003, Belardi y Carballo Marina 2003, Figuerero Torres *et al.* 2004, Carballo Marina 2006, Belardi *et al.* 2006)

| Localidad | Sitio - componente estratigráfico | Clasificación | Cita |
|---|---|---|---|
| Los Toldos | superficie | LAL: cantera-taller | Miotti (1993) |
| Los Toldos | cueva 2 - B | LAM | Miotti *et al.* (1988), Miotti y Salemme (1999) |
| Los Toldos | cueva 3 - casapedrense | LAM | Miotti y Salemme (1999) |
| Los Toldos | cueva 3 - toldense | LAM | Miotti y Salemme (1999) |
| Los Toldos | cueva 3 - nivel 11 | LAM | Cardich *et al* (1973), Miotti *et al.* (1988), Miotti y Salemme (1999), Miotti (2003) |
| Los Toldos | cueva 13 | LAM | Miotti (1993) |
| Laguna D | Laguna D relacionada con Piedra Museo, AEP1, compsup | LAL: cantera y LAM | Hermo y Miotti (2003) |
| Piedra Museo | canteras de superficie a 3 km SE de PM: habla de 17 de Enero | LAL: canteras | Miotti (1996), Miotti (2003), Hermo y Miotti (2003) |
| Piedra Museo | campamento Los Algarrobitos | LAM | Miotti (2003), Miotti (2006) |
| Piedra Museo | AEP1 - componente superior | LAM | Miotti y Salemme (1999), Miotti y Salemme (2006) |
| Piedra Museo | AEP1 - componente inferior | LAL | Miotti (1995, 1990,1992, 2003), Miotti y Salemme (1999), Miotti *et.al.* (1999 a), Miotti y Cattaneo (2003) |
| Piedra Museo | AEG2 | arte | Miotti (1991); Miotti *et al.* (1999 b) |
| Piedra Museo | Cueva Grande | arte | Miotti (1991); Miotti *et al.* (1999 b) |
| Aguada del Cuero | La Leonera | arte | Miotti *et al.* (1999 b), Carden (2004) |
| Aguada del Cuero | Laguna del Cerro Bonete | arte | Miotti *et al.* (1999 b), Carden (2004) |
| Aguada del Cuero | Cueva Moreno | LAL | Hermo (2004); Miotti *et al.* (2005) |
| Aguada del Cuero | Cueva de la hacienda | LAL | Hermo (2004); Miotti *et al.* (2005) |
| Cerro del 12 | Cerro del 12 | | Miotti (2006) |
| MNBP | Estación F | LAL: cantera - taller | Hermo y Vazquez, 1999; Hermo y Miotti (2003) |
| MNBP | | LAL: chenque | Hermo y Vazquez (1999) |
| MNBP | | LAL: parapetos | Hermo y Vazquez (1999) |
| MNBP | La Bordalesa y El Medano | LAM | Hermo y Vazquez (1999) |
| La Lotita | Cantera del Rojo | LAL: cantera - taller | Hermo (2004) |
| La Primavera | Cueva Maripe | LAM | Mioti *et al.* (2007) |
| La Primavera | Cantera Rocky | LAL: cantera - taller | Mioti *et al.* (2007); Hermo (2004) |
| La Primavera | Pedimento 1 | LAL: cantera | Mioti *et al.* (2007); Hermo (2004) |

Tabla 2. Clasificación funcional de sitios en trabajos previos. Esta información es incluida y ampliada con nuevos datos de superficie.

Problema y objetivos

Sobre la base de la gran variedad de datos georreferenciados existentes surge el problema de cómo comenzar la búsqueda de regularidades entre la evidencia arqueológica y el contexto medioambiental. Para abordarlo proponemos los principales objetivos de este trabajo:

1) Sistematizar y analizar los datos arqueológicos de los que disponemos en búsqueda de posibles sesgos existentes en la muestra.
2) Definir indicadores arqueológicos para las distintas actividades realizadas por cazadores recolectores móviles.
3) Analizar la disponibilidad datos ambientales existentes, precisar cual es su resolución y las posibilidades que brindan para representar la variabilidad del entorno físico actual.
4) Finalmente, extraer patrones espaciales e interpretarlos.

## MATERIALES Y METODOS

En esta sección proponemos la implementación de SIG en complemento con estadística como herramientas exploratorias que nos permiten analizar la evidencia espacial y extraer patrones que pueden ser distintos de la impresión obtenida mediante su observación a simple vista (Orton 1980). La misma se divide en cuatro etapas. En la primera se sistematizan los datos arqueológicos disponibles, se convierten en mapas vectoriales de SIG y se detectan los sesgos en la cobertura espacial de toda el área de interés. Una vez conocidas las limitaciones de los datos, en la segunda y tercera etapa se estudia la variabilidad interna existente en los datos arqueológicos y ambientales. Por último, en la etapa cuatro se estudian la relación entre los datos arqueológicos con los ambientales.

1) Los datos, su sistematización y su análisis exploratorio

La recuperación de datos espaciales dentro de la cuenca de drenaje en estudio fue desarrollada en sucesivas prospecciones realizadas durante el año 2006 y en años previos[2] y orientadas por prioridades de investigación que guiaron los trabajos de campo cada año. La evidencia arqueológica posicionada corresponde a sitos, concentraciones o hallazgos líticos aislados. Algunos de los sitios con estratigrafía han sido excavados. En superficie se registran principalmente artefactos líticos tallados; pinturas y grabados rupestres realizados en cuevas y paredes de rocas volcánicas y estructuras o apilamientos de piedra que en algunos casos funcionaron como enterratorios en unos casos y como parapetos de caza en otros. En estratigrafía se recuperaron materiales principalmente óseos y líticos y se han registrado rasgos como pozos y fogones. Esta información de superficie y estratigrafía e incluso los puntos donde se registró ausencia de evidencia es representada por medio de un punto en una cobertura vectorial SIG.

Sistematización de la base de datos e ingreso al SIG como una cobertura de puntos

Para poder realizar el análisis espacial y superponer distintos tipos de datos mediante SIG (mediante el software ArcView Gis 3.2), se representa y se trata cada dato como una entidad puntual en el espacio. Para ello lo fundamental es contar con información georreferenciada. La misma puede provenir del registro de coordenadas de latitud y longitud tomadas mediante GPS o en otros casos de anotaciones en libretas de campo que hacen referencia a rasgos topográficos para su localización.

Las ocho tablas de datos GPS existentes correspondientes a los años 1999-2006 se estandarizaron al datum WGS 84, con el cual trabaja actualmente en Argentina el sistema POSGAR. Esto fue realizado utilizando el conversor de coordenadas GeoCalc 4.2 (http://www.geocomp.com.au/geocalc/ ). Luego todos los datos tomados en distintos años se reunieron en una única tabla alfanumérica en formato .dbf cuyas columnas nombradas "latitud" y "longitud" brindan la georreferencia. A partir de esta tabla se generó una cobertura vectorial, en la que cada registro de la tabla es representado por un punto (comando "add event theme"). En el caso de las notas de campo los puntos se editaron manualmente en pantalla tomando como referencia imágenes satelitales y fotografías aéreas. En todos los casos posibles se priorizó el uso de posiciones tomadas con GPS, ya que presentan errores no mayores a 6 metros, a diferencia de las ediciones en pantalla, que tienen un error incierto, y seguramente mayor. Todo este procedimiento originó una cobertura constituida por 1176 puntos.

La escala de análisis y la forma de manejar los datos aquí propuesta justifican que cualquiera de los tipos de evidencia antes mencionado, desde sitios muy grandes (hasta 200 x 200 m de extensión) hasta artefactos únicos aislados en el paisaje sean representados apropiadamente por un punto en los mapas resultantes. De acuerdo con esto, se realizó una revisión de los datos para eliminar puntos múltiples que representen un mismo sitio o concentración, ya que muchos fueron registrados con GPS reiteradas veces en distintos años. En el caso de sitios multicomponente excavados en los que se registraron funciones distintas de diferente cronología (por ejemplo el sitio Piedra Museo tiene un componente inferior definido como locus de actividades limitadas de matanza y procesamiento y uno superior definido como locus de actividades múltiples (Miotti y Salemme 1999), se optó por representarlo por medio de dos puntos con idénticas coordenadas, uno para cada componente. La base de datos finalmente obtenida consta de un número de registros reducido a 827. En este trabajo se usan las denominaciones "datos" o "evidencia arqueológica" para referir a eventos de registro de información y se usa la palabra "puntos" para referir a su representación gráfica en una cobertura SIG vectorial de puntos.

*Distribución de los datos en el área de estudio delimitada.*

Una vez integrados los datos en el SIG se busca describir cómo se distribuyen en el espacio. Esto interesa en primera instancia porque idealmente debería existir una cobertura homogénea del área de estudio (ya sea con registros de presencia o ausencia de evidencia arqueológica) para poder estudiar el uso del espacio y la movilidad de los grupos cazadores recolectores. Sin embargo, dado que los datos no fueron tomados dentro de un diseño sistemático de muestreo a la escala propuesta aquí, se evalúan los posibles sesgos de cobertura del espacio.

Como se mencionó antes, la evaluación de la distribución de puntos en el espacio no puede hacerse solo mirando un mapa con estos puntos, ya que el ojo humano tiende a ver patrones donde no los hay (Orton 1980). Por lo tanto el mismo se realiza mediante la aplicación de la función K de Ripley a los datos (Ripley 1977). La función K de Ripley es una técnica más adecuada que los métodos de cuadrados aplicados en arqueología espacial para hallar patrones distribuciones de puntos (ver Hodder y Orton 1992, ver la aplicación del método de cuadrados en este área de estudio en Magnin 2005). Una de sus principales ventajas es la de ser un análisis que detecta patrones que pueden variar según la escala del análisis. Esto permite usar áreas de estudio con cualquier forma y tamaño (Bailey y Gatrell 1995; Conolly y Lake 2006). El software utilizado es Ade-4 (Ecological Data Análisis: Exploratory and Euclidean methods in environmental Sciences. Version 2001 http://pbil.univ-lyon1.fr/ADE-4) (Figura 3).

Este análisis se complementa con un mapa temático de

densidad que permite visualizar los patrones (Figura 2). A partir de la cobertura de puntos se generó este mapa (usando Spatial Analyst de ArcView Gis). El mismo es una cobertura en formato raster que clasifica la superficie según pertenezcan a una de nueve clases con valores de (número de puntos por kilómetro cuadrado).

*Resultados del análisis estadístico función* K *de Ripley y mapa temático de densidad*

El resultado del análisis estadístico puede verse en la Figura 3. El gráfico indica que los datos resultaron estar agrupados en un patrón bimodal a escalas de mayor detalle, pero a la vez mostraron un patrón regular cuando se los analizó a una escala de menor detalle.

La elevación en la curva 1 (los datos en estudio) por encima del intervalo de confianza representado por la curva 2 a los 27,500 m indica que los puntos están agrupados ya que presentan más vecinos de lo esperado a 27.5 km de distancia. Estos representan localidades arqueológicas que han sido recurrentemente visitadas por los arqueólogos y pueden verse en el mapa de la figura 2 como las zonas que presentan densidades más altas de puntos. Entonces, a partir de la observación del mapa identificamos que las localidades arqueológicas que presentan mayor densidad de datos espaciales son La Primavera (N°5), Piedra Museo (N°1 en el mapa) y Monumento Natural Bosque Petrificado (en adelante MNBP, N°2 en el mapa). Las localidades Bajo Grande (N°4), Aguada del Cuero (N°3) y Los Toldos (N°6) en cambio, no aportan gran densidad de datos, por lo que esto debe ser tenido en cuenta en las interpretaciones finales.

La segunda elevación en la curva 1 por encima de la curva 2 a los 2,500 m representa los datos tomados al interior de las localidades arqueológicas (el intervalo menor considerado para el estudio es de 2,500 m, por lo que este es el límite mínimo que el test puede diferenciar). Representa entonces la colecta de información muy cerca de los sitios arqueológicos principales.

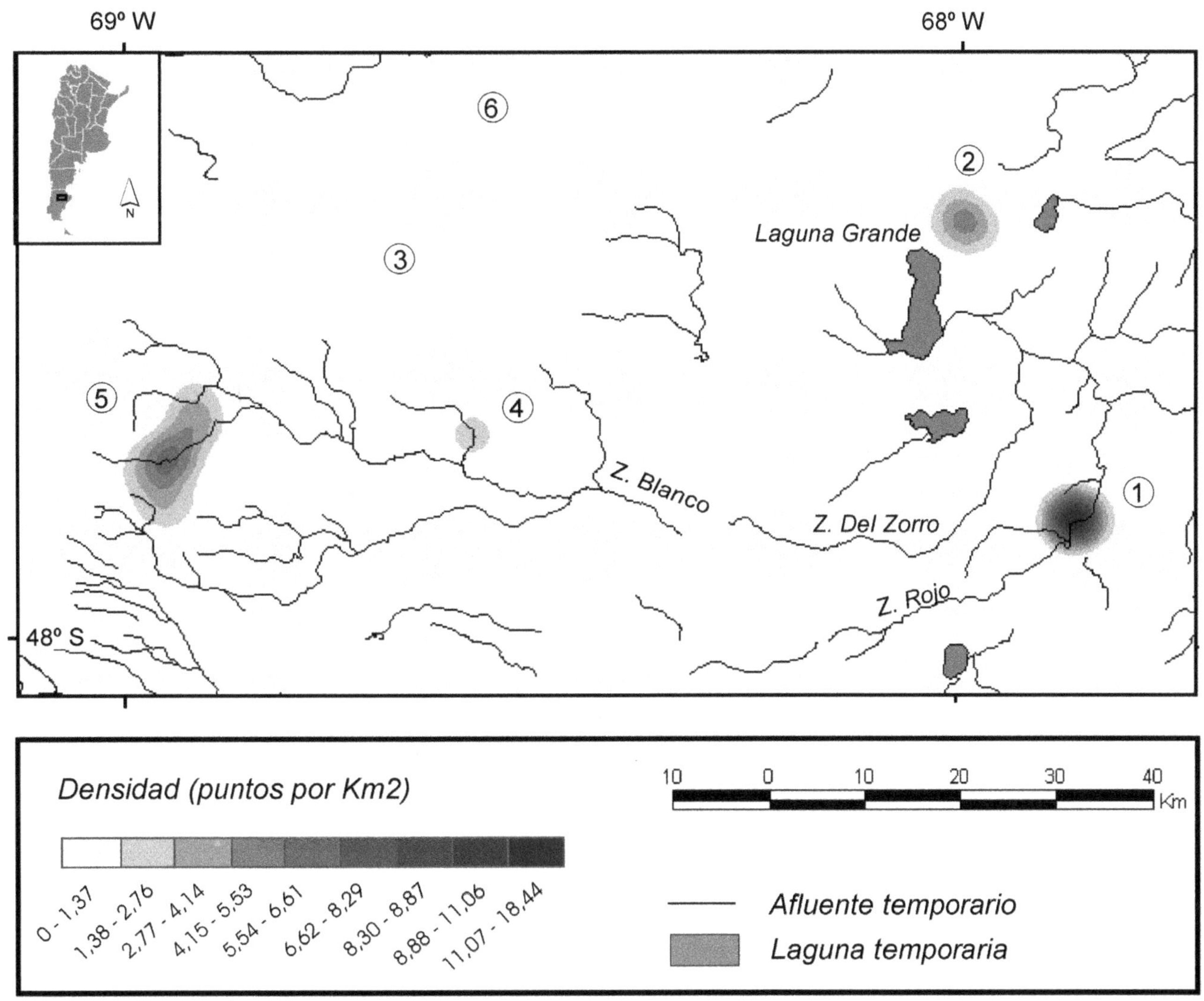


Figura 3- Identificación de patrones a múltiples escalas de análisis mediante función-K de Ripley. Para el análisis se usaron 26 intervalos de 2,500 metros y el número de simulaciones Monte Carlo es de 1,000. La presencia de agrupamiento de datos puede verse en el gráfico hacia los valores de r de 2,500 m y 27,500 m en el eje x (picos en los valores de la curva 1 de datos por encima de la curva 2 que representa el intervalo de confianza del 99% ); los datos, por el contrario se encuentran dispersos cuando la escala de análisis considera valores de r mayores a 40,000 m (esto puede verse en el gráfico en la porción de la curva 1 que pasa por debajo del límite de confianza representado por la curva 3)

Por otro lado, los datos presentaron un patrón disperso cuando se analizaron escalas de menos detalle. El descenso en la curva 1 por debajo de la curva 3 que representa el nivel de confianza elegido hacia la distancia (r) de 40,000 m indica espaciamiento regular entre los sectores más intensamente muestreados.

En resumen, el análisis de los datos indica que el área fue muestreada de manera bastante completa aunque con tres localidades arqueológicas estudiadas más cuidadosamente (La Primavera, Piedra Museo y MNBP), por lo cual los patrones de uso del espacio que surjan deberán entenderse como resultado de lo conocido para estas localidades más intensamente estudiadas.

2) Variabilidad en los datos arqueológicos

*Clasificación de la evidencia arqueológica*

En este apartado se expone la clasificación de los puntos arqueológicos enfatizando en su variabilidad y en las posibles actividades realizadas por los cazadores recolectores en cada lugar. La tabla 3 muestra el criterio empleado para tal clasificación. Cabe mencionar que para integrar los datos de estratigrafía y superficie en la misma clasificación fue necesario reducir parte de la rica información generada en los primeros. Por ejemplo, la categoría "concentración" usada aquí abarca dos tipos de sitios que estaban segregados en los trabajos estratigráficos: los locus de actividades limitadas (LAL) relacionadas con actividades de caza y los campamentos transitorios (CT). Información mas detallada al respecto puede consultarse en la bibliografía citada en la Tabla 2.

Los indicadores usados son arqueológicos, referentes a la densidad, diversidad y tipos de materiales líticos y ambientales. Dentro de las variables arqueológicas, las tres primeras (hallazgo aislado, concentración y sitio) hacen referencia a la densidad artefactual registrada en cada caso (artefactos / área) (*sensu* Borrero *et al.* 1992:10).

Siguiendo a estos autores, un "hallazgo aislado" es un artefacto que se encuentra en la superficie del terreno dentro de un área de 20 m de diámetro sin otras evidencias arqueológicas, una "concentración" es un conjunto de 2 a 24 artefactos y un "sitio" es un conjunto de más de 24 artefactos en un área similar.

Las 7 variables arqueológicas restantes se refieren al tipo de evidencia arqueológica: variabilidad de materiales líticos tallados, tipos de artefactos, presencia de arte, estructuras de piedra u otros rasgos. Dentro de las variables ambientales se considera la cercanía de agua potable (a menos de 10 minutos de marcha) y la existencia de abrigo como cuevas o aleros habitables o bien una topografías que proveen reparo del viento (Magnin 2007).

En el extremo inferior de la tabla 3 se pueden ver las clases definidas.

Esta clasificación se plasmó en la tabla alfanumérica correspondiente a la cobertura de puntos SIG. Para ello se generaron 8 columnas nuevas, cada una denominada según cada función posible, y se marcó con una "x" la clase al que pertenece cada registro o punto. Este diseño permitió realizar las operaciones básicas necesarias para los análisis espaciales desarrollados mas adelante.

3) Definición de las unidades de paisaje

Si bien en numerosos trabajos previos se ha tomado en cuenta el emplazamiento topográfico de los sitios arqueológicos y la localización de recursos para estudiar el uso del espacio (Miotti 1989, 1991, 1993, Hermo y Vazquez 1999, Miotti *et al.* 1999 a, Miotti *et al.* 1999 b, Miotti 2003, Hermo y Miotti 2003, Miotti y Salemme 2004, Miotti 2006), para la búsqueda de patrones propuesta aquí es necesario generar un mapa, una cobertura vectorial de polígonos que permita realizar distintas consultas de datos mediante SIG. Este mapa es una representación del área dividida en unidades de paisaje que debido a sus características y recursos ofrecen distintas posibilidades a los cazadores recolectores.

La información de base disponible para mapear la variabilidad ambiental proviene de una cobertura de usos del suelo del SIG-250 de Instituto Geográfico Nacional de Argentina[3] (en adelante IGN). Esta cartografía fue generada por el IGN a partir de la interpretación temática de la carta-imagen del área (Imagen satelital Landsat junto con la carta topográfica escala 1:250.000). Consta de 9 clases (ver la primer columna de la Tabla 3) que fueron reclasificadas (mediante la función "geoprocessing wizard / dissolve" en ArcView) en base a la descripción de cada unidad (ver la segunda columna de la Tabla 3). El criterio de reclasificación distingue unidades que ofrecen similares recursos de interés para los grupos cazadores recolectores. Se prestó atención a la disponibilidad de agua permanente o temporaria, la existencia de abrigo de las inclemencias climáticas, arbustos leñosos que provean de combustible y materia prima para confeccionar artefactos, rocas para la talla de instrumentos y concentración de fauna. Por otro lado, dentro de cada unidad en general pueden identificarse procesos que favorecen o impiden la preservación diferencial de la evidencia arqueológica de superficie. El procedimiento se apoyó en la información litológica y geomorfológica de las cartas geológicas que cubren el área de estudio (4769-IV Monumento Natural Bosques Petrificados y 4769-III Departamento La María). Estas fueron digitalizadas, montadas en un mosaico y georreferenciadas para ser superpuestas con la cobertura de usos del suelo de IGN. Como resultado se obtuvieron las unidades de paisaje que se utilizan en este trabajo: unidad 1: mesetas y coladas lávicas; unidad 2: serranías; unidad 3: bajos endorreicos y depósitos aluviales (ver la tercer columna en la Tabla 4 y Figura 4) generadas a partir de la disolución de las clases en las que estaba dividida la cartografía digital original.

- La unidad de mesetas y coladas lávicas corresponde a la clase "escorial" de la cobertura del IGN. Representa un área de amplias mesetas formadas por derrames de lava que por su gran dureza provocaron fenómenos de inversión del paisaje. Se hallan actualmente en sectores altos, coronando

| | **Tipo de evidencia** | **arte** | **hallazgo aislado** | **cantera-taller** | **LAM** | **enterratorio** | **parapetos** | **concentración** | **evid. negativa** |
|---|---|---|---|---|---|---|---|---|---|
| *Variables arqueológicas* | *Artefacto aislado* | - | ✓ | × | × | - | - | × | × |
| | *Concentración de artefactos* | - | × | × | × | - | - | ✓ | × |
| | *Sitio arqueológico* | - | × | ✓ | ✓ | - | - | × | × |
| | evidencia de extracción de materia prima lítica: nódulos tallados, afloramientos rocosos canteados | - | × | ✓ | - | - | - | - | × |
| | arte: grabados y pinturas rupestres | ✓ | - | - | - | - | - | - | × |
| | estructura de piedra de origen antrópico de forma semicircular a recta | - | - | - | - | × | ✓ | - | × |
| | Túmulos de piedra de origen antrópico de dimensiones mayores a 2m de diámetro. | - | - | - | - | ✓ | × | - | × |
| | tipos artefactuales presentes: menor variabilidad | - | - | ✓ | × | - | - | ✓ | × |
| | tipos artefactuales presentes: mayor variabilidad | - | - | × | ✓ | - | - | - | × |
| | evidencia de fogón | - | - | - | ✓ | - | - | - | × |
| *Variables ambientales* | agua potable: aguada, arroyo, laguna. | - | - | - | ✓ | - | - | - | - |
| | abrigo: cueva, alero, lugar reparado del viento | - | - | - | ✓ | - | - | - | - |
| N | **Puntos adjudicados a cada clase** | 39 | 207 | 32 | 55 | 14 | 22 | 216 | 198 |

Tabla 3. Variables arqueológicas y ambientales combinadas en indicadores para la clasificación de la evidencia.

formaciones rocosas más antiguas (Panza 2001:66). Una característica importante de esta unidad es la de presentar amplias panorámicas para el avistaje de animales de caza y otros grupos humanos. A pesar de ser un ambiente casi desprovisto de abrigo, en la superficie de las coladas basálticas muchas veces se forman bajos pequeños que brindan reparo del viento en esos sectores muy puntuales. Estos pueden albergar lagunas temporarias y vegetación (Mazzoni 2001). Hacia los bordes de las coladas lávicas hay manantiales que propician la formación de pastizales de alta densidad denominados "mallines" (Oliva *et al.* 1995). Estas son ricas comunidades arbustivas y graminosas alimentadas en forma permanente por el agua que percola desde la superficie a través de estas rocas altamente permeables (Mazzoni y Vázquez 1999). Estos puntos son sumamente importantes, ya que constituyen las fuentes de agua permanente en un área donde la aridez es acentuada. En cuanto a las materias primas disponibles, se observó en trabajos de campo en la localidad La Primavera que los basaltos muchas veces presentan nódulos de sílex formados en el interior de sus oquedades (Santiago Medel comunicación personal 2008). Aunque en general no son de la mejor calidad para la talla, estos pudieron ser usados expeditivamente. Además esta unidad presenta bloques de rocas basálticas útiles para construir estructuras (como parapetos de caza y enterratorios humanos). También se asocian a esta unidad los ocres (rocas ricas en hematina usadas para fabricación de pinturas) que suelen estar cerca de los contactos entre los basaltos y otras rocas subyacentes. Desde el punto de vista de la preservación de evidencia arqueológica, es esperable que esta sea baja, debido a las pocas posibilidades de enterramiento en este ambiente. Incluso los artefactos más duraderos, como son los líticos, presenten superficies ventifacteadas por la acción erosiva del viento. Por otro lado, la escasa vegetación y la baja tasa de depositación de sedimentos determinan una visibilidad arqueológica buena a muy buena (Gómez y Magnin 2007; Magnin 2007, 2008).

- La unidad de serranías corresponde a las clases "afloramiento rocoso" y "pedregal" de la cobertura del IGN. Su característica principal es la de proveer abrigo y materias primas para la talla lítica. Los afloramientos rocosos representa sectores del paisaje con ondulaciones y cañadones que brindan protección de los vientos fríos del oeste y donde pueden generarse cuevas aptas para ser habitadas (Panza 2001). Además estos afloramientos proveen rocas aptas para la talla de tecnofacturas, como ignimbritas, brechas y tobas silicificadas, sílex, ópalos y xilópalos o maderas silicificadas (Hermo 2008). Por otro lado, los sectores de "pedregal" incluidos en esta unidad no brindan abrigo, pero corresponden con extensos depósitos secundarios que contienen rocas aptas como materia prima para tallar o para obtener percutores (Cattáneo 2002, Hermo 2008). La superposición de esta unidad con un mosaico de las cartas Geológicas que cubren el área de estudio permitió determinar que corresponden a afloramientos rocosos de tipo vulcano-sedimentario pertenecientes a Formaciones del Mesozoico, Períodos Jurásico y Cretácico: Formaciones Chon Aike, La Matilde, Bajo Grande y Baqueró así como depósitos que cubren niveles de pedimento, depósitos de terrazas fluviales del río Deseado y depósitos de planicies aluviales (Panza 2001; Panza y Cobos 2001; Panza *et. al.* 1994).

La disponibilidad de agua en el ambiente de serranías es temporaria, principalmente está dada por afluentes efímeros que encauzan el agua de lluvias y deshielo formando pequeños valles y cañadones. Además en áreas bajas muy restringidas el agua puede acumularse formando lagunas temporarias. La única fuente de agua permanente son los antes mencionados manantiales en los límites con las coladas basálticas, que también aparecen en los fondos de valles y cañadones donde el nivel freático es intersectado por la superficie del terreno (Mazzoni y Vázquez 1999, Salemme *et al.* 2006). Según se pudo interpretar a partir del trabajo de Oliva *et al.* (1995), y a las observaciones de campo, las comunidades vegetales correspondientes con esta unidad de paisaje son escasas en el sector de pedregales, en cambio en lugres reparados existen complejos subarbustivos, arbustivos y graminosos que brindan alimento a los animales herbívoros y leña para el potencial uso humano.

En cuanto a los procesos tafonómicos, los materiales arqueológicos pueden sufrir desplazamientos provocados por los agentes modeladores del paisaje, que actúan intensamente en esta unidad debido a las pendientes relativamente altas de sus ondulaciones, generalmente descubiertas de vegetación. En los sectores bajos y planos hay mayores probabilidades de preservación de evidencia gracias a la mayor acumulación sedimentaria favorecida por la existencia de vegetación (Gómez y Magnin 2007; Magnin 2007, 2008).

- La unidad de bajos endorreicos y depósitos aluviales corresponde a las clases: barrial, arenal con ripio y canto rodado, bañados, espejo de agua, mallín y cauce abandonado de la cobertura de IGN. Representa sectores bajos del paisaje asociados a los principales afluentes y lagunas temporarias. Estas últimas se encuentran en los fondos de bajos sin salida o "humedales", sistemas complejos y dinámicos de gran importancia como concentradores de recursos. Además de la vegetación y la fauna (entre ellos gran variedad de aves), también puede haber disponibilidad de materias primas líticas aptas para la talla. Estas características naturales, junto con la alta concentración de evidencia arqueológica en estos lugares permiten destacar la importancia de estas cuencas como lugares de aprovisionamiento de agua, caza y reparo para las poblaciones humanas en el pasado (Miotti 1989; Mazzoni *et al.* 1999:46; Mazzoni 2001).

Respecto a los afluentes temporarios, estos fluyen por valles y cañadones que también ofrecen reparo y donde se desarrollan densas estepas arbustivas. Sin embargo en los bajos abiertos o guadales la vegetación es escasa o inexistente y no hay reparo del viento y el frío (Oliva *et al.* 1995) por lo que no resultan tan atractivos para el uso humano. El carácter temporario del recurso hídrico en esta unidad permite pensar que tal vez la misma adquiere mayor importancia para el uso humano solo cuando existe acumulación de agua en primavera que es la época de precipitaciones. Sin embargo esto es cierto bajo las condiciones hidrológicas actuales. Al respecto es oportuno destacar que el análisis de las imágenes satelitales y fotografías aéreas en este sector (Juan Carlos Gómez comunicación personal 2006) así como estudios paleohidrológicos realizados en otros sectores de Patagonia (ver trabajos citados en Mazzoni 2001), indican condiciones de mayor humedad efectiva en momentos previos del Cuaternario Tardío. En el futuro es necesario profundizar esta línea de análisis para investigar si el agua pudo haber estado disponible en estas unidades durante períodos más largos que en la actualidad o incluso de forma permanentemente a lo largo del ciclo anual en momentos de la ocupación humana inicial del área.

En cuanto a los procesos tafonómicos predominantes, esta unidad es la receptora de los sedimentos mas finos provenientes de las otras dos unidades, y por o tanto predominan en ella los procesos de depositación de materiales que favorecen el enterramiento. Dadas estas condiciones, la posibilidad de preservación de contextos arqueológicos es mayor, aunque la visibilidad de los mismos disminuye (Gómez y Magnin 2007; Magnin 2007, 2008). Sin embargo es necesario destacar que en la actualidad existen procesos erosivos muy fuertes en los guadales por la pronunciada desertificación, la ausencia de vegetación y por acción del sobrepastoreo de ganado ovino (Oliva *et al.* 1995, Mazzoni *et al.* 1999). También se ha destacado en un trabajo previo focalizado en el sector oeste del área de estudio (Magnin 2007) que la evidencia de superficie registrada en los bajos se localiza principalmente en terrenos que presentan inclinaciones leves hacia el oeste, y que por lo tanto están más expuestos a la erosión eólica. En base a estos estudios consideramos que aunque la depositación es predominante en esta unidad, coexisten dentro de ella procesos opuestos que favorecen el hallazgo de evidencia arqueológica en superficie.

Por último, el guanaco (*Lama guanicoe*), que como se dijo previamente es la principal especie de caza mayor durante toda la historia ocupacional de la región (Salemme y Miotti 1987, Miotti 1989), es una especie altamente adaptable y se encuentra disponible en toda el área. Según Puig y Videla (2000), en las condiciones actuales el guanaco tiene preferencia por los sitios abiertos y los mallines o vegas, selecciona el hábitat en función del riesgo de predación, la intensidad del pastoreo previo y organización social. Los grupos familiares suelen predominar en sectores con buena oferta forrajera, disponibilidad de vías de escape y de refugio. Todos estos factores son complejos y están relacionados con las condiciones actuales de los campos donde habitan los guanacos. Esto hace imposible relacionar la distribución de este recurso con alguna de las unidades definidas en este trabajo.

*Preparación del mapa para realizar las consultas de datos*

En la figura 4 puede observarse el mapa temático de unidades de paisaje obtenido. Este mapa será usado para establecer el número de puntos (de evidencia arqueológica) que corresponde con cada tipo de unidad de paisaje (polígono). Pero previamente se realizó un procedimiento para asegurar que las relaciones entre puntos y polígonos sean confiables. Debido a que la precisión de esta cartografía es de 2/10 de mm (Ley Nacional de la Carta N° 12.696 http://www.igm.gob.ar/ley_de_la_carta), lo que a esta escala equivale a 50 metros, se delimitó un área buffer de 50 m desde la línea que delimita las unidades (comando "buffer" en ArcView Spatial Analyst). Este área buffer implica una zona de menor seguridad en las consultas de datos (por ejemplo habrá una incertidumbre al consultar si un punto cae en un polígono clasificado como "unidad 1" o en su contiguo adjudicado a "unidad 2"). Por lo que se de elimina del análisis a los 44 puntos que caen dentro de esta área buffer cercana a los límites de los polígonos. En adelante los análisis espaciales se realizaron con los 783 puntos que presentan una clasificación más confiable.

4) Búsqueda exploratoria de patrones

*Análisis de la distribución de los datos arqueológicos en las 3 unidades de paisaje.*

Dadas las diferencias en el ambiente físico, los recursos y las posibilidades que ofrece cada una de las 3 unidades de paisaje cabe preguntar cómo se distribuyen los datos en ellas y si podemos ver patrones que indiquen un uso diferencial de estas unidades en el pasado. Para contestar estas preguntas se aplica el test $X^2$ (chi cuadrado) para medir bondad de ajuste.

Este test asume como hipótesis de nulidad ($H_0$) que los puntos se distribuyen por igual en las tres unidades de paisaje, por lo que las frecuencias observadas de puntos contados en cada unidad no difieren significativamente de los esperados. La hipótesis alternativa ($H_1$) es la existencia de una diferencia significativa en el número observado y esperado de puntos que se distribuyen en cada una de las unidades de paisaje. Los valores de frecuencias observadas (*Fo*) para realizar este test se obtienen mediante sucesivas consultas del número de puntos que caen dentro de cada clase de unidad de paisaje (usando el comando "select by theme"). Las frecuencias esperadas (*Fe*) son calculadas de manera proporcional a la extensión de cada unidad de paisaje (Shennan 1992) (Tabla 5). Es necesario aclarar que debido a que el espacio total en estudio presenta extensiones no muestreadas, se decidió medir el área abarcada por cada unidad de paisaje dentro de un buffer de 1 Km alrededor de los puntos (ver detalle del buffer de un sector en la Figura 4), este procedimiento permitió obtener mediciones de área mas adecuadas para nuestro propósito. Finalmente se obtienen todos los datos necesarios para realizar el test (ver Tabla 5): en la unidad 1 (que abarca el 41,54 % del área) los puntos observados son 237, y los esperados 325; en al unidad 2 (que abarca el 49,58% del área) los puntos observados son 423, y los esperados 388 y en la unidad 3 (que abarca el 8.87 % del área) los puntos observados son 123, y los esperados 70.

*Resultados del test* $X^2$ de bondad de ajuste

Para un α crítico de valor 0.05 y considerando 2 grados de libertad, el test dio como resultado un $X^2$ calculado de 5.99. Debido a que el valor observado de $X^2$ fué mayor (67.1), el test indicó que es altamente probable que los puntos no se distribuyan por igual en las tres unidades de paisaje. Por otro lado, el análisis de las diferencias máximas (valores mayores en la última columna) indicó que la mayor parte de la variación entre valores observados y esperados está dada por las frecuencias observadas son mayores que las esperadas en la unidad de bajos ($X^2$ = 40.13) y menores de lo esperado en la unidad de mesetas1 ($X^2$ = 23.83). En base a estos valores, lo que hasta aquí podemos decir es que todas las unidades de paisaje presentan puntos (tanto evidencia arqueológica y no-sitios o puntos donde se registró evidencia negativa), pero estos no se distribuyen con similares frecuencias en ellas. La explicación de este patrón se halla en los muestreos realizados con variable frecuencia en las distintas unidades, en la preservación y visibilidad diferencial de materiales arqueológicos de superficie, y en la intensidad de uso diferencial de las unidades por los cazadores recolectores en el pasado.

La unidad 1 (mesetas) fue sub-muestreada en las investigaciones arqueológicas en comparación con las otras dos unidades definidas. Sin embargo los patrones que puedan observarse en ella son igualmente confiables debido a que la visibilidad arqueológica es particularmente alta.

Por otro lado, se observó un patrón de altas frecuencias de puntos en la unidad 2 (serranías) aunque sin una diferencia marcada entre las frecuencias de puntos observadas y esperadas en esta unidad ($X^2$ = 3.16). En este caso la distribución de muestreos coincide con lo esperado en relación a la extensión del área que ocupa.

En cambio en la unidad 3 (sectores bajos) existe una mayor frecuencia de registros tomados en esta unidad en comparación con las otras. Esto puede estar indicando una mayor concentración de los estudios de esas zonas, aunque debido a que estos ambientes presentan menor visibilidad arqueológica, no puede descartarse que haya también un

| | Unidades de uso de superficie del suelo de la cartografía IGN | Descripción | Unidades de Paisaje (figura 4) |
|---|---|---|---|
| | 1 - Escorial | Terreno cubierto de escoria (lava volcánica) | Unidad 1<br>Mesetas y coladas lávicas |
| | 2 - Afloramiento rocoso | Manifestación superficial de estratos, filón o masa de cualquier tipo de rocas que asoma a la superficie del terreno. Pueden afectar áreas más o menos grandes. | Unidad 2<br>Serranías |
| | 3 - Pedregal | Terreno cubierto de piedra suelta (rocas de diferentes tamaños y composición), su origen puede ser muy variado | |
| | 4 - Barrial, barrizal, guadal | Terreno bajo y llano generalmente húmedo cubierto de barro o lodo. En las épocas de seca el lodo se transforma en un polvo casi impalpable | Unidad 3 - Bajos endorreicos y depósitos aluviales |
| | 5 - Arenal con ripio y canto rodado | Si el arenal cuenta además con materiales provenientes de descomposición, acumulación de cantera etc. | |
| | 6 - Bañados | Terreno anegado que contiene agua durante todo el año. Esta zona es de piso generalmente fangoso, pantanoso o cenagoso, cubierto de agua de poca profundidad, proveniente del desborde de un lago, río, arroyo o por invasión de las aguas del mar. | |
| | 7 - Espejo de agua | Superficie cubierta con agua de origen natural o artificial que ocupa una zona amplia del terreno, incluyendo en esta definición los ríos de doble margen huyendo en esta definición los ríos de doble margen. | |
| | 8 - Mallin, vega | Suelo fértil, húmedo y bajo, con vegetación natural de tipo herbáceo | |
| | 9 - Paleocauce o cauce abandonado | Zona antigua de cauce de agua semi o totalmente desactivada, que pueden tener o no agua en determinadas condiciones climáticas, pudiendo transformarse en una zona inundada y pantanosa. | |

Tabla 4. Disolución de las nueve clases de datos de la cobertura "Usos de superficie del suelo" del SIG-250 de IGN para establecer las tres unidades de paisaje analizadas en este trabajo (ver Figura 4).

intenso uso de estos espacios por parte de los cazadores-recolectores.

Sin embargo, una mejor distinción entre ambos factores requiere de la indagación de la variabilidad en los datos arqueológicos registrados ya que no todas las actividades humanas dejan similar densidad y tipo de evidencia material. En el siguiente punto continuamos la investigación de estos patrones considerando los distintos tipos de evidencia arqueológica.

*Análisis de la distribución de las distintas clases de evidencia arqueológica.*

Dados los resultados anteriores podemos plantear una exploración de los datos para conocer qué actividades fueron realizadas por los cazadores-recolectores en cada unidad. Para ello se aplica un *test* de $X^2$ a una tabla de contingencia y se analizan las diferencias máximas. La hipótesis nula ($H_0$) implica independencia entre la clase de evidencia arqueológica y la unidad de paisaje en la que se emplaza, la hipótesis alternativa ($H_1$) implica la existencia de una relación de dependencia entre estas variables, por lo que se

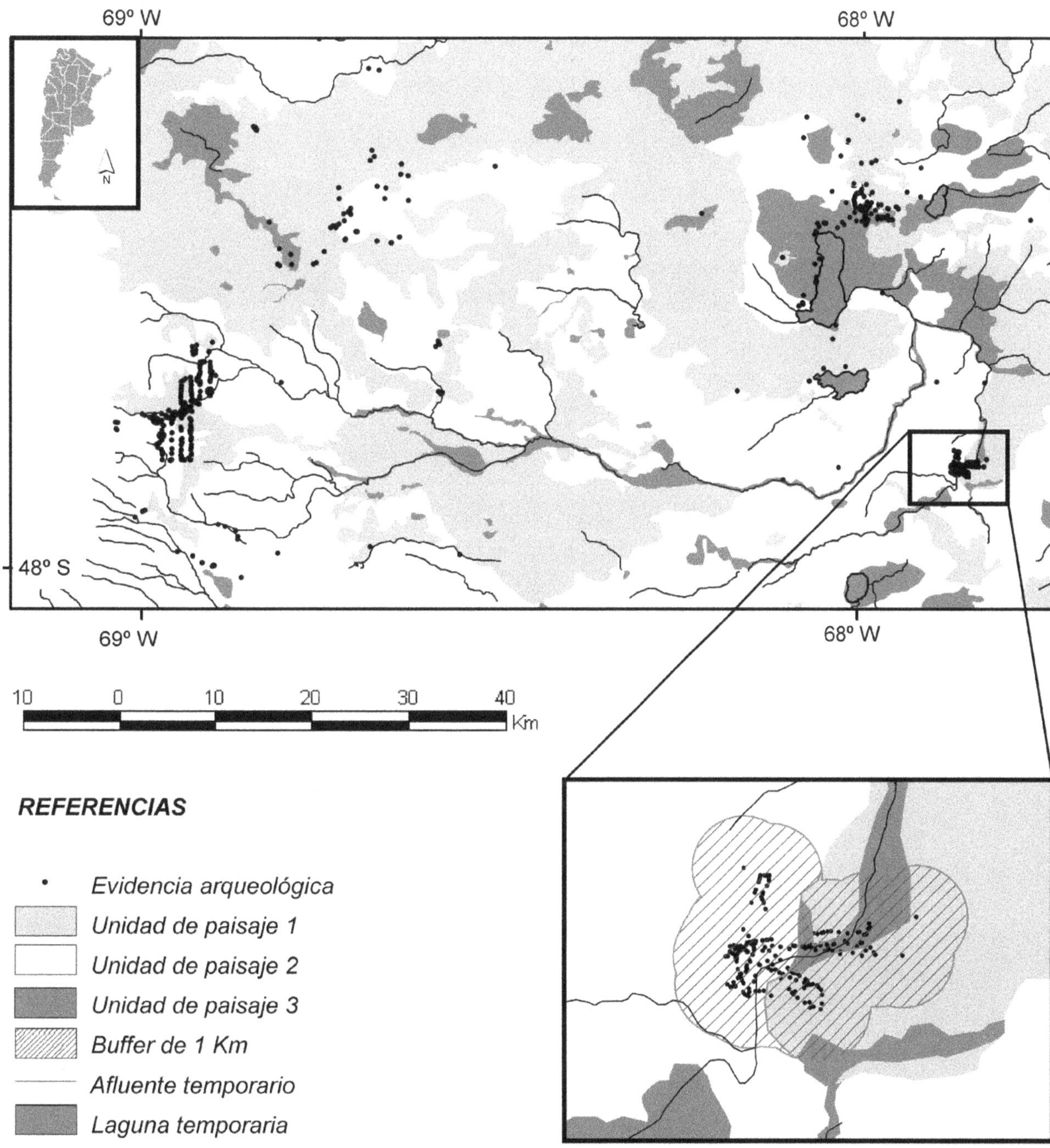


Figura 4- Mapa de distribución de registros arqueológicos sobre las unidades de paisaje. Unidad 1: Mesetas y coladas lávicas; Unidad 2: Serranías; Unidad 3: Bajos endorreicos y depósitos aluviales. Los datos de afluentes y lagunas provienen del SIG 1: 250,000 de IGN. Convenio complementario N°3 U0092. Los datos están proyectados a Gauss Krüger Argentina faja 2, el Datum es WGS84. Coordenadas: Geográficas

pueden analizar actividades específicas relacionadas a las distintas unidades de paisaje. Los valores de las frecuencias observadas y esperadas fueron calculados del mismo modo que en el apartado anterior y se presentan en las Tablas 6 y 7.

*Resultados del análisis de las diferencias máximas.*

Como resultado se obtuvo un valor de $X^2$ *calculado* de 18.90 siendo el valor de $X^2$ *crítico* de 11.07 (para un $\alpha$ crítico de 0.05 y 5 grados de libertad). Por lo tanto se rechazó que haya independencia entre la función o actividad inferida para cada tipo de evidencia y la unidad de paisaje donde se localiza. Para continuar en la identificación del tipo de patrones fueron hallados se tuvo en cuenta:

1) Los patrones mas fuertes entre función y unidad de paisaje se identificaron al ordenar de mayor a menor las diferencias máximas entre valores esperados y observados. Estos patrones contribuyen de modo decreciente a la diferencia entre los valores observados y los esperados (ver última columna de la Tabla 7).

2) Los patrones que presentan frecuencias esperadas mayores o iguales a cero no se consideraron como patrones estadísticamente confiables, en algunos casos se los evaluó como "tendencias en los datos" que pueden seguir siendo investigadas.

| Unidad de paisaje | *Fo* | *Fe* | area % | *$X^2$ =(fo – fe)2/ fe* |
|---|---|---|---|---|
| 1 – mesetas | 237 | 325 | 41,54 | 23,83 |
| 2 – serranías | 423 | 388 | 49,58 | 3,16 |
| 3 – sectores bajos | 123 | 70 | 8,87 | 40,13 |
| TOTAL | 783 | 783 | 100,00 | 67,11 |

Tabla 5. Cálculo del test X2 de bondad de ajuste
Nota: 44 datos que caían en un área buffer de 50 m de los límites de las unidades de paisaje fueron descartados para este análisis para evitar errores de localización por la precisión inherente al mapa. Por lo tanto el total de puntos usados es 783. Fo: frecuencia observada de puntos en cada unidad de paisaje, Fe: frecuencia esperada de puntos en cada unidad de paisaje. Las frecuencias esperadas se calculan de manera proporcional al área que ocupa cada unidad de paisaje respecto al total, $X^2$ calculado= 67.1, $X^2$ crítico (para $\alpha$= 0.01 y $\nu$=2) = 5.99

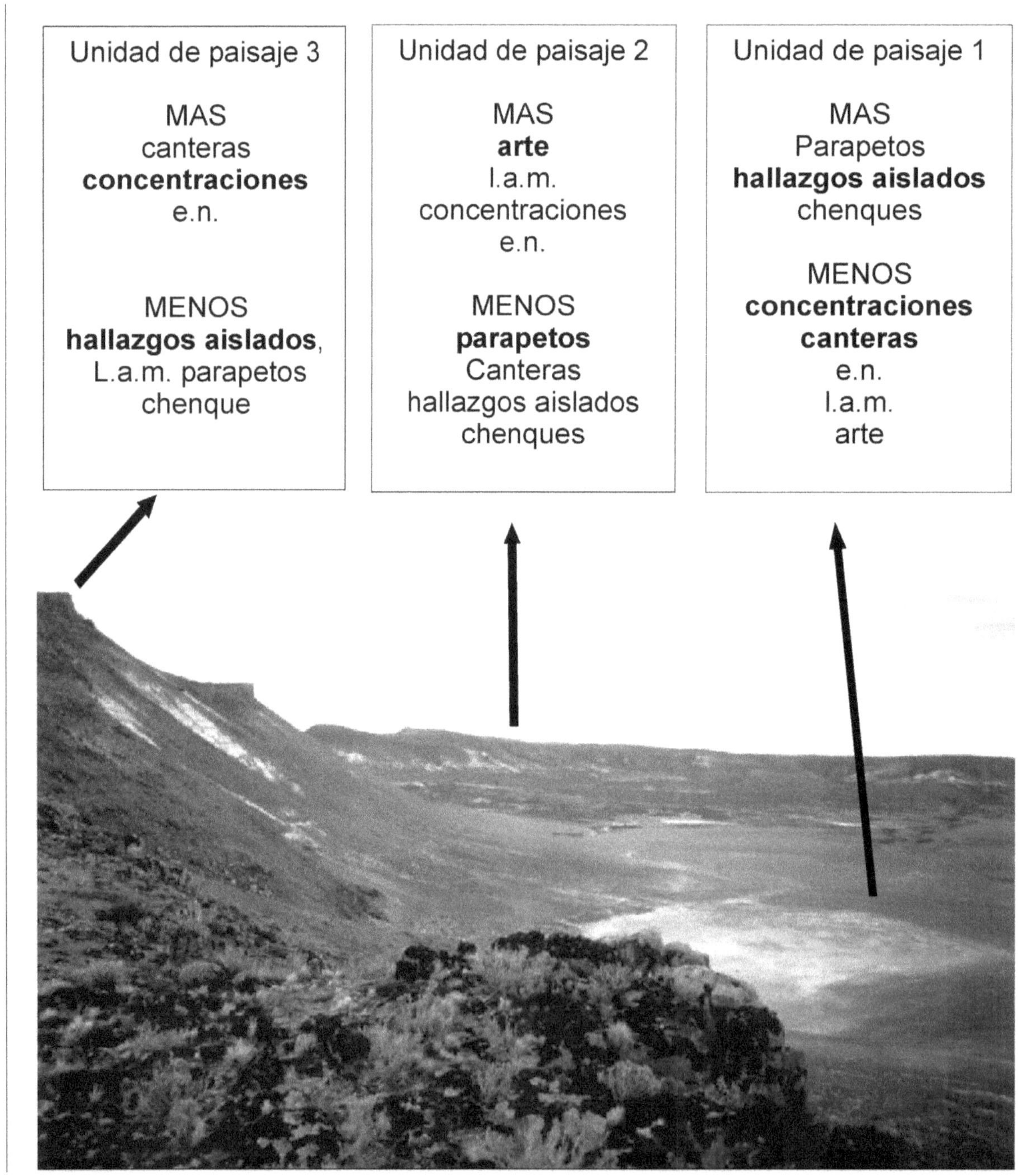


Figura 5- Tendencias observadas en la distribución de clases de evidencia arqueológica sobre las distintas unidades de paisaje. En tipografía negrita se resaltan los patrones más fuertes, las demás son tendencias a continuar explorando.

| Funcionalidad | Unidad 1 (mesetas) | Unidad 2 (serranías) | Unidad (bajos) | |
|---|---|---|---|---|
| **Arte**: actividades relacionadas con la expresión simbólica | 9 | 30 | 0 | 39 |
| **H.a**: tránsito de personas con pérdida o descarte de artefactos | 97 | 100 | 10 | 207 |
| **Cantera-taller**: actividades extractivas de materia prima lítica para la talla de artefactos | 4 | 10 | 18 | 32 |
| **LAM**: campamentos base que fueron ocupados por largos períodos o bien que fueron reocupados recurrentemente | 10 | 39 | 6 | 55 |
| **Enterratorio**: estructuras de piedra que fueron usadas como enterratorios de personas | 9 | 4 | 1 | 14 |
| **Parapetos**: estructuras de piedra usadas para ocultarse y esperar a los animales de caza sin ser vistos por ellos | 18 | 4 | 0 | 22 |
| **Concentraciones**: actividades indeterminadas que produjeron descarte de artefactos. Pueden haber sido producidas por campamentos que fueron ocupados por corto período de tiempo o por grupos de gente no muy numerosos; o locus de actividades específicas relacionadas a la caza | 43 | 124 | 49 | 216 |
| **Evidencia negativa**: punto registrado donde no se halló evidencia arqueológica | 47 | 112 | 39 | 198 |
| TOTAL | 237 | 423 | 123 | 783 |

Tabla 6. Distribución de frecuencias observadas.
Nota: los valores de la tabla son frecuencias absolutas.

| | | *fo* | *fe* | *(fo-fe)2 / fe* |
|---|---|---|---|---|
| 3 | cantera | 2.29885057 | 0.64199488 | 4.27600105 |
| 1 | parapetos | 2.29885057 | 0.85044749 | 2.46678546 |
| 1 | h.a. | 12.3882503 | 8.00193773 | **2.40438489** |
| 3 | h.a. | 1.27713921 | 4.15290439 | **1.99138353** |
| 1 | conce. | 5.4916986 | 8.34984806 | **0.97834336** |
| 3 | conce. | 6.25798212 | 4.33346545 | **0.85468881** |
| 3 | arte | 0 | 0.78243126 | 0.78243126 |
| 1 | chenque | 1.14942529 | 0.54119386 | 0.6835729 |
| 2 | parapetos | 0.51085568 | 1.51788729 | **0.66810801** |
| 2 | arte | 3.83141762 | 2.69080019 | **0.48350232** |
| 3 | parapetos | 0 | 0.44137148 | 0.44137148 |
| 1 | cantera | 0.51085568 | 1.23701453 | **0.42627363** |
| 2 | cantera | 1.27713921 | 2.20783606 | 0.39232833 |
| 2 | l.a.m. | 4.98084291 | 3.79471822 | 0.37075 |
| 1 | evid. neg. | 6.00255428 | 7.65402739 | 0.35633051 |
| 1 | l.a.m. | 1.27713921 | 2.12611872 | 0.33900563 |
| 3 | evid neg | 4.98084291 | 3.97234333 | 0.25603814 |
| 2 | chenque | 0.51085568 | 0.96592827 | 0.2143959 |
| 2 | h.a. | 12.7713921 | 14.2819395 | 0.15976496 |
| 3 | l.a.m. | 0.76628352 | 1.1034287 | 0.10301243 |
| 1 | arte | 1.14942529 | 1.50761146 | 0.08509973 |
| 3 | chenque | 0.12771392 | 0.28087276 | 0.08351693 |
| 2 | conce | 15.8365262 | 14.9028934 | 0.05849 |
| 2 | evid. neg. | 14.3039591 | 13.6609856 | 0.03026246 |
| | | | | 18.9058417 |

Tabla 7. Cálculo de Chi$^2$. Análisis de las diferencias máximas.
Nota: Las frecuencias observadas y esperadas están expresadas en proporciones. El valor de $X^2$ calculado es de 18.90, el valor de $X_2$ crítico es de 15.09 (para $\alpha$= 0.01 y $\nu$=5). Se destacan en negrita las diferencias máximas entre frecuencias observadas y esperadas.

En base a esto se identificaron 7 patrones entre las clases de evidencia y su emplazamiento en las unidades de paisaje que se resaltan en tipografía negrita en la última columna de la Tabla 7 y en la Figura 5 y son los siguientes:

1. se detectaron más hallazgos aislados de lo esperado en las mesetas (unidad 1)
2. menor frecuencia de hallazgos aislados de lo esperado en los bajos (unidad 3)
3. menos concentraciones de lo esperado en las mesetas (unidad 1)
4. más concentraciones de lo esperado en los bajos (unidad 3)
5. menos parapetos de lo esperado en las serranías (unidad 2)
6. más locus con arte de lo esperado en las serranías (unidad 2) y
7. menos canteras de lo esperado en las mesetas (unidad 1)

## DISCUSION DE LOS PATRONES Y CONTRASTACION CON OTRAS LINEAS DE EVIDENCIA

Antes de comenzar la discusión hacemos las siguientes observaciones. Consideramos que el nivel de detalle de las unidades de paisaje usadas en este trabajo son razonablemente precisas para trabajar a una escala micro-regional, y consideramos que la inclusión de un número de datos muy grande en el análisis nos ha permitido detectar patrones generales confiables entre las clases arqueológicas y ambientales definidas. Por otro lado, en el futuro los datos espaciales usados pueden mejorarse para la detección de patrones a una escala de mayor detalle. Sería interesante contar con mapas de geoformas y sub-unidades mas pequeñas que las aquí presentadas, con dinámicas variables que afectan la preservación y visibilidad de la evidencia arqueológica. Por ejemplo, numerosos bajos pequeños y los cañadones que cubren las mesetas volcánicas y sedimentarias han sido omitidos aquí y por lo tanto hemos detectado varios casos de LAM que aunque fueron relacionados con estas unidades mayores, sería mas correcto relacionarlos con estos rasgos particulares que se forman sobre ellas y presentan recursos diferentes y concentrados (Tabla 6). Lo mismo es aplicable a los registros arqueológicos. Información mas completa del uso humano del espacio puede adquirirse si se diseñan muestreos que cubran las áreas de estudio mas homogéneamente o abarcando la variabilidad ambiental existente, según el problema de estudio. Por supuesto que el diseño de muestreo debe ser una solución intermedia entre una cobertura intensiva con recuperación de toda la información existente y la alta inversión de tiempo y dinero empleado en las prospecciones, el trabajo de laboratorio.

Por último, hay otras posibilidades que podemos considerar, como por ejemplo que el criterio para decidir dónde localizar un sitio de determinado tipo puede estar en relación con varios recursos a la vez (ver modelo de localización óptima en Wood 1978). Sería interesante investigar si es un factor importante la relación con una unidad de paisaje en particular, como analizamos aquí, o si en cambio lo es una determinada relación de distancia a distintos recursos localizados en el paisaje. El abordaje del problema desde esta perspectiva implica la revisión del modelo de datos elegido para representar la variabilidad ambiental (Clarke 2003) y el avance hacia modelados espaciales más complejos. El formato vectorial que hemos empleado aquí utiliza polígonos con límites bien definidos para representar unidades contenedoras de recursos en teoría homogéneos dentro de ellas, sin embargo otro tipo de análisis espacial puede realizarse utilizando superficies continuas (datos en formato raster) para representar la distribución de recursos en el área. Esta forma de representar los datos, o una combinación de ambas podría solucionar además el problema de los recursos que se encuentran naturalmente en los sectores limítrofes de las unidades, como las aguadas y mallines, así como los ocres se encuentran en los bordes de las mesetas, en contacto con las serranías.

Los patrones hallados constituyen la base para estos trabajos futuros y se discuten a continuación.

En la unidad 1 o de mesetas se registran más hallazgos aislados de lo esperado así como menos concentraciones y canteras de lo esperado. La baja frecuencia de canteras es coherente con la baja disponibilidad de materias primas líticas sobre las mesetas. Por otro lado, el hecho de que las condiciones de visibilidad arqueológica son buenas a muy buenas y que las evidencias más redundantes sean los hallazgos aislados nos indican que en los trabajos de campo se ha documentado mas intensamente este tipo de hallazgos por ser realmente escasa la evidencia arqueológica en general sobre las mesetas. Esto, sumado a la existencia de menos concentraciones de lo esperado puede indicar que estos sectores fueron lugares de uso ocasional, utilizados para transitar, o bien donde la gente realizó actividades de las cuales no quedaron evidencias por pérdida o descarte de artefactos manufacturados en materiales resistentes. Un dato interesante que cabe agregar es que si bien aquí no se incluyen análisis cuantitativos de tipos artefactuales, parte de la evidencia hallada corresponde a cabezales líticos que posiblemente fueron perdidos en actividades de caza.

En cuanto a los LAM, como explicamos mas arriba, algunos existen en pequeños bajos formados sobre la meseta aunque no directamente sobre la superficie expuesta a las inclemencias climáticas.

Por otro lado, los parapetos de piedra y los enterratorios presentan una tendencia a aparecer frecuentemente en este ambiente. Aunque las estadísticas no revelan un patrón fuerte esto puede deberse a los bajos *n* de estas evidencias, que en conjunto representan solo el 2.17 % del total de los registros.

Por lo tanto, los datos existentes permiten afirmar que las mesetas fueron las unidades mas usadas para el enterratorio humano además de aquellas en las que se construyeron la mayoría de los parapetos o estructuras con probable función relacionada con las actividades de caza de guanacos. En Miotti (2006:26) se realiza una interesante interpretación de esta asociación entre los enterratorios y los parapetos de caza como indicadores de "contextos de muerte que pueden entenderse como lugares de tránsito humano y animal entre la vida y la muerte".

La unidad 2 o de serranías presenta menos de estos probables parapetos de caza de lo esperado. Esto puede relacionarse con que este ambiente no es ideal para controlar visualmente los movimientos de los animales y de quienes participan de cacerías colectivas. Al respecto es interesante agregar que probablemente las técnicas de caza descriptas en documentos etnográficos en las que los animales son rodeados por un círculo de cazadores (técnica con cerco) sean más fáciles en sectores llanos, no en las serranías (ver una recopilación en Martinić 1995).

En cuanto a las altas frecuencias de arte rupestre detectadas en esta unidad, están relacionadas con la disponibilidad de soportes aptos que brindan las cuevas y aleros además de la protección contra la meteorización que favorece su preservación (Carden 2004). Esto explicaría la presencia de arte rupestre pintado en las serranías. Por otro lado también se registra (aunque en menor proporción) otro tipo de soportes: las paredes rocosas que forman los bordes de las coladas de lava volcánica de la unidad 1. Los estudios de arte rupestre indican que existen diferencias en estos casos las técnicas usadas y motivos representados (Miotti *et al.* 1999, 2006; Carden 2004, 2007b). Estas diferencias son interesantes y su explicación es un desafío a contrastaciones desde distintas líneas de análisis.

En esta unidad de paisaje también hay una mayor presencia de LAM o campamentos de lo esperado, aunque esta es una tendencia, no un patrón fuerte en los datos. Estos LAM coinciden muchas veces con los abrigos rocosos y cuevas, lo cual no es sorprendente, ya que las cuevas son un refugio importante usado incluso en tiempos recientes por los puesteros de estancias que las ocuparon y en algunos casos las acondicionaron con la construcción de paredes de piedra o adobe. Estos LAM son particularmente visibles para los arqueólogos porque las investigaciones se han dirigido preferentemente a estas trampas sedimentarias, pero es probable que existan numerosos LAM al aire libre en esta unidad o tal vez en la unidad 3 en sectores donde predomina la acumulación de sedimentos. Esto es probable dado que los sectores donde se acumulan sedimentos son los que están más reparados del viento, y el abrigo fue probablemente apreciado por las poblaciones en el pasado para localizar sus campamentos al aire libre. Esta idea puede ser testeada a partir de sondeo en nuevos trabajos de campo.

En la unidad 3 o sectores bajos existe un patrón inverso al de las mesetas, con hallazgos aislados en menor frecuencia de lo esperado y con más concentraciones de lo esperado. Los hallazgos aislados probablemente han sido menos registrados debido a su menor visibilidad arqueológica en comparación con las concentraciones de artefactos que aparecen frecuentemente en esta unidad. El análisis lítico de muestreos realizados recientemente en este tipo de concentraciones está en proceso (Magnin 2008, informe de campo inédito). Se espera que el mismo, sumado a los estudios tafonómicos, permita avanzar hacia una mejor definición de estos conjuntos.

En esta unidad se ha detectado una tendencia en el registro de canteras de aprovisionamiento lítico. Esto está en relación con las canteras secundarias, ya que las rocas aptas para la talla se concentran en forma de acumulaciones de rodados de diferente origen que se desplazan hacia lugares bajos del paisaje por acción fluvial y por remoción en masa quedando disponibles para su aprovechamiento (como notan Cattáneo 1999, 2002; Hermo y Miotti 2003; Hermo 2005 en el área de estudio y Mazzoni *et al.* 1999 en bajos cerrados en los bajos al sur del Río Gallegos).

## CONCLUSION

Los resultados aquí obtenidos indican que los estudios hasta el año 2006 se han concentrado en los sectores de bajos (unidad de paisaje 3) de las localidades arqueológicas La Primavera, Piedra Museo y MNBP. Por lo tanto, un estudio comprehensivo de la micro región puede lograrse si se desarrollan nuevos estudios en las localidades Bajo Grande, Aguada del Cuero y Los Toldos con un mayor énfasis sobre todo en prospectar la unidad de mesetas (unidad de paisaje 1).

En relación a las localidades más intensamente muestreadas entonces, fue posible analizar la variabilidad existente en la evidencia arqueológica e identificar las siguientes tendencias en el uso del espacio: La unidad de mesetas (unidad 1) probablemente fue el sector del paisaje menos intensamente usado por los cazadores recolectores o al menos en actividades que dejen alta densidad de evidencias materiales. Allí se concentran las evidencias que indican realización de actividades relacionadas con la caza de animales y el emplazamiento de enterratorios humanos.

En la unidad de serranías (unidad 2) las cuevas y abrigos rocosos fueron usados para realizar pinturas rupestres y es el sector donde hay más evidencia de establecimiento de locus de actividades múltiples. Las investigaciones en curso en sitios y concentraciones a cielo abierto en esta misma unidad serán importantes para complementar la información proveniente de estos abrigos.

Las concentraciones de materiales halladas en la unidad de sectores bajos (unidad 3) pueden estar indicando locus de actividades limitadas o campamentos transitorios. Además existe una tendencia hacia el uso de estos bajos como canteras de aprovisionamiento lítico. Esta evidencia sugiere que los bajos fueron sectores de uso breve o donde existió poca reocupación de los mismos lugares. Otra opción es que sitios densos que implican mayor tiempo de permanencia o reocupación como los LAM (esperables en este sector abrigado) estén enterrados bajo depósitos sedimentarios en esta unidad o en sectores bajos de la unidad 2 y por lo tanto aún no hayan sido encontrados en frecuencias significativas. En otro trabajo se ha planteado la posibilidad de que la acción de animales cavadores como liebres (*Lepus europaeus*), piches (*Zaedyus pichiy*) y tucu tucus (*Ctenomys sp.)* esté desenterrando parte de los materiales que componen sitios densos en estratigrafía, lo que podría generar el gran número de concentraciones menos densas de materiales predominantes en los sectores bajos (Magnin 2007). Un estudio detallado de la estabilidad de estas superficies con un programa de sondeos a realizar en próximos trabajos de campo permitirá comprender mejor el uso de estas unidades.

Para finalizar, reconocemos que la naturaleza compleja de nuestro objeto de estudio requiere de la consideración de múltiples factores ambientales, sociales y simbólicos que pudieron influir en la toma de decisiones locacionales en el pasado sumados a aquellos que afectan la evidencia arqueológica en sus procesos de preservación y la evolución del paisaje. Para esto último y para procurar diferenciaciones cronológicas, es importante continuar los estudios en interdisciplina con geoarqueólogos y paleoclimatólogos (Zárate *et al.* 2000, Waters 1992, Waters y Kuhen 1996). En cuanto a las técnicas, a este análisis exploratorio inicial deben continuar otros estudios que usen SIG y geoestadística para modelar el paisaje físico y sobre él las distribuciones de recursos y las evidencias arqueológicas. Las variables sociales y simbólicas que puedan influir en las decisiones espaciales requerirán de sofisticaciones teóricas mayores y del hallazgo de indicadores arqueológicos adecuados. En este sentido se orientan nuestros trabajos futuros.

*Agradecimientos*

A los editores, por alentarme a presentar este trabajo; a los evaluadores quienes fueron muy atentos en sus correcciones; a Diego Gobbo, Juan Carlos Gómez y Andrew Bevan por responder a las múltiples consultas; al personal de Repsol YPF y de SIG del IGN por facilitar acceso a información; a Laura Miotti por apoyar mis iniciativas; a Natalia Carden y Darío Hermo y por sus valiosos comentarios; a Laura Marchionni por leer el trabajo; a la cátedra de estadística de la FCNyM, a Gabriela Cendoya y a Arturo Kehr por atender las preguntas relacionadas con estadística; a Luis Borrero por compartir bibliografía. Parte de los análisis desarrollados en este trabajo fueron posibles gracias a la beca "Marie Curie Host Fellowship for Early Stage Researchers Training" desarrollada en University College London, Reino Unido, y subsidiada por la Unión Europea. Agradezco especialmente a Santiago y su familia.

## REFERENCIAS CITADAS

Andrefsky, W.
1998 *Lithics. Macroscopic approaches to analysis.* Cambridge Manuals in archaeology, Cambridge.

Bailey, T. y A. Gatrell
1995 *Interactive Spatial Data Analysis.* Longman Scientific & Technical, Harlow.

Belardi, J. B.
1992 De lo espacial a lo temporal: explorando distribuciones de artefactos. *Revista de Estudios Regionales* 10: 35-67

Belardi, J. B.
2003 Paisajes Arqueológicos: Un estudio comparativo de diferentes ambientes patagónicos. Tesis Doctoral inédita. UBA- Facultad de Filosofía y Letras. Bs. As.

Belardi, J y L. Borrero
1999 El Paisaje Arqueológico de la Margen Norte del Lago Argentino (Provincia de Santa Cruz, Argentina). *Praehistoria* 3: 13-34

Belardi J.B. y F. Carballo Marina
2003 Tafonomía regional en la cuenca media del río Coyle (Santa Cruz, Patagonia Argentina). *Intersecciones en Antropología* 4: 59-97.

Belardi, J.B; F. Carballo Marina y S. Espinosa
2006, Cazadores recolectores en la cuenca media e inferior del río Coyle, En *La Cuenca del río Coyle. Estado actual de las investigaciones*, editado por: J.B. Belardi, F. Carballo Marina y S. Espinosa, pp. 97-128, UNPA, Río Gallegos.

Bellelli, C; Pereyra, F; Fernández, P; Scheinshon, V. y M. Carballlido
2000 Aproximación geoarqueológica del sector sur de la Comarca Andina del Paralelo 42°S (Cholila, Chubut), *Cuaternario y Ciencias Ambientales*, Publicación Especial 4(1): 15-21, CADINCUA-COMINCUA

Berón, M.
1994 El recurso y el método: estrategias de movilidad y asentamiento en la subregión Pampa Seca. *Arqueologia* 4: 213-234

Berón, M. y R. Curtoni
1998 Investigaciones arqueológicas en la Subregión Pampa Seca, cuenca del río Curacó, Provincia de La Pampa. *Intersecciones en Antropología* 2: 5-30.

Binford, L.
1980 Willow smoke and dog's tails: hunter gatherer settlement systems and archaeological site formation. *Working at archaeology,* 337-356.

Binford, L.
1982 The archaeology of Place. *Journal of AnthropologicalArchaeology* 1(1): 5-31.

Borrero, L.
1985 La economía prehistórica de los habitantes del norte de la Isla Grande de Tierra del Fuego. Tesis doctoral no editada, Facultad de Filosofía y Letras, Universidad de Buenos Aires.

Borrero, L.
1995 Historia reciente de la arqueología patagónica, En *RUNA* XXII, pp. 151-176

Borrero, L., L. Lanata y B. Ventura
1992 Distribuciones de hallazgos aislados aislados en Piedra del Aguila, En *Análisis Espacial en la Arqueología patagónica,* pp. 9-20. Búsqueda de Ayllu, Buenos Aires.

Butzer, K.
1982 *Archaeology as Human Ecology. Method and Theory for a Contextual Approach.* Cambridge University Press, Cambridge.

Cabrera, A. y A. Willink
1973 *Biogeografía de América Latina.* Monografía de la OAE, Serie Biología número 13, Washington, DC.

Carballo Marina, F.
2006 La cuenca superior del río Santa cruz: Las poblaciones humanas y el uso del espacio. Tesis doctoral no publicada, Facultad de Ciencias naturales y Museo de La Plata, Universidad Nacional de La Plata.

Clarke, K.
2003, *Getting Started with Geographic Information Systems,* Prentice Hall Series in Geographic Information Science, New Jersey.

Criado Boado, F.
1999 Del terreno al espacio: planteamientos y perspectivas para la arqueología del paisaje. *Capa* 6: 1-58.

Carballo Marina, F., Ercolano B., Mazzoni E., y M. Vázquez
2000 Las unidades de Paisaje y la distribución de artefactos en el valle inferior del Río Gallegos, En *Desde el País de los gigantes. Perspectivas arqueológicas en Patagonia,* Universidad nacional de la Patagonia Austral, Tomo I: 5-17, Río Gallegos.

Carden, N.
2004 Pinturas Rupestres de la Cueva Maripe. Meseta Central de Santa Cruz. Mesa de Comunicaciones de Patagonia. *Libro de Resúmenes del XV Congreso Nacional de Arqueología Argentina*, p. 363, Río Cuarto.

Carden, N.
2007a Paisajes rituales y laberintos: relaciones entre sitios con grabados rupestres en Piedra Museo, Argentina. *Boletin del Museo Chileno de Arte Precolombino* 12 (1): 43-60

Carden, N.
2007b Estudio de las manifestaciones rupestres de Santa Cruz. El área de los zanjones Blanco y Rojo al sur del río Deseado. Tesis Doctoral no publicada, Facultad de Ciencias Naturales y Museo, Universidad Nacional de La Plata.

Cardich, A., Cardich L. y A. Hajduk
1973 Secuencia arqueológica y cronología radiocarbónica de la Cueva 3 de Los Toldos (Provincia de Santa Cruz, Argentina). *Relaciones de la Sociedad Argentina de Antropología* 8: 87-122.

Cattáneo, R.
1999 Organización de la tecnología en la Patagonia Centro Meridional: el caso de la Localidad arqueológica Piedra Museo, Pcia de Santa Cruz. *Actas del XII Congreso Nacional de Arqueología Argentina.* Tomo III, pp.16-22. La Plata.

Cattáneo, R.
2002, Una aproximación a la organización de la Tecnología Lítica entre los cazadores-recolectores del Holoceno medio / Pleistoceno final en la Patagonia Austral (Argentina), Tesis Doctoral no publicada, Facultad de Ciencias Naturales y Museo, Universidad Nacional de La Plata.

Conolly J. y M. Lake
2006 *Geographical information systems in archaeology.* Cambridge Manuals in archaeology, Cambridge.

Dewar, R. y K. McBride
1992 Remnant Settlement Patterns, En *Space, Time and Archaeologycal Landscapes*, editado por J. Rossignol y L. Wandsnider, Plenum Press New York

Ebert, J. and T. Kohler
1988 The theoretical basis of archaeological predictive modelling and a consideration of appropriate data-collection methods. En *Quantifying the Present and Predicting the Past: Theory,Method and Application of Archaeological Predictive Modeling.* Editado por: Judge, W. J. and Sebastian, L. pp. 97-171, US Bureau of Land Management, Department of Interior, US Government Printing Office, Washington, DC.

Figuerero Torres M.J., Pereyra F., Eleonor G. y C. Movia
2004, Modelo SIG de dinámica del paisaje arqueológico en patagonia meridional (Cuenca del Lago Posadas), En *Libro de resúmenes del XV Congreso Nacional de Arqueología Argentina,* p. 188, Río Cuarto.

Foley, R.
1981 A Model of Regional Archaeological Structure. *Proceedings of the Prehistoric Society* 47: 1-17.

García Sanjuán, L.
2005 *Introducción al reconocimiento y análisis arqueológico del territorio*, Ariel, Barcelona.

Gómez J.C. y L. Magnin
2007 Cartografía geomorfológica aplicada a un sector de interés arqueológico en el Macizo del Deseado, Santa Cruz (Patagonia Argentina), UNAM, México, *en prensa*

Hermo, D.
2005 Diseño Instrumental y disponibilidad de materias primas. Buscando relaciones en la Meseta Central de Santa Cruz, Argentina. En *British Archaeological Reports, B.A.R. Series,* (en prensa)

Hermo, D.
2008 Los cambios en la circulación de las materias primas líticas en ambientes mesetarios de Patagonia. Una aproximación para la construcción de los paisajes arqueológicos de las sociedades cazadoras-recolectoras. Tesis Doctoral no publicada, Facultad de Ciencias Naturales y Museo, Universidad Nacional de La Plata.

Hermo, D. y L. Miotti
2003 El efecto zoom para relacionar los desechos líticos

de un sitio y los paisajes arqueológicos de cazadores-recolectores, *Intersecciones en Antropología* 4:99-108.

Hermo y Vazquez
1999 Cuánto que caminamos! Primeros resultados de las prospeciones en Cerro Vanguardia y Monumento Natural Bosques Petrificados. *Actas del XII Congreso Nacional de Arqueología Argentina.* Editado por: C. Diez Marín, Tomo III pp. 475-483, La Plata

Higgs E. y C. Vita Finzi
1972 Prehistoric economies: a territorial approach. En *Papers in economic Prehistory,* Editado por: Higgs E., pp. 27-36, Camridge University Press, Cambridge.

Hodder, I. y C. Orton
1992 *Análisis Especial en Arqueología.* Traducido por M. Aubet y M. Tenas. Editorial Crítica, Barcelona.

Ingold. T.
1986 *The appropiation of Nature*, Manchester University Press, Manchester

Magnin, L.
2005 Los datos espaciales y la arqueología de grupos móviles de la Meseta Central de Santa Cruz, En*: Libro de Actas del XV Congreso Nacional de Arqueología Argentina. Río Cuarto* (En prensa)

Magnin L.
2007 Restos arqueológicos en la superficie del terreno. Confiabilidad en las inferencias y preservación, En *Memorias XI Conferencia Iberoamericana de Sistemas de Información Geográfica (CONFIBSIG)*, 18 Pg. Buenos Aires

Magnin L.
2008 Informe de campaña arqueológica 2008 a la localidad La Primavera, Santa Cruz. Inédito, En archivo de la Municipalidad de Pico Truncado, Santa Cruz.

Martinić M.
1995 *Los Aónikenk. Historia y cultura*, Universidad de Magallanes, Punta Arenas, pp. 224-233.

Mazzoni, E.
2001 Distribución espacial y caracterización geomorfológico de "bajos sin salida" de la patagonia austral extracordillerana. *Anales del Instituto de la Patagonia- Serie Ciencias Naturales* XXIX: 5-23

Mazzoni, E. y M. Vázquez
1999 Aplicación de un S.I.G. para la relimitación de unidades de paisaje naturales y determinación de áreas con mallines. *Actas Congreso Nacional de Geología 60º semana de Geografía*, pp. 463-475, San Juan.

Mazzoni E., M. Vázquez, S. Ferrari, J. B. Belardi, C. Albrieu, F. Carballo Marina, S. Espinosa, J. Larrosa y D. Gismondi
1999 Consideraciones acerca del estudio de una de las geoformas típicas del paisaje patagónico: las cuencas endorreicas o "bajos sin salida", En *Espacios*, vol 16, Pp. 45-50

Mazzoni E., Vazquez M., y E. Ruiz Posse
2002 Dinámica geomorfológico de depósitos eólicos asociado a "bajos sin salida" de la Patagonia Austral. *Actas IV Jornadas de Geografía física*. Universidad Nacional de Mar del Plata. Pp. 165-176. Mar del Plata.

Miotti, L.
1989 Zooarqueología de la meseta central y la costa de la Provincia de Santa cruz. Un enfoque de las estrategias adaptativas y paleoambientales, Tesis Doctoral no publicada, Facultad de Ciencias Naturales y Museo, Universidad Nacional de La Plata.

Miotti, L.
1990 Cuando, Donde y como se produjo el primer poblamiento americano: Una historia que comenzó mucho antes de 1492. *Publicaciones científicas de la Secretaria de Cultura -Ministerio de Educación y Justicia de la Provincia de Buenos Aires*. Editado por: F. Oliva, P. 4-34.

Miotti, L.
1991 *Las manifestaciones rupestres de Santa Cruz, Argentina,* En *El Arte Rupestre en la Arqueología contemporánea*, editado por: M. I. Hernández Llosas y S. Renard de Coquet, pp. 132-139, Buenos Aires.

Miotti, L.
1992 Paleoindian occupation at Piedra Museo Locality, Patagonian Region, Argentina. *Current Research in the Pleistocene* 9: 27-30.

Miotti, L.
1993 La ocupación humana de la Patagonia austral durante el Holoceno. *El Holoceno en la Argentina,* Editado por Martín Iriondo. vol 2 Pp. 94-130. INQUA-CADINQUA.

Miotti, L.
1995 Piedra Museo Locality: a Special Place in the New World. *Current Research in the Pleistocene* 12: 37-40

Miotti, L.
1996 Piedra Museo (Santa Cruz): nuevos datos para el debate de la ocupación Pleistocénica en Patagonia. En *Arqueología, sólo Patagonia. II Jornadas de Arqueología de la Patagonia,* editado por: J. Gómez Otero, pp. 27-38, Centro Nacional Patagónico (CONICET), Puerto Madryn.

Miotti, L.
1998 Zooarqueología de la meseta central y la costa de la Provincia de Santa cruz. Un enfoque de las estrategias adaptativas y paleoambientales, editado por: H. Lagiglia, Museo de Historia Natural de San Rafael, Mendoza

Miotti, L.
2003 South America. A paradox for building images of the colonization of the New World. *Quaternary International,* 109-110:147-173.

Miotti, L.
2006 La Fachada Atlántica, como puerta de ingreso alternativa de la colonización de América del Sur durante la transición Pleistoceno/Holoceno, *2 Simposio Internacional el Hombre Temprano en América*, editado por: Jiménez López J., O. Polaco, G. Martínez y R. Hernández , pp. 155-188, México

Miotti, L.y M. Salemme
1999 Biodiversity, Taxonomic Richness and Generalist-Specialists economical systems in Pampa and Patagonia Regions, Southern South America. *Quaternary International* 53-54: 53-68

Miotti, L. y R. Cattáneo
2003 Variation in the strategies of the lithic production and faunal exploitation during Pleistocene/Holocene Transition at Piedra Museo and surrounding region, En *Where the South Winds Blow: Ancient Evidence for Paleo South Americans,* editado por: L. Miotti, M. Salemme y N. Flegenheimer, pp.105-113, Center for the Study of the First Americans-Texas A&M University Press, Texas

Miotti, L. y M. Salemme
2003 When Patagonia was colonized: People mobility in high latitudes by Pleistocene/Holocene times. *Quaternary International: South America, Long And Winding Roads For The First Americans At The Pleistocene/Holocene Transition* 109-110: 95-112

Miotti, L. y M. Salemme
2004 Poblamiento, movilidad y territorios entre las sociedades cazadoras-recolectoras de Patagonia: cambios desde la transición Pleistoceno/Holoceno al Holoceno medio. *Complutum* 15:177-206

Miotti, L. y M. Salemme
2006 Hunting and butchering events at late Pleistocene / Holocenetransition in Piedra Museo: An example of adaptation strategies of the first colonizers of patagonia. En: *Paleoamerican Origins: Beyond Clovis. A peopeling of the Americas publication.* Editado por: Robson Bonnichsen, Center for the Study of the First Americans, University of Texas A&M, Texas, pp. 209-218.

Miotti, L; Salemme, M. y A. Menegaz
1988 El manejo de los recursos faunísticos durante el Pleistoceno final y Holoceno temprano en Pampa y Patagonia. *Actas Simposio de Estrategias Adaptativas del IX Congreso Nacional de Arqueología Argentina.* Pp. 18-33. SUDAMQUA, Bs. As.

Miotti, L., M. Vázquez y D. Hermo
1999 a Piedra Museo un Yamnagoo Pleistocénico en la Colonización de la Meseta de Santa Cruz. El estudio de la Arqueofauna, *En: Soplando en el Viento. Actas del III Congreso de Arqueología de la Patagonia*, editado por J. Belardi, P. fernández, R. Goñi, A. Guráieb y M. de Nigris, pp.113-136, INAPL, Buenos Aires

Miotti, L., N. Carden y M. Canosa
1999 b Paisajes arqueológicos de Cazadores-recolectores, Arte rupestre y Lagunas, En *Actas del XII Congreso Nacional de Arqueología Argentina*, vol. III, Editado por: C.Diez Marín, 54-63, La Plata

Miotti, L., Salemme, M. y J. Rabassa
2003 Radiocarbon Chronology at Piedra Museo Locality En *Where the South Winds Blow*, Editado por: L. Miotti, M. Salemme y N. Flegenheimer, pp. 99-104, Texas A&M, Texas.

Miotti, L., M. Salemme, D. Hermo, M. Vázquez, N. Carden, M. Giardina y L. Magnin
2005 Aguada del Cuero: un escalón más en la arqueología de la meseta de Santa Cruz, En *Actas del XIV Congreso Nacional de Arqueología Argentina*, vol. 4, editado por: E. Berberián, Universidad de Córdoba, pp. 55-62, Córdoba.

Miotti, L.,Hermo, D., Salemme, M., Magnin, L., Carden, N., Marchionni L., Alcaraz, A., Mosquera, B., Terranova, E. y M. Salemme
2007 Resolución e integridad arqueológica en Cueva Maripe (Santa Cruz, Argentina). En *Arqueología de Fuego-Patagonia. Levantando piedras, desenterrando huesos...y develando arcanos*, Editado por: F. Morillo, M. Martinić, A. Prieto y G. Bahamonde, Pp. 555-568, Punta Arenas.

Nelson, M.
1991 The study of technological organization, En *Archaeological Method and Theory*. Editado por: M. Schiffer, pp. 57-100

Oliva, G; P. Rial, L. González y E. Mazoni
1995 Evaluación del estado actual de la desertificación en la transecta Santa Cruz (Capítulo IV.1.), En *Lucha contra la desertificación en la Patagonia*. Editado por: H.F. del Valle, G. Eiden., H. Mensching y J. Georgen. Cooperación Técnica Argentino- Ale mana. Proyecto INTA-GTZ, Buenos Aires, pp. 65-85

Orton, C.
1980 *Mathematics in archaeology*. Collins, London.

Panza, J.
2001 *Hoja Geológica Monumento Natural Bosques Petrificados 4769-IV. Provincia de Santa Cruz.* Instituto de Geología y Recursos Minerales, Boletín nº 258, SEGEMAR, Buenos Aires

Panza, J. y J. Cobos
2001, Hoja Geológica Destacamento La María 4769-III. Provincia de Santa Cruz. Instituto de Geología y Recursos Minerales, Boletín nº 296, SEGEMAR, Buenos Aires.

Panza, J., Zubia, M., Genini, A. y M. Godeas
1994, Hoja Geológica Tres Cerros 4969-II. Provincia de Santa Cruz. Instituto de Geología y Recursos Minerales, Boletín nº 258, SEGEMAR, Buenos Aires.

Puig S. y F. Videla
2000, Dinámica Poblacional y uso del hábitat por el

guanaco, En: *Manejo sustentable de la vicuña y el guanaco.* Editado por: P. González, G. Charif Tala y A. Iriarte, Santiago, 57-65.

Ripley, B.
1977 Modelling Spatial Patterns, *Journal of the Royal Statistical Society*. Series B (Methodological) 39(2):172-212.

Rossignol J. y L. Wandsnider (Editores)
1992 *Space, Time and Archaeologycal Landscapes*, Plenum, New York

Salemme, M. y L. Miotti
1987 Zooarchaeology and palaeoenvironments: some examples from the Patagonian and Pampean regions (Argentina). *Quaternary of Southamerica and Antarctic Peninsula* 5: 24-47.

Salemme, M., Santiago, F., Miotti, L y L. Magnin.
2006 Prospección no invasiva en sitios a cielo abierto y en cuevas (Patagonia y Tierra del Fuego). En *Actas del III Congreso Argentino de Cuaternario y Geomorfología*, tomo II, pp.847-856, Córdoba

Scsheinsohn, V.
2001 2001: Odisea del espacio. Paisajes y distribuciones artefactuales en arqueología. Resultados y propuestas. *Relaciones de la Sociedad Argentina de Antropología* XXVI: 285-301.

Schiffer, M.
1976 *Behavioral archaeology,* Academic Press, Nueva York.

Shennan, S.
992 *Arqueología Cuantitativa.* Traducido por J. Barceló. Editorial Crítica, Barcelona

Siversten, B.
1980 A Site Activity Model for Kill and Butchering Activities in Hunter-Gatherer Sites. *Journal of Field Archaeology*7: 423-441.

Steward J.
1937 Ecological aspects of southwestern society. *Anthropos* 32: 87-104

Tilley C.
1994 *Places, paths and monuments. A phenomenology of landscape*. Oxford, Berg.

Wandsnider L. y E. Camilli
1992 The Character of Surface Archaeological Deposits and Its Influence on Survey Accuracy, En: *Journal of Field Archaeology* 19(2): 169-188.

Waters, M.
1992 *Principles of Geoarchaeology: A North American Perspective,* The University of Arizona Press, Tucson

Waters, M. y D. Kuehn
1996 The geoarchaeology of place: the effect of geological processes on the preservation and interpretation of the archaeological record. *American Antiquity* 61(3): 483-497

Wheatley D. y M. Gillings
2002 Vision, perception and GIS: Developing enriched approaches to the study of archaeological visibility. En *Beyond the Map: Archaeology and Spatial Technologies*, Editado por: G., Lock, pp.1–27, IOS Press, Amsterdam.

Willey G.
1953 Prehistoric settlement patterns in the Virú Valley, Peru, Bureau of American Ethnology, Bulletin nº 155, Washington

Wood, J.
1978 Optimal Location in Settlement Space: A Model for Describing Location Strategies, En: *American Antiquity*, Contributions to Archaeologycal Method and theory 43 (2): 258-270

Zárate, M., A. Blasi y J. Rabassa
2000 Geoarqueología de la Localidad de Piedra Museo, En *Guía de Campo de la visita a las Localidades arqueológicas. Taller Internacional "La colonización del Sur de América durante la transición Pleistoceno/Holoceno"*, editado por L. Miotti, R. Paunero, M. Salemme y R. Cattáneo, Pp. 56-64, La Plata.

Zvelebil M., Green S. y M. Macklin
1992 Archaeologycal Landscapes, Lithic Scatters and Human Behaviour. En *Space, Time and Archaeologycal Landscapes*. Editado por: Rossignol J. y L. Wandsnider, pp.193 -226, Plenum, New York

NOTAS

[1]. El presente trabajo coincide con la perspectiva "siteless" o "non site" al incluir todo tipo de evidencia de superficie a una escala espacial amplia. Tomamos la definición de Wandsnder y Camilli (1992) según la cual la metodología "distribucional" es una forma de registrar y analizar la evidencia dentro de la arqueología "siteless". Esta metodología toma al artefacto individual como la unidad de análisis y también como la unidad de muestreo (el mismo es registrado al centímetro con tecnologías de alta precisión). Por lo tanto este trabajo no es distribucional en este sentido.

[2]. Los datos tomados en prospecciones sistemáticas más extensas de años posteriores a 2006 no se usaron para el análisis para mostrar la forma en que fueron manejados los datos disponibles en ese momento.

[3]. SIG IGN 250. Convenio complementario Nº3 U0092.

El uso de Sistemas de Información Geográfica en arqueología sudamericana.
Figuerero Torres e Izeta (Ed.) 2012: 31-48

# MAPEO DE INFORMACIÓN ESPACIAL PARA EL ESTUDIO DE FORMAS DE USO DEL ESPACIO EN LA ZONA VOLCÁNICA PALI AIKE, EXTREMO SUR DE LA PATAGONIA CONTINENTAL

Liliana M. Manzi *, Mariano Orlando, M. Julieta Jaime y Florencia Weber

* IMHICIHU - DIPA - CONICET. Saavedra 15, 5° Piso, 1083, Buenos Aires, Argentina. E - mail: lm_manzi@yahoo.com.ar

## RESUMEN

El mapeo de la información espacial que constituye la base de datos de los entornos SIG (Sistemas de Información Geográfica) es el punto de partida para el análisis y la modelización de las formas de uso del espacio en poblaciones humanas, dado que es el escenario sobre el que se diseñarán estrategias de investigación de campo y se generará nueva cartografía.

El caso de estudio presentado comprende las investigaciones desarrolladas en la Zona Volcánica Pali Aike, extremo sur de la Patagonia meridional (Provincia de Santa Cruz, Argentina, y Región de Magallanes, Chile), siendo nuestro principal objetivo construir, con la cartografía publicada y con la información recolectada en el campo, una base de datos espacial apta para ser gestionada en el marco de las investigaciones en curso. No obstante, nos proponemos avanzar en la modelización de las formas de uso del espacio a través de la contrastación de la hipótesis de trabajo que sustenta una relación positiva entre la oferta hídrica y las ocupaciones humanas. Asimismo, se propone obtener una cartografía arqueológica que permita, también, diseñar muestreos, ubicar registros obtenidos en el campo, producir mapas en una escala representación grande -1:10,000 a 1:50,000- que se ajuste mejor a las necesidades de investigación arqueológica y construir modelos espaciales acerca de las estrategias de uso del espacio en poblaciones cazadoras recolectoras, para un rango temporal que se ubica *ca.* 13,000 - 500 años AP.

Las fuentes de datos utilizadas son diversas y sólo en casos excepcionales resultan acordes con los intereses arqueológicos, tanto en lo que respecta a las escalas, como a las clases y calidades de la información consultada. En consecuencia, ha sido necesario efectuar distintos procedimientos relacionados con búsquedas cartográficas, registro de ítems, digitalización e integración de datos en entornos computarizados. A estas actividades se sumaron las de corrección de diferentes errores pre-existentes, que en general resultaron evidentes cuando la escala de representación fue ajustada al nivel de los registros de campo.

Entre los procesos realizados en este sentido, han sido revisados distintos aspectos cartografiados, tales como: los límites políticos entre Argentina y Chile, para poder cumplir con la normativa vigente en la República Argentina, tomando como referencia las cartas geográficas IGN (Instituto Geográfico Nacional). Al mismo tiempo que se dedicó buena parte de los esfuerzos a la corrección de la red hidrográfica, debido a que resulta indispensable para someter a prueba la hipótesis de trabajo antes mencionada, y se trabajó en la estratificación de los episodios volcánicos ocurridos en unidades cronológicas, que dieron origen a diferentes geoformas, porque se espera que en relación a estas la oferta de agua sea diferente. Sobre esta misma base se planificaron las investigaciones de campo, las cuales estuvieron comprendidas por la realización de muestreos sobre líneas de transectas, sondeos y excavaciones. A la vez, que los depósitos arqueológicos, estudiados por otros investigadores, fueron ubicados, a partir de sus coordenadas geográficas, en relación a aquellas unidades.

## ABSTRACT

Data base construction constitutes the start for the analysis and modelization of the use of space forms because that is the scenario used to design field investigation strategies and to generate different layouts.

The data sources are varied and only in exceptional cases they coincide with the archaeological interests in scales, types and quality. Consequently, different procedures related with cartographic search, item registration, digitalizing and integration in computerized environmental must be done. The correction of pre existing errors is also very important.

The general objectives include an archaeological cartographic construction that allows sampling designs and field records processing in order to generate different layouts types as well as spatial model construction.

Este trabajo tiene por meta presentar los procedimientos efectuados en la construcción de bases de datos espaciales para la resolución de problemas arqueológicos, a partir de la cual se tiene planeado modelar distintas situaciones de uso del espacio en poblaciones cazadoras recolectoras del extremo sur de Patagonia. Entre ellas, será aquí analizada la oferta de recursos hídricos, en relación con los distintos rasgos del paisaje, originados por eventos volcánicos que se registraron desde el Plioceno Superior hasta el Holoceno Temprano en la Zona Volcánica Pali Aike (Provincia de

Nuestro trabajo se encuentra inserto en los proyectos antes mencionados, teniendo como marco explicativo a la ecología evolutiva (Foley 1984; Pianka 1982) y adhiriendo a la perspectiva distribucional del registro arqueológico (Ebert 1992; Foley 1981).

El foco de investigación se centró en el estudio de la vinculación entre presencia de agua, en un paisaje volcánico caracterizado por su extrema aridez -en torno a los 200 mm anuales (Paruelo *et al.* 2006), y poblaciones humanas; siendo una de las hipótesis de trabajo, aquella que sostiene que el agua ha sido un recurso critico y condicionante de la presencia humana en la zona (Borrero 2001a).
El estudio de la expresión espacial del comportamiento humano mediante el uso de GIS/SIG (*Geographical Information Systems* / Sistemas de Información Geográfica) involucró distintas instancias previas al desarrollo de un modelo de uso del espacio y al enunciado de nuevas hipótesis. Estas instancias hacen referencia al mapeo de la evidencia material que conforma el registro arqueológico (*sensu* Ebert 1992), la expresión de la red hidrográfica (cartas geográficas IGN, escala 1:100,000, Monte Aymond, Sierra de los Frailes, Río Chico, Monte Dinero y Cabo Vírgenes) y geomorfología del paisaje volcánico (Corbella 2002; D'Orazio *et al.* 2000; González Ferran 1995).

Esto significa que la información espacial tenga distintos orígenes, escalas de representación y grados de precisión, requiriendo ser compilada, evaluada, sistematizada, georeferenciada y digitalizada. A la vez que se disponía de información ya digitalizada y geo-referenciada, pero que no era apta para ser usada de manera directa, haciéndose necesario que se trabajara sobre ella. En consecuencia, ambas clases de información necesitaron de distintos manejos metodológicos, que comprendieron las etapas de:

1) abstracción cartográfica, implicando cambios de proyecciones y de escalas,

2) integración y actualización de información, escaneando y digitalizando la información existente y la recogida en los sucesivos trabajos de campo, y

3) corrección de errores de mapeo, tanto de los inducidos por los operadores como de los sucedidos a causa de los procesos de simplificación cartográfica (Fernández Coppel 2001; Generalización Cartográfica 2002).

## ADQUISICIÓN DE DATOS

Las investigaciones en curso enfatizan la escala regional (Borrero 1989-90), involucrando la totalidad de la Zona Volcánica Pali Aike, la cual cuenta con una superficie cercana a los 9,800 km², quedando el 90% de la misma dentro del territorio de la Republica Argentina y el 10% restante en el de la Republica de Chile (Figura 2).
En nuestro caso de estudio interesan, particularmente, las distintas formaciones volcánicas previendo que se encuentran relacionadas con la disponibilidad diferencial de recursos hídricos, la que consideramos como uno de los principales atractivos para el asentamiento humano en ambientes de extrema aridez.

Para evaluar la variable hídrica fue necesaria la adquisición y la conversión de dicha información a formato digital.

La información utilizada procede de distintos medios (cartas geográficas, cartografía publicada en la bibliografía consultada, fotografías aéreas, imágenes satelitales, archivos digitales pre-existentes y puntos GPS -*Geographical Information System*-); habiéndose seleccionado los datos que se presentan en la Figura 2 y se detallan a continuación:

1) El mapa mudo de Argentina, conformado por los límites internacionales y líneas de costas, y la red hidrográfica, ambos en escala: 1:10,000,000, fueron tomados de los archivos digitales y geo-referenciados pertenecientes a las coberturas publicadas en CD del Atlas de Suelos de la República Argentina (INTA 1995). Dichos mapas estaban realizados en la proyección Mercator Transversal, Gauss Krügger, de acuerdo con lo establecido por la Ley del Poder Ejecutivo Nacional N° 22.963 para los estándares de publicación de información del Instituto Geográfico Nacional (IGN).

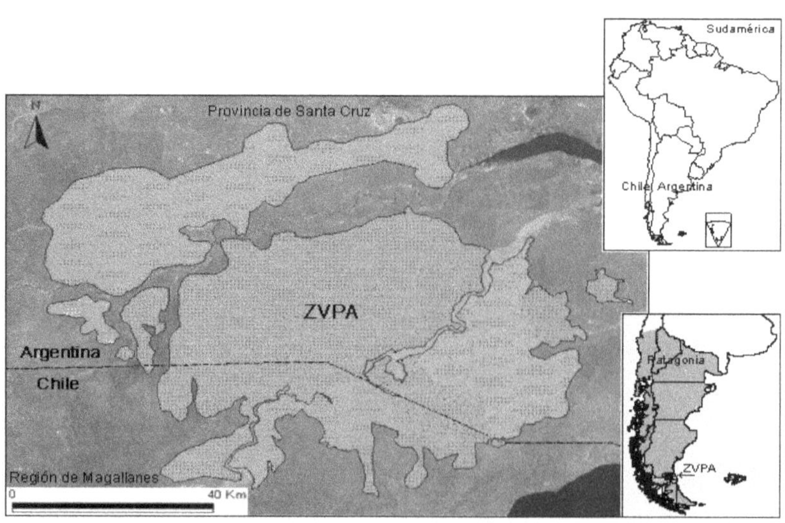


Figura 1. Área de investigación: Extremo Sur de Patagonia, Zona Volcánica Pali Aike (ZVPA).

| Unidad Volcánica | Denominación | Tipo de depósito | Bloque Temporal | Fuente |
|---|---|---|---|---|
| Unidad 1 | A. de los Pescadores | abrigo /sedimentado | - | Nami (1999) |
| | Don Ariel | abrigo /sedimentado | Tardío | Nami (1999) |
| | Markatch Aike | abrigo/ sedimentado<br>c. abierto /superficie | - | Nami (1999) |
| | A. Peggy Bird | abrigo /sedimentado | Tardío | Prieto (1989-90) |
| | Cerro Norte | abrigo/superficie | - | Proyecto Magallania III |
| | Las Buitreras | abrigo /sedimentado | Temprano | Sanguinetti de Bórmida (1982) |
| | El Volcán | abrigo /sedimentado | Tardío | Sanguinetti de Bórmida (1984) |
| | Güer Aike | - | - | Proyecto Magallania III |
| | Juni Aike | abrigo/sedimentado | Tardío | Gómez Otero (1993); Prieto (1997) |
| | Potrok Aike | abrigo /sedimentado | Tardío | Gómez Otero (1993) |
| | Palermo Aike | abrigo/sedimentado | Tardío | Proyecto Magallania III |
| | Puesto Negro | - | - | Proyecto Magallania III |
| | Thomas Gould | - | Tardío | Massone (1989-90) |
| | La Carlota | abrigo /sedimentado | Tardío | Campan *et al.* (2006) |
| Unidad 2 | Cerro Frailes | - | - | Proyecto Magallania III |
| | Cerro Johnny | abrigo /sedimentado | Tardío | Martinic (1976) |
| | Cerro Sota | abrigo /sedimentado | Tardío | Bird (1993) |
| | Cerro Tetera | - | - | Stern y Prieto (1991) |
| | Fell | abrigo /sedimentado | Temprano | Bird (1993) |
| | Cóndor I | abrigo /sedimentado | Tardío | Proyecto Magallania III |
| | Orejas de Burro I | abrigo /sedimentado | Tardío | Proyecto Magallania III |
| | Sierra de los Frailes | - | - | Proyecto Magallania III |
| Unidad 3 | Pali Aike | abrigo /sedimentado | Temprano | Bird (1993) |
| | Laguna Azul | superficie | Tardío | Proyecto Magallania III |

Tabla 1. Unidades volcánicas y depósitos arqueológico.

Santa Cruz, Argentina, y Región de Magallanes, Chile) (Figura 1).
Para ello, nos centraremos principalmente en los problemas que surgieron y las soluciones ofrecidas durante en la construcción de la mencionada base de datos. A partir de ese punto, delinearemos la existencia relaciones entre las unidades volcánicas definidas por D'Orazio *et al.* (2000), la oferta de agua y la localización de depósitos arqueológicos (*sensu* Stein 1987) tanto sedimentados como en superficie (*sensu* Ebert 1992), con la finalidad de presentar un esbozo acerca de las formas del uso del espacio en poblaciones humanas.

Las investigaciones arqueológicas en la Zona Volcánica Pali Aike tienen como antecedentes los trabajos iniciales realizados por Junius Bird (1993), a principios del siglo XX, sobre el lado chileno de esta formación volcánica y a partir de la excavación de las cuevas Fell y Pali Aike. Estos trabajos estuvieron dirigidos a estudiar el poblamiento primitivo de Patagonia y contribuyeron a la construcción de la primera secuencia cronológica de referencia para el área, a partir del diseño de puntas de proyectil. A estas actividades le sucedieron las iniciadas por Massone (1981), y las posteriormente efectuadas en el sector argentino, pudiéndose mencionar, entre otras (Ver Tabla 1), las investigaciones desarrolladas por Sanguinetti de Bórmida en cueva Las Buiteras (1982) y El Volcán (1984), Gómez Otero en Potrok Aike (1993) y Nami en Cueva Don Ariel (1999).

Nuevas investigaciones están siendo desarrolladas en el marco de los proyectos dirigidos por el Dr. Luis A. Borrero (2001a). Las mismas se orientan a dar cuenta de las formas de uso del espacio en el extremo sur de Patagonia durante los bloques temporales Temprano (13,000 - 5,000 años A.P) y Tardío (4,000 - 500 años A.P) (Borrero y Carballo Marina 1998).

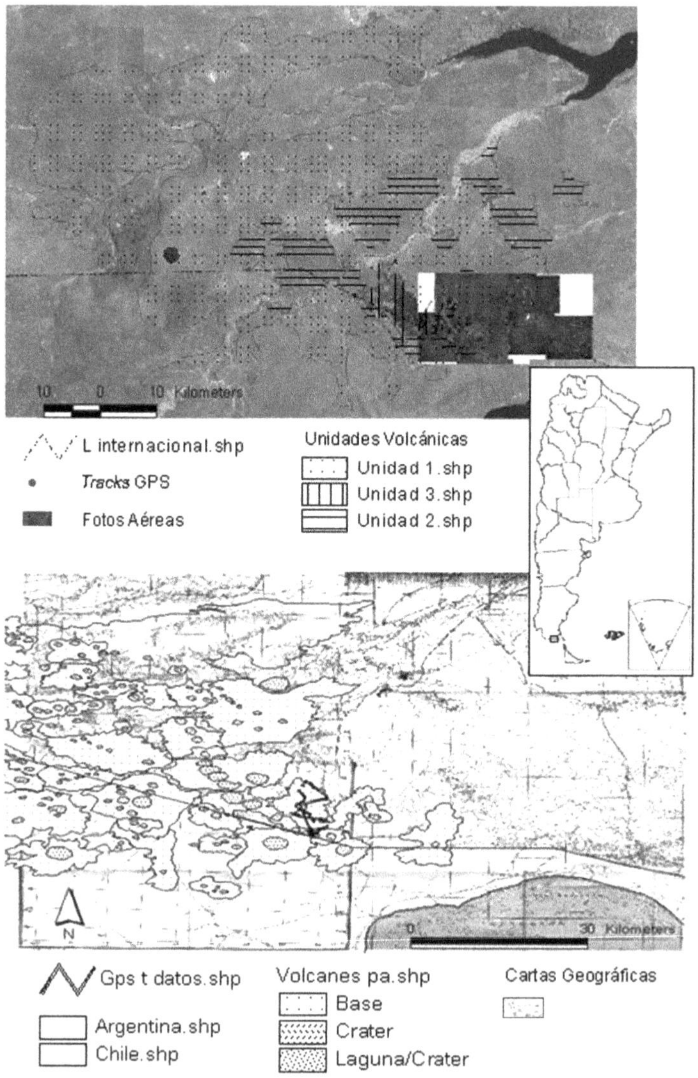


Figura 2. Adquisición de datos.

hidrográfica existente y se graficaron los cursos y espejos de aguas que no estaban mapeados en el Atlas de Suelos de la República Argentina (INTA 1995).

d) Distinguir los *tracks* registrados con GPS que correspondían a transectas y a recorridos efectuados en el campo de los que no se ajustaban a ninguno de esos criterios, o ni siquiera unían puntos espacialmente relacionados. Una posible fuente de error pudo haber sido la falta de notación de lo que se quiso registrar o el haber dejado el receptor encendido mientras se efectuaban desplazamientos entre diferentes sectores del espacio. Por ende, dicha información debió ser revisada para distinguir si se trataba o no de un recorrido o si efectivamente carecía de valor.

## GRAFICACIÓN E INTEGRACIÓN DE DATOS

La graficación e integración de los datos se realizó en función de la hipótesis de trabajo desarrollada en este trabajo, que sostiene que la oferta de agua varía en relación con las unidades volcánicas, y que por tratarse de un recurso escaso, habría ejercido durante el Holoceno un importante atractivo para las ocupaciones humanas que habitaron el área (Borrero 2001a).

La variable hidrográfica expresada bajo los distintos estados la cartografía digitalizada del CD INTA (1995) con la cartografía IGN, éstas no coincidía. Atribuimos dicha situación a un cambio en la escala de digitalización, probablemente a partir de una cartografía representada en una escala chica -1:10,000,000- que habría requerido de un alto grado de simplificación cartográfica.

c) Corregir el trayecto de la red hidrográfica:

c.1. Se eliminaron las polilíneas correspondientes a la línea de costa y al límite con Chile, que venían incorporadas en la cobertura de la red hidrográfica INTA (1995) asignándoles en tabla un valor 0 -cero-.

Esta alternativa, visualmente no proporcionaba problemas pero mantenía de modo encubierto complicaciones que podrían hacerse evidentes al realizar consultas en la base de datos (por ejemplo, al seleccionar clases de cursos de agua).

c.2. Se unieron polilíneas discontinuas que graficaban el trayecto de un mismo flujo de agua, por no permitir el cálculo de recorridos al efectuar cada operación por segmento.

c.3. Se cortaron las polilíneas que se presentaban como continuas, asignándoles en tabla valores distintos. Dicho proceso se realizó para diferenciar los cursos con caudales permanentes de los no permanentes.

c.4. Se complementaron los datos faltantes en la red

Los dos mapas debieron ser convertidos a la proyección UTM 1983, Zona 20 o a coordenadas planas X,Y, para que permitieran la superposición con otros mapas y el mapeo de otra información espacial de interés, tal es el caso de las imágenes satelitales.

2) El mapa mudo de Chile, en escala 1:10,000,000, fue creado con tabla digitalizadora en Autocad, a partir del mapa físico IGN de la República Argentina (1990). Este mapa estaba conformado por un archivo en donde no se discriminaba el sector continental del insular; ni dentro de éste cada una de las isla del archipiélago chileno, por lo que fue convertido a un archivo de polígonos.

3) Las cartas geográficas del Instituto Geográfico Nacional (IGN), en escala 1:100,000. Por tratarse de la cartografía oficial fueron tomadas como el referente sobre el cual se practicaron distintas correcciones, graficaciones e incorporaciones de datos relevados en el campo.

4) Las fotografías aéreas de Segemar, en escala 1:40,000, fueron escaneadas, re-ensambladas y geo-referenciadas. Su importancia radica en que fueron consultadas durante la programación y desarrollo de las investigaciones de campo para localizar y visualizar las diferentes unidades volcánicas. Asimismo, estas fotografías fueron utilizadas como escenario para la representación de distintas geoformas sobre las cuales ubicar puntos y recorridos GPS o posicionador satelital.

5) Las imágenes satelitales utilizadas son de dos clases:
5.1. Imágenes B/N, radar-derivada con una resolución de 90 m (*3 arc second o 10x*), SRTM 90m DEM (*Digital Elevation Model* / Modelo Digital de Elevación), bajadas de la página de la NASA -ftp://edcsgs9.cr.usgs.gov/pub/data/srtm/South_America/- y tratadas digitalmente para usos topográficos y
5.2. Imágenes Color artificial, LANDSAT 30m, bajadas de la página de la NASA -http://zulu.ssc.nasa.gov.mrsid.pl

Ambos tipos de imágenes se obtuvieron ya geo-referenciados y fueron utilizados tanto para generar nueva cartografía, así como de soporte sobre el que se graficó otra clase de información (puntos GPS, corrección de líneas de costa y georreferenciación de fotografías aéreas).

6) Los registros obtenidos mediante receptores GPS (Garmin modelos Etrex, 12 canales, y Garmin Adventure, 20 canales) proporcionaron las ubicaciones geográficas tanto de puntos como de recorridos efectuados en el campo. Algunos fueron bajados directamente desde el receptor a la PC, como puntos o líneas, mientras que otros fueron tomados varios años atrás con aparatos sin interfase para PC y sus coordenadas fueron ingresadas al SIG en forma manual.

7) La información geológica y arqueológica publicada en distintos medios científicos fue, en algunos casos, escaneada y en otros, construidas tablas. En el caso de las publicaciones geológicas han sido consideradas las cronologías de las erupciones volcánicas (Corbella 2002) y la clasificación en diferentes unidades (D'Orazio *et al.* 2000) a partir de sus antigüedades. Mientras que, de las publicaciones arqueológicas solamente resultan de interés la localización de depósitos arqueológicos identificados en el área de estudio.

## CORRECCIÓN DE ERRORES

La corrección de los errores a los que se hace referencia, aluden a las modificaciones que debieron ser efectuadas sobre las distintas fuentes de datos utilizadas, ya sea en cuanto a la forma de graficación o a la ubicación de distintos atributos en el espacio. Muchos de estos errores se deben, principalmente, a los ocurridos durante los procesos de simplificación cartográfica. A partir de los cambios de escala y de proyección a los que son sometidos para cumplir con distintas normas de publicación y resultan evidentes al pasar de una fuente a otra de información y entre estas y la cartografía de digital base, contenida en el entorno SIG.

Los errores más comúnmente encontrados se deben a:

1) El proceso de generalización cartográfica, que lleva a eliminar o a sobre-simplificar ciertos atributos para que puedan ser graficados en una determinada escala. Estos resultan salvables aumentando la cantidad de nodos que conformaban polilíneas y polígonos. Esto se realizó en la cobertura de la red hídrica, la cual se modificó tomando como base para la corrección la cartografía publicada por el IGN.
2) El escaneado de cartografía impresa, la cual en ocasiones se encuentra deformada o ajada por el uso, introduciendo errores en las coordenadas de referencia y en la medición de distancias entre puntos. Para los casos en los cuales se pudo obtener cartografía en buen estado, la misma fue escaneada nuevamente. En los otros casos, para reducir esos sesgos se realizó el escaneo de las cartas geográficas y de los mapas por sectores acotados, tratando de salvar los espacios dañados o de disminuir las imprecisiones existentes.

3) La digitalización, a causa de una deficiente precisión tanto en la ubicación de puntos, trazado de líneas, cantidad de lados y formas de los polígonos como en los atributos y estados de las variables que conforman las tablas adosadas a las coberturas.

Tomando como referencia las cartas geográficas IGN como la información a partir de la cual efectuar las correcciones se procedió a (Figura 3):

a) Ajustar los límites políticos entre Argentina y Chile, debido a que las publicaciones en el territorio de la República Argentina deben ajustarse a los parámetros establecidos por el Poder Ejecutivo Nacional, Ley N° 22.963. Dichos ajustes se realizaron revisando el trayecto del límite internacional desde el paralelo 52° de Latitud sur y a través de los hitos XVII, XVI, XV, XV, XIV -Estancia Monte Aymond 1:100.000-, XIII; XII, XI, X -Estancia El Cóndor 1:100.000-, XIX, VIII, VII, VI, V, IV, III -Monte Dinero 1:100.000- II y I -Cabo Vírgenes 1:100.000-.

b) Adecuar las líneas de costa, dado que al superponer

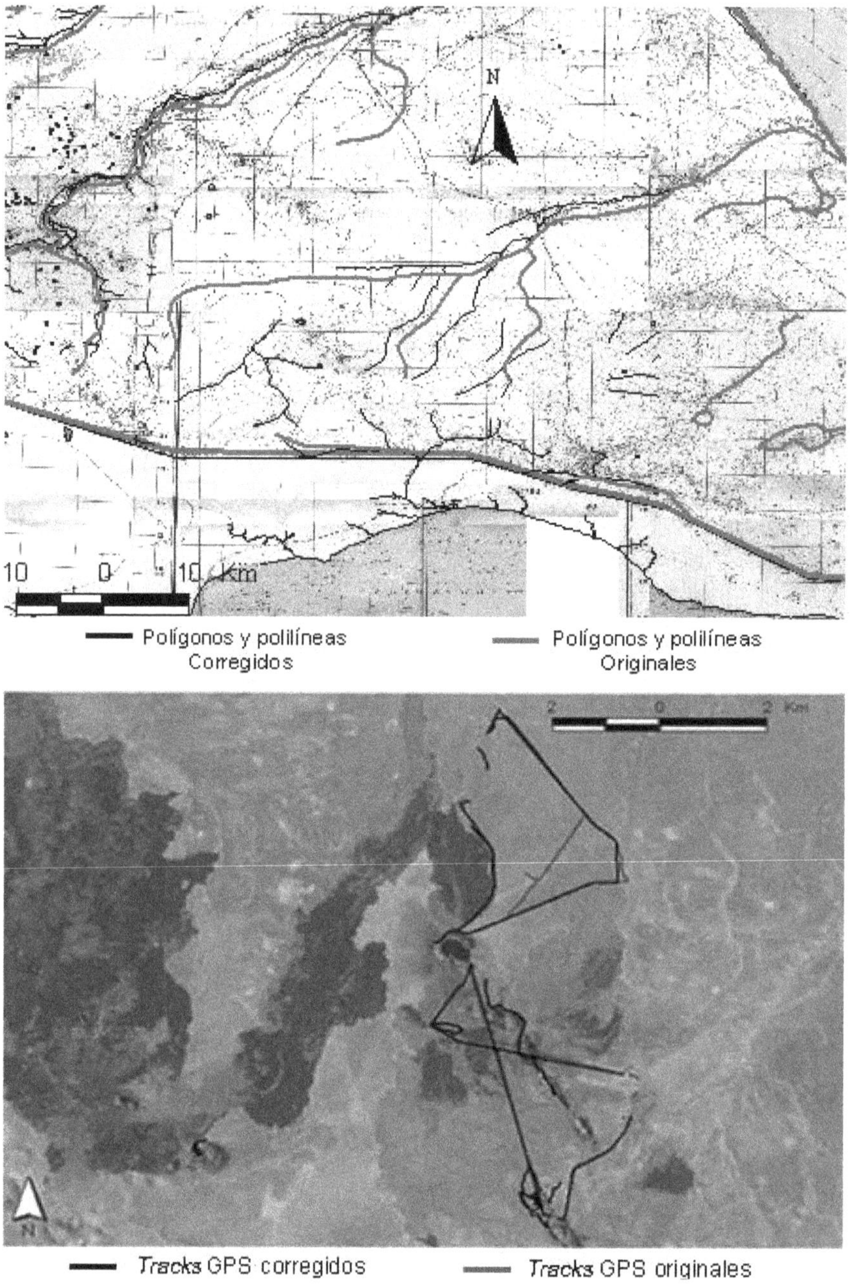


Figura 3. Corrección de errores.

que adquiere (por ejemplo: ríos / lagunas y permanentes / no permanentes) fue digitaliza y almacenada en archivos que permiten consultarla tanto bajo la forma de vistas (la graficación de atributos en pantalla) como de tablas.

Así, uno de los posibles resultados inmediatos del volcado de información en una base de datos SIG es la obtención de una serie de mapas temáticos, con información alfanumérica adosada, que los torna aptos para ser superpuestos y combinados a través de distintos procedimientos lógicos y matemáticos.

La Zona Volcánica Pali Aike

La topografía en este campo volcánico es predominantemente plana, aunque muestra algunos valles aterrazados y numerosos relieves volcánicos de escasa altura absoluta. El modelado de este paisaje se tiene origen en un vulcanismo fisural de retroarco Plioceno - Holoceno emplazado en la Cuenca Magallánica, a 300 km al este del actual frente volcánico (Corbella 2002). Abarca una superficie de unos 9,800 km$^2$ y está conformada por 468 aparatos volcánicos relacionados con erupciones monogenéticas, cuyas alturas oscilan entre los 100 y 180 m (D'Orazio *et al.* 2000; Mazzarini y D'Orazio 2003).

Los afloramientos ígneos de esta faja tectono-volcánica tuvieron inicio durante el Plioceno Superior (*ca.* 3,78 Ma) y fueron emitidos a lo largo de sucesivos pulsos volcánicos hasta el Holeceno Temprano (*ca.* 15,000 AP). Los más antiguos de estos afloramientos se encuentran en la margen Sudoeste de la falla, asentados sobre la Formación Santa

Cruz o terraza antigua del río Gallegos, presentándose disectadas por la erosión y perturbados por la acumulación de depósitos glaciarios anteriores a los afloramientos ígneos (Corbella 1999).

Sobre la base de criterios cronológicos y de las características de las manifestaciones volcánicas, D'Orazio *et al.* (2000) distinguen distintas unidades (Figura 4):

La *Unidad 1*, comprendida por mesetas de coladas basálticas de hasta 3,8 Ma, cubre el 83% del campo volcánico.

La *Unidad 2*, presenta conos antiguos disectados, anillos de tufa volcánica y flujos de lava asociados, con antigüedades que oscilan entre los 2.1 Ma y los 300.000 años. El número de aparatos volcánicos en este sector suma un total de 442 y abarca el 15% del área.

La *Unidad 3*, conformada por conos de escoria jóvenes, *ca.* 170,000 y 17,000 años, bien preservados y por flujos de lava asociados, está constituida por 26 aparatos volcánicos, comprendiendo solamente el 2% de la zona volcánica.

Red hidrográfica

Las cuencas de los ríos Gallegos, Chicos y sus respectivos tributarios son los únicos cursos de agua importantes que atraviesan la Zona Volcánica Pali Aike. El río Gallegos, ubicado más al norte, cruza las coladas basálticas que conforman la unidad 1, mientras que el río Chico atraviesa aparatos volcánicos correspondientes a las tres unidades que fueran precedentemente distinguidas. A estos se suma la presencia de las lagunas Potrok Aike, en medio de la unidad 1, Bismark y Tábanos, en relación a la unidad 2, y las lagunas Azul y Cisnes, dentro de la unidad 3 (Figura 4). Otras lagunas también están presentes en el área pero, éstas son de carácter semi-permanente o tienen aguas saladas, tal es el caso de las lagunas Ana, Salada, Media Agua, Pali Aike, etc.

Los cursos fluviales presentan diseños meandrosos con planicies de inundación de tamaño variable -en torno a los 10 km, que no se condice con la dimensión de los meandros, ni con el caudal de agua que actualmente circula. Esto se debe a que el labrado de esos valles responde a períodos de desglazamiento, durante los cuales el régimen hídrico fue mucho más caudaloso; ampliando y profundizando el nivel de base y dando origen a un complejo sistema de terrazas (Corbella y Gagliardini 1996; Mazzoni *et al.* 2001; Mazzoni y Vázquez 2004).

Los recursos hídricos superficiales son escasos. En parte, debido al bajo registro pluviométrico y, en parte, a la inexistencia de aguas sub-superficiales. Algunos se presentan bajo la forma de cañadones secos y otros como lagunas semi-permanentes denominadas bajos sin salida, por tratarse de cuencas endorreicas localizadas en depresiones de tamaño variable, que deben su génesis a diversos procesos geomorfológicos; entre los que resultan más significativa la acción eólica (Mazzoni *et al.* 2002).

Depósitos arqueológicos

El área presenta evidencias de ocupaciones cazadoras recolectoras terrestres tanto tempranas como tardías, las cuales han sido enmarcadas en los bloques espacio temporal Temprano (13,000 - 5,000 años AP) y Tardío (4,000 - 500 años AP) (Borrero y Carballo Marina 1998). Las dataciones radiocarbónicas disponibles, permiten ubicar a los depósitos arqueológicos dentro de un rango temporal comprendido entre los 11,000 y 1,000 años AP (Borrero *et al.* 2004; Campan *et al.* 2007; Gómez Otero 1993; Sanguinetti de Bórmida 1982).

Los trabajos efectuados en la Zona Volcánica Pali Aike han proporcionado un conjunto importante de información. No obstante, es presentado a continuación un panorama general y sumamente simplificado de la historia ocupacional del área.

A título meramente informativo podemos proponer que los depósitos arqueológicos que sustentan dataciones asignables

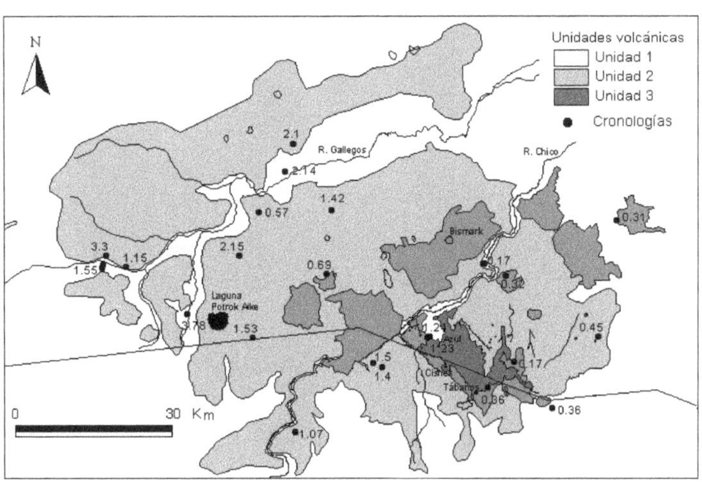


Figura 4. Graficación e integración de datos. Zona Volcánica Pali Aike.

al bloque temporal Temprano pueden ser vinculados con el poblamiento inicial del área (Bird 1993), registrando en algunos casos megafauna (Sanguinetti de Bórmida 1982). Mientras que otros, que representan instancias posteriores de ocupación, pueden ser vinculados con la existencia de núcleos poblacionales localizados en las inmediaciones de la Zona Volcánica Pali Aike, conformados a partir de un posible aumento demográfico identificado dentro de la supra-región (por ejemplo la costa del Estrecho de Magallanes y Ultima Esperanza, Chile) (Borrero 2001b).

A partir del registro arqueológico en superficie, se obtuvo una baja frecuencia artefactual que no se condice con lo observado en depósitos localizados en abrigos rocosos, que por el contrario, muestran evidencia de reocupación, siendo ese el caso de Las Buitreras (Sanguinetti de Bórmida 1982), Potrok Aike (Gómez Otero 1993), La Carlota (Campan *et al.* 2007), Orejas de Burro I y Cóndor I (Borrero *et al.* 2004). Alguno de ellos, ubicados en el bloque temporal Tardío, presentan gran variedad artefactual (Borrero *et al.* 2004; Campan et al. 2007) y entierros múltiples -Orejas de Burro I- (Borrero *et al.* 2004). Sin embargo, en este trabajo sólo se considerará la presencia / ausencia de artefactos, en relación con las unidades volcánicas definidas por D'Orazio *et al.* (2000) y su vinculación con los distintos tipos de recursos hídricos, sin tener en cuenta si el deposito arqueológico se presenta en superficie o sedimentado, a cielo abierto o en abrigo rocoso (Tabla 1 y Figura 5).

## APLICACIONES

Una vez conformada la base de datos nuestra intención fue efectuar diferentes aplicaciones analíticas, implicando procesos tales como: a) la producción cartográfica, a partir de la información contenida en distintas coberturas y b) evaluar la relación espacial entre depósitos arqueológicos y la red hidrográfica, efectuando análisis de proximidad tendientes a crear zonas *buffer* o áreas de influencia.

La presencia relativa de agua dulce en el entorno se encuentra restringida a cráteres ocupados por ciertas lagunas permanentes, lagunas estacionales en bajos sin salida o terminales, el curso de los ríos Gallegos, Chico y sus respectivos afluentes y algunos cursos no permanentes; por lo que se espera que estos constituyeran importantes factores de localización para las poblaciones humanas (Kvamme 1985). Probablemente, incidiendo de manera diferente, dependiendo de si se trataba de cuerpos de agua permanentes o de régimen estacional.

La oferta hídrica ha sido considerada teniendo en cuenta los siguientes atributos:

1) Cuerpo de agua: río / laguna,
2) Estado: permanente / no permanentes y
3) Tipo de agua: dulce / salada.

La oferta de agua contabilizada a partir de la base de datos espacial, asciende a un total de 231 lagunas, entre permanentes / no permanentes y dulces / saladas, y a 253 ríos, entre cursos principales / tributarios y permanentes / no permanentes.

Los ríos, a diferencia de los cuerpos lagunares, pueden ser clasificados, también, a partir de los segmentos que los conforman; distinguiendo así, entre cursos principales, secundarios y terciarios. Ahora bien, teniendo en cuenta solamente el curso principal, el número de ríos existentes desciende a apenas una veintena.

Al comparar la cantidad de espejos de agua permanentes observamos que los ríos contabilizan 6 cursos y las lagunas 24 cuerpos, siendo preciso señalar que 4 de estas son saladas (Salada, Media Agua, Pali Aike -Argentina- y Laguna Ana -Chile-). Pudiendo no ser seleccionadas como fuentes de agua potable, pero si funcionando como un elemento que contribuye a la irrigación de los sectores aledaños posibilitando el crecimiento de la cobertura vegetal. Incidiendo en las formas de uso del espacio en su carácter de concentradoras de biomasa primaria y secundaria y en la productividad del ambiente (*sensu* Kelly 1995), generando un atractivo más para las poblaciones humanas.

El carácter de permanente / no permanente del agua en el entorno pone en evidencia una mayor representación estacional de cuerpos hídricos que, sin discriminar su potabilidad, y a juzgar solamente por su presencia, parecería ser más abundante en ciertos momentos del año -particularmente durante el invierno-. Aún en los casos en que el agua no resulta apta para el consumo humano,

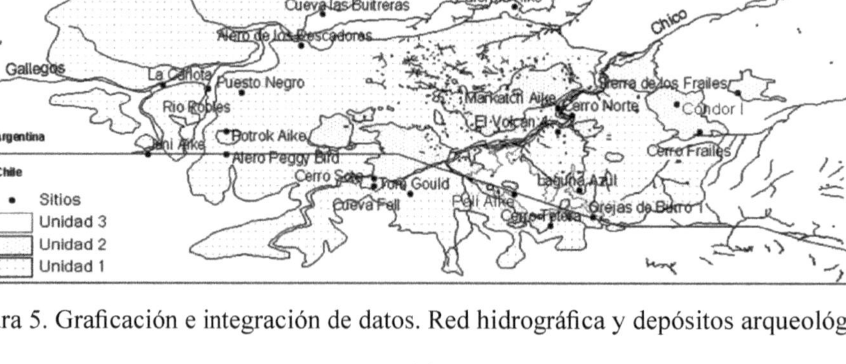


Figura 5. Graficación e integración de datos. Red hidrográfica y depósitos arqueológicos.

contribuye a aumentar la superficie irrigada y con ello, a incrementar la expresión de las comunidades vegetales asociadas -mallines- y a disminuir la acción erosiva de los vientos sobre el suelo (Mazzoni y Vázquez 2004). En cambio, durante el período estival o estación seca, cuando las lluvias decrecen y la evaporación aumenta, la oferta hídrica y vegetal disminuye drásticamente (Paruelo *et al.* 2006).

Entonces, sería posible pensar en una ocupación estacional del área, si fuera, efectivamente, la oferta de agua uno de los principales factores de localización. También, es posible prever que en los momentos de mayor sequedad, durante los cuales muchas lagunas y ríos no permanentes se secan o disminuyen la cantidad de agua, las márgenes expuestas alcanzarían mayores dimensiones presentando el atractivo de exponer guijarros que podrían ser evaluados como potenciales materias primas líticas.

Al tratar de identificar qué unidades volcánicas se encuentran mejor irrigadas por ríos permanentes, se observa una paridad, ya que la situación es semejante en todas.

En cambio, la relación entre aparatos volcánicos y presencia de espejos lagunares, sin discriminar su carácter permanente / no permanente y aguas dulces / saladas, permite construir un rango, en donde la unidad 1 se posiciona como la mejor provista de recursos hídricos, seguida por la unidad 2 y la unidad 3, respectivamente.

Si se eliminan aquellos espejos no permanentes, la escala ordinal se mantiene, pero se ahonda la distancia que guarda la unidad 1, que sigue siendo la mejor provista, con respecto a la unidad 2. Mientras que la unidad 3 se presenta como totalmente desprovista de lagunas.

En cuanto a la distribución de depósitos arqueológicos con respecto a las diferentes unidades volcánicas, se observa que de un total de 24, 14 se ubican sobre la unidad 1, 8 en asociación con la unidad 2, y 2 con la unidad 3. En suma, se puede observar una relación positiva entre unidades volcánicas mejor provistas de espejos lagunares y presencia de depósitos arqueológicos.

Con la intención de evaluar la cercanía de los depósitos arqueológicos a los cuerpos de agua, propusimos el trazado de zonas buffer, utilizando 3 intervalos de 1,500 m cada uno -1,500; 3,000 y 4,500 m, respectivamente- (Figura 6 y Tabla 2), tratando de identificar la cantidad de sitios que quedan comprendidos dentro de cada uno de ellos y previéndose que la mayor distancia podría ser considerada como la máxima recorrida a diario, desde un punto más o menos fijo del paisaje para el aprovisionamiento de agua potable. Los criterios que nos llevaron a la elección del primer y segundo intervalo (1,500 y 3,000 m) fue medir, solamente, la proximidad o cercanía a los cuerpos de agua, mientras que el tercer intervalo (4,500 m) fue elegido teniendo presente distintas generalizaciones empíricas sobre casos etnográficos. Dichas distancias fueron propuestas como una medida comparativa a ser recorrida en el día (Higgs y Vita Finzi 1972).

En nuestro caso de estudio no estamos esperando que la distancia comprendida en el último intervalo represente la máxima recorridas en una jornada, ni que estén dando cuento del retorno de los individuos a una posible localización, sino que la estamos relacionando con una potencial distancia recorrida para lograr, simplemente, el aprovisionamiento de agua potable.

Los depósitos arqueológicos que se encuentran comprendidos dentro del primer intervalo (1,500 m) ascienden a un total de 10, los que se localizan en relación al segundo (3,000 m) son 5 y 2 al tercero (4,500 m), sin discriminar entre cuerpos hídricos permanentes / no permanentes. En cambio, si se tiene en cuenta que 4 de esos depósitos están próximos a cursos de agua no permanentes, 1 queda comprendido dentro del primer intervalo, 2 dentro del segundo y 1 dentro del tercero.

Al tomar en consideración el área total comprendida entre el primer y tercer intervalo, se observa que 13 depósitos se ubican dentro de los 4,500 m más próximos a cuerpos de agua permanentes, estando 2 dentro del área buffer definida en torno a la laguna Potrok Aike, 1 a laguna Azul, y 4 a cuerpos no permanentes. Mientras que otros 7, se encuentran fuera de la zona buffer establecida por ese intervalo y, por ende, están más alejados de cualquier clase de cuerpo de agua.

Finalmente, nos interesaba precisar si la distancia que guardan los depósitos arqueológicos a los cursos de agua comprendidos dentro del primer intervalo (1,500 m) se encuentran próximos a ese máximo o a distancias menores. Para eso, dicho intervalo fue subdividido en 3 intervalos de 500 m cada uno. Esto arrojó que de un total de 10 depósitos 5 están próximos a los primeros 500 m, 2 en los siguientes 1,000 m y 3 en los últimos 1,500 m., poniendo en evidencia que la cercanía al agua debió ser un atractivo para la localización humana.

## SÍNTESIS FINAL

La construcción de una base de datos espacial fue la meta que orientó la realización de este trabajo, a partir de la recolección de datos procedente de diferentes fuentes de información. A causa de ello, dicha información presentaba diferentes escalas de representación, distintos grados de precisión y diversos sistemas de proyección, por lo que debió ser revisada y complementada. Esta etapa fue sin duda la más costosa del proceso en cuanto a tiempo invertido, puesto que la calidad de los datos ingresados en los sistemas de información geográfica influye de manera directa en la utilidad de las aplicaciones.

La aplicación que presentamos, relacionó la variable hidrográfica con las distintas unidades volcánicas representadas en la Zona Volcánica Pali Aike y los depósitos arqueológicos identificados; previendo que la abundancia de agua dulce en el área podría haber ejercido un importante atractivo para las ocupaciones humanas en un ambiente caracterizado por su extrema aridez.

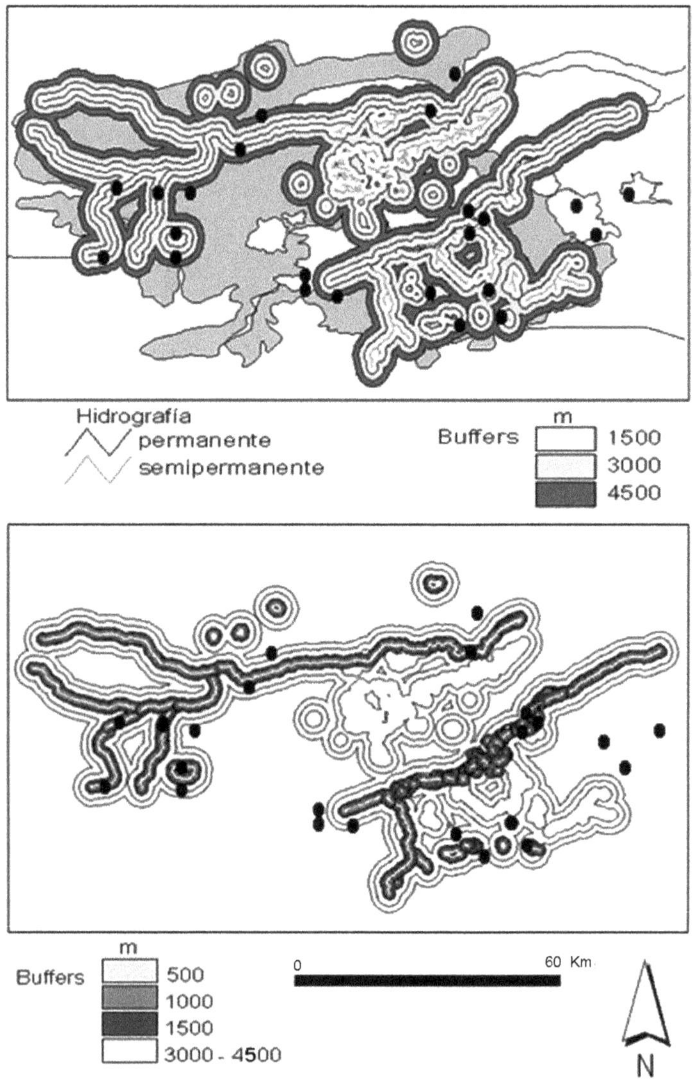


Figura 6. Aplicaciones. Zonas *Buffers*.

| Distancias al agua | Depósitos / Clases de cuerpos de agua | |
|---|---|---|
| Intervalos | Permanentes | No permanentes |
| 0 - 1,500 m | 9 | 1 |
| 1,500 - 3,000 m | 3 | 2 |
| 3,000 - 4,500 m | 1 | 1 |
| Totales | 13 | 4 |
| Primer Intervalo (1,500 m) | Permanentes | No permanentes |
| 0 - 500 m | | 5 1 |
| 500 - 1,000 m | 2 | - |
| 1,000 - 1,500 m | 3 | - |
| Totales | 10 | 1 |

Tabla 2. Distancias al agua y depósitos arqueológicos

Luego de la graficación que hiciéramos de los distintos estados de las variables analizadas, realizamos una indagación sobre la base de datos a partir de la superposición de diferentes coberturas, lo cual dio por resultado que identificáramos claramente cuáles son las unidades volcánicas mejor provistas de agua y cuáles son las características de los cuerpos hídricos registrados.

A continuación y tomando en consideración la distancia al agua que guardaban los distintos depósitos arqueológicos, los que a su vez se encontraban distribuidos de manera diferencial en torno a las 3 unidades volcánicas previamente establecidas, sometimos a contrastación de una de las hipótesis de trabajo, cuyo enunciado hacía referencia al fuerte atractivo que habría ejercido la presencia de agua para las ocupaciones humanas.

Como parte del proceso de contrastación se elaboraron

nuevas coberturas mediante el trazado de zonas *buffers*, con diferentes intervalos, en torno a los cuerpos de aguas de diferentes clases. Estas nos han permitido señalar que para un total de 24 depósitos arqueológicos, 17 se encontraron en relación a recursos hídricos, bajo distancias que oscilaron entre los 0 y 4,500 m y 7 se encontraron fuera de ese rango y, por ende, aún más alejados. Pero, al comparar esa misma distribución de depósitos con un intervalo menor (1,500 m) pudo indicarse que 10 depósitos quedaron comprendidos dentro de este último.

Lo expuesto nos lleva a considerar que ciertos depósitos arqueológicos responden a más de un factor de localización, o directamente referir a otros distintos a la oferta hídrica. No obstante y vinculado a ella, podemos precisar que durante la estación invernal cuando muchos cuerpos de aguas no permanentes se secan o disminuyen sus tamaños dejan expuestos guijarros, potencialmente útiles como materias primas, y que las lagunas saladas existentes, adquieren importancia al permitir la concentración de biomasa primaria y secundaria en torno a sus márgenes. A la vez que la topografía podría estar ofreciendo diferentes clases de refugios a la intemperie, a juzgar por lo observado en la Tabla 1, si es que la supremacía de depósitos arqueológicos en cuevas o aleros no se debe a un sesgo de las estrategias de muestreo.

## BIBLIOGRAFÍA


Bird, J.
1993 *Viajes y arqueología de Chile austral*. Ediciones de la Universidad de Magallanes. Punta Arenas.

Borrero, L.
1989-90 Evolución cultural divergente en la Patagonia Austral. *Anales del Instituto de la Patagonia* 19:133-140.

2001a *Modos de Interacción entre poblaciones humanas de la Patagonia meridional*. Proyecto Secyt. MS. en archivo, DIPA-CONICET, Buenos Aires.

2001b *El poblamiento de la Patagonia. Toldos, milodones y volcanes*. Emecé Editores, Buenos Aires.

Borrero, L. y F. Carballo Marin
1998 Proyecto Magallania: la cuenca superior del río Santa Cruz. En *Arqueología de la Patagonia Meridional (Proyecto Magallania)*, editado por L. A. Borrero, pp. 11-27. Búsqueda de Ayllu, Concepción del Uruguay.

Borrero, L., Manzi, L., L'Heureux, L., Martin, F., Franco, N., Charlin, J., Barberena, R. y P., Campan
2004 Arqueología del campo de lava Pali Aike, Argentina. MS. en archivo, *XV Congreso Nacional de Arqueología Argentina,* Río Cuarto.

Campan, P., Carballo Marina, F. y L., Manzi
2007 En Arqueología de Fuego-Patagonia. Levantando piedras, desenterrando huesos... y develando arcanos, editado por F. Morello, M. Martinic, A. Prieto y G. Bahamonde, pp. 687-699. Editorial CEQUA, Punta Arenas

Corbella, H.
1999 Dataciones radiómetricas en Pali Aike, Patagonia austral. XIV *Congreso Geológico Argentino* 2:265-268. Salta.

Corbella, H.
2002 El campo volcano-tectónico de Pali Aike. Geología y recursos naturales de Santa Cruz. *Relatorio del XV Congreso Geológico Argentino* 1(18):285-301. El Calafate.

Corbella, H. y D. Gagliardini
1996 Caracterización morfológica de la faja volcano tectónica Pali Aike mediante imágenes ERS-1. *Proceedings of an International Seminar on The Use and Applications of ERS in Latin America* 201-208. Viña del Mar.

D'Orazio, M., S. Agostini, F. Mazzarini, P. Innocenti, M. Manetti, M. Aller y A. Lahsen
2000 The Pali Aike Volcanic Field, Patagonia: Slab-Window Magmatism near the Tip of South America. *Tectonophysics* 321: 407-427.

Ebert, J.
1992 *Distributional Archaeology*. University of New Mexico Press, Albuquerque.

Fernández Coppel, I.
2001 Localizaciones geográficas. Las coordenadas geográficas y la proyección UTM (Universal Transversal Mercator). MS. en archivo, Escuela Superior Técnica de Ingenierías Agrarias, Universidad de Valladolid, Palencia.

Foley, R.
1981 *Off-site archaeology and human adaptation in Eastern Africa. An Analysis of regional artefact density in the Amboseli, Southern Kenya.* Cambridge Monographs in African Archaeology. BAR International Series 97. England.

1984 Putting People into Perspective: an Introduction to Community Evolution and Ecology. *Hominid Evolution and Community Ecology Prehistoric Human Adaptation in Biological Perspective*, editado por R. Foley. pp:1-24. Academic Press. New York.

Gómez Otero, J.
1993 The function of small rock-shelters in the Magallanes IV Phase settlement system (South Patagonia). *Latin American Antiquity* 4: 325-345

Generalización Cartográfica
2002 *Cartografía II*. MS. en archivo, Escuela Universitaria de Ingeniería Técnica Topográfica, Madrid.

González Ferran, O.
1995 Volcanes de los Andes Australes. En *Volcanes de Chile,* editado por IGM. pp. 467-479. IGM, Chile.

Higgs, E. y C, Vita Finzi
1972 Prehistoric Economies: a Territorial Approach. En

*Papers in Econocmic Prehistory*, editado por E. Higgs. pp. 27-36. Cambridge University Press, Cambridge.

INTA
1995 *Atlas de Suelos de la República Argentina en CD-Rom con el programa Arc-View incorporado*. Instituto de Suelos-CIRN/INTA, AEROTERRA, Fundación ArgenINTA, Buenos Aires.

Kelly, R
1995 *The Foraging Spectrum. Diversity in Hunter-gatherer Lifeways*. Smithsonian Institution Press. Washington.

Kvamme, K.
1985 Determining Empirical Relationships Between the Natural Environment and Prehistoric Site Locations. *A Hunter-Gatherer Example. For Concordance in Archaeological Analysis*, editado por Carr, C. pp. 208-238. Westport Publishers. University of Arkansas.

Mapa Físico de la República Argentina
1990 *Publicaciones del Instituto Geográfico Militar*. Buenos Aires

Martinic, M.
1976 Hallazgo y excavación de una tumba Aonokenk en Cerro Johnny (Brazo Norte), Magallanes, *Anales del Instituto de la Patagonia* 7:95-98.

Massone, M.
1981 Arqueología de la región volcánica de Pali-Aike (Patagonia Meridional Chilena). *Anales del Instituto de la Patagonia* 12: 95-124

Massone, M.
1989-90 Investigaciones arqueológicas en la laguna Thomas Gould (1980-1982). *Anales del Instituto de la Patagonia* 19:88-99.

Mazzarini, F. y M. D'Orazio
2003 Spatial distribution of cones and satellite-detected lineaments in the Pali Aike Volcanic Field (southernmost Patagonia):insights into the tectonic setting of a Neogene rift system. *Journal of Volcanology and Geothermal Research* 125:291-305.

Mazzoni, E., E. Ruiz Posse, M. Vazquez, C. Baetti y G. Martínez
2001 Unidades de paisaje en pequeñas cuencas endorreicas de la Patagonia Extracordillerana argentina. *Anales de la Sociedad Chilena de Ciencias Geográficas* 95-102. Santiago.

Mazzoni, E. y M. Vázquez
2004 *Ecosistemas de mallines y paisajes de la Patagonia austral (Provincia de Santa Cruz)*. Ediciones INTA, Buenos Aires.

Mazzoni, E., M. Vázquez y E, Ruiz Posse
2002 Dinámica geomorfológica de depósitos eólicos asociados a bajos sin salida de la Patagonia austral. *IV Jornadas Nacionales de Geografía Física* 165-176. Mar del Plata.

Nami, H.
1999 Arqueología en la localidad arqueológica de Pali Aike, cuenca del río Chico (Provincia de Santa Cruz, Argentina). *Praehistoria* 3: 189-218.

Paruelo, J., Golluscio, R., Jobbágy, E., Canevari, M. y M. Aguilar
2006 Situación ambiental en la estepa Patagónica. *La situación ambiental argentina 2005*. Fundación Vida Silvestre. pp. 303-320, Buenos Aires.

Pianka, E.
1982 *Ecología evolutiva*. Ediciones Omega. Barcelona.

Prieto, A.
1991 Cazadores tardíos en la zona fronteriza del paralelo 52° sur II. El alero Peggy Bird. *Anales del Instituto de la Patagonia* 19:73-85.

1997 Algunos resultados de los trabajos arqueológicos en Juni Aike 2. *Anales del Instituto de la Patagonia* 25:137-146.

Sanguinetti de Bórmida, A.
1982 Introducción a la prehistoria de la Patagonia Argentina. Tesis doctoral. MS. en archivo, Facultad de Filosofía y Letras. Universidad de Buenos Aires.

1984 Noticia sobre el sitio «El Volcán», su relación con el poblamiento tardío de las cuencas de los ríos Gallegos y Chico (Provincia de Santa Cruz, Argentina). *Prep: Informes de Investigación* 1: 5-34.

Stein, J.
1987 Deposits for Archaeologists. *Advances in Method and Theory*, editado por M. Schiffer. vol. 11. pp. 337-395. Academic Press. New York.

Stern, Ch. y A., Prieto
1991 Obsidiana verde de los sitios arqueológicos en los alrededores del mar de Otway, Magallanes, Chile. *Anales del Instituto de la Patagonia* 20:139-144.

Vázquez, M. y E. Mazzoni
2000 Cartografía digital de humedales en la cuenca del río Coyle, Provincia de Santa Cruz, Argentina. *X Congreso Nacional de Cartografía* 56-64, Buenos Aires.

# CUANTIFICACION Y ANALISIS DE LA DISTRIBUCION DE ROCAS ÚTILES PARA LA MANUFACTURA DE INSTRUMENTOS A TRAVÉS DEL USO DE SISTEMAS DE INFORMACIÓN GEOGRÁFICA EN SANTA CRUZ, ARGENTINA.

G. Roxana Cattáneo, *, Claudia Di Lello** y Juan Carlos Gómez***

*CONICET/UNC/UNLP- Museo de Antropología (Facultad de Filosofía y Humanidades-Universidad Nacional de Córdoba). Laboratorio de Análisis Macro y Microscópico de Materiales Líticos, Av. Hipólito Yrigoyen 174, 5000, Córdoba, Argentina. E-mail: roxanacattaneo@gmail.com.**CIC/UNLP-Museo de La Plata-División Mineralogía y Petrología***UNLP-Facultad de Cs. Naturales y Museo- Cátedra Aerofotointerpretación

## RESUMEN

Este trabajo tiene como objetivo el análisis de las fuentes de aprovisionamiento rocoso que fueron potencialmente utilizados desde el límite Pleistoceno-Holoceno para la tecnología instrumental en el área cercana a la Localidad Arqueológica Piedra Museo (Nesocratón del Deseado, Provincia de Santa Cruz). De 40 formaciones rocosas de la zona estudiada se seleccionaron 13, las cuales portaban materiales que se encontraban representadas en los contextos arqueológicos de Piedra Museo, AEP-1. En dichos afloramientos primaban las rocas con alto grado de silicificación y vitrificación, y en otros casos, de origen sedimentario, eran portadoras de clastos silíceos.

Para su estudio se construyó un Sistema de Información Geográfica (SIG) para procesar la carta geológica, el mosaico digital de fotografías aéreas, la imagen Landsat TM 7 y el modelo de elevación digital. Utilizando estas herramientas geomáticas se determinaron distintos tipos de rocas, su distribución, su superficie en dos y tres dimensiones (volumen), su disponibilidad y la productividad diferencial estimada de cada afloramiento. Esto posibilitó el estudio del paisaje cuantificando los depósitos en su totalidad y además con los modelos de elevación digital trabajar con reconstrucciones en tres dimensiones que permitieron, además de las áreas de cobertura estimar los volúmenes de roca disponible. En primer lugar presentaremos los análisis del nuevo mapa geológico a escala 1:60,000, primer producto generado a partir del SIG. Si comparamos los resultados que presentamos en este trabajo con los efectuados previamente en cuanto a los porcentajes, calidad y disponibilidad de las formaciones geológicas se concluye que la Formación La Matilde, que es la más representada, en los trabajos previos los troncos petrificados (mayormente de ópalo y calcedonia) y las tobas silicificadas son los únicos que aparecen como fuentes de abastecimiento *in situ*, y fueron considerados fuentes primarias. Esta Formación, ha podido ser subdividida y evaluada mas detalladamente, por un lado la Formación *in situ*, y la segunda correspondiente a los materiales producto de la meteorización y transporte con grandes bloques producto de la meteorización físico-química sobre las paredes laterales de los depósitos. Los niveles de pedimento II y III habían sido considerados como los segundos en importancia por su utilidad al ser fuentes secundarias con guijarros de distribución tanto dispersa como concentrada y de disponibilidad de escasa a relativamente abundante y con calidades de regulares a buenas. Estas áreas concentradoras de recursos mantuvieron a la nueva escala su importancia cuali-cuantitativamente. En el nuevo mapa geológico además de las Terrazas Fluviales del Río Deseado VI y VII, que habían sido mapeadas previamente, se agregaron porciones correspondientes a las terrazas II y III. Entre ambas ocuparían el quinto lugar de representatividad en cuanto a área y volumen. Tanto los depósitos de edad cuaternaria (conos y depósitos aluviales, y cordones litorales) como los basaltos paléogenos y sus diques, que no habían sido incluidos en las cuantificaciones previas mostraron la relevancia que estos últimos han tenido para el uso humano. Finalmente, en relación a los cálculos de volumen que permite el uso del SIG en nuestro caso no mostró un marcado contraste con los cálculos de superficie previos, por las escasas diferencias topográficas.

## ABSTRACT

In order to evaluate the variability in the use of lithic resources by ancient Southern Patagonia inhabitants it is essential the study of the regional raw material variation. Therefore, the aim of this paper is to locate the sources of these kinds of materials through the use of a Geographical Information System (GIS) to study the potentially used outcrops since the Late Pleistocene and compare them with the lithic archaeological materials found in the area. In this sense, GIS was used to facilitate the control of the large amount of spatial data and to change scales from a geological point of view to an archaeological one.

The region studied encompasses the archaeological locality Piedra Museo and surrounding areas, located in the Nesocratón del Deseado (Santa Cruz, Argentina). Forty geological formations were described for this environment and thirteen of these were studied based on its presence in archaeological contexts or their petrologic characteristics (high silicification and vitrification) commonly related to regional prehistoric lithic use.

The first step in this study was to analyze the geology of the area where the archaeological locality is placed and the availability of lithic resources in the area considering four stages in the investigation:

1) Analysis of distribution and characteristics of each lithology in the area.
2) Field control and non archaeological in situ rock sample gathering.
3) Calculations of availability of lithic resources.
4) Comparison between geologic and archaeological samples.

The methodology includes the processing of the available cartography in an ER MAPPER© environment:
- SEGEMAR Geological map 4769-IV, 1: 250,000.
- Detailed geological map 1:100,000 taken from the geological map 4769-IV, «Monumento Natural Bosques Petrificados» SEGEMAR
- Topographical map 1:100,000: «Monumento Natural Bosques Petrificados « of the Instituto Geográfico Nacional 4769-IV (1992),
- Landsat 742 satellite image, provided by the Comisión Nacional de Actividades Espaciales, Argentina.
- Digital elevation model (DEM), USGS.
- Aerial photographs 1:60,000 SEGEMAR.

With these products a GIS was modeled using ESRI©ARC GIS 3.1 software.
Using GIS and DEM we calculated the surface and the volume (two and three dimensions) of the different lithological selected units. Then we obtained the differential representation between outcrops.
The last stage of the analysis contemplated petrologic comparisons between the archaeological and geologic samples through rocks thin sections analysis. Lastly, the results from this innovative perspective is presented, emphasizing on types of raw lithic material resources (their spatial presentation), quality of the deposits (in terms of lithic prehistoric technology), distribution, volume, seasonal availability, and differential productivity considered of each outcrop.

---

## INTRODUCCIÓN

La manufactura prehistórica de cualquier instrumento de piedra es el resultado de una larga serie de elecciones: técnicas, económicas, sociales y aún simbólicas. Creemos que existen al menos dos planos diferentes desde los cuáles nosotros podemos aportar a su análisis: uno, es el estudio de las variaciones en las condiciones ambientales en las que aparece el recurso rocoso, y otro, el estudio de las condiciones sociales o como éstas se reflejan en los contextos arqueológicos que estudiamos (Binford 1973; Koldehoff 1987; Kelly 1988; Nelson 1991).

Estas dos perspectivas aplicadas a casos arqueológicos ya ha sido tratada en el ámbito de la literatura internacional (Binford 1979; Koldehoff 1987; Kelly 1988; Shott 1986; Nelson 1991) y nacional, con importantes avances en nuestro país (Aschero 1981-82; 1983; Escola 1991; Flegenheimer 1991; Bayón *et al.* 1999; Civalero 1995; Franco 1999; Borrero y Carballo Marina 1998; Miotti y Cattáneo 1997; Cattáneo 1997; 1999; 2002; Guraieb 1998).

Particularmente para la región Patagónica, nuestra zona de estudio, creemos que conociendo la disponibilidad litológica de una región podemos discutir aspectos relacionados con la variabilidad en la oferta ambiental, o argumentar sobre los procesos de selección o elección por parte de las sociedades prehistóricas de fuentes de aprovisionamiento de rocas, ambos temas relevantes en las discusiones actuales en la arqueología patagónica actual (Bellelli y Pereira 2001; Borrero 1991; Borrero y Franco 1997; Borrero y Nami 1996; Cattáneo 2002; 2004; Civalero y Franco 2000; Civalero *et al.* 2001; Franco y Aragón 2000; Nami 1996).

El trabajo que aquí presentamos intenta aportar a estos desarrollos profundizando en el análisis de las estrategias tecnológicas de grupos cazadores-recolectores prehistóricos (*ca.* 11,000-7,000 AP) de la Patagonia Meridional Argentina. Para ello fue fundamental comenzar con el estudio de las condiciones en las que aparecen los recursos líticos, lo cual fue parte de un proyecto doctoral desarrollado desde 1998 (Cattáneo 1999; 2002; 2004; 2006) utilizando metodologías tradicionales de la geología como el Método de las ordenadas de Simpson (ver descripción más adelante).

Estos estudios brindaron información relevante pero con ciertas limitaciones en cuanto a la escala de trabajo (1:250.000) por lo que el objetivo fundamental de los trabajos posteriores (Cattáneo *et al.* 2004: Di Lello *et al.* 2005) fue el desarrollo de un proyecto que utilizara Sistemas de Información Geográfica (SIG) que nos permitiera profundizar en el conocimiento de un paisaje geológico estudiándolo en tres dimensiones en una escala de mayor detalle. Es así como presentaremos entonces, bajo esta nueva perspectiva una breve síntesis sobre los antecedentes de los estudios líticos que se han desarrollado en nuestra región de trabajo, un detalle sobre la geología y la arqueología de nuestra zona de estudio, incluyendo los datos sobre las características de los contextos arqueológicos que se intentaban analizar en función de la distribución de rocas en el paisaje y los resultados obtenidos.

## ANTECEDENTES

En particular en la provincia de Santa Cruz, el énfasis puesto en los estudios de la arqueología micro-regional desarrollado en los años setenta generó valiosa información donde la relevancia temática estaba puesta en la estratigrafía y en las descripciones morfo-tecnológicas del material lítico (Aschero 1975-83; Cardich *et al.* 1973; Cardich y Flegenheimer 1978; Gradin *et al.* 1979).

En los años ochenta, con el desarrollo de la arqueología procesual en Argentina (Borrero 1989) las materias primas líticas arqueológicas comenzaron a ser estudiadas desde el punto de vista mineralógico. Es así como desde fines de esa década, la conformación de grupos de investigación nutridos de arqueólogos especialistas, permitió profundizar los análisis composicionales de estos materiales e incluso, replantear la nomenclatura litológica que iba a permitir establecer las posibles fuentes de origen de las áreas de aprovisionamiento (Aschero 1985; Aschero 1987; Barbosa y Gradin 1986-87; Bellelli y Civalero 1988-89 Aschero *et al.* 1995; Ratto y Kligmann 1992, entre otros).

A mediados de los años noventa se incorporó paulatinamente a los proyectos arqueológicos de la región Patagónica el concepto de organización tecnológica lítica planteado por M. Nelson (1991), que ya venía con una importante trayectoria en la literatura anglosajona. Esto motivó el desarrollo en nuestro país de una serie de trabajos en colaboración entre geólogos y arqueólogos. A partir de ello, las características petrológicas de los materiales líticos condujeron a un objetivo específico: la localización de fuentes de abastecimiento de rocas utilizadas por los grupos humanos en el pasado. Un claro ejemplo de estos nuevos enfoques fue la posibilidad de establecer las fuentes de aprovisionamiento de las obsidianas utilizadas por los grupos aborígenes de la Patagonia argentina y chilena (Aragón y Franco 1997; Aschero *et al.*1995; Bellelli 1991; Bellelli y Pereira 2001; Civalero 1995; Civalero 1999; Espinosa y Goñi 1996; Franco 1999; Stern, 1995, 1999; Stern *et al,* 1995 a y b; Stern *et al.* 2000; Seelenfreud 2004, entre otros). Fueron propuestas estrechas semejanzas para las obsidianas de distintas localidades arqueológicas, en muchos casos distantes entre sí más de 300 km. Estos estudios utilizaron los análisis de los contenidos de elementos químicos tanto mayoritarios como de trazas (Stern 1999).

Paralelamente surgieron otros trabajos como los de Nami y Rapalini (1994) con la determinación de las propiedades magnéticas de las rocas, o los de las caracterizaciones petrográficas (Bellelli y Civalero 1996).

Todos estos trabajos estuvieron orientados a caracterizar la movilidad e interacción social entre grupos cazadores-recolectores. Por lo tanto, una determinación específica de materiales arqueológicos y afloramientos resultaba indispensable. La metodología comúnmente utilizada fueron las prospecciones sistemáticas realizadas en las cercanías de los sitios o áreas de estudio (e.g. Borrero 1991; Carballo *et al* 1987; Miotti 1989; Nami 1985). Ya avanzados los años 90 se encontraba incorporado el uso de modelos de muestreo que tomaban en cuenta los procesos de formación del registro arqueológico (e.g. Borrero y Carballo Marina 1998; Carballo y Sáenz 1992; Carballo *et al.* 1999; Franco *et al.* 1999; Miotti y Cattáneo 1997, entre otros).

Para estos análisis, se utilizó ampliamente la clasificación de tipos de fuentes propuesta por Nami (1985) para caracterizar las áreas de aprovisionamiento. Desde el punto de vista arqueológico, esta clasificación permitió estimar las diferencias entre los afloramientos rocosos en especial en lo concerniente a la descripción cualitativa, tomando en cuenta el punto de vista del tallador.

Todos estos trabajos redundaron en que en la actualidad el estudio de las fuentes de aprovisionamiento es uno de los focos de interés de la arqueología patagónica.

En nuestro caso el interés se encontró relacionado a un proyecto arqueológico de estudio de artefactos líticos desarrollado entre 1997 y 2005: *«Estudios de la organización de la tecnología lítica prehistórica en la meseta patagónica»* con auspicio de la Universidad Nacional de La Plata y el CONICET.

En dicho programa de investigación, por un lado se estudiaron los materiales rocosos que eran utilizados desde el límite Pleistoceno/Holoceno, para la tecnología instrumental en la Localidad Arqueológica Piedra Museo (Cattáneo 1997, 1999, 2000, 2002, 2004, 2006; Miotti 1990, 1995, 1996, Miotti y Cattáneo 1997, 2000, 2004)), y por otro, se describieron y cuantificaron los depósitos geológicos aptos para el aprovisionamiento utilizando el Método de las ordenadas según Simpson (Dangavs 1976).

Con respecto a los análisis de las materias primas líticas relevantes a nuestro estudio fueron aquellas variedades recuperadas en un sitio de la Localidad Arqueológica Piedra Museo (PM): Alero El Puesto 1 (AEP-1). Éste es un reparo rocoso que contiene dos contextos arqueológicos principales con eventos de ocupación en las unidades o capas 2, 4/5 (consideradas en bloque en un sentido cultural) y 6 (sensu Miotti *et al.* 1999; 2004). Los tipos rocosos presentes allí constituyeron la base de datos para la selección y estudio de aquellos depósitos geológicos que formaron parte de las áreas de aprovisionamiento usadas en el pasado.

La cantidad total de restos líticos determinados fue de 2662 elementos distribuidos por capas de acuerdo a lo que se expresa en la Tabla 1. En relación con el uso de materias primas a través del tiempo Cattáneo (2002) describió: «durante los momentos de ocupación recuperados en la capa 2, se realizaron actividades de talla de varias materias primas, determinadas a ojo desnudo: ópalo, calcedonia, madera silicificada, toba vítrea silicificada y obsidiana, en menor medida se recuperaron restos de cuarzo y dolomía.

En las capas 4/5 fueron descriptos artefactos y desechos de ópalos, tobas vítreas silicificadas, calcedonia y madera silicificada. En la capa 6 se recuperaron instrumentos manufacturados en madera silicificada, calcedonia y ópalos de buena calidad.»

Las fuentes de las materias primas mencionadas fueron localizadas en el paisaje circundante mediante trabajos de campo y luego analizada su distribución en un mapa de escala 1:250.000 (Cattáneo 2002). A partir de allí hemos podido avanzar en el reconocimiento y cuantificación de una porción de esta área previamente tratada, pero con una nueva escala de 1:60.000 y en tres dimensiones a través del uso de información digital (Imágenes Landsat TM 7, fotos aéreas, modelos de elevación digital e información geológica). Mostraremos aquí los resultados desde esta nueva perspectiva destacando: tipos de fuentes de aprovisionamiento y de presentación de la roca, calidad para la talla, distribución, volumen y disponibilidad, y la productividad diferencial estimada de cada afloramiento rocoso.

## EL AREA DE ESTUDIO

Nuestra zona de trabajo está ubicada en el Nesocratón del Deseado en el noreste de la provincia de Santa Cruz (Figura 1). El área estudiada comprende una zona de aproximadamente 300 $Km^2$ localizada entre S47°49’26”-47°56’18” y O 68°00’34”- 67°42’55” (Figura 2).

| Evento | Ópalo | | Calcedonia | | Toba vítrea silicificada | | Madera silicificada | | Obsidiana | | Cuarzo | | Dolomía | | Total |
|---|---|---|---|---|---|---|---|---|---|---|---|---|---|---|---|
| | n | % | n | % | n | % | n | % | n | % | n | % | n | % | |
| **2** | 1229 | 47.70 | 802 | 31.15 | 166 | 6.44 | 254 | 9.87 | 58 | 2.25 | 54 | 2.09 | 12 | 0.46 | **2575** |
| **4/5** | 38 | 74.50 | 9 | 17.65 | 2 | 3.92 | 1 | 1.96 | 0 | 0 | 1 | 1.96 | 0 | 0 | **51** |
| **6** | 22 | 61.11 | 8 | 22.22 | 0 | 0 | 6 | 16.67 | 0 | 0 | 0 | 0 | 0 | 0 | **36** |
| **Total** | 1325 | | 836 | | 173 | | 261 | | 58 | | 57 | | 12 | | **2662** |

Tabla 1. Tabla con las cantidades de materias primas identificadas por evento de ocupación de la Localidad Arqueológica Piedra Museo AEP-1.

La actividad volcánica de este sector ha sido un importantísimo factor en dar la morfología primaria a la comarca. En este paisaje se destacan cerrosy conos volcánicos aislados, alternando con lomadas redondeadas y mesetas de reducidas dimensiones, así como también encontramos bajos endorreicos, cuya parte más baja se encuentra ocupada por barreales y lagunas temporarias (Panza y Genini 2001) (Figura 3).
El clima es desértico a semi-desértico con escasa pluviosidad y de fuertes vientos. Las temperaturas promedio en verano son entre los 15 y los 20 °C, mientras que en el invierno van entre los 15 y los 0 °C. Estas condiciones climáticas no favorecen el desarrollo integral de una cobertura vegetal importante, encontrándose vegetación rala del tipo arbustiva. Esta característica favorece la alta visibilidad de los afloramientos.

Los agentes geomorfológicos que modelaron este paisaje, en términos generales, fueron predominantemente la acción fluvial y en menor medida la erosión eólica y los fenómenos de remoción en masa. Todos los cauces son de régimen efímero y sólo tienen agua en el invierno, que es la estación de lluvias. En algunos sectores donde la erosión fluvial no es muy intensa, se tornan importantes los efectos de la acción eólica o los fenómenos de remoción en masa.

La geología del área total está integrada por cuarenta formaciones rocosas. Predominan aquellas que son producto de una sucesión de eventos volcánico-piroclásticos acaecidos durante el Jurásico y Cretácico, que se prolongaron con un magmatismo de composición basáltica durante gran parte del Cenozoico (Panza y Genini 2001).

En trabajos previos (Cattáneo 2002; 2004) se consideró las secuencias estratigráficas generales de la comarca y los ambientes geomorfológicos utilizando una metodología de análisis cuantitativo (ver Fig. 4). Allí se reconocieron cuáles eran las unidades geológicas relevantes al uso humano (Tabla 2). A continuación se describen brevemente y ordenadas bajo un criterio de edad decreciente:

1-Formación Bajo Pobre (Edad: Dogger)
Constituida por basaltos, andesitas y aglomerados volcánicos básicos, con escasas sedimentitas y tobas, y con una amplia distribución areal pero de escasa extensión (Panza y Genini 2001). Por sus fuertes planos de clivaje paralelos, escasa fractura concoidal y en ocasiones por su alto grado de meteorización, en términos generales, son de

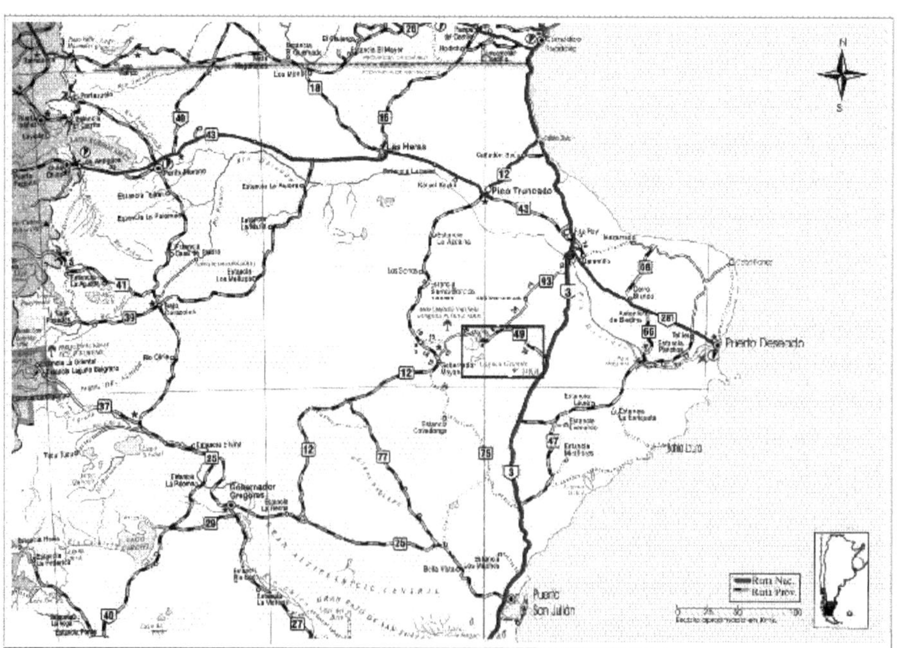


Figura 1 Mapa general del área de estudio.

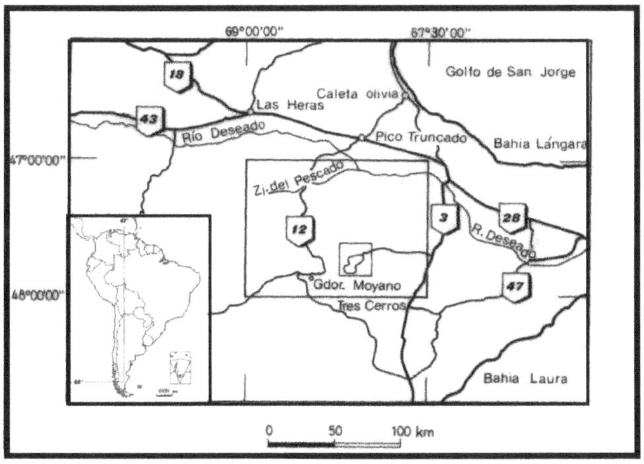


Figura 2. Detalle de área de estudio (Dibujante Sr. Tremouilles (FCNYM.UNLP).

mala calidad para la talla por percusión y/o presión, no así para el picado y pulido.

2-Grupo Bahía Laura (Edad: Dogger-Malm)
Los depósitos de este complejo ignimbrítico-lávico-sedimentario constituyen un acontecimiento geológico de enorme importancia en todo el ámbito del Macizo del Deseado donde se encuentra nuestra zona de estudio. El termino de Grupo de Bahía Laura fue propuesto (Lesta y Ferello 1972) como un único episodio volcánico con / que contiene a las Formaciones interestratificadas coetáneas de Chon Aike y La Matilde, criterio ampliamente adoptado (Mazzoni *et al.*1981, Panza (1982, 1984, 1986, 1995a y 1995b), Sruoga y Palma (1984), Panza y de Barrio (1989) y Franchi *et al.* (1989)(Figura 5).

Chon Aike está integrada fundamentalmente por una espesa secuencia de ignimbritas con desarrollos máximos de hasta 30 metros en la zona de Bajo Grande con un intenso desarrollo areal. Intercalados entre las ignimbritas hay aglomerados y brechas volcánicas riolíticas y tobas subordinadas. La facie lávica es minoritaria y se encuentra restringida a domos riolíticos porfíricos y de distribución aislada. Las ignimbritas están muy alteradas y/o silicificadas, y de acuerdo con nuestras observaciones, no presentan la fractura concoidal necesaria para la manufactura de

Figura. 3. Vista general del área de estudio. Obsérvese el paisaje netamente volcánico con la zona de bajos (Foto R. Cattáneo).

instrumentos.

La Formación La Matilde, interdigitada lateral y verticalmente con la anterior, está conformada mayormente por tobas, con escasos y delgados mantos ignimbríticos riolíticos. Su importancia radica en ser la unidad portadora de grandes troncos y estróbilos silicificados de araucariáceas, como en el caso del «Monumento Natural de los Bosques Petrificados de Madre e Hija» (Panza y Genini 2001) (Figura 6). En este trabajo utilizaremos la denominación madera silicificada en reemplazo del término xilópalo, ya que consideramos que esta denominación permite incorporar todas las variedades mineralógicas de la sílice: ópalo, calcedonia y cuarzo. Este tipo de rocas, que aparecen en forma de afloramientos in situ o como sectores de conos de meteorización de estos son de excelente calidad para la talla dado que poseen una particular fractura concoidal.

3-Formación Puesto del Museo (Edad: Eoceno medio)
Son psamitas medianamente friables, con fragmentos de conchillas de hasta 3 mm, unidos por cemento ferruginoso y una escasa matriz arcillosa (Panza *et al.* 1996). Si bien esta formación no ha sido utilizada como recurso para la manufactura de instrumentos por sus características litológicas, adquiere relevancia por haber sido utilizada para abrigo rocoso y soporte de diversas manifestaciones de arte rupestre de la Localidad Arqueológica Piedra Museo (Miotti 1992, 1995). Esta localidad es el único lugar donde aflora esta formación (Fig. 7).

4-Basaltos Paleógenos- (Edad: Paleógeno-Eoceno Superior)
Panza (1982, 1995a y b) propuso esta denominación para agrupar a un conjunto de vulcanitas básicas alcalinas que se presentan principalmente como mantos tabulares (o relictos de los mismos), chimeneas volcánicas y diques. En nuestra área de estudio aflora principalmente en la Estancia El Sargento. Poseen características que los habilitan como materias primas a ser utilizadas, especialmente ciertos diques muy silicificados.

Se trata por lo general de varias coladas superpuestas con un espesor individual oscilante entre cuatro y doce metros. No obstante, numerosos afloramientos están constituidos por un único manto. En la mayoría de los casos conforman bardas elevadas, abruptas y subverticales. En este frente de erosión en activo retroceso, son muy comunes los fenómenos de remoción en masa, observándose numerosos ejemplos de deslizamientos.

5-Depósitos que cubren niveles de pedimentos - Niveles II y III (Edad: Mioceno Superior)
Son depósitos psefítico (mayor de 2mm.) – psamíticos (mayor de 0,62mm. y menor de 2mm.) sueltos o poco consolidados y con espesores menores a dos metros. Compuesto por rodados subredondeados de uno a diez centímetros, principalmente de piroclastitas y vulcanitas, ligados por una matriz limosa a arenosa fina y un escaso cemento calcáreo. Se han desarrollado al norte de la Localidad Piedra Museo, en el Bajo Grande (Panza y Genini 2001). Posee escasos nódulos de tamaño adecuado para la confección de instrumentos.

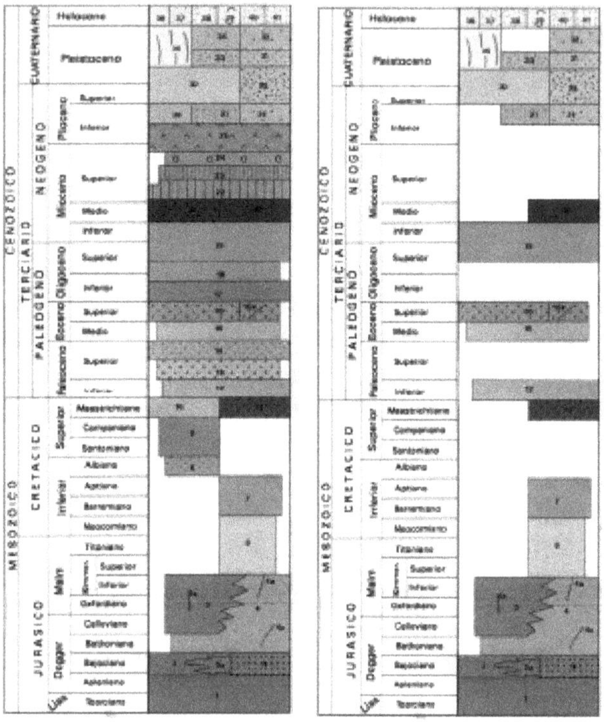

Figura. 4. Secuencia estratigráfica de los afloramientos geológicos presentes en el área de estudio frente a aquellos seleccionados por su interés como fuente potencial de recursos prehistóricos.

Figura 5. Grupo Bahía Laura. Bajo frente a la localidad Piedra Museo. A: Formación La Matilde, B: zona con acarreo de la formación meteorizada (Foto R. Cattáneo).

Figura 6. Vista general del «Monumento Natural Bosques Petrificados», Santa Cruz, Argentina. Obsérvese al fondo el C° Madre e Hija (Foto Raúl de Barrio).

Figura 7. Vista geneal de la Formación Piedra Museo, donde se encuentra la localidad arqueológica Piedra Museo. Imagen tomada por Frenguelli en 1933 en ocasión de describir la localidad por primera vez.

6-Depósitos de terrazas fluviales del río Deseado - Niveles VI y VII (Edad: Pleistoceno)

Estos dos niveles de terrazas fluviales no difieren mayormente entre sí.

El Nivel VI es un depósito psefítico no consolidado, formado por gravas mayormente finas con matriz arenosa mediana a gruesa, e intercalaciones lenticulares de arenas. Es el más antiguo y tiene su mayor desarrollo en la margen izquierda del río Deseado. Se eleva unos 15 a 18 m sobre el nivel del curso del actual del río y su espesor no supera los 10 metros.

El Nivel VII es un depósito inconsolidado de grava fina con abundante matriz de arena fina a limo. Los clastos son redondeados principalmente de rocas ácidas jurásicas y basálticas, con diámetros que oscilan entre los dos a diez centímetros y generalmente con fractura concoidal de excelente calidad para la talla. Tiene un espesor no superior a los 5 metros y llega a tener un ancho superior a los dos kilómetros.

7-Depósitos de antiguas playas y cordones litorales lacustres (Edad: Pleistoceno superior - Holoceno)

Constituidos por arenas muy finas, limos y limos arcillosos que son restos de antiguas playas de cuerpos de agua que cubrían una superficie mucho mayor que la actual.

También existen cordones litorales que mayormente son acumulaciones de rodados psefíticos de composición silícea y con abundante matriz arenosa mediana a fina y pelítica, pobremente consolidada. Los rodados son de buena calidad para la talla y se encuentran en abundancia.

8-Depósitos de planicies aluviales (Edad: Holoceno)

Son depósitos de materiales sueltos generalmente arenosos, de grano fino a grueso. Raramente se presentan capas conglomerádicas intercaladas o bien guijarros sueltos de tamaños variables. Estos depósitos se los encuentra en los cauces de los principales cursos de agua efímeros.

9-Depósitos aluviales y coluviales indiferenciados (Edad: Holoceno)

Son depósitos inconsolidados de arenas finas a

| EDAD | | | TIPO DE AFLORAMIENTO | MATERIALES UTILIZABLES |
|---|---|---|---|---|
| Cuaternario | Holoceno | | Depósitos eólicos (de pedimentos II y III) | Gravas con matriz arenosa y limosa |
| | | | Sedimentos finos de bajos y lagunas | Limos y arcillas |
| | | | Depósitos aluviales y coluviales indiferenciados | Arenas y gravas; limos y arcillas subordinados |
| | | | Depósitos de planicies aluviales | Arenas finas a gruesas, gravas, limos y arcillas |
| | Pleistoceno | | Depósitos de antiguas playas y cordones litorales | Arenas finas, limos y arcillas; cordones de gravas finas con matriz arenosa mediana |
| | | | Terrazas fluviales del R. Deseado VI y VII | Gravas arenosas, arenas finas a gruesas subordinadas, escasos limos y arcillas |
| Terciario | Neógeno | Mioceno Superior | Terrazas fluviales del R. Deseado II y III | Gravas con matriz arenosa y limosa; arenas |
| | Paleógeno | Eoceno Superior | Basaltos Paleógenos | Basaltos y andesitas |
| | | | Diques de basaltos Paleógenos | Basaltos y andesitas |
| | | Eoceno Medio | Puesto El Museo | Areniscas coquinoides |
| Jurásico | Dogger-Malm | | La Matilde | Tobas, chonitas, lapillitas y tufitas; delgadas intercalaciones de ignimbritas riolíticas |
| | Dogger | | Bajo Pobre | Basaltos, andesitas y aglomerados volcánicos básicos |

Tabla 2. Unidades geológicas relevantes a la ocupación humana en el pasado.

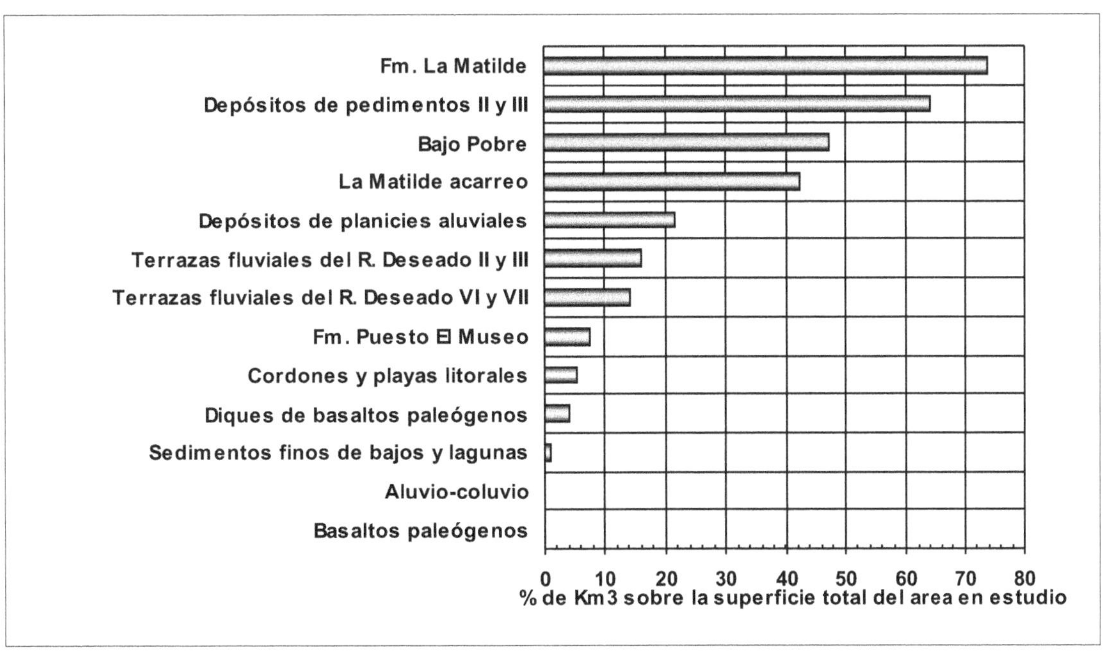


Figura 8. Gráfico de porcentaje de materias primas de la zona de estudio obtenido utilizando la metodología de Simpson.

medianas, limos arcillas y rodados dispersos angulosos a subredondeados. Son producto de la meteorización de las distintas unidades geológicas así como de origen eólico y se hallan en casi todos los taludes o quiebres de pendiente.

10-Sedimentos finos de bajos y lagunas (Edad: Holoceno)
En los numerosos bajos y lagunas temporarias (guadales o barreales) se depositan sedimentos muy finos (limos, limos arcillosos y arcillas). En las márgenes de las lagunas hay abundantes rodados y bloques de composición silícea. Su distribución es dispersa y a menudo son transportados hacia el centro de estas depresiones por los fuertes vientos. Esto motiva que sólo habrían estado disponibles en épocas de sequía o bajantes del nivel de agua de los cuerpos lagunares. En la margen oriental de muchos bajos este material se mezcla con otro de origen eólico aportado por los vientos dominantes del oeste. Estos sedimentos deben haber ocultado grandes sectores costeros que poseían materiales líticos adecuados para la talla, provenientes de los pedimentos de flanco.

## ANTECEDENTES DEL ESTUDIO DE LAS FUENTES DE APROVISIONAMIENTO DE ROCAS EN LA ZONA DE TRABAJO

Pretendiendo aportar al tema del estudio de las fuentes de abastecimiento de rocas se efectuó el análisis de la disponibilidad de los recursos mencionados previamente utilizando técnicas de la geología tradicional (Cattáneo 2000, 2002, 2004, 2006). Allí se estimó la cantidad y distribución potencial de rocas útiles para la manufactura de instrumentos a través del uso del Método de las Ordenadas según Simpson (Dangavs 1976) estudiando la relevancia de cada uno de los afloramientos. Este método se usó para evaluar superficies en un mapa y consiste en el uso de una integral donde, se dibuja un eje de abscisas coincidente con el eje mayor del afloramiento del que se quiere calcular su superficie. Posteriormente se divide dicho eje en un número par de intervalos de longitud (E) y a partir de los puntos de las divisiones se levantan ordenadas (H) que cubren toda el área. Luego, se mide la longitud de todas las ordenadas (en números pares e impares) ubicadas bajo la periferia de la figura (cada sección de formación geológica) y se substituyen en la fórmula:

$$\text{Area} = (H/3)\ (E + 4{*}\text{Impar} + 2{*}\text{Par})$$

Luego, se transforman las unidades usadas en la medición de la hoja a la escala del plano, considerando que la relación que guardan es cuadrática. Como resultado de esa aplicación se hizo una estimación de representatividad (Figura 8).

Fue una primera aproximación cuantitativa de la disponibilidad de los afloramientos, y con ello se obtuvo la representatividad diferencial entre los mismos. Este método tuvo como limitante que al trabajar con mapas el producto obtenido se expresa en dos dimensiones. Ejemplo de las limitaciones de esta técnica, es un frente rocoso producto de la disección de un curso de agua, con un potencial de aprovechamiento y que no pudo llegar a ser cuantificado.

Para la aplicación del método mencionado, en trabajos anteriores (Cattáneo 2002; 2003), el primer paso consistió en la selección de los afloramientos potencialmente aprovechables desde el punto de vista de la tecnología prehistórica. Del área de estudio fueron seleccionadas las diez formaciones geológicas que describimos anteriormente para ser estudiadas en detalle (Panza y Genini 2001). Para ello, se había tomado la propuesta de Amick y Mauldin (1997), Bellelli (1988), Cotterell y Kamminga (1987), Flenniken y White (1985), Nami (1985) y Newman (1994) (Tabla 3). Estos autores consideraron relevante características físico-químicas tales como: el isotropismo y la homogeneidad de la roca, una criptocristalinidad marcada, alta dureza pero con elasticidad y buena resistencia a los impactos, y por supuesto, si bien quebradizas, con fractura concoide.

Posteriores trabajos de campo reconocieron siete unidades de posible uso con características variables en cuanto a lo referido a calidad y disponibilidad (Cattáneo 2004; ver discusión más adelante). Las localidades donde se realizaron los muestreos se indican en la Fig. 9. La síntesis de las características de la litología en cuanto a la disponibilidad y calidad para la talla se puede ver en las Tablas 4 y 5.

De ellas, la Fm. La Matilde, era la de mayor representación en la zona de estudio con más del 50 % de cobertura, y en segundo lugar, los materiales de las planicies aluviales con casi el 20%. Estas dos formaciones fueron evaluadas como potencialmente más atractivas para el uso prehistórico lo cuál fue contrastado con las evidencias de la localidad arqueológica descripta para el área (Cattáneo 2002; 2003). Continúan en orden decreciente en superficie y calidad la Fm. Bajo Pobre, los depósitos de terrazas fluviales 6 y 7, los depósitos de pedimentos 2 y 3 y por último, los depósitos de antiguas playas y cordones litorales.

A partir de estos resultados se buscó una herramienta metodológica que posibilitara el cálculo más ajustado a través del uso de escalas de mayor detalle y la consideración en el cálculo de la tercera dimensión (Cattáneo *et al* 2004; Di Lello *et al* 2005). Presentaremos a continuación el proyecto desarrollado, sus resultados y la discusión que se generó a partir de los mismos.

## OBJETIVOS DE TRABAJO

El objetivo general del presente estudio es cuantificar la geología del paisaje donde se encuentra la localidad Arqueológica Piedra Museo buscando resultados de mayor detalle al llevado a cabo por uno de nosotros (Cattáneo 2002; 2004) ya mencionados en los puntos 2 y 3 de este trabajo.

En particular proponemos cuantificar la disponibilidad de los recursos líticos y minerales potencialmente utilizables desde el punto de vista de la tecnología prehistórica de una manera más ajustada a las necesidades interpretativas de la escala arqueológica.

Dado que cuando se realizaron los trabajos de campo se observó una variabilidad en cuanto a la forma y disponibilidad de algunas de las formaciones y ésta no había podido ser cuantificada debido a la escala de trabajo(1:250.000), era necesario incrementar el grado de detalle de la información geológica del área para obtener datos relevantes a la potencialidad. Ejemplo de ello es el caso de la Fm. La Matilde, que si bien contaba con un mapeo de los materiales *in situ,* había grandes cantidades de materiales de acarreo que no habían podido ser discriminados.

La características del área previamente detalladas, tales como la escasa cobertura vegetal y la invariabilidad notoria del ambiente geomórfico cuaternario, incrementaron la adecuación del uso de información satelital y aérea, las que fueron incorporadas en un proyecto SIG permitiendo un manejo más eficiente y acabado de los datos, mejorando además la definición de las litologías del área.

En particular se propuso:

- Estudiar con mayor detalle al Grupo Bahía Laura con el fin de incorporar sectores pequeños diferenciando La Matilde de Chon Aike. Esto resulta relevante dado que los sectores de La Matilde que portan restos fósiles de árboles silicificados son fuentes de material lítico cuya utilización se encuentra extensamente representada en el registro arqueológico de la zona.

-De acuerdo a las observaciones de campo la Fm. La Matilde se presenta como afloramiento *in situ* y como material meteorizado con distintos grados de transporte ácueo. Se plantea entonces separar y cuantificar a cada una de ellas.

- Cuantificar los afloramientos de los diques basálticos paleógenos, no evaluados anteriormente por su escasa representación en superficie.

- Obtener un mapa geológico de detalle de la zona que permitiera en primer lugar, calcular las superficies y comparar estos resultados con aquellos obtenidos con el método de las ordenadas, e incorporar la información altimétrica para realizar el cálculo del volumen de las litologías previamente seleccionadas.

- Generar un proyecto SIG que permita englobar el manejo de todos los estudios del área, no sólo de la geología, sino que unifique en una sola base de datos toda la información relevante a los intereses arqueológicos, como por ejemplo: sitios con geo-referenciación coligados a todos los informes generados en el marco de las investigaciones (datos cronológicos e isotópicos, bibliografía asociada, determinaciones petrográficas, datos ecológicos, entre otros). Otro beneficio es la realización de análisis multitemporales que permite evaluar la disponibilidad de recursos, por ejemplo en épocas de verano en contraste con las invernales, cuando la cobertura nívea es importante.

Cabe aclarar que la superficie que será considerada en este proyecto, aproximadamente 850 km2, se corresponde con la porción central del área de trabajos previos (Método de Simpson) representando un 60 por ciento de la misma.

## METODOLOGÍA

Para desarrollar el proyecto SIG se contaba como información disponible con:

-la hoja geológica 4769-IV, 1: 250,000, «Monumento Natural Bosques Petrificados» (Panza y Genini 2001)
-dos bosquejos geológicos 1:100,000 tomados de la Hoja geológica 4769-IV, que cubren dos sectores importantes de nuestra área de estudio: Cerro Madre e Hija- Laguna Grande (Panza y Genini 2001: 25) y Puesto del Museo (Panza y Genini 2001: 49)
-el mapa topográfico 1:100,000, «Monumento Natural Bosques Petrificados» del Instituto Geográfico Nacional 4769-IV, República Argentina
-la imagen Landsat TM, suministrada por la Comisión Nacional de Actividades Espaciales. Fue procesada digitalmente donde mediante carta imagen del IGN fue corregida geométricamente con un método polinomial y luego se buscó un algoritmo apropiado para distinguir las unidades geológicas presentes generándose una imagen RGB 742.
-un modelo de elevación digital. Este fue tomado del proyecto Shuttle Radar Topography Mission (SRTM) que realiza la NASA y la NGS (National Geospatial-Intelligence Agency) desde febrero del año 2000. Este proyecto utiliza 2 SIR-C (Spaceborne Imaging Radar) y 2 X-SAR (X-band Synthetic Aperture Radar) obteniendo 2 imágenes al mismo tiempo, las cuales al combinarse producen una sola imagen 3D. Tiene una resolución espacial de 3 arcos de segundo, es decir, aproximadamente 90 metros, con una precisión absoluta horizontal de 20 metros (error circular, para 90% de confianza) y una vertical de 16 metros (error linear, para 90% de confianza) (Gómez y Gobbo 2005).
-las fotos aéreas 1:60,000 pertenecientes al Servicio Geológico Minero Argentino.

Dichos productos sustentaron un SIG con el programa ARC GIS 3.1. Donde:

1- Se digitalizó la información de las cartas geológica

| **Funcionalidad** | **Característica físico-química y/o morfológica** |
|---|---|
| Talla por percusión y presión | Isotropismo<br>Criptocristalinidad marcada<br>Elasticidad<br>Homogeneidad<br>Dureza alta<br>Quebradizas (Fractura concoide)<br>Tamaño adecuado al fin |
| Picado y pulido | Dureza y resistencia |

Tabla 3. Características físico-químicas de las rocas en relación a la talla.

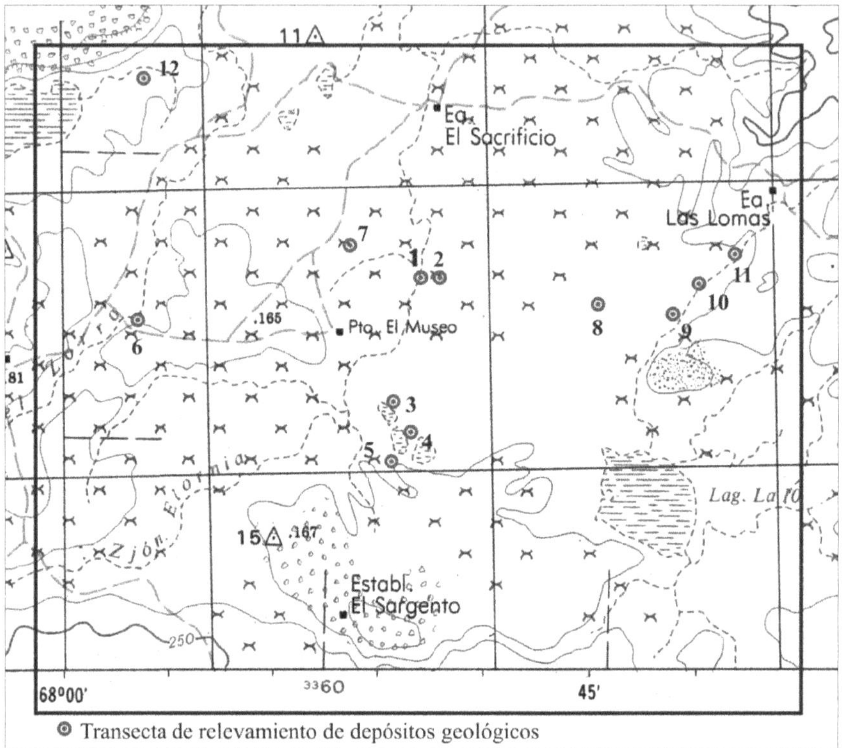


Figura 9. Mapa topográfico donde se observan indicadas en rojo las zonas de muestreos de materiales geológicos.

| Nombre del Afloram. | Fuente | | Forma | | Tamaño | | Formas de distribución | | |
|---|---|---|---|---|---|---|---|---|---|
| | 1° | 2° | Aflora miento | Filón | Bloques | Canto rodado | Aislada | Disperso | Concentrada |
| Fm.La Matilde | X | X | X | | X | X | X | X | X |
| Planicies aluviales | | X | | | | X | | X | X |
| Fm. Bajo Pobre | | X | X | X | X | X | | | X |
| Pedimento Nivel III | | X | | | | X | | X | X |
| Playas y cordones litorales | | X | | | X | X | | | X |
| Pedimento Nivel II | | X | | | | X | | X | X |
| Conos aluviales | | X | | | | | | | |
| Derrumbes basálticos | X | X | X | | X | X | | | X |

Tabla 4: Caracterización de de las materias primas estudiadas, por tipo de fuente, formas de presentación y distribución de los afloramiento.

| Nombre del Afloram. | Calidad de la Materia Prima | | | | Disponibilidad | | |
|---|---|---|---|---|---|---|---|
| | Mala | Regular | Buena | Excelente | Escasa | Relat. Abund. | Abundante |
| La Matilde | X | X | X | X | | | X |
| Planicies aluviales | X | X | X | X | | X | |
| Bajo Pobre | X | X | | | | X | |
| Pedimento Nivel III | | X | X | | X | X | |
| Playas y cordones litorales | X | X | X | X | | | X |
| Pedimento Nivel II | | X | X | | X | X | |
| Conos aluviales | X | X | | | | X | |
| Derrumbes basálticos | X | X | | | | X | |

Tabla 5. Calidad y disponibilidad de las fuentes de aprovisionamiento

y topográfica, obteniendo archivos formato jpg con una resolución de 300 dpi.

2- Este material junto con la imagen fue procesado en el entorno ER MAPPER donde fue corregido geométricamente y georeferenciado utilizando como puntos de control la grilla de coordenadas Gauss-Krüger y datos obtenidos por un Sistema de Posicionamiento Global Garmin Etrex obteniendo archivos raster geotif.

3- Se desarrollaron algoritmos de realce para una mayor discriminación de las unidades geológicas presentes en el área. De todos estos realces fue seleccionado el algoritmo RGB-742, donde a las bandas 7, 4 y 2 del sensor Landsat TM se le asignaron los colores rojo, verde y azul respectivamente.

4- Utilizando la imagen Landsat georeferenciada como elemento de control (*matching*) se corrigieron geométricamente las fotografías aéreas, que nos brindan mayor detalle ya que su resolución espacial es mayor (tamaño del píxel 4 metros en el terreno). Luego con técnicas de balance radiométrico se obtiene un continuo donde no se distinguirán las uniones entre las distintas fotografías. Como resultado se obtuvo un mosaico digital que cubría el área de interés. Luego con técnicas de fusión entre la imagen RGB-742 y el mosaico digital, se generó un archivo *raster* color donde se combina la alta resolución espacial de las fotos aéreas y la espectral de la imagen Landsat (Figura 10). Esta combinación de elementos favorece los aspectos interpretativos de cada porción de los afloramientos por el mejoramiento de la resolución. Con esta información se genera un mapa temático geológico de buena definición que puede ser utilizado para interpretar las áreas de abastecimiento con bastante precisión.

A partir de esta información y utilizando las herramientas de mapeo se obtuvo una cartografía básica (drenaje, caminos) y temática (unidades geológicas), mediante técnicas de interpretación visual.

Con el modelo de elevación digital fue posible recrear vistas en perspectiva donde sobre la superficie del modelo se superpone la imagen (draping) y se obtienen vistas aéreas del paisaje de la zona de estudio donde puede tenerse un panorama muy rico en la interpretación geográfica de la zona.

Dada la incorporación de la tercera dimensión y que cada polígono del mapa temático geológico esta digitalizado se permite el análisis de áreas y volúmenes de cada porción de afloramiento lo que permite de modo detallado caracterizar y cuantificar los afloramientos disponibles.

## RESULTADOS

En primer lugar presentaremos los análisis del nuevo mapa geológico a escala 1:60,000 (Fig. 11), primer producto generado a partir del SIG, donde de acuerdo a los objetivos propuestos:

1- Se logró diferenciar la Fm. Chon Aike de la Fm. La Matilde pertenecientes al grupo Bahía Laura (Figura 11), posibilitado por la escala del mapeo.

2- A partir del nuevo nivel de detalle se pudo dividir a la Fm. La Matilde en dos tipos. El primero comprende a los materiales *in situ,* para los cuales reservamos el nombre de Fm. La Matilde. El segundo tipo corresponde a los materiales producto del acarreo, llamados de ahora en más Fm. La Matilde acarreo, con grandes bloques y/o clastos producto de la meteorización físico-química sobre las paredes laterales de los afloramientos (Figura 11).

3- Referido al mapeo, también encontramos sectores con material de acarreo de los basaltos de la Fm. Bajo Pobre, pero no hubo necesidad de separarlos en dos unidades diferentes debido a que el transporte es mínimo.

4- Finalmente, pudieron ser diferenciados con esta nueva escala, los depósitos cuaternarios de orígenes diferentes (antiguas playas, cordones litorales, pedimentos, etc.) que constituyen áreas de acumulación de clastos psefíticos de extremada dureza y composición silícea.

Como segundo resultado se realizaron los cálculos de las superficies en dos dimensiones de los distintos tipos litológicos mapeados digitalmente.

Si bien estos resultados serán discutidos más adelante comparándolos con los obtenidos en los trabajos previos ya mencionados, es necesario destacar que debido a la nueva escala de trabajo nuevas formaciones geológicas con alto potencial de uso humano pudieron ser incorporados a los cálculos de superficie. Nos referimos a los diques paleógenos al sudeste de la Localidad PM y a los cordones litorales de la Laguna Grande (ver más adelante).

Con respecto a los porcentajes de cobertura de cada tipo rocoso (Tabla 6):

- la Fm. La Matilde sería la de mayor extensión en área de la zona de estudio, con aproximadamente un cuarenta por ciento. Los materiales *in situ* representan casi el veinticinco por ciento de superficie y los productos del acarreo casi el catorce por ciento de cobertura.
- En segundo término con más de veinte por ciento de superficie cubierta se encuentran los pedimentos II y III.
- Con casi un dieciséis por ciento se encuentran los afloramientos de Bajo Pobre.
- La representación de los Depósitos de Planicies Aluviales superan ligeramente el siete por ciento.
- Continúan las Terrazas fluviales del Río Deseado II y III, y VI y VII cada una de ellas con alrededor de un cinco por ciento.
- Alrededor del dos por ciento para todos aquellos depósitos de edad cuaternaria (conos y depósitos aluviales, y cordones litorales).
- Finalmente, pudo obtenerse un cálculo de la superficie de los basaltos paleógenos y sus diques representados en el paisaje con un uno y medio por ciento.
- El restante cinco por ciento corresponde a los afloramientos que no poseen utilidad para el aprovisionamiento de materias primas, tales como aluvio-

Figura 10. Digitalización de la información geológica del área de estudio sobre la base de la información del proyecto SIG. Imagen satelital Landsat 7 combinada con mosaico digital de fotos aéreas de la zona de estudio.

coluvios, sedimentos finos de bajos y lagunas y las areniscas de la Fm. Puesto El Museo.

El tercer producto del SIG sobre la base del mapa geológico digitalizado y el modelo de elevación digital fueron los resultados del cálculo del volumen de cada tipo rocoso. Como puede observarse en la Tabla 7 existe una coincidencia de representatividad en 2D y 3D de cada tipo litológico. Los valores encontrados mantuvieron la misma relación de orden en cuanto a la magnitud debido a la ausencia de marcadas diferencias en el relieve de los afloramientos (inferiores a 250 msnm).

## DISCUSIÓN Y CONCLUSIONES

Dentro de nuestras nuevas perspectivas con el uso de SIG y sobre la base de los resultados aquí presentados, queremos destacar el cambio en la escala de detalle así como en la dimensión que adquirieron nuestros datos cuantitativos, y como ello impulsó la generación de nuevas hipótesis.

Si comparamos los resultados que presentamos en este trabajo con los efectuados previamente en cuanto a los porcentajes, calidad y disponibilidad de las formaciones geológicas podemos presentar las siguientes conclusiones:

1- Para la Fm. La Matilde, que es la más representada, en los trabajos previos los troncos petrificados (mayormente de ópalo y calcedonia) y las tobas silicificadas son los únicos que aparecen como fuentes de abastecimiento *in situ*, y fueron considerados fuentes primarias (en el sentido de Nami 1985).

Ahora, de acuerdo a la división propuesta para la Fm. La Matilde, la primera *in situ*, y la segunda correspondiente a los materiales producto de la meteorización y transporte se pudieron mapear áreas con grandes bloques producto de la meteorización físico-química sobre las paredes laterales de los depósitos. Estos clastos son de buena a excelente calidad y se encuentra incrementado su valor potencial como área de aprovisionamiento por su concentración en superficies acotadas y si bien han sufrido un transporte, este es mínimo y por lo tanto estas áreas pueden ser incorporadas como fuentes primarias *sensu lato*.

2-Los niveles de pedimento II y III habían sido considerados (Cattáneo 2003) como los segundos en importancia por su utilidad al ser fuentes secundarias con guijarros de distribución tanto dispersa como concentrada y de disponibilidad de escasa a relativamente abundante y con calidades de regulares a buenas. Estas áreas concentradoras de recursos mantuvieron a la nueva escala su importancia cuali-cuantitativamente.

De acuerdo a las densidades estimadas de materia prima de buena calidad que se registraron en los trabajos de campo previos (Cattáneo 2002) y en relación a las superficies mapeadas a la nueva escala se confirma lo fortuito de los hallazgos en este tipo de afloramiento, más que en otras fuentes secundarias, como por ejemplo los cordones litorales de la Laguna Grande donde los materiales aparecen en mayor concentración y en superficies menores.

3- La selección de la superficie del proyecto SIG al ser menor que la de los trabajos previos no incluyó una importante porción de las planicies aluviales, por lo que su representación porcentual disminuyó notoriamente. Esto conduce a que la representación de los basaltos de la Fm. Bajo Pobre se incremente en forma relativa con respecto a los depósitos de las Planicies Aluviales.

4- En el nuevo mapa geológico además de las Terrazas Fluviales del Río Deseado VI y VII que habían sido mapeadas previamente se agregaron porciones correspondientes a las terrazas II y III. Entre ambas ocuparían el quinto lugar de representatividad en cuanto a área y volumen.

5- Tanto los depósitos de edad cuaternaria (conos y depósitos aluviales, y cordones litorales) como los basaltos paléogenos y sus diques, no habían sido incluidos en las cuantificaciones previas. Ya hemos mencionado la relevancia que estos últimos han tenido para el uso humano.

En relación a los cálculos de volumen que permite el uso del SIG si bien en nuestro caso no mostró un marcado contraste con los cálculos de superficie creemos que en regiones con diferencias topográficas marcadas puede incrementar el beneficio del uso de esta herramienta.

En cuanto a las variaciones anuales, la estacionalidad marcada que define al área patagónica, con por lo menos dos meses invernales de copiosas nevadas o en épocas de lluvias (con la creciente posterior de arroyos y zanjones) modifica sensiblemente la disponibilidad de rocas pertenecientes a

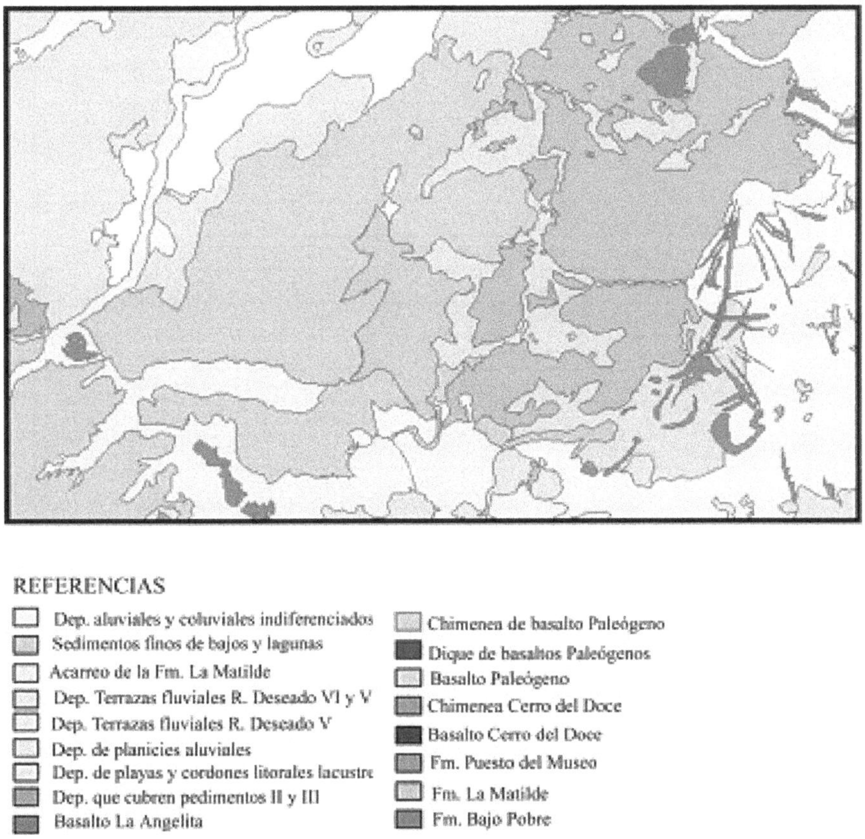


Figura 11. Nuevo mapa geológico construido sobre la base de la información del proyecto SIG.

las fuentes descriptas como secundarias Estas variaciones ambientales limitarían el acceso a las fuentes rocosas, por lo cual sería potencialmente útil incluir en el Proyecto SIG imágenes multitemporales (por ejemplo ASTER) que permitirían comparar las superficies libres o no de agua y/o nieve en distintos momentos del año.

La toma de decisiones referentes a la selección, transporte y utilización de las diferentes materias primas puede, de este modo, ser estudiada generando hipótesis acerca de cómo la circulación de información y la economía forman parte de un todo y nos permiten acceder un paso más allá en la explicación de los grupos humanos estudiados.

Es nuestro interés continuar analizando cuáles fueron otras posibles causas que motivaron estas diferencias en el uso de las rocas.

En cuanto a la posibilidad de reconocer el paisaje en su totalidad a través de las herramientas geomáticas, no hay duda de que la posibilidad de cuantificar los depósitos nos ha permitido obtener información de alta calidad que a la vez que sustentan y guían nuestros estudios de campo, permiten ampliar el universo de comparación, antes restringido a los datos analógicos en dos dimensiones.

*Agradecimientos*

Los autores desean agradecer a J. L. Panza por haber facilitado material inédito de sus trabajos de geología en el área. A los Dres. A. Schalamuk, R. de Barrio y D. Guido por el apoyo y colaboración para llevar a cabo exitosamente las tareas de campo. A los Dres. J. Rabassa y M. Zárate por su apoyo incondicional. A la Dirección de Parques Nacionales, y especialmente a los Guardaparques del Monumento Natural Bosques Petrificados por la colaboración brindada. Especialmente a los editores y evaluadores de este trabajo por toda la colaboración editorial brindada. Estas investigaciones se encuentran dentro de un proyecto mayor dirigido por la Dra. L. Miotti: «Cuando el espacio se convierte en territorio: Arqueología de bajos, zanjones y lagunas residuales» auspiciado por la Fundación Antorchas, el CONICET y la UNLP.

## REFERENCIAS CITADAS

Amick, D. y R. Mauldin
1997. Effects of raw material on flake breakage patterns. *Lithic Technology* 22 (1): 18-32.

Aragón, E. A. y N. V. Franco
1997. Características de rocas para la talla por percusión y propiedades petrográficas. *Anales del Instituto de la Patagonia* 25: 187-199.

Aschero, C. A.
1975-83. Ensayo para una clasificación morfológica de artefactos líticos aplicada a estudios tipológicos comparativos. Informe al CONICET N° 5. Inédito. Argentina.

Aschero, C. A.
1981-82. Nuevos datos sobre la arqueología del Cerro Casa de Piedra. Sitio CCP5 (Parque Nacional Perito Moreno; Santa Cruz Argentina). *Relaciones de la Sociedad Argentina de Antropología* XIV/2:267-284.

| Unidades | % en área | % en volumen |
|---|---|---|
| La Matilde | 24,81 | 37,48 |
| La Matilde acarreo | 21,46 | 25,71 |
| Depósitos de pedimentos II y III | 19,91 | 16,85 |
| Bajo Pobre | 14,29 | 9,05 |
| Depósitos de planicies aluviales | 7,3 | 4,723 |
| Terrazas fluviales R.Deseado II y III | 5,35 | 1,83 |
| Terrazas fluviales R.Deseado VI y VII | 4,78 | 1,68 |
| Puesto El Museo | 2,52 | 1,108 |
| Diques de basaltos paleógenos | 1,81 | 1,025 |
| Cordones y playas litorales | 1,31 | 0,29 |
| Sedimentos finos de bajos y lagunas | 0,33 | 0,241 |
| Aluvio-coluvio | 0,07 | 0,013 |
| Basaltos paleógenos | 0,66 | 0,008 |

Tabla 6. Resultados de los análisis cuantitativos de las unidades litológicas seleccionadas (Porcentual de cada tipo rocoso en el área)

| Tipo de afloramiento | Área 2D ($km^2$) | Área 3D($km^2$) | Volumen ($km^3$) |
|---|---|---|---|
| Basaltos paleógenos | 0.197 | 0.197 | 0.913 |
| Aluvio-coluvio | 0.215 | 0.215 | 1.493 |
| Sedimentos finos de bajos y lagunas | 0.980 | 0.981 | 27.755 |
| Diques de basaltos paleógenos | 3.900 | 3.905 | 117.653 |
| Cordones y playas litorales | 5.377 | 5.378 | 32.969 |
| Puesto El Museo | 7.484 | 7.486 | 127.295 |
| Terrazas fluviales del R, Deseado VI y VII | 14.225 | 14.226 | 192.932 |
| Terrazas fluviales del R, Deseado II y III | 15.925 | 15.926 | 210.186 |
| Depósitos de planicies aluviales | 21.699 | 21.715 | 542.357 |
| La Matilde acarreo | 42.467 | 42.499 | 29514.87 |
| Bajo Pobre | 47.313 | 47.330 | 1039.303 |
| Depósitos de pedimentos II y III | 63.818 | 63.829 | 1934.432 |
| La Matilde | 73.732 | 73.789 | 4302.688 |

Tabla 7. Cálculo de volúmenes de roca comparando la obtenida por los estudios en 2D y en 3D.

Aschero, C. A.
1983. La secuencia de Piedra Parada a través de las campañas 1979-81: consideraciones finales. *Arqueología del Chubut. El valle de Piedra Parada.* Por Aschero, C. A., M. Onetto, C. Pérez de Micou, C. Bellelli, L. Nacuzzi y A. Fischer. Gobierno de la Provincia del Chubut, Serie Humanidades 1: 91-103 Dirección de Impresiones Oficiales, Rawson, Argentina.

Aschero, C. A.
1985. Pinturas rupestres en asentamientos cazadores-recolectores: dos casos de análisis aplicando difracción de Rayos-X. *Cuadernos del Instituto Nacional de Antropología* 10:291 -306.

Aschero, C. A.
1987. Tradiciones culturales en la Patagonia central. Una perspectiva arqueológica. *Comunicaciones de las Primeras Jornadas de Arqueología de la Patagonia.* Gobierno de la Provincia del Chubut, Serie Humanidades 2:17-26 Dirección de Impresiones Oficiales, Rawson, Argentina.

Aschero, C.A., L. Moya, C. Sotelos y J. Martínez
1995. Producción lítica en los límites del bosque cordillerano: El sitio Campo Río Roble 1 (Santa Cruz, Argentina). *Relaciones de la Sociedad Argentina de Antropología* XX: 205-238.

Barbosa, C. E. y C. J. Gradin
1986-1987. Estudio composicional por difracción de rayos X de pigmentos del Alero Cárdenas, provincia de Santa Cruz. *Relaciones de la Sociedad Argentina de Antropología* XVII/1 NS: 143-172

Bayón, C., N. Flegenheimer, M. Valente y A. Pupio
1999. Dime cómo eres y te diré de dónde vienes: La procedencia de rocas cuarcíticas en la región pampeana. *Relaciones de la Sociedad Argentina de Antropología* XXIV: 187-235

Bellelli, C.
1988. Recursos Minerales: su estrategia de aprovisionamiento en los niveles tempranos de Campo Moncada 2 (Valle de Piedra parada, Río Chubut). *Arqueología Contemporánea Argentina. Actualidad y perspectivas*: 147-176. H. D. Yacobaccio Editor. Ediciones Búsqueda, Buenos Aires.

Bellelli, C.
1991. Campo Moncada 2 (CM2): momentos tempranos de ocupación en el Valle de Piedra Parada (Chubut, Argentina).

*Actas del X Congreso Nacional de Arqueología Chilena:* 225-235. Santiago de Chile, Chile.

Bellelli, C. y M. T. Civalero
1988-89. El sitio Casa de Piedra 5 (CCP5) y su territorio de explotación de recursos minerales (Parque Nacional Perito Moreno, Provincia de Santa Cruz). *Arqueología Contemporánea* 2(2): 53-63.

Bellelli, C. y M. T. Civalero
1996. Campo Río Roble 3 (CRR3): más datos para la arqueología del Parque Nacional Perito Moreno (Santa Cruz). *Arqueología Solo Patagonia*: 297-306. Editado por J. Gómez Otero CENPAT-CONICET, Puerto Madryn, Argentina.

Bellelli, C. y F. X. Pereira
2001. Obsidiana: fuentes de aprovisionamiento y artefactos arqueológicos en el noroeste del Chubut. *Libro de resúmenes XIV Congreso Nacional de Arqueología Argentina*: 198. Rosario, Sta. Fe.

Binford, L.
1973 Interassemblage Variability – The Mousterian and 'The Functional' Argument, in C. Renfrew (ed.) *The Explanation of Culture Change: Models in Prehistory*, 227-54. London, Duckworth.

Binford, L.R.
1979. Organization and Formation Processes: Looking at Curated Technologies. Journal of Anthropological Research 35:255-273.

Borrero, L. A.
1989. Replanteo de la arqueología patagónica. *Interciencia* Mayo-Junio XIV (3): 127-135.

Borrero, L. A.
1991. Los «Modelos de situaciones excepcionales» y el estudio de las sociedades de cazadores y recolectores. *Comechingonia* 7: 109-127.

Borrero, L. A. y F. Carballo Marina
1998. Proyecto Magallania: La cuenca superior del Río Santa Cruz. *Arqueología de la Patagonia Meridional* (Proyecto *«Magallania»*).Volumen coordinado por L.A. Borrero):11-27. Búsqueda de Ayllu, Concepción del Uruguay.

Borrero, L. A. y N. V. Franco
1997. Early Patagonian Hunter-Gatherer: Subsistence and Technology. *Journal of Anthropological Research* 53: 219-239.

Borrero, L. A. y H. G. Nami
1996. Algunas hipótesis y propuestas de trabajo para una arqueología regional. *Praehistoria* 2: 35-42

Carballo Marina, F. y J. L. Sáenz
1992. Diseño de un plan para estudiar la distribución espacial de sitios en la Provincia de Santa Cruz. *Análisis Espacial en la arqueología patagónica.* Editado por L.A. Borrero y J. L. Lanata: 121-143, Ediciones Búsqueda de Ayllu, Buenos Aires.

Carballo Marina, F., P. Catuogno y J. L. Sáenz
1987. Muestreo arqueológico destinado a un problema de búsqueda. Figuerero Torres, M.J. y M. Casiraghi. *Muestreo en Arqueología Argentina.* Editado por M. J. Figuerero y M. Casiraghi, PREP. Buenos Aires

Carballo Marina, F., L. A. Borrero, N.V. Franco, J. B. Belardi, V. D. Horwitz, A. S. Muñoz, P. Campán, F. M. Martín, F. Borella, M. F. García, F. Muñoz, F. Savanti y J. L. Lanata
1999. Arqueología de la costa del Lago Argentino, Río Leona y pampas altas intermedias (provincia de Santa Cruz, Argentina). *Praehistoria* 3: 13-34.

Cardich, A., L. Cardich, y A.Hadjuk,
1973. Secuencia arqueológica y cronología radiocarbónica de la cueva 3 de Los Toldos (Santa Cruz, Argentina). *Relaciones de la Sociedad Argentina de Antropología* VII: 85- 123.

Cardich, A. y N. Flegenheimer
1978. Descripción y tipología de las industrias líticas más antiguas de Los Toldos. *Relaciones de la Sociedad Argentina de Antropología* XII (NS): 225-242.

Cattáneo, G. R.
1997. Organización de la Tecnología en la Patagonia Centro Meridional: El caso de la Localidad Arqueológica Piedra Museo, Prov. de Santa Cruz. *Libro de resúmenes XII Congreso Nacional de Arqueología Argentina*: 9, Universidad Nacional de La Plata, La Plata.

1999. Organización de la tecnología en la Patagonia Centro Meridional: El caso de la Localidad Arqueológica Piedra Museo, Prov. Santa Cruz. *Actas del XII Congreso Nacional de Arqueología Argentina* III:16-22.,Editora C. Diez Marín, La Plata.

2000. El paisaje y la distribución de los recursos líticos. *Guía de Campo Taller Internacional «La colonización del sur de América durante la transición Pleistoceno/Holoceno»*2.2.: 26-36. Editado por Miotti, L. M. Salemme, R. Paunero y R.Cattáneo, Editorial Servicoop. La Plata.

2002. Una Aproximación a la Organización de la Tecnología Lítica entre los Cazadores- Recolectores del Holoceno Medio/Pleistoceno Final en la Patagonia Austral, Argentina. Tesis doctoral Facultad de Ciencias Naturales y Museo. UNLP. *Inédita.*

2004. Desarrollo Metodológico para el estudio de fuentes de aprovisionamiento lítico en la Meseta Central Santacruceña, Patagonia Argentina. *Estudios Atacameños* 28*:* 105-119.

2006. *Tecnología Lítica del Pleistoceno Final/Holoceno Medio Un Estudio de los Cazadores-Recolectores de la Patagonia Austral (Argentina)* British Archaeological

Reports S1580.

Cattáneo g. R., C. V. Di Lello y J. C. Gómez
2004. Cuantificación y análisis de la distribución de rocas útiles para la manufactura de instrumentos a través del uso de Sistemas De Información Geográfica (SIG) en el Área De Piedra Museo, Santa Cruz, Argentina. *Actas del XV Congreso Nacional de Arqueología Argentina*. Río Cuarto, Córdoba. Resumen expandido.

Civalero, M. T.
1995. El sitio Cerro Casa de Piedra 7: Algunos aspectos de la tecnología lítica y las estrategias de movilidad. *Cuadernos del Instituto Nacional de Antropología* 16.

Civalero, M. T.
1999. Obsidiana en Santa Cruz, una problemática a resolver. *Soplando En El Viento... Actas de las III Jornadas de Arqueología de la Patagonia*:155-164.Editado por Universidad Nacional del Comahue. Facultad de Humanidades-INAPL. San Carlos de Bariloche

Civalero, M. T. y N. V. Franco
2000. Las ocupaciones humanas tempranas en el oeste de la Provincia de Santa Cruz, extremo sur de Sudamérica. *Libro de Resúmenes. Taller Internacional del INQUA La colonización del sur de América durante la transición Pleistoceno/Holoceno.* Editado por Miotti, L. M. Salemme, R. Paunero y R.Cattáneo Editorial Servicoop. La Plata.

Civalero, M. T., K. Borrazo, D. Bozzuto, A. Divruno, V. Dolce, P. Limbrunner y M. Lucero
2001. ¿Ultimas?...Excavaciones en Cerro Casa de Piedra 7, Santa Cruz. *Libro de resúmenes XIV Congreso Nacional de Arqueología Argentina*: 78., Universidad Nacional de Rosario, Rosario.

Cotterell, B. y J. Kamminga
1987. The Formation of Flakes. *American Antiquity* 52: 675-708.

Dangavs N. V.
1976. Descripción sistemática de los parámetros morfométricos considerados en las lagunas pampásicas. *Limnobios* 1 (2): 35-59.

Di Lello Claudia, Juan. C. Gómez y Gabriela R. Cattáneo.
2005. Herramientas geomáticas aplicadas al estudio de los recursos minerales no industriales en tiempos prehistóricos en el área de Piedra Museo, Santa Cruz, Argentina. Actas del XVI Congreso Nacional de Geología Argentina. Tomo II: 569-576. Universidad Nacional de la Plata, La Plata.

Escola P.
1991. Puntas de proyectil de contextos formativos: Acercamiento tecno-tipológico a través de cuatro casos de análisis. *Actas del XI Congreso Nacional de Arqueología Chilena* (1988), T. II: 175-184.

Espinosa, S. L. y R. A. Goñi
1999. ¡Viven!: Una fuente de obsidiana en la Provincia de Santa Cruz. *Soplando En El Viento... Actas de las III Jornadas de Arqueología de la Patagonia*:155-164.Editado por Universidad Nacional del Comahue. Facultad de Humanidades-INAPL. San Carlos de Bariloche.

Flegenheimer N.
1991. La Liebre, un sitio cantera-taller. *Boletín del Centro* 2: 58-64.

Flenniken, J. y J. White
1985. Australian flaked tools: A technological perspective. *Records of the Australian Museum* 36:131-151.

Franchi, M., J. L. Panza y R. de Barrio
1989. Depósitos Triasicos y Jurásicos de la Patagonia Extraandina. *Cuencas Sedimentarias Argentinas, Serie Correlación Geológica* 6: 347-378.

Franco, N. V.
1999. Puntas de proyectil y circulación humana: una aproximación tecnológica. *Libro de Resúmenes. XIII Congreso Nacional de Arqueología Argentina*: 6. Universidad Nacional de Córdoba, Córdoba.

Franco, N. V. y E. Aragón.
2000. Muestreo de fuentes potenciales de aprovisionamiento lítico: un caso de estudio. *Libro de Resúmenes. II Congreso de Arqueología de la región pampeana argentina:* 49-50, Universidad Nacional de Mar Del Plata.

Franco, N.V., L.A. Borrero, J.B. Belardi, F. Carballo Marina, F.M. Martín, P. Campán, C.F. Dubois, N. Stadler, M.I. Hernandez Llosas, H. Cepeda, A.S. Muñoz, F. Borella, F. Muñoz, e I. Cruz
1999. Arqueología del Cordón de Baguales y sistema lacustre al sur del Lago Argentino (Provincia de Santa Cruz, Argentina). *Praehistoria* 3: 65-86.

Gómez J.C. y J. D. Gobbo
2005. Mosaico Landsat Enhanced Thematic Mapper (ETM+) y Modelo del Terreno (MDT) de Sudamérica. Trabajo presentado en el Simposio Internacional sobre Teledetección. XVI Congreso Geológico Argentino, La Plata.

Gradin, C., Aschero, C. y A. Aguerre
1979. Arqueología del Área Río pinturas. Provincia de Santa Cruz. *Relaciones de la Sociedad Argentina de Antropología* XIII (NS): 183-228, Buenos Aires.

Guraieb G.
1998. Cuáles, cuánto y dónde: tendencias temporales de selección de recursos líticos en Cerro de los Indios 1 (Lago Posadas, Santa Cruz). *Arqueología* 8: 77-99.

Kelly, R. L.
1988. The three sides of a biface. *American Antiquity* 53:717-734

Koldehoff B.
1987. The Cahokia flake tool industry: socioeconomic

implications for Late Prehistory in the Central Mississippi Valley. En *The Organization of Core Technology*, editado por J.K. Johnson y C.A. Morrow, pp. 151-185. Westview Press, Boulder.

Lesta, P. y R. Ferello
1972. Región extraandina de Chubut y norte de Santa Cruz. En A. L. Leanza Editor: *Geología Regional Argentina:* 601-653. Academia Nacional de Ciencias de Córdoba, Córdoba.

Mazzoni, M., Spalletti, L. A. Iñiguez, A y. Teruggi, M.
1981. El grupo Bahía Laura en el Gran Bajo de San Julián, Provincia de Santa Cruz. *VIII Congreso Geológico Argentino 3:*568-583.Buenos Aires.

Miotti, L.L.
1989. Zooarqueología de la Meseta Central y Costa de la Prov. de Santa Cruz: Un enfoque de las estrategias adaptativas aborígenes y los paleoambientes. *Tesis Doctoral*. Facultad de Ciencias Naturales y Museo. Universidad Nacional de la Plata.

Miotti, L.L.
1990. Manifestaciones rupestres de Santa Cruz: la Localidad Piedra Museo. *El Arte Rupestre en la Arqueología Contemporánea Argentina*: 132-138. FECIC. Buenos Aires.

Miotti, L.L.
1992. Paleoindian occupation at Piedra Museo Locality. *Current Research in the Pleistocene* 9:30-31.

Miotti, L.L.
1995. Piedra Museo Locality: A special place in the new world. *Current Research in the Pleistocene* 12: 36-38.

Miotti, L.L.
1996. Piedra Museo (Santa Cruz), nuevos datos para la ocupación pleistocénica en Patagonia. *Arqueología, Solo Patagonia*: 27-38. Editado por J. Gómez Otero CENPAT-CONICET, Puerto Madryn, Argentina.

Miotti, L.L. y G.R. Cattáneo.
1997. Lithic technology at 13.000 years ago in southern Patagonia. *Current Research in the Pleistocene* 14: 62-65.

Miotti, L.L. y G.R. Cattáneo.
2000. Variación de las estrategias de la producción lítica y la explotación de recursos faunísticos. El caso de Piedra Museo durante la transición Pleistoceno/Holoceno. *Libro de Resúmenes Taller Internacional «La colonización del sur de América durante la transición Pleistoceno/ Holoceno»*:23. FCNyM, Universidad Nacional de La Plata, La Plata.

Miotti, L.L. y G.R. Cattáneo.
2004. Pleistocene/Holocene transition at Piedra Museo and surrounding region. *Ancient evidences for Paleo South Americans: From where the south wind blow*: 105-111 Center for the studies of the first Americans (CSFA) and Texas A&M University Press. Editado por M. L. Miotti, M. Salemme y N. Flegenheimer, USA.

Miotti, L.L., M. Vázquez y D. Hermo.
1999. Piedra Museo: Un yamnagoo pleistocénico de los colonizadores de la Meseta de Santa Cruz: el estudio de la Arqueofauna. *Soplando En El Viento... Actas de las III Jornadas de Arqueología de la Patagonia*: *113-136*. Editado por Universidad Nacional del Comahue. Facultad de Humanidades-INAPL. San Carlos de Bariloche

Miotti L.L., Salemme, M y J. Rabassa
2004. Radiocarbon Chronology at Piedra Museo Locality. *Ancient evidences for Paleo South Americans: From where the south wind blow*: 99-104. Center for the studies of the first Americans (CSFA) and Texas A&M University Press. Editado por M. L. Miotti, M. Salemme y N. Flegenheimer, USA.

Nami, H.G.
1985. El subsistema tecnológico de la confección de instrumentos Líticos y la explotación de los recursos del ambiente. Una nueva vía de aproximación. *Simposio: Definición de Sistemas Adaptativos. LIV Congreso de Americanistas*: 1- 40. *MS.* Bogotá, Colombia.

Nami, H.G.
1996 . Uso de propiedades magnéticas para la identificación de fuentes de materias primas: el basalto de Paso Limay (Prov. de Río Negro). *Arqueología Solo Patagonia:* 389-398, Editado por J. Gómez Otero CENPAT-CONICET, Puerto Madryn, Argentina.

Nami H. G. y A. Rapalini
1994. Magnetic sourcing of obsidians in Southermost Southj America: Preliminary Results. *Transactions of the American Geophysical Union. 94 Spring Meeting. Supplemnt to EOS (*16): 126, Washington D.C.

Nelson, M.
1991. The study of technological organization. *Archaeological Method and Theory* 3: 57-100.

Newman, J.
1994. The effects of distance on lithic material reduction technology. *Journal of Field Archaeology* 21: 491-501.

Panza, J. L.
1982. Descripción geológica de las Hojas 53e «Gobernador Moyano» y 54e «Cerro Vanguardia» Servicio Geológico Nacional. *Inédito.* Manuscrito en el Servicio Geológico Nacional, R. Argentina.

1984. Descripción geológica de las Hojas 54f «Bajo de La Leona» y 54g «Bahía Laura». Servicio Geológico Nacional. *Inédito*. Manuscrito en el Servicio Geológico Nacional, R. Argentina.

1986. Descripción geológica de la hoja 54d «La Manchuria», provincia de Santa Cruz. Servicio Geológico Nacional, 141 Pág. *Inédito*. Manuscrito en el Servicio Geológico Nacional, R. Argentina.

1995a. Hoja Geológica 4969-II Tres Cerros, escala

1:250.000, provincia de Santa Cruz. *Boletín* 213. Servicio Geológico Nacional, Buenos Aires.

1995b. Hoja Geológica 4969-I/II Bahía Laura, escala 1:250.000, provincia de Santa Cruz. *Boletín* 214. Servicio Geológico Nacional, Buenos Aires.

Panza, J. L. y. de Barrio, R. E.
1989. Descripción geológica de las hojas 56f»Cordón Alto» y 56g «Puerto San Julián», provincia de Santa Cruz. Servicio Geológico Nacional. 155 Pág. *Inédito.* Manuscrito en el Servicio Geológico Nacional, R. Argentina.

Panza, J. L., Nañez, C y. Malumián, N.
1996. Afloramientos y foraminíferos del Eoceno en el Macizo del Deseado, provincia de Santa Cruz, 19 Pág. *Inédito.* Manuscrito en el Servicio Geológico Nacional, R. Argentina.

Panza, J. L. y Genini, A.
2001. Hoja Geológica 4969-IV. Monumento Natural Bosques petrificados, provincia de Santa Cruz. *Boletín* 258. Servicio Geológico Minero Argentino.

Ratto, N y D. Kligman
1992. Esquema de clasificación de materias primas líticas arqueológicas en Tierra del Fuego: Intento de unificación y aplicación a dos casos de análisis. *Arqueología* 2: 107-134.

Seelenfreund A. H.,C. Sinclaire, P. de Souza, M. I. Dinator, E. Fonseca, M. Chesta y J. R. Morales
2004. Caracterización de lavas vítreas de fuentes y sitios arqueológicos del Formativo Temprano en la Subárea Circumpuneña: Resultados preliminares y proyecciones para la prehistoria atacameña. *Estudios Atacameños* 28: 45-57

Shott M.J.
1986. Technological organization and settlement mobility: an ethnographic examination. *Journal of Anthropological Research* 42:1-15.

Sruoga, P. y. Palma, M.A.
1984. La Formación Chon Aike en su área clásica de afloramientos. *Actas 9$^{no}$ Congreso Geológico Argentino* 3: 171-184. Universidad Nacional del Comahue. San Carlos de Bariloche, Río Negro.

Stern, C.
1995. Obsidiana negra de los sitios arqueológicos en la precordillera andina de Patagonia central. *Anales del Instituto de la Patagonia* 23: 111-118.

Stern, C.
1999. Black obsidian from Central-South Patagonia; chemical characteristics, possible sources and regional distribution of artifacts. *Soplando En El Viento... Actas de las III Jornadas de Arqueología de la Patagonia*: 221-234. Editado por Universidad Nacional del Comahue. Facultad de Humanidades-INAPL. San Carlos de Bariloche

Stern, C., Mena, F., Aschero, C.A y. Goñi, R.A
1995a. Obsidiana negra de los sitios arqueológicos en la precordillera andina de Patagonia central. *Anales del Instituto de la Patagonia* 23: 111-118.

Stern, C.,. Prieto, A. y. Franco, N. V
1995b. Obsidiana negra en sitios arqueológicos de cazadores-recolectores terrestres en Patagonia austral. *Anales del Instituto de la Patagonia* 23: 105-110.

Stern, C., Gómez Otero, J. y Belardi, J.B.
2000. Características químicas, fuentes potenciales y distribución de diferentes tipos de obsidianas en el Norte de la Provincia del Chubut, Patagonia Argentina. *Anales del Instituto de la Patagonia* 28: 275-290.

El uso de Sistemas de Información Geográfica en arqueología sudamericana.
Figuerero Torres e Izeta (Ed.) 2012: 61-72

# A REGIONAL MODEL OF ARCHAEOLOGICAL DISTRIBUTIONS FOR NORTHWESTERN ANDEAN PATAGONIA (ARGENTINA.)

Vivian G. Scheinsohn *, Silvia D. Matteucci **

* Consejo Nacional de Investigaciones Científicas y Tecnológicas (CONICET), Instituto Nacional de Antropología y Pensamiento Latinoamericano, Buenos Aires, Argentina. E-mail: scheinso@mail.retina.ar
** Consejo Nacional de Investigaciones Científicas y Tecnológicas (CONICET), Grupo de Ecología del Paisaje y Medio Ambiente, Facultad de Arquitectura, Diseño y Urbanismo, Universidad de Buenos Aires, Argentina. E-mail: smatt@arnet.com.ar

## RESUMEN

En el marco de un proyecto enfocado en ecología de paisajes aplicada a paisajes arqueológicos, en este trabajo se desarrolló un modelo regional de distribuciones arqueológicas. El modelo se construyó a partir de patrones de comportamiento de cazadores-recolectores actuales y datos climáticos (Binford 2001) y de la configuración espacial específica del área bajo estudio. Mediante el uso de un Sistema de Información Geográfica (SIG) y procesamiento digital de imágenes se modeló la ubicación de materiales arqueológicos en el Noroeste de la Patagonia Andina argentina. El modelo fue validado con la ubicación de sitios con arte rupestre conocidos hasta el momento y demostró tener un gran potencial predictivo ya que dichos sitios se ubican en las zonas pronosticadas por el modelo.

## ABSTRACT

This paper presents a regional model of archaeological distributions in the context of a project framed by landscape ecology and landscape archaeology. The spatial model is constructed using Binford's (2001) broad behavioural hunter-gatherer and climatic data and the specific spatial configuration of the study area. The location of archaeological materials from Northwestern Andean Patagonia, Argentina is modelled using a Geographic Information System (GIS) and image processing techniques. The model was tested against the spatial distribution of known archaeological rock art sites and it shows to be a good predictor of them.

## INTRODUCTION

The role of forested environments for ancient hunter-gatherers has been neglected in Patagonian archaeology until very recent times. Historically, in Argentinean Patagonia, archaeological research has focused on the steppe while forests, located near the Cordillera de los Andes, received little attention. This situation could be explained merely as a sample problem since most of Argentinean Patagonia surface is covered by steppe (54.000.000 ha. vs.2.600.000 of forested surface). But sample issues alone do not explain how traditional archaeologists modelled Patagonian peopling. Traditional models posited a gradual peopling, highly effective and temporally continuous, over a homogeneous territory. People populated the territory as water pours out of the tap to fill a glass, as most culture history researchers seemed to assume. In this view, forested environments were considered unimportant because no ancient sites were located there. But this changed in the eighties, when Monteverde site was discovered (Dillehay 1989) and settled the possibility of an ancient occupation of Patagonian forests. Also, at the end of that decade, Borrero (1989–1990, 1994–1995, 2001a, 2001b) had proposed a new peopling model for Patagonia. Synthetically, the new model considered a discontinuous and punctuated rhythm of peopling, failures included, over a heterogeneous territory. Finally, at that same moment, environmental heterogeneity in Patagonia had begun to be recognized and, as a consequence, the importance of evaluating challenges and opportunities offered by different biomes began to be considered.

As long as new research programs allowed the discoveryof new ancient archaeological sites in Patagonia (see Miotti & Salemme 2004 for a summary) also ancient sites, other than Monteverde, were found in forested environments (e.g. Laguna El Trébol, Hajduk *et al.*2004). Nevertheless forest sites show occupational discontinuities until approximately 3000 BP when the archaeological signal strengthens and becomes continuous. Why did people use the forest continuously from that point on only? Were specific forest resources acquired from residential bases on the steppe? Did people occupy the forests in permanence from that moment on? To address these issues one of us, in a previous paper, proposed the use of landscape ecology tools (Scheinsohn 2001).

## THEORETICAL FRAMEWORK: LANDSCAPE ARCHAEOLOGY

The landscape concept, when applied to archaeology, has produced two different outcomes: one processualist, ecologically oriented perspective (Kelly 1988; various papers in Rossignol and Wandsnider 1992; Wandsnider 1998 among others) and other postprocessualist, centered in symbolic considerations of landscape and people (see among others Ashmore and Knapp 1999, Bender 1993,

Tilley 1994, Yamin and Metheny 1996). In this paper we will use landscape archaeology as meant by the first position and specifically we will consider concepts and models developed in the frame of Landscape Ecology. Landscape ecology looks at how spatial structure affects organism abundance at the landscape level, as well as the behaviour and functioning of the landscape as a whole. This includes the study of the pattern, or the internal order of a landscape, and process, or the continuous function of organisms (Turner 1989). This view allows archaeological information to be treated differently; specifically through the development of new hypothesis about human use of space. Among those landscape ecology models relevant to archaeology, the matrix-patch-corridor model (Forman and Godron 1986, Forman 1997) seems useful (Lanata 1997, Scheinsohn 2001).

In this model three spatial elements form the landscape. A patch is a surface area that differs from its surroundings. Patches are the basic unit of the landscape. They have a definite shape and spatial configuration, and can be described compositionally by internal variables (Forman 1997). Corridor is a long strip of land that differs from the surrounding areas and connects patches of similar content. Patches and corridors are inserted in a matrix or background cover type that may show high connectivity if it is not fragmented. A landscape forms a mosaic where patches can be isolated or connected by corridors that function as routes, filters, barriers, sources or sinks for organisms. Corridors can form networks with nodes at the intersections. Thus, spaces are usually heterogeneous with patches and corridors differing in their content of species, energy and materials (Forman 1997).

In a heterogeneous space, animals detect energy accumulated on patches and use different landscape elements for different functions. What we have proposed elsewhere (Scheinsohn 2001, Scheinsohn and Matteucci 2004, Matteucci and Scheinsohn 2004), and wish to emphasize here, is that the movements of human populations can also be described by this type of model, originally proposed for other animals. Human movement, as well as animal movement, is non-random and is affected by landscape configuration (the specific arrangement of spatial elements). While we recognise human uniqueness (as defined in Richerson and Boyd 2001) we suggest that this model may suffice to explain some human movement in a certain landscape and should be tested first before other explanations could be put forward.

Archaeological research in the forested areas of Northern Patagonia, under this view, calls for the matrix-patch-corridor model applied to human space utilization. But to do so it is necessary first to understand the characteristics of that environment.

## THE STUDY AREA: NORTHERN ANDEAN PATAGONIA

Patagonia is an elongated territory located between 39° and 55° S in Southern South America. Its topography is divided between the forested and rugged Cordillera de los Andes to the West and a shrub-covered plateau or meseta to the East.

The tectonic structure of the region is dominated by the subduction of the Pacific oceanic crustal plate beneath the South American continent (McCulloch *et al.*1997).

Andean orogeny and glacial activity modelled the landscape determining the presence of deep lakes, V-shaped valleys and moraines located between 550 and 1700 m above sea level (Podestá *et al.* 2000).

The regional climate is determined by the westerly storm tracks coupled with precipitation induced by the high western flanks of the Andean Cordillera (McCulloch *et al.*1997) effect called «rainshadow». As a consequence, a strong east-west gradient is produced, with annual precipitation ranging from of 4000-7000 mm on the western slope (in Chilean territory), 2,500 mm at the eastern slope (Argentinean territory), 900 mm at the steppe border and less of 800 mm at the steppe (Morello 1999). This gradient is also reflected in the vegetation. To the west, Andean-Patagonian subantarctic forests covered the mountains. This forest is characterized by two types of deciduous Nothofagus species: ñire (*N. antartica*) and lenga (*N.pumilio*). Also, ciprés (*Austrocedrus chilensis*), a colonizing tree, develops in rocky soils and covers most of the slopes (Marchetti and Prudkin 1982, Mendes *et al.* 1995, Podestá *et al.* 2000, Bellelli *et al.* 2000a, 2000b). The Selva Valdiviana (cold rainforest, see Cabrera and Willink 1973) a plant community characteristic of this area, including among others *Eucryphia cordifolia* (ulmo), *Nothofagus dombeyi* (coihue) *Weinmannia trichosperma* (tineo), *Laureliopsis philippiana* (guan-guan), and *Luma apiculata* (arrayán), is more abundant in the humid western slopes, exposed to the Pacific ocean, and extends to the East side of the Cordillera in certain spots that presents annual precipitation over 1500 mm (Cabrera and Willink 1973).

Mixed forest (deciduous and evergreen species) with grassland patches predominate on slopes and riverbanks. Around lakes, rivers and valley bottoms, *Mallines* (wetlands composed of dense grasslands) are found. To the West, at the steppe, *Chuquiraga avellanedae* (quilembai) *Naussauvia glomerulosa* (cola piche), *Junellia tridens* (mata negra) or herbaceous steppe of *Stipa, Poa* and *Festuca* dominate (Cabrera and Willink 1973).

In reference to the fauna, huemul (*Hippocamelus bisulcus*) a Cervidae of almost a metre in height, is the stoutest indigenous prey of the forested area. In summer, it lives in higher rugged forested areas while in winter, it moves downwards to areas with *Nothofagus* forests. It is a solitary animal that sometimes forms family groups of three individuals (male, female and offspring). In spite of these solitary habits some chronicles record its abundance in our study area (Moreno 1999). The guanaco (*Lama guanicoe*) is an indigenous Camelidae that lives in big herds in Patagonian steppe and Andean foothills. It reaches 1.75 m in height and 120 kg. It feeds on dry grasslands and mallines (wetlands). It is a good climber that moves with ease over rugged terrain. Historical chronicles record its abundance and various hunting techniques, including fire or dog enclosures and horse persecution with bola stones as weapons (Mengoni Goñalons 1995).

Forest fires, both natural and those due to human activity, have been important for landscape modification in the area. Although it is recognized that forest fires increased in frequency in the 19th century, when they were used to clear the terrain for farming (Veblen and Lorenz 1988, Veblen *et al.* 1992), it is not clear how hunter-gatherer peopling of this territory could have affected the fire regime. Historic chronicles hold that hunter-gatherers set fires to hunt guanaco (e.g. Musters 1997) but this appears to have been a recent hunting practice associated with the introduction of the European horse, dating from historic times, and therefore unlikely to have been implemented in the more remote past. Most likely the presence of hunter-gatherers in the forest might have accidentally triggered the ignition.

Finally, the landscape was intensively modified by the establishment of farms and towns, road construction and the arrival of exotic plants and animals from the XIX century on, when the area was incorporated to the national state (Bellelli *et al.* 2000a, 2000 b, 2003 Podestá *et al.* 2000).

## THE STUDY AREA AND THE ARCHAEOLOGICAL PROBLEM

One of the most notorious problems for archaeological research at the Northern Andean forests of Patagonia is its low archaeological visibility, mostly caused by thick vegetation cover. This problem is further compounded by the fact that hunter-gatherer archaeological materials, in general, are less obtrusive than materials generated by other kind of societies (see Upham 1988 and Scheinsohn 2004). The exceptions are rock art sites that, as a logical consequence, are the most frequently recorded kind of site in this area. But to focus only on rock art sites, or even archaeological sites (as they represent only a part of the total record explicitly defined by density characteristics, see Dunnell and Dancey 1983) is risky because we could miss the record of an important part of human behaviour occuring elsewhere, whith either low densities or isolated artefacts.

Thus, where visibility is a problem, it is necessary to develop a research strategy aimed at obtaining as many «windows of visibility» as possible in order to consider the full variability of the archaeological record. In this case, this strategy should be aimed especially at recording other kinds of archaeological sites, besides rock art sites. Intensive survey has proven to be an effective way to locate archaeological materials in general at Comarca Andina del Paralelo 42, (Andean Shire of 42 Parallel, CA42° from here on, see Scheinsohn 2004) a part of the present study area, but it is costly and time consuming. Therefore, a means of reducing survey costs would be the construction of a map showing regional expectations for archaeological distributions. One way to do this is by means of landscape ecology tools. In a previous pilot study (Scheinsohn and Matteucci 2004 and Matteucci and Scheinsohn 2004) we proposed a spatial model designed to predict archaeological distributions at Cholila, a study area comprising 370 km$^2$ located at the Southern end of CA42°, where archaeological research has been focused since 1998 (see details in Bellelli *et al* 2000 a, 2000 b, and 2003). This model was based on the behavioural model constructed following Binford (2001) and GIS and digital image processing. We obtained several thematic layers of relevant environmental and behavioural variables which, subjected to mathematical and distance operations, produced a spatial model of human corridors and patches. When it was validated against the locations of known archaeological sites it was clear that most sites, even those without rock art, at least in Cholila, were associated with corridors (Scheinsohn and Matteucci 2004).

For this paper we present the same kind of matrix-patch-corridor model but encompassing a bigger study area. We believe that this regional model could be considered as a map of regional archaeological distributions. The present study area located in CA42° includes, from W-E, both forest and steppe, and from N to S it extends from Nahuel Huapi Lake in the north to Cholila town down south,(including CA42°) and covering approximately 14,500 km$^2$ (see Figure 1). This switch in spatial scale changed the grain of the study leading to modifications in the previous methodology.

This model, apart of being considered in predictive terms, is also relevant to discuss landscape use, in terms of the role of forested areas in Patagonia and strategies implemented in its occupation. Were all the sites associated to corridors or only those of Cholila? Are only rock art sites associated with corridors? How could this pattern be related to strategies of forest exploitation?

## IN SEARCH OF A SPATIAL MODEL: LANDSCAPE SPATIAL CONFIGURATION AND HUNTER-GATHERER BEHAVIOURAL MODEL

We started out from three sources:

1 The spatial configuration of the study area, described on the basis of habitat patches and corridors

2 A model of hunter-gatherer behaviour based on the correlation of climatic features with recent hunter-gatherer data (Binford 2001).

3. A consideration about the relationship between these two sources

### ***Spatial Configuration***

The spatial configuration was described on the basis of habitat patches and corridors. The areas where physical, biotic and climatic features are fitted for the specific activities of a particular species are considered habitat patches. Corridors were defined as a long strip of land that connect patches

We assumed that patches functioned as food procuring places. Therefore, we considered *mallines*, river and lake

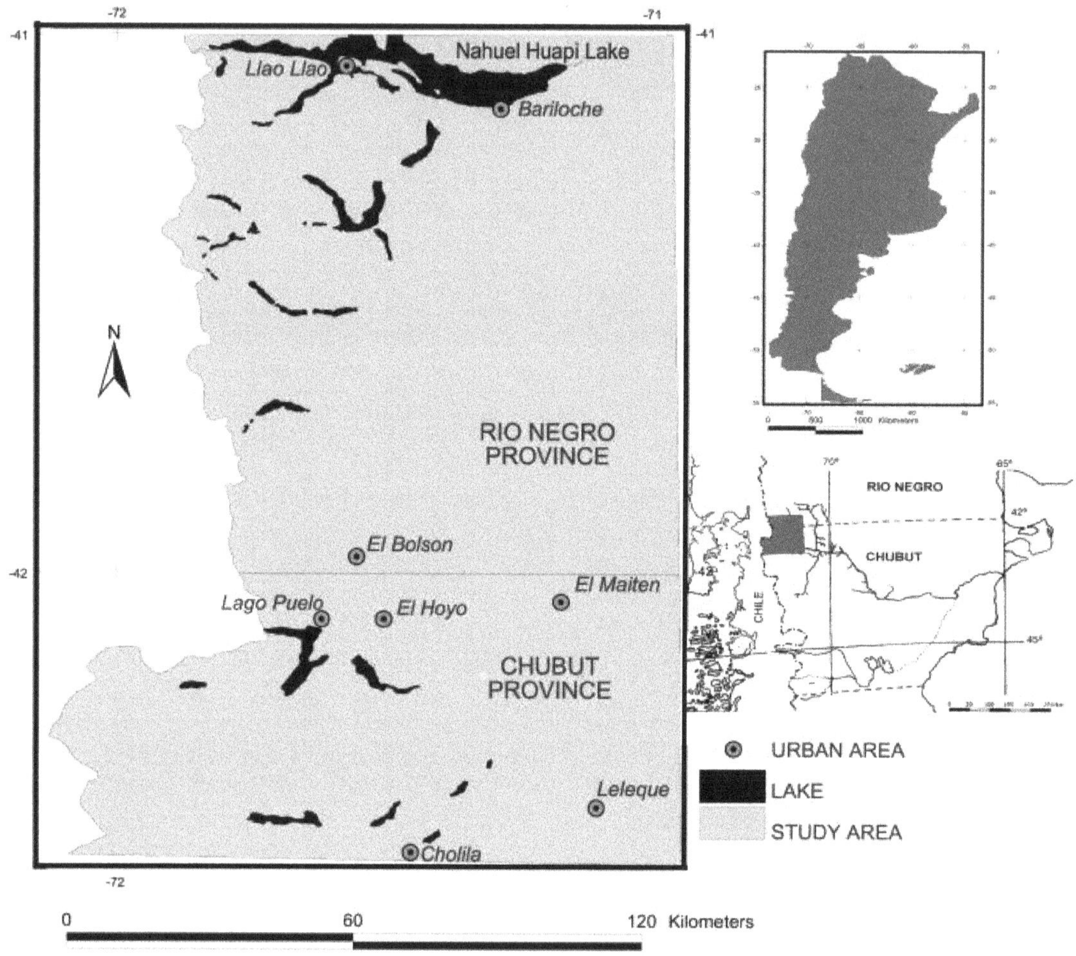


Figure 1

banks, low vegetation and unvegetated soils as habitat patches, since hunter-gatherers probably hunted and/or collected vegetables and other food resources there.

***Behavioural Model***

For constructing this model we chose not to rely on the ethnographic information available for Patagonian hunter-gatherers (e.g. Musters 1997; Cox 1999; Claraz 1988). Many factors have contributed to our decision. The first chronicles (dating from XVI century) are confusing, unsystematic in recording information, and culturally biased. For instance certain indigenous groups were given many different names none of which corresponds to the groups' given names (Nacuzzi 1998). Additionally, all chronicles were recorded after the adoption of the horse, which limits projection onto the more distant past. Also, Borrero (2001 b) notes that the ethnographic classifications mask the actual cultural variability that existed because it is applied to a context transformed by European contact. But most importantly, as Borrero also states, there is no formula to convert archaeological artefact classes into ethnographical units (Borrero 2001 b). This is why we follow Binford's (2001) proposal, where he designs a model of probable human responses to different environmental conditions based on environmental data and recent hunter-gatherer databases.

The behavioural model derived from Binford's data, holds that in high latitudes terrestrial animals dominate hunter-gatherer diets (65% of the diet after Binford 2001). Also high mobility, cost reduction techniques and the use of local materials for shelter and transport (which probably explains the rapid adoption of horse in the XVI century) are expected characteristics of high latitude hunter-gatherer groups.

Given the kind of prey obtainable by hunting in Patagonia, we expect that hunting will be oriented towards guanaco and huemul, reflecting its availability in steppe and forest environments respectively (Fernandez 2006). In fact, guanaco is widely present in many archaeological sites (Borrero 1999, Mengoni Goñalons 1995, many papers in Mengoni Goñalons 2004, De Nigris and Mengoni Goñalons 2004). Huemul, although in fewer quantities, was also recorded in sites located at the forest and its ecotone with the steppe (De Nigris 2004, Fernandez 2006, Mena 1991 and 1992)

Spatial configuration + behavioural model

Landscapes are spaces in which a group of humans actively interacts with the natural environment. Apart from natural topographic features, they include a range of built or modified features, and socially determined patterns of activity within and between these features (Rockman 2003). Hence, in order to obtain a spatial model of how humans occupied the study area, there are three characteristics of this region that should be considered:

1) The area is highly heterogeneous. This heterogeneity is related to the presence of forest/steppe ecotone. This

transitional zone should be evaluated, in the framework of landscape ecology, in terms of maximum heterogeneity. Since humans are «animals of the edge» (Forman and Godron 1986: 496) and can combine different landscape elements to choose an optimal habitation site these authors consider that «Human communities capitalize on the inherent heterogeneity of landscapes and then increase it» (Forman and Godron 1986: 497).

2) Wayfinding can be difficult in the study area. Wayfinding refers to the ability to determine a route, learn it and retrace or reverse it from memory (Golledge 2003: 25). For successful completion of a travel in an area like this, people must acquire and use environmental knowledge, such as a variety of topographic markers, environmental cues and generic knowledge, to move across the landscape without getting lost (Meltzer 2003).

3). Human circulation is quite circumscribed. The presence of dense forested patches, rugged topography, seasonally flooded lowlands and wide lakes and rivers constrain travel creating areas where it would be impossible or very difficult to cross. The same characteristics also make the area dangerous and accident prone. Hunter-gatherers, devoid of sophisticated means for dealing with trauma, would avoid potential accidents by travelling across relatively safe terrain instead.

The consideration of all these factors leads us to define at least two kinds of corridors: 1) low risk and cost (arbitrarily defined by slopes between 0 and 10°) and 2) high risk and cost (slopes between 10 and 40°)[1]

## METHODS

Model construction started with two data sets, the Landsat 7 TM (Thematic Mapper) image covering the study area (path 232, row 089, date December 8, 2001) provided by the Comisión Nacional de Actividad Espaciales (National Bureau of Spatial Activities) and the corresponding contours layer 1:250,000 scale, provided by the Instituto Geográfico Nacional (National Military Institute). Both the TM image and the contours layer were projected in the Posgar 94 reference system (official reference system for Argentina) and overlaid to obtain the study area from their intersection (Figure 1). All the mapping procedures were done in the GIS program Idrisi 32 (Eastman, 1999).We followed the cartographic model delineated in Figure 2 to construct the model from the two data sets. The L7 scene was used to obtain the land cover and lakes layers, while the contours layer was converted to obtain the digital elevation model (DEM) and slope map. The analytical procedures included supervised classification, manual digitalization, reclassification, overlay, and neighbourhood, surface, distance and mathematical operators.

In the first place we obtained a land cover map using a supervised classification from the six bands through the technique of Maximum Likelihood, which assigns each pixel to the selected land cover type using a full multidimensional probability function. This technique

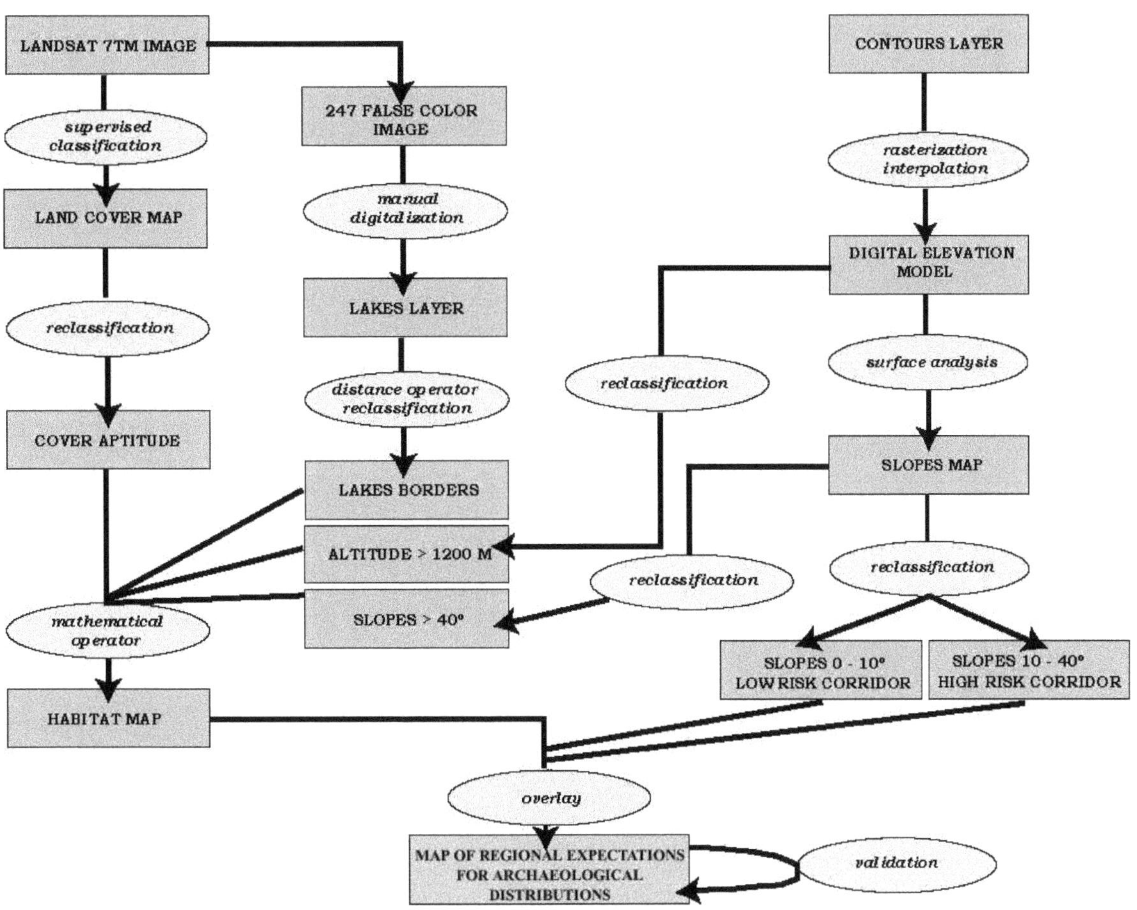


Figure 2

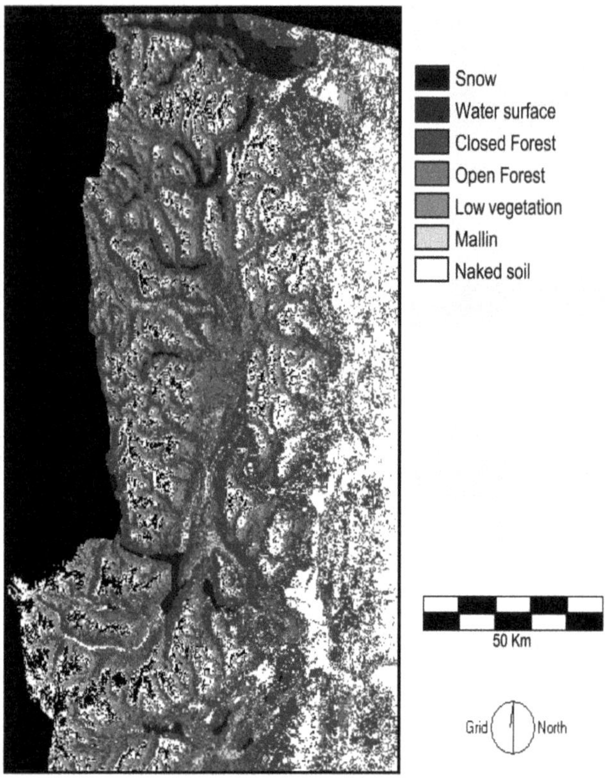


Figure 3

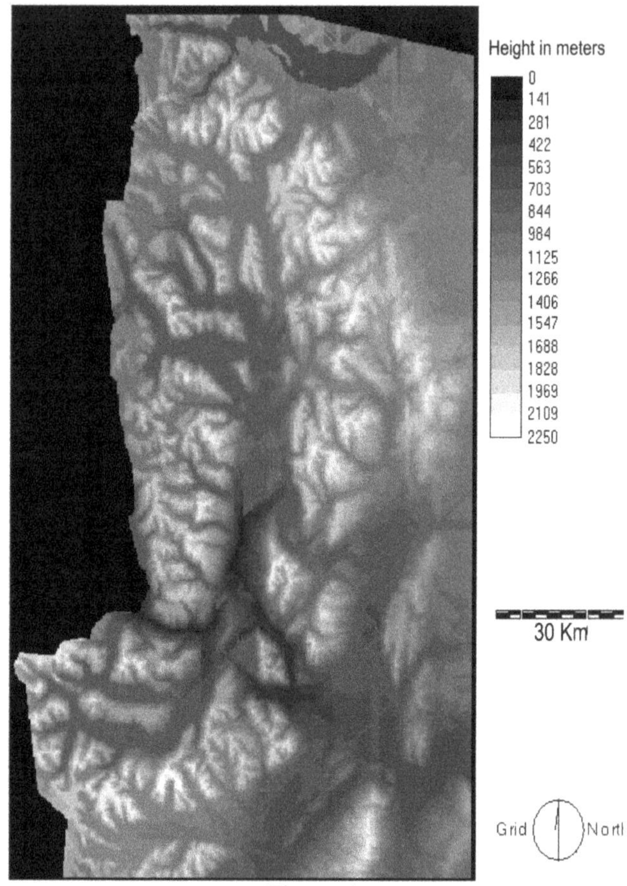


Figure 4

produces the best results when the training sites are well sampled. The training sites consisted of map polygons digitised with the image as backdrop in areas of known land cover. The cover types were: snow, water (lakes and rivers), closed forests, open forests (where we can detect open spaces left by the canopy), low vegetation (grassland or shrubland on drylands), *Mallines* (herbaceous vegetation on humid soils), and bare or sparsely vegetated lands (naked soils). The resulting landcover map (Figure 3) was validated [2] by cross tabulation with a point layer in which each point represented a field checked land cover type. We took special care to avoid points located within the training sites. The landcover map shows that Closed Forest (36% of the area) is the dominant cover type, followed by Bare Soil (28%) and Open Forest (19%). Less abundant cover types were Low vegetation (7%), Snow (5%), Water Surfaces (3%) and *Mallin* (2%). The land cover map was reclassified to produce a Boolean map of cover aptitude with values of 1 for the habitat pixels and 0 for the rest. Low vegetation, *mallines* and bare soils were considered habitat because of the existence of potential subsistence resources in those patches.

Lakes, necessary for the determination of habitat patches, were digitised manually on screen with a false colour scene composed of TM bands 2, 4 and 7 as background. The vector layer thus obtained was converted to raster format in order to apply mathematical and other operators, which follow a pixel to pixel procedure between layers. After we added the land cover map, also in raster format, and a 100 m wide buffer zone was created around each lake using a distance operator (IDRISI32). This buffer zone was considered as habitat and it was assigned a value of one; the lakes were assigned a value of 0 by reclassification.

At the same time, we generated a digital elevation model from the vector contour layer (Figure 4) by converting the vector isolines to a raster layer and interpolating the new layer to obtain the DEM, which is required to calculate slope gradient, since we have defined the two kinds of corridors in terms of that gradient (see above). The DEM was used to obtain the slopes map by surface analysis and the altitude layer by reclassification, assigning values of 1 o the pixels with altitude higher than 1200 m[3]. Slope was calculated using a neighbourhood operator and the slope map (Figure 5) was also reclassified to obtain the layer of slopes higher then 40°, assigning a value of 1 to pixels with altitude higher than 40° and 0 to the rest. The next step was to obtain the habitat map (Figure 6), which resulted from the mathematical operation with Boolean maps, such that:

habitat map=(cover aptitude+lakes border)–(altitude>1200+slopes>40°)

Altitudes higher than 1200 m had to be subtracted to eliminate artifices produced on top of the mountains due to the low resolution of the contour layer.

To the habitat map we added the corridors. These were constructed by reclassification of the slope layer. Although in a previous study (Scheinsohn and Matteucci 2004) corridors were designed to represent roads followed by hunter-gatherers in function of transportation technology (i.e. pedestrian or equestrian), this time, as mentioned above, we consider two types of corridor according to high and low risk levels. Low risk corridors (Figure 7 in grey) was

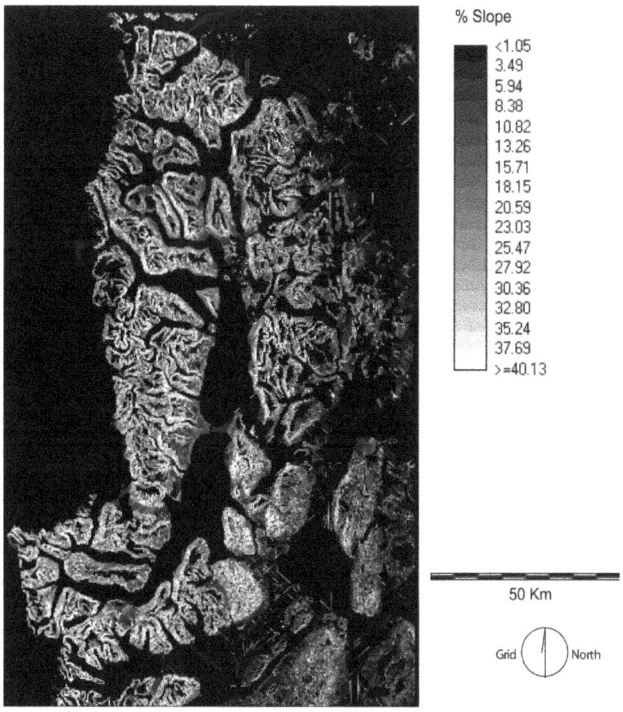


Figure 5

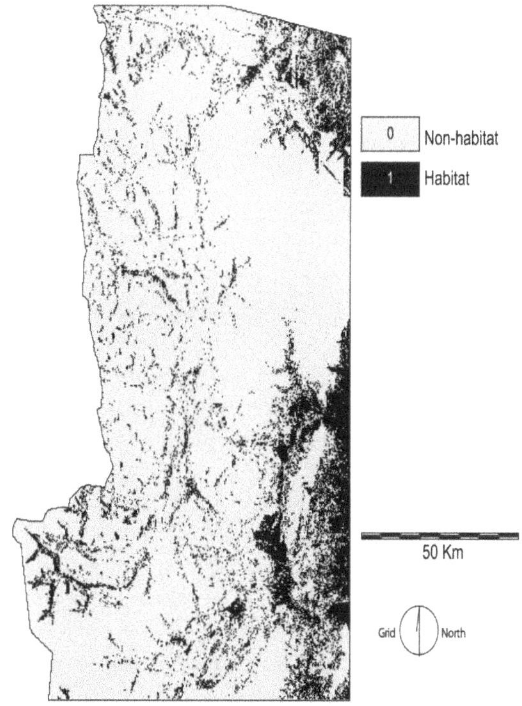


Figure 6

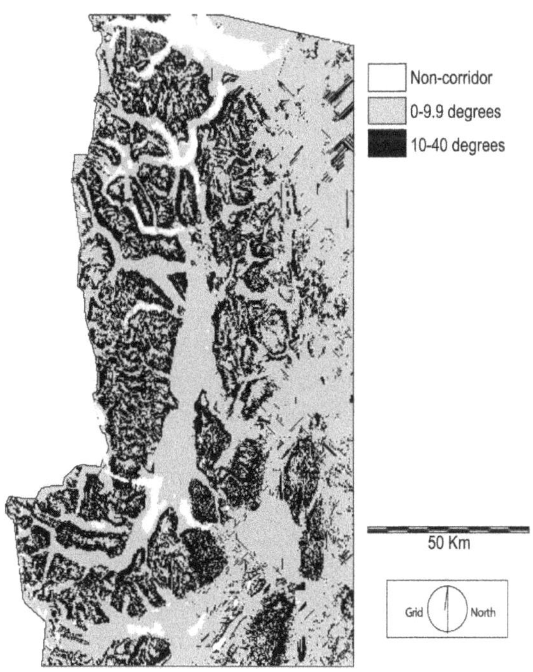


Figure 7

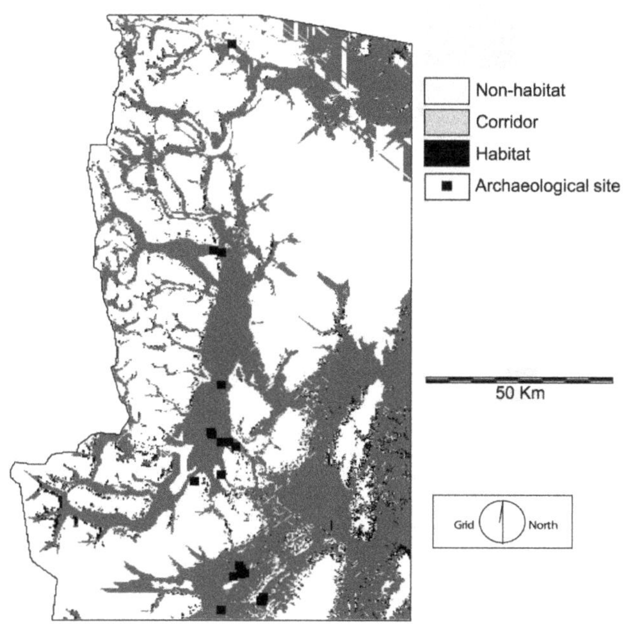


Figure 8

obtained by assigning a value of 1 to pixels with slope values from 0 and 9,9 degrees and 0 to the rest. A high risk corridor (Figure 7 in black) was obtained by assigning a value of 1 to pixels with slopes between 10 and 40 degrees and 0 to the rest. The resulting layers show that 39% of the pixels in the study area lie within the low risk corridor and 12% occur in the high risk corridor (Figure 7). Since low risk corridors (Type-I) dominate the study area, we considered that circulation on the high risk corridor (Type-II) was unlikely, except in special circumstances.

To obtain the desired final product, a map of regional archaeological distributions, we overlaid the habitat map with each of the corridor maps. In the overlay of the habitat map with low risk corridors, 41% of the pixels are suitable for humans (as corridor or habitat or both); along a high risk corridor only 24% of the pixels are predicted as habitat, corridor or both (Figure 7). In both cases, the area to be surveyed is reduced considerably. Also, there are patches in which corridor and habitat overlap and they should be considered a priority for field survey.

We validated the resulting map by cross tabulation with a raster map containing the 22 known archaeological sites in the study area (Figure 8). All of them are rock art rockshelters. In order to provide for possible sampling error in the point raster map, which may reach up to 100 m on the ground, a 100 m buffer was constructed around each site previous to cross tabulation. Of the 22 recorded sites, three lay in habitat pixels; 19 in low risk corridor, and one in a high risk corridor.

## DISCUSSION

In this paper we have managed to delineate a vegetation cover, a DEM and a habitat map. With them we have constructed a patch-corridor hunter-gatherer model for the study area, which we consider a predictive model to map regional archaeological distributions. We argue that, since both water and shelter are available in abundance in the study area, these factors were not as critical for human occupation of a certain place as the presence of subsistence resources (available on river banks, mallines and lowlands in general, where also hunted prey were also more visible) or corridors for safe/easy travel. This map has to be tested by intensive field survey. In order to do so, a program of intensive survey must be designed. That program should survey places where the model leads us to expect archaeological materials but also places where archaeological materials are unexpected. Also it would be important to test if patches where habitat and corridors overlay are more prone to have archaeological materials. The results would allow us to refine this model in the future.

Associated with this is the fact that extant archaeological sites are in fact rock art sites, the most visible sites for this area, and that the known sites are located in corridors. One interesting interpretation of this pattern is to consider it in terms of environmental legibility (Golledge 2003). A legible environment is one where destinations can be directly observed or estimated and where travel can be guided by directly viewing elements of the surrounding space (Golledege 2004: 238). Since the study area presents obvious difficulties to environmental legibility, due to dense forest cover and rugged topography, rock art sites could be considered as an aid to improve legibility by acting as landmarks (Golledge 2003) and could be indicators of the environmental legibility stage (*sensu* Gärling *et al.* 1984, quoted in Golledge 2003) of the people inhabiting the area. Gärling et al (1984) have identified three stages of environmental legibility: exploratory (dominated by visual experience), adaptive (where social and cultural meanings and symbolic interpretations are prominent), and abstract (where a survey type representation is built). If rock art is signalling the environment as a landmark, then we can conclude that people inhabiting this area might be in an exploratory stage, since visual landmarking (rock art) is predominant. This could be related to the peopling of the area. If they were in an early stage of environmental legibility, probably the area was populated recently. Two excavated sites in the study area (Cerro Pintado and Paredón Lanfré) showed that the $^{14}C$ dated occupation of the site antedates the rock art given the dates known for «Estilo de grecas» (Fret style see Menghin 1957) also called Complex Geometrical Abstract Trend (CGAT, Gradin 1999) rock art style correspondimg with late prehispanic moments, after 1300 AP. Hence, the sites were occupied and known prior to (and of course during and after) the making of the paintings (Bellelli et al 2008).

As Meltzer (2003) stated, traces of previous inhabitants on the landscape may provide ready clues to the structure and nature of available resources. The mere presence and visibility of abandoned structures, such a rock art sites, attract or condition positioning of subsequent structures (Wandsnider 1998: 32). In other terms previous human traces and knowledge left a correlated or transmitted environment (Boyd and Richerson 1985), one where environmental modifications made by one generation constrain decisions or learning of the next. Rock art sites may well have functioned as landmarks signalling this transmitted environment.

The model presented here allowed us to check whether all the rock art sites are associated with corridors, and hence if there is a relationship with environmental learning. Also it will enable us to verify if there are other kinds of archaeological materials (as surface or non-sites) that, due to visibility problems, remained undiscovered.

## CONCLUSION

Compared to previous papers (Scheinsohn and Matteucci 2004, Matteucci and Scheinsohn 2004) in this analysis we were able to detect a coarser grained pattern than before. This pattern consists basically of a low risk main corridor, going N-S, and the presence of W-E corridors (going from forested cordillera to the steppe) to the N and S of the study area. This corridor would have facilitate human circulation (and human occupation) in these portions of the study area.

We have argued that this matrix-patch-corridor model could be utilized as a predictive model for locating archaeological materials and overcome the difficulties occassioned by visibility problems. But several steps remain before verifying the predictive potential of the model. One step involves more systematic field tests, such as verification of the vegetation layer in order to refine the results obtained here, and archaeological fieldwork testing by surface and subsurface examination. Second, although we can predict the potential location of archaeological materials; the actual use by hunter-gatherers depends directly on population densities or use intensity. If population densities at the study area were always low, it is likely that most of our spatial model predicted as suitable for finding archaeological materials remain unexploited by humans. Thus, the predictive capacity of our model needs to be tied to the calculation of past population densities and occupation intensity. In any case, the final test must derive from fieldwork.

Nevertheless, its value as a methodological device is clear. The construction of this model allows substantial reduction in the time dedicated to intensive field survey, since it reduces the study surface considerably. Also its value as a device for landscape use discussion is undeniable. In this sense further explorations on human wayfinding and travelling will contribute to improve its results.

**Acknowledgements**

Agencia Nacional para la Promocion de la Ciencia y la Tecnica (ANPCYT), Consejo Nacional de Investigaciones Científicas y Técnicas (CONICET) and Fundación Antorchas provided financial support to this work.

Comisión Nacional de Actividades Espaciales (CONAE) and Instituto Geográfico Nacional (IGN), provided Landsat Images and contours shape, respectively.

Thanks to Comarca del Paralelo 42 Archaeology Team (Cristina Bellelli, Mariana Carballido, Pablo Fernández y Mercedes Podestá) for many helpful insights and constant support. Also to María José Figuerero and Andrés Izeta for inviting us to the National Archaeological Congress Symposium «El uso de los sistemas de información geografica (SIG) en arqueología», origin of this chapter and their hard work in the edition of this book. Also we want to thank to the two anonymous reviewers that helped us to improve this chapter.

## REFERENCES

Aschero, C.
1996 ¿Adónde van esos guanacos? In *Arqueología Sólo Patagonia*, edited by J.Gómez Otero, pp.153-162. CENPAT, Puerto Madryn.

Ashmore, W and A. Knapp (editors)
1999 *Archaeologies of Landscape. Contemporary Perspectives*. Oxford: Blackwell Publishers.

Bellelli, C.
1997 *Arqueología y Arte Rupestre de la Comarca Andina del Paralelo 42°. La localidad Cholila (Pcia. Del Chubut)*. MS. Proyecto CONICET PIP 119/98. On file at CONICET.

Bellelli, C, F. Pereyra , P, Fernández, V. Scheinsohn, M. Carballido and. M. Podestá.
2000a Aproximación geoarqueológica del sector sur de la Comarca Andina del Paralelo 42° (Cholila, Chubut). *Cuaternario y Ciencias Ambientales* 1: 15-21.

Bellelli, C., V. Scheinsohn, P. Fernández, F. Pereyra, M. Podestá and M. Carballido
2000b Arqueología de la Comarca Andina del Paralelo 42°. Localidad de Cholila. Primeros resultados. In *Desde el país de los gigantes. Perspectivas arqueológicas en Patagonia*, pp. 587-602. Universidad Nacional de la Patagonia Austral, Río Gallegos.

Bellelli, C., M. Carballido, P. Fernández and V. Scheinsohn.
2003 El pasado entre las hojas. Nueva información arqueológica del noroeste de la provincia de Chubut, Argentina. *Werken* 4: 25-42.

Bellelli, C., V. Scheinsohn, M. Podestá
2008 Arqueología de pasos cordilleranos: un caso de análisis en la Comarca Andina del Paralelo 42° y áreas vecinas durante el Holoceno Tardío. *Boletín del Museo Chileno de Arte Precolombino*. In press.

Bender, B (editor)
1993 *Landscape Politics and Perspectives*. Berg, Providence.

Binford, L
2001 *Constructing Frames of Reference. An Analytical Method for Archaeological Theory Building Using Hunter-gatherer and Environmental Data Sets*. University of California Press, Berkeley.

Borrero, L..
1989-1990 Evolución cultural divergente en la Patagonia Austral. *Anales del Instituto de la Patagonia* 19: 133-140.

1994-1995.Arqueologia de la Patagonia. *Palimpsesto* 4: 9-69

1999 The prehistoric exploration and colonization of Fuego-Patagonia. *Journal of World Prehistory* 13 (3):321-355

2001a Cambios, Continuidades, Discontinuidades: Discusiones sobre Arqueología Fuego-Patagónica. In *Historia Argentina Prehispánica*, edited by E.A. Berberián and A. Nielsen, pp. 815-838. Editorial Brujas, Córdoba.

2001b *El poblamiento de la Patagonia. Toldos, Milodones y Volcanes*. Editorial Emecé, Buenos Aires.

Boyd, R and P. Richerson.
1985 *Culture and the Evolutionary Process*. University of Chicago Press, Chicago.

Cabrera, A. and A. Willink.
1973 *Biogeografía de América Latina*. Monografía N° 13, Serie Biología, Organización de Estados Americanos, Washington, USA

Claraz, J
1988 *Diario de viaje de exploración al Chubut*. Marymar, Buenos Aires.

Cox, G
1999 *Viaje en las rejiones septentrionales de la Patagonia* (1862–1863). Ediciones El Elefante Blanco, Buenos Aires.

De Nigris, M.
2004 *El consumo en grupos cazadores recolectores. Un ejemplo zooarqueológico de Patagonia Meridional*. SAA, Buenos Aires.

De Nigris, M y G. Mengoni Goñalons.
2004 El guanaco como fuente de carne y grasas en Patagonia. *Contra Viento y Marea. Arqueología de la Patagonia*. editaded by T. Civalero, P. Fernández and A.G. Guráieb, pp. 469-476, Buenos Aires. INAPL, SAA 469-476.

Dimitri, M
1972 *La región de los bosques andinopatagónicos*. Colección Científica 10, Instituto Nacional de Tecnología Agropecuaria, Buenos Aires.

Dunnell, R and W. Dancey
1983 The Siteless Survey: A Regional Scale Data Collection Strategy. *Advances in Archaeological Method and Theory* 6, edited by M.B. Schiffer, pp. 267-288.

Forman, R..
1997. *Land Mosaics. The ecology of landscapes and regions.* Cambridge University Press, Cambridge.

Forman, R and M. Godron
1986 *Landscape Ecology.* John Wiley & Sons, New York.

Golledge, R.
2003 Human wayfinding and cognitive maps In *Colonization of Unfamiliar Landscapes. The Archaeology of Adaptation.* edited by M. Rockman and J. Steele, pp. 25-43. Routledge, London.

2004 Human wayfinding. In *Applied Geography: A World Perspective* edited by A. Bailly and L.Gibson, pp. 233-252. Kluwer Academic Publishers/Springer,

Gradin, C.
1999 Sobre las tendencias del arte rupestre de Patagonia argentina. In *Segundas Jornadas de Investigadores en Arqueología y Etnohistoria del Centro-Oeste del País,* edited by M. Tamagnini, pp. 85-99. Universidad Nacional de Río Cuarto, Río Cuarto

Hajduk A., A Albornoz, and M. Lezcano
2004 El «Mylodon» en el patio de atrás. Informe preliminar sobre los trabajos en el sitio El Trébol, ejido urbano de San Carlos de Bariloche, Provincia de Río Negro. En Contra Viento y Marea. Arqueología de la Patagonia.editado por por T. Civalero, P. Fernández y A.G. Guráieb, pp. 715-732. INAPL, Buenos Aires

Kelly, R.
1988 Hunter-gatherer Land Use and Regional Geomorphology: Implications for Archaeological Survey. *American Archeology* 7 (1):49–57.

Lanata, J.
1997 Los componentes del paisaje arqueológico. *Revista de Arqueología Americana* 13:151-165.

Marchetti, B. and N. Prudkin
1982 Los biomas. *Atlas Total de la República Argentina* 2:420-449. Atlas Físico de la República Argentina. CEAL, Buenos Aires.

Matteucci, S. and V. Scheinsohn
2004 Procesamiento de imágenes, SIG y modelos ecológicos aplicados a la arqueología. *Geofocus, Revista Internacional de Ciencia y Tecnología de la Información Geográfica* artículo N° 4:93-109. Available on line in http://geofocus.rediris.es/principal.html

McCulloch, R, C. Clapperton, J. Rabassa and A. Currant
1997 The Natural Setting. The Glacial and Post-Glacial Environmental History of Fuego-Patagonia. In *Patagonia. Natural History, Prehistory and Ethnography at the Uttermost End of the Earth,* edited by C.McEwan, L. Borrero and A. Prieto , pp. 12-31.British Museum Press, London.

Meltzer, D.
2003 Lessons in landscape learning. In *Colonization of Unfamiliar Landscapes. The Archaeology of Adaptation.* edited by M. Rockman and J. Steele pp. 222-241. Routledge, London.

Mena, F.
1991 Prehistoric resource space and settlement at the río Ibañez Valley (Central Patagonian Andes). Ph. D. Dissertation. Department of Anthropology, University of California, Los Angeles.

1992 Mandíbulas y maxilares: un primer acercamiento a los conjuntos arqueofaunísticos del Alero Fontana (RI-22; XI Región). *Boletín del Museo Nacional de Historia Natural de Chile* 43: 179-191.

Mendes, J. M., L. Lorenzi and A. Nebbia
1995 *Aprender con el bosque. Naturaleza y sociedad en la región andina patagónica. Texto para educadores.* Ediciones proyecto Lemú - UNICEF, Bariloche.

Menghin, O.
1957 Estilos de arte rupestre de Patagonia. *Acta Praehistorica* I: 57-87. Buenos Aires: Centro de Estudios Prehistóricos.

Mengoni Goñalons, G.
1995 Importancia socio-económica del guanaco en el periodo Precolombino. In *Técnicas para el manejo del guanaco,* edited by S. Puig, pp. 13-25. Grupo Especialista en Camélidos Sudamericanos, Comisión de Supervivencia de Especies, UICN, Gland

Mengoni Goñalons, G.(editor)
2004 *Zooarchaeology of South America.* BAR, Oxford.

Miotti, L and M. Salemme,
2004 Poblamiento, movilidad y territorios entre las sociedades cazadoras-recolectoras de Patagonia. *Complutum* 15: 177-200.

Morello, J
1999 Ambiente Biológico-Ecológico, Provincias Patagónicas. In *Segundo Proyecto de Asistencia Técnica para el Desarrollo del Sector Minero Argentino* (PASMA II). MS Report on file at Lakefield Research.

Musters, G
1997 *Vida entre los Patagones.* Ediciones El Elefante Blanco, Buenos Aires.

Nacuzzi, L
1998 *Identidades impuestas. Tehuelches, aucas y pampas en el norte de la Patagonia.* Sociedad Argentina de Antropología, Buenos Aires.

Podestá, M, C. Bellelli,, P. Fernández, M. Carballido and M. Paniquelli,
2000 Arte rupestre de la Comarca Andina del Paralelo 42°: un caso de análisis regional para el manejo de recursos culturales. In *Arte en las Rocas, Arte Rupestre, Menhires y Piedras de Colores en la Argentina* edited by Podestá, M. and de Hoyos M. pp. 175-201 Sociedad Argentina de Antropología, Buenos Aires.

Richerson, P. and R. Boyd.
2001 Built for Speed not for Comfort. Darwinian Theory and Human Culture. *History and Philosophy of the Life Sciences* 23: 425-465.

Rockman, M.
2003 Knowledge and Learning in the Archaeology of Colonization. In *Colonization of Unfamiliar Landscapes. The Archaeology of Adaptation.* edited by M. Rockman and J. Steele, pp. 3-24. Routledege, London.

Rossignol, J & L. Wandsnider (editors)
1992 *Space, Time and Archaeological Landscapes*. Plenum Press, New York.

Scheinsohn, V.
2001 2001: Odisea del Espacio. Paisajes y distribuciones artefactuales en arqueología, resultados y propuestas. *Relaciones de la Sociedad Argentina de Antropología* XXVI:285–301.

Scheinsohn, V. and S. Matteucci
2004 Spaces and species: archaeology, landscape ecology and spatial models in northern Patagonia. *Before Farming* 2004/1, article 2. Available on line in. http://www.waspress.co.uk/journals/beforefarming/journal_20041/abstracts/index.php

Tilley, C.
1994 *A Phenomenology of Landscape: Places, Paths, and Monuments*. Berg, Oxford.

Turner, M.
1989 Landscape ecology: the effect of pattern on process. *Annual Review of Ecology and Systematics* 20:171-197.

Upham, S.
1988 Archaeological Visibility and the Underclass of Southwestern Prehistory. *American Antiquity* 53 (2): 245-261.

Veblen, T. and D. Lorenz
1988 Recent vegetation changes along the forest/steppe ecotone of Northern Patagonia. *Annals of the Association of American Geographers* 78 (1): 93-111.

Veblen, T., T. Kitzberger and A. Lara
1992 Disturbance and forest dynamics along a transect from Andean rain forest to Patagonian shrubland. *Journal of Vegetation Science* 3:507-520.

Wandsnider, L
1998 Landscape Element Configuration, Lifespace, and Occupation History: Ethnoarchaeological Observations and Archaeological Applications. In *Surface Archaeology* edited by A.P.Sullivan III, pp. 21–39 University of New Mexico Press, Albuquerque.

Yamin, R and Metheny, KB (eds).
1996 Landscape *Archaeology: Reading and Interpreting the American Historical Landscape*. University of Tennessee Press, Knoxville.

**Notes**

[1] The limits stipulated between corridors were arbitrarily defined.

[2] Maps obtained by image classification are models and they require a validation because results are not 100% reliable. he validation gives an index of degree of reliability
[3] We arbitrarily decided that 1200 m will be the higher limit for habitat pixels.

El uso de Sistemas de Información Geográfica en arqueología sudamericana.
Figuerero Torres e Izeta (Ed.) 2012: 73-90

# ARCHAEOLOGICAL SURFACE VISIBILITY: A GIS MODEL FOR THE LAGO POSADAS BASIN, SANTA CRUZ PROVINCE, SOUTHERN PATAGONIA

Maria José Figuerero Torres*, Fernando X. Pereyra**, Chiara P. Movia*** and Leonor Cusato****

* Instituto de Arqueología, Facultad de Filosofía y Letras, Universidad de Buenos Aires; mjofiguerero@yahoo.com.ar
** SEGEMAR; fernap@minproduccion.gov.ar
*** Laboratorio de de Fotointerpretación, Facultad de Agronomía, Universidad de Buenos Aires; cmovia@agro.uba.ar
**** Dirección de Conservación, Administración de Parques Nacionales; lcusato@apn.gov.ar

## ABSTRACT

Discovery of archaeological materials is at the heart of archaeological reconnaissance and survey whether for research or the management of cultural resources. Ground visibility refers to the environmental conditions exposing archaeological materials yet there is a great diversity in the ways this is observed, measured and reported or correlated with other environmental variables. This has a bearing on how visibility is considered when evaluating the representativeness of the results or when making comparisons with other regions. But in Patagonia greater control and comparability has to be balanced with the need to survey large research areas. We present a GIS model based on landforms and vegetation that are sensitive to the main features of present day climate that were analyzed employing comparable scales of resolution. The surface visibility model represents the potentiality of detecting archaeological materials and thus can be used as a tool in planning coverage and selecting the best survey techniques as well as in interpreting survey results. This is relevant for Patagonia where large areas with both stratified occupations and artifact scatters must be surveyed and where the densities of artifact distributions are used in interpreting the intensity of land use.

## RESUMEN

El descubrimiento de materiales arqueológicos es medular a cualquier tarea de reconocimiento o prospección ya sea para la investigación o el manejo de recursos culturales. Aunque la visibilidad superficial se refiere a las condiciones ambientales que exponen a los materiales arqueológicos, hay una gran diversidad de maneras en que esta se puede observar, medir, informar o correlacionar con otras variables ambientales. En Patagonia un mayor control y grado de comparación debe ser balanceado con la necesidad de prospectar áreas de investigación de gran tamaño. Presentamos un modelo SIG construido sobre la base de procesos geomorfológicos y las unidades de vegetación sensibles a los componentes principales del clima actual que fueron analizados atendiendo escalas de resolución comparables. El modelo de visibilidad superficial representa la potencialidad con que contamos para detectar materiales arqueológicos y puede ser empleado tanto como una herramienta en la planificación de la cobertura y técnicas de relevamiento como en así en la interpretación de los resultados de una prospección. Esto es relevante para la región patagónica donde se relevan ocupaciones en estratigrafía y distribuciones superficiales en áreas de grandes dimensiones y donde las densidades de artefactos se emplean en la interpretación de la intensidad en el uso del espacio.

Discovery of archaeological materials is at the heart of archaeological reconnaissance and survey whether for research or the management of cultural resources. Landscape is a dynamic element that has a decisive influence on the visibility of the archaeological record by either generating the environmental conditions leading to its preservation or in determining the potentiality of detecting material remains on surveyed surfaces. Both are important considerations when interpreting survey results but at the same time they may operate quite differently on material remains. Ground visibility refers to the environmental conditions exposing archaeological materials at the moment of survey yet there is a great diversity in the ways this is observed, measured and reported and how it is correlated with other environmental variables. This has a bearing on how visibility is considered when evaluating the representativeness of the results and at the same time makes comparisons between regions difficult. But in Patagonia greater control and comparability has to be balanced with the need to survey large research areas. We present a GIS model for archaeological surface visibility based on geomorphic processes and vegetation units sensitive to the main features of present day climate that were analyzed employing comparable scales of resolution. The surface visibility model represents the potentiality of detecting archaeological materials and thus can be used as a tool in planning coverage and in selecting the best survey techniques as well as in interpreting survey results. This is relevant for Patagonia where large areas with both stratified occupations and artifact scatters must be surveyed and where the densities of artifact distributions are used in interpreting the intensity of land use.

This presentation is structured in three main parts. In what follows we present an overview of current practice concerning surface visibility both on a global level and in Southern Patagonia dwelling on measures, temporality, and scales of analysis and single out research designs that potentially contribute to our case study. Model construction begins with an analysis of the present day climate and the main environmental features of local geomorphology and vegetation that leads to the archaeological surface visibility model. We end with a discussion of the model and apply it in the evaluation of scatters of archaeological materials surveyed in the Lago Posadas basin, Santa Cruz Province, in Southern Patagonia.

## SURFACE VISIBILITY

Visibility refers to the condition of the ground surface and the possibility of detecting archaeological materials and the values it may assume indicate to what degree environmental conditions conceal or hide archaeological artefacts (Banning 2002; Schiffer *et al.* 1978). Thus, excellent or good visibility means that the chances of finding archaeological materials, if present, are high, whereas poor or bad visibility conditions will obscure the target. This places visibility firmly within the context of discovery, whether during reconnaissance or intensive survey and, at the same time, ties it to the temporal and spatial scales that define the state and extent of the environment under examination (Fanning and Holdaway 2002; Schiffer et al. 1978). Both the design and methods used in discovery are under the control of the researcher and there is a wide range of options that may be implemented to suit the scope of the survey (e.g., Banning 2002; Bintliff *et al.* 2000). However, at the moment and place of discovery there might be transitory (e.g., cleansing rain, cloud cover, lighting conditions, summer vegetation, bush fires), short term (vegetation, ants nests, droughts, land use) or more prolonged conditions (e.g., soil formation, vegetation districts, valley formation) operating at different spatial scales and intensity some of which may be more influential than others in defining surface visibility (Fanning and Holdaway 2002; Spennemann 1995). Knowledge of the presence and scope of both short and long term processes can help construct a working definition of archaeological visibility best suited to a particular study area.

Archaeological visibility as used in this paper is not to be confused with cognitive visibility as analyzed through viewsheds or site intervisibility (Wheatly and Gillings 2000). Neither does it refer to how observable materials are on the ground surface because of intrinsic qualities, e.g., contrasting colours with the ground surface (Schiffer et al. 1978; Wandsnider and Camilli 1996), or the capabilities and training of the observer (Bintliff 1999; van Leusen 2002).

There are many factors contributing to the conditions defining ground visibility. A review of the global literature shows that vegetation cover is by far the most frequent, and often the only, criteria used to evaluate how free the ground is for viewing materials. It is in this sense that visibility is often used almost synonymously, or at least interchangeably, with ground or surface visibility (Thompson 2004). The great advantage is that vegetation cover can be quantified, usually in terms of the percentage of the surface of the unit under observation. Typically these values are recorded in the field and make their way only into unpublished survey or site reports. The final evaluation in the published results will usually refer to the overall condition of visibility including vegetation cover, therefore making research area or regional comparisons difficult. A review of the literature also shows that there is great variability in the ways of portraying vegetation and this potentially could have an impact on the overall evaluation the landscape under scrutiny. Descriptions may be based on vegetation types, as in the case of grasses, brush, woods and even leaf litter, pine duff or needles and mulch. This can also be combined with the relative abundance of the vegetation, e.g., sparse, heavy, dense, and is more directly related to temporary or short term situations. The vegetation classes used may be environmental and related to topography and climate as when using types such as temperate rainforest or button grass plain that run for more than the short term. Again, the classes maybe ecological and therefore define temporary or short term conditions as when describing immature grass, summer vegetation growth, secondary succession or the understory. Therefore there is an underlying temporality in the class chosen and this is important to comprehend especially in view of what is under analysis, if it simply an evaluation, the discovery of objects or places or whether the aim is to analyze longer term processes, so that care should be taken in choosing a class that is concordant with analysis of the results.

Geological processes and features are also employed in defining ground visibility. The main processes selected are those related to erosion, burial or sedimentation as indicators of how free the ground is for observing archaeological remains (Fanning and Holdaway 2002). Active erosion is indicative of higher surface visibility whereas more sediment accumulation will lower ground visibility, e.g., alluvial burial, colluvial sedimentation or mass-wasting (e.g., Holdaway and Wandsnider 2006; Honeychurch *et al.* 2007; Witter 2004). The exposure of surfaces or erosion by water or deflation is considered as a good indicator for greater surface visibility, e.g., water gullies, or blow outs. The texture of the surface according to the amount of loose matter on the ground is also used for describing visibility, e.g., bare, loose sand, gravel patches, sediment islands (e.g., Attenbrow 2006; Holdaway *et al.* 2006; Witter 2004). Geomorphologic landforms can indicate either a high visibility, e.g., salt pans, lakebeds, or low because of higher sedimentation rates, e.g., flood plains (Cosgrove 1999; Terrenato and Ammerman 1996). It would seem that the differences in spatial scale when measuring visibility with geological indicators also involves differences in the temporality of the processes measured. Temporary or short term processes may be active when restricting the observation to a precise location as opposed to the longer term and multiple processes that characterise a geomorphologic landform.

Surface conditions originating from land use can also be contemplated but can act to either uncover or obscure the ground surface. More spatially constricted processes include tyre ruts, weeding, tillage or ploughing, paths and logging roads, field or regional overgrazing leading to higher surface visibility (e.g., Barton *et al.* 2002; Barton *et al.* 2004; Honeychurch et al. 2007; Rhodes *et al.* 2009; Torrence *et al.* 1999; Witter 2004). Present-day land use can also lower surface visibility as when there is a lot of agricultural activity especially of the industrial kind, ripe cereal fields, fallow or abandoned fields, disturbances from grazing cattle, building developments or road work (e.g., Barton et al. 2004; Burger *et al.* 2004; Campana and Francovich 2007). Again, in all these cases there is a big difference in the temporality of the processes where some involve conditions that last only days or weeks while others may persist for months or years and yet others may operate for decades or centuries.

There are several options in establishing types of measurement for visibility. Qualitative measures are descriptive of features or categories, as in the case of terms such as excellent, extensive, poor, minor or thin vegetation cover, where there is no pre-established ordinal scale (e.g., Burger et al. 2004; Torrence et al. 1999). But qualitative variables may assume values that are ordered according to a hierarchical scale representing numeric, e.g. 1 to 3 or 1 to 10, or incremental categories, e.g. heavy / light vegetation cover, good / fair / poor land use (Barton et al. 2002; Terrenato and Ammerman 1996). Quantitative measures express qualities as continuous variables as when using percentages (%) or establishing a correspondence between ordinal intervals and numeric values, e.g., 0-20% = poor, 21-40% = bad, 41-80% = good, 81-100% = excellent ground visibility (Honeychurch et al. 2007; Rhodes et al. 2009; van Leusen 2002). Therefore, the main concern in choosing the appropriate measures would be to ensure comparability between variables used to assess ground visibility as well as between surveys and to reduce the level of subjectivity (van Leusen 2002). A step further would be to assess the incidence of surface visibility on survey accuracy and retrieval rate if there were a need for a high degree of control of survey conditions (Burger et al. 2004; van Leusen 2002) or statistically examine the correlation between artifacts discovered and areas of visibility (Bevan and Conolly 2004).

From this review it is clear there is a significant difference in the temporal and spatial dimensions of the measures currently employed in assessing the ground surface and potential for detecting archaeological materials. The spatial scale of the vegetation might be restricted to a few square meters yet the processes may reflect weeks, years or decades growth. Likewise when recording geological processes on the basis of observations on a small or reduced surface and not those of a landform. The problem becomes more apparent when trying to combine criteria that have a different grain or resolution as well as a different duration or inclusiveness when interpreting results at a regional scale (Ramenofsky and Steffen 1998). Often the reported degree of visibility assumes a post-hoc descriptive status because the explanation can only be extended to the locations where the archaeological materials were later found. In order for visibility to be an even better analytical tool then more consideration should be given to the compatibility in scale between data collection, analysis and interpretation (Holdaway and Wandsnider 2006; Lock and Molyneaux 2006). It follows that in order to derive meaningful interpretations the spatial and temporal scales of the criteria selected should be concordant and adjusted to the main environmental processes in operation in the survey area. In a sense this responds to what Wandsnider and Dooley (2004) have termed "geo-taphonomic approach" as a way of increasing general and specific knowledge about surface processes and their effects on cultural materials. But it really responds to a place-use history approach where the ultimate concern is human land use over time and the need to understand the properties of the archaeological record in order to interpret deposits on a regional scale.

A relevant case is the model developed by Cashmere and Wandsnider (1997) of the potential visibility of archaeological materials in the Agate Fossil Beds National Monument, Nebraska. The model simultaneously combined vegetation, sedimentation and exposition of materials as applied to a large area. Though the indicators had different temporalities, including shorter (animal burrows) and longer term (vegetation classes, soils, sediment accumulation and slope) processes, by working with a GIS the authors were able to score and later combine the variables to produce a map that modeled regional ground visibility.

Taking into account the temporality of the processes involved in evaluating surface visibility and the potential for using GIS we reviewed known applications for Southern Patagonia.

<u>Measuring ground visibility in Southern Patagonia</u>

In southern Patagonia, archaeological occupations are usually located in caves or rock shelters and therefore more easily spotted given their obtrusiveness in the landscape. In hunter-gatherer contexts of the semi-arid environment of Patagonia artifacts and ecofacts are also found in the forms of either dispersed or concentrated surface scatters. Most of the reconnaissance carried out in Patagonia has been by pedestrian surveys in big research areas covering many square kilometers. A review of the literature in a recent volume with the proceedings of a tri-annual regional conference of the "Jornadas de Arqueología de la Patagonia" (Salemme *et al.* 2009) shows current practice as regards measuring and reporting visibility and how it is used in interpreting survey results. Descriptive and qualitative categories are employed (null, scarce, low, regular, medium, high, very good) and these nearly always based on vegetation cover at the point of observation, though references to the dominant vegetation units are also included in the regional description. Other variables are mentioned or listed conjointly or when describing the settings where observations took place and include mainly sediment type, landforms, active erosion, bioturbation (by roots, presence of animals burrows, cattle trampling), presence of guano, lava flows and present day land use. When specified, percentage of ground covered by vegetation is the most often employed measure and is divided into class intervals though these are not always coincident between researchers. Most often it is the relative ordering of descriptive categories that indicates the measures in the reported survey results.

Ercollano *et al.* (2000) carried out an ambitious design to characterize landscape utilization of the lower Gallegos River in southern Patagonia. What is pertinent for this study is that their GIS model is centered on the analysis of land units that are concordant with the large area covered (approx. 95 km x 40 km) and records ground visibility through vegetation, slope and sedimentation. However, since they did not quantify the variables, surface visibility is presented as an attribute in the description of the landscape unit and therefore is used as a post-hoc explanation for the observed archaeological distributions.

Therefore, the challenge for this study was to construct a model that could be used both for planning surveys as well as used as a reference for evaluating results while at the same time employing variables that were similar in resolution and scale.

Archaeological research in the Lago Posadas Basin

Our own archaeological research in the Lago Posadas valley, in Northwestern Santa Cruz province, Argentina, centered on the excavation of Cerro de los Indios 1 a project that ran 1993-2003 (Figure 1). Cerro de los Indios is a large multi-component rockshelter encompassing occupations dated between 3800-900 yrs B.P. with extensive panels of rock art and petroglyphs (e.g., Aschero *et al.* 1999; De Nigris *et al.* 2004; Mengoni Goñalons and Yacobaccio 2000). Other research projects have been active in contiguous and nearby sectors of the valley (e.g., Aschero *et al.* 2009; Cassiodoro *et al.* 2004; Goñi *et al.* 2000-2002; Mena and Jackson 1991; Méndez and Velázquez 2005). Excavation results for Cerro de los Indios 1 (artefact and ecofact analyses, chronology, intrasite spatial structure) have been presented elsewhere (e.g., De Nigris and Catá 2005; Figuerero Torres 2004; Guráieb 2004; Mengoni Goñalons 1999) and we now include in this chapter as yet unpublished data on surveys undertaken at different stages while the project was still in operation.

Our principal aim has been to construct a tool for evaluating the representativeness of archaeological materials surveyed in the valley of Lago Posadas by modeling expectations regarding the ground visibility on the basis of present day environmental features of the landscape. Given the concerns with using measures that are concordant in scale and with environmental processes the model construction was carried out in three steps.

- An evaluation of the main environmental features and their effect on the landscape based on regional climate and local conditions.
- A survey of geomorphologic and vegetation features in the landscape and developing ground visibility measures.
- Model construction in order to determine the relative conditions of surface visibility under which to expect the discovery of archaeological materials at a given spot in the research area using a pedestrian survey technique.

Field work for the geomorphologic and soil analysis and observation of active processes was carried out in the summer of 1998. While a plant census of the valley and specimens for a herbarium were collected in the summer of 2003 and after identified with the aid of a catalogued botanical reference collection (Herbario "Gaspar Xuarez" BAA, Facultad de Agronomía, UBA). Mapping of geological features was aided by digital and paper cartographic charts (IGN SIG250), overlapping black and white aerial photographs (1:20.000), Landsat satellite images and mosaics. All resulting maps were digitized and georeferenced and the subsequent analysis of vector and raster layers of information was executed with ArcView 3.2 GIS and Spatial Analyst 1.0.

## SOUTHERN PATAGONIA: PRESENT DAY CLIMATE AND LANDSCAPE

Figure 1: a) The continental portion of Southern Patagonia relative to both ocean masses; b) The Southern central patagonian region showing key locations mentioned in the text; c) Local settlement in the research area and the archaeological site Cerro de los Indios 1.

Our study area is centered at 47°34'S, 71°43'W in what was once an ancient glacial valley that contained a piedmont lobe of the vast mountain ice that covered the southernmost part of the Andes during the Late Pleistocene (Glasser and Jansson 2005; Hein *et al.* 2010; Hubbard *et al.* 2005; Rabassa 2008). It now holds the Posadas-Pueyrredón/Cochrane (Argentina and Chile) lake basin that drains out to the Pacific by the Baker River that runs through the gap between the NPI and SPI fields. The present day landscape has been largely shaped by past climatic processes many of which are still in operation.

The main factors that determine climate and environmental conditions in Patagonia are the dominant westerly winds and the North-South orientation of the Andes mountain range (Aravena 2007; Masiokas *et al.* 2008; Villalba *et al.* 2003). On a broad scale, wind patterns, rainfall and temperature are the variables most affected though they are also exposed to the influence of the dominant conditions in the Southern Atlantic and of Antarctica.

The wind figures prominently in the popular imagery for Patagonia which is no coincidence since few world climates are so under the influence of a single factor (Villalba et al. 2003). The Southern Hemispheric Westerlies (SHWs) dominate between 37-55°S in Patagonia, but are particularly persistent above 40-42°S and the most intense cyclonic winds are currently situated at 49-50°S (Villalba et al. 2003; Wagner *et al.* 2007). The main effect of the wind regime is to control the amount and distribution of rainfall in the Southernmost Patagonia, so precipitation increases progressively to the South (Gilli *et al.* 2005; Moy *et al.* 2008; Villalba et al. 2003). The Southern Andes range intercepts this wind belt head on forming an orographic obstacle that results in an extreme west-to-east gradient in precipitation. There may be up to 100-300% more precipitation on the Pacific side of the mountains compared to 100km further east of the continental divide (Aravena and Luckman 2009; Masiokas *et al.* 2008; Zolitschka *et al.* 2006). The temperatures in Patagonia are conditioned by the relationship between a reduced landmass at high latitudes near Antarctica that is surrounded by two oceans and lies within the belt of the Antarctic Circumpolar Current. On the continent itself, temperatures are influenced by changes in atmospheric circulation caused by global changes in ocean temperature (Villalba et al. 2003). At a more local level, temperatures are much under the influence of latitude and elevation above sea level (Villalba et al. 2003). The biggest mountain ice sheet in the Southern Hemisphere other than Antarctica is located at this latitude benefiting mostly from constant supply of abundant precipitation, low temperatures and a sharp local topography (Glasser *et al.* 2004; Rabassa 2008). It is divided into the smaller Northern Patagonian Ice Field, NPI (46°30'–47°30'S; 73°–74°W) and the larger Southern Patagonian Ice Field, SPI (48°30'–51°S; 73°–74°W) with outlet glaciers calving into the Pacific on the West and advancing on the Patagonian steppe to the East.

There are no instrumental weather records for the Posadas-Pueyrredón valley, but there is data captured by a Davis weather station recently (2006) set up in Los Antiguos, on the shores of Lago Buenos Aires, another big glacial valley part of the same drainage basin located 160 km north. Annual precipitation is 220 mm and the mean annual temperature is 10°C while the daily averages are 30.6° and -7°C (Santa Cruz:AER Los Antiguos 2009). The elevation of both valley floors is similar, 220 m, yet the Lago Posadas-Pueyrredón basin is enclosed by steep valley walls that make it both warmer and drier than Lago Buenos Aires. The dry climate has been one of the reasons for the preservation of even very old glacial landforms in Patagonia (Rabassa 2008; Singer *et al.* 2004) yet, at a local level, both wind and water erosion are active in Lago Posadas compounded by mass wasting on the valley sides. Recent land use at lower elevations has also had an impact on these processes by overgrazing, mostly by sheep but also by cows, which has caused the proliferation of weeds and enhanced the mass wasting processes phenomena now widespread in Patagonia (del Valle 2003). There are only two main water courses in the valley, rivers Tarde and Pedregoso, that come down from the high altitude plateau that borders the Posadas valley on the south (>1000 m). The weather on the plateau is more extreme and by comparison is much colder and wetter with snow and ice with different vegetation and erosional processes. The dominant climatic factors in Patagonia as well as the variability brought about by local topography and geography all have a bearing on the surface visibility of the present day archaeological landscape.

Local geomorphology

The geomorphologic map of the area was based on field reconnaissance aided by the interpretation of black and white aerial photos and satellite images. The genesis and distribution of landforms and the geomorphologic units that were identified together with soils all have a bearing on the state and dynamics of the surface in the research area.

At least 4 main glaciations have been identified in this portion of South Central Patagonia (Glasser and Jansson 2005; Hubbard et al. 2005) and lakes Posadas-Pueyrredón-Cochrane, as well as lakes Salitroso and Ghio further east and north, are all contained in a great glacial basin lined by arcs of moraines up to 800 m high (Hein et al. 2010). The Meseta del Lago Buenos Aires (MLBA) to the north and the Meseta del Cerro Belgrano to the south are both thick flat basaltic plateaus. The eruptive landscape was formed by a series of pulses during the Andean Orogeny (Ramos 2002a, b) but was intensively modified during the Neogene by glacial activity. In both cases these plateaus are surrounded by expansive areas of slumps that have even impacted on the oldest moraines as well as lava flows on the eastern margin of the MLBA (Singer et al. 2004).

Landforms and Geomorphology

The present day landforms can be classified into three main groups (Table 1) on the basis of their genesis even though the processes that formed them may not be currently active.

Fluvial landforms cover the greater portion (62%) of the study area and are located mostly on the valley basin and

| | |
|---|---|
| Fluvial mass wasting | Alluvial fans |
| | Old alluvial fans |
| | Alluvial-colluvial slopes |
| | Fluvio-lacustrine plains and lowlands |
| | Slumps |
| | Terraces, plains and coastal ridges |
| Glacial | Glaciofluvial and glaciolacustrine terraces |
| | Glacial landscape: erosional and depositional features |
| | Lateral moraines |
| Eruptive | Basaltic plateaus |

Table 1: Present day landforms grouped according to genesis

along the permanent streams that drain the Cerro Belgrano plateau (figure 2). Glacial landforms cover a much lesser surface (36%) and are found on the southern sides of the valley and to the East of the basin. The basaltic plateau is barely present (2%) in the study area and located above 750 m altitude.

There are both erosional and depositional features resulting from glacial processes in the basin. Located along the sides of the Lago Posadas valley are several levels of lateral moraines at intermediate altitudes between 750 y 200 m (figure 2). On the valley floor (<200 m) the glacial landscape includes basal moraines and smoothed rocky hillocks (or roches moutonnées) alternating with whalebacks partly covered by till. However, this landscape also contains volcanic rocks and Jurassic porfids. The western portion of the study area has several levels of glaciofluvial plains partly covered by small alluvial fans, colluvium and deposits resulting from gravitational processes on the southern side of the valley. The structural plateau is found at the highest altitude above 750 m (figure 2).

Lacustrine terraces and cordons are located at the northern and southern ends of the valley with sections that are usually waterlogged (figure 2). The main fluvial forms are active alluvial fans as well as terraced levels corresponding to old alluvial fans mostly along the Tarde and Pedregoso rivers. Many of the meanders of the Tarde river as well and the Pedregoso river drain into marshy lowlands in the valley or small salt flats, though the main course of the Tarde river empties into Lago Posadas.

Soils

Regional soils, in general, are weakly developed and Entisols, those with no distinctive horizons, dominate due to year round water deficit and the active morphogenesis. These soils are present either as Torriorthents on the alluvial fans and moraines, or as Torripsamments located on landforms with a higher proportion of eolic sands on the surface, as in the case of glaci-fluvial terraces and glaci-lacustrine levels. The shallow desert Aridisols (Haplocalcids and Haplargids) are on the oldest and most stable landforms whereas incipient Mollisols (Lithic Haploxerolls), or dark coloured, base-rich steppe soils are found in the most humid sections to the west. There are more organic Histosols and Histic Endoaquolls in riparian meadows and Haplosalids are to be found in the more saline sections.

Surface visibility on geomorphological units

There are certain aspects of both content and soil composition that could influence the potential surface visibility of archaeological materials on each geomorphologic unit. Based on the ability to obscure or expose archaeological objects we selected the following variables:

- texture of sediments on landforms,

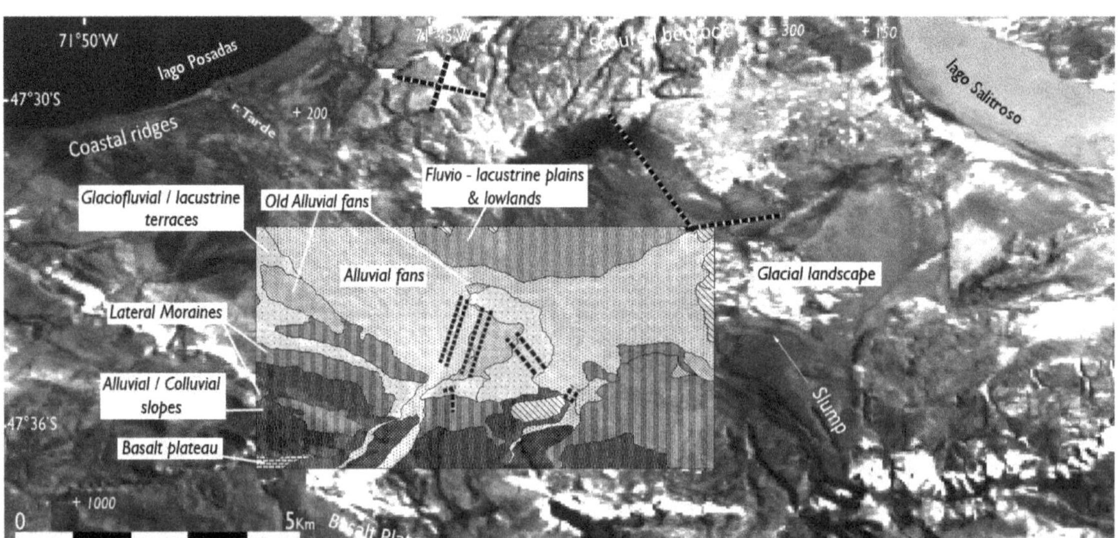


Figure 2: Glacial, eruptive and mass-wasting geomorphologic landforms and survey transects.

| Visibility | | | |
|---|---|---|---|
| **Attributes** | **High** | **Medium** | **Low** |
| Texture/particle size | Sandy | Gravel | Silty-Clayey |
| Wind deflation | High | Moderate | Low |
| Soil development | Very low to null | Low | Moderate |
| % Organic Matter Horizon A | Very low or absent | Low | Moderate |
| Fluvial deposits and Mass wasting | Low | Moderate | High |
| Score | **3** | **2** | **1** |

Table 2: geomorphological visibility attributes classes and scores

- level of eolian or wind erosion,
- extent of edaphic development of the dominant soils in each unit,
- amount of organic matter in surface of the soil horizon, and
- present rate of accumulation of fluvial deposits and strength of gravitational processes (mainly creeping),

Finer sediments will tend to cover objects while a thicker grain will expose, and uneven or gravelly materials might partially cover objects. The type of surfaces exposed to wind erosion will reveal material depending on how they respond to the intensity of deflation. Edaphic development was judged by soil depth, the amount and degree of edaphic horizons present, the structure of edaphic horizons, the presence of diagnostic horizons and, taxonomic soil type. More developed soils will tend cover objects and have a lower surface visibility additionally the extent of edaphic development as well as morphodynamic activity is an indication of how old the landform might be. A greater edaphic development goes together with a greater geomorphological stability. A higher percentage of organic matter on the surface of a soil horizon will tend to obscure materials.

Having determined the conditions that would either obscure or expose archaeological materials we defined 3 classes of visibility: High, Medium and Low. Each of these was assigned a rating, with the most points going to the class with the highest visibility.

Table 2 shows the visibility rating assigned to the attributes of each variable discussed above. Thus, sandy surfaces were accorded the highest archaeological visibility rating compared with gravelly and silty-clayey surfaces. Alternatively, a high incidence of mass wasting or fluvial deposits meant a low rating was allocated resulting in a potentially low archaeological visibility. The values from this table were then used to score the attributes of each geomorphological unit in the study area in order to rank them according to their overall potential archaeological visibility.

First, we evaluated the attributes independently within each geomorphological unit according to whether they afforded a high, medium or low visibility and assigned the scores set out in table 2. The surface texture of the basalt plateaus was given the highest visibility score because of the sandy dunes that completely cover the glacio-fluvial and glacio-lacustrine deposits. Second, we added up the individual scores per unit in order to obtain a final visibility score for the geomorphological unit (table 3).

The overall visibility (table 3, last column) takes into account the values for all the attributes simultaneously and shows how each variable is independent of each other. Table 3 also indicates that the condition of obscuring or exposing archaeological materials is not necessarily uniform within

| | Texture | Wind deflation | Soil development | % Organic Matter Horizon A | Fluvial deposits and Mass wasting | Visibility |
|---|---|---|---|---|---|---|
| 1-Alluvial fans | 2 | 3 | 2 | 2 | 1 | 10 |
| 2-Old Alluvial fans | 3 | 3 | 1 | 1 | 3 | 11 |
| 3- glaciofluvial and glaciolacustrine terraces | 2 | 3 | 1 | 1 | 3 | 10 |
| 4-Glacial landscape (erosional and depositional features) | 2 | 1 | 3 | 2 | 1 | 9 |
| 5- Alluvial-Colluvial slopes | 2 | 1 | 3 | 3 | 1 | 10 |
| 6-Lateral moraines | 1 | 2 | 1 | 1 | 2 | 7 |
| 7-Basalt Plateaus | 3 | 3 | 1 | 1 | 3 | 11 |
| 8- Fluvio-lacustrine plains and lowlands | 1 | 3 | 2 | 2 | 2 | 10 |
| 9- Slumps | 2 | 1 | 3 | 3 | 1 | 10 |
| 10- Terraces, plains and coastal ridges | 3 | 3 | 1 | 2 | 2 | 11 |

Table 3: Attributes and overall visibility scores of landforms.

| | Landforms | Visibility | |
|---|---|---|---|
| 6 | Lateral Moraines | 7 | |
| 4 | Glacial landscape (erosional and depositional features) | 9 | |
| 10 | Terraces, plains and coastal ridges | 9 | |
| 1 | Alluvial fans | 10 | |
| 3 | Glaciofluvial and glaciolacustrine terraces | 10 | Medium |
| 5 | Alluvial-Colluvial slopes | 10 | |
| 8 | Fluvio-lacustrine plains and lowlands | 10 | |
| 9 | Slumps | 10 | |
| 2 | Old Alluvial fans | 11 | High |
| 7 | Basalt Plateaus | 11 | |

Table 4: Landforms ordered according to their relative ground visibility

the same landform but is variable in all cases. Basing a classification on a value assigned to just one attribute and extending this to the rest would mask all variability.
The third step was to rank the units. According to table 2 (above) the landform with least visibility should have a score of 5. This is simply the sum of minimum scores (1) for each of the five attributes used to evaluate visibility. Likewise, the highest visibility should have a maximum score of 15. The following table (table 4) presents all the landforms according to their overall score on potential visibility measured in three classes: low (1-5), medium (6-10), high (11-15). The new ordering shows that none of the landforms have low scores, most have intermediate values and there are some with high visibility.

These values were the basis for mapping surface visibility on landforms to reflect the new grouping shown in table 4. The new map (figure 3) was then generated by converting to grid, or rasterizing, the original geomorphological map (vector) together with the values shown in table 4.

The landforms with the medium visibility cover the largest surface in the study area. These are the lateral moraines that are situated in the south at low to intermediate altitudes (200-800 m) as well as the erosional glacial landscape, alluvial fans, glacio-fluvial and lacustrine terraces, alluvial-colluvial slopes, slumps and lowlands at low to high altitudes (<200-1000 m) on the bottom of the basin and the valley sides. The areas with the highest visibility are much smaller and interspersed on the landscape (old alluvial fans and basalt plateau) at both low (ca. 200 m) and high (>1000 m) altitudes. Therefore, from a geomorphological perspective the study area has an uneven surface visibility and it is mostly medium with a small percentage with high surface visibility unevenly distributed.

Vegetation

The Lago Posadas basin is well to the east (125 km) of the NPI and on the lee side of the Patagonian Andes and therefore towards the low end of the continental precipitation gradient. This, together with local topography, has a direct impact on plant distribution and the vegetation present belongs to the marginal Sub-Antarctic deciduous forest and, within the study area itself, mostly to the extra-Andean Patagonian steppe (León *et al.* 1998). Analysis of present day vegetation in the basin was carried by field survey and sampling (summer 2003), species identification and through aerial photos and satellite images.

Vegetation Zones

The geographical location of the study area places this basin within the Sub-Andean District according to Soriano (1956). However, it is in fact a vegetation ecotone between the Western and Sub-Andean Districts based on differences

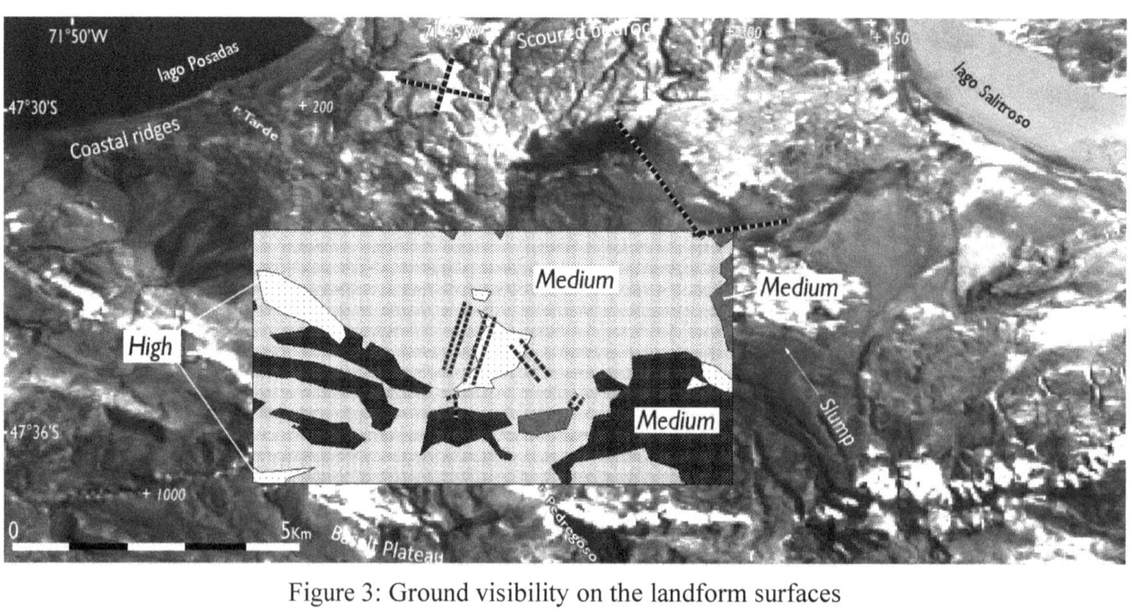


Figure 3: Ground visibility on the landform surfaces

in temperature and humidity. The much colder and wetter Sub-Antarctic Province (Soriano 1956) is also present, again forming an ecotone with the Sub-Andean District.

The dry (140-200mm) and cold (8.3°C) Western District, dominates further north in the state of Neuquén and extends to the southern limit of Chubut, only by then in the form of isolated patches. In our study area, there are still sections with this kind of vegetation due to a combination of local climate, topographical, geological and soil conditions. The sub-humid (350-400 mm) and similarly cold (<7°C) Sub-Andean District, predominates in SW Santa Cruz and is present further south at lakes Belgrano and San Martín. However, it is also present in this locality by the intrusion of species from the more humid and colder southern region (e.g., *Fabiana imbricata*, *Berberis darwinii*, *Alstroemeria aurantíaca*, *Mutisia* spp., *Loasa argentina*, *Senecio microcephalus*, etc.) of the Sub-Antarctic Province. It appears in the deep and narrow valleys close by Lago Posadas and along the upper Ghio river further north, indicated by the presence of stands of *Nothofagus* beech forests in the ecotone with the Sub-Andean District.

Once again, the influence of local features in the micro-meso climate, evapotranspiration, wind direction, rock types, soil degradation processes, edaphic qualities such as textures, permeability, cohesion and texture of glacial deposits is responsible for the existence of an ecotone between the Sub-Antarctic Province and the Sub-Andean District. This transitional zone also enhances the vulnerability of a system that, after being subjected to mismanagement (Cibils and Borrelli 2005; Soriano 1958), has already been already classified as very serious at this location (del Valle 2003; Oliva 2006). Overgrazing is associated with the introduction of sheep farming, which dates from less than a century in this part of Patagonia (Barbería 1996; Brunswig de Bamberg 1995; Ivanoff Wellman 2002). To this we may add that for 20th century there is evidence that the increase in temperature and diminishing rainfall in Patagonia is unparalled compared to the record from the last 400 years (Masiokas et al. 2008; Villalba et al. 2003) and is especially marked in our area after 1960 (Aravena and Luckman 2009).

Vegetation Units

The distribution and grouping of the vegetation, i.e. its specific structure, is influenced by the same conditions that generate the ecotones. In general, the vegetation is a shrub-grass steppe with a mix of species characteristic of both the Sub-Andean and Western districts, such as, *Stipa* spp. (unpalatable coirón grasses), *Festuca palescens* (palatable coirón grass), *Poa* spp., *Bromus*, etc. These are accompanied by varying proportions of several shrub species of the same characteristics such as *Berberis*, *Coliguaya*, *Schinus*, *Azorella*, *Mulinum*, *Junellia*, *Lycium*, etc.

These vegetation units can be grouped into simple and complex units (table 5). Simple units generally coincide with more uniform ecological conditions associated with a defined feature of the ecosystem, usually meso-micro climate, relief or specific hydrological settings that correspond to a dominant vegetation community. Complex units are combinations of different life forms into a mosaic as in, for example, the case of a unit from one District with inclusions of different proportions of units from another. Composite or mosaic units indicate complex and very heterogeneous ecological settings where there is no one dominant vegetation but a combination of several communities. The scale of this analysis was of low detail/ resolution and so this did not require dividing these units further into more homogenous simple types.

In the Lago Posadas valley the simple units have clearly dominant forms that show no mixing with other units, hence their classification as simple units. These include the semi-desert where a xeric steppe on rocky surfaces can be distinguished from a saltgrass steppe. On rocky surfaces the shrubs and grasses are small and isolated and in the Saltgrass Semidesert the *Distichlis* spp. halophilic steppe is sparse. The shrub-grass steppe with the unpalatable grass *Stipa*, known as coirón amargo, can be subdivided according to the gradient on the valley slopes. On the low gradient surfaces there is an even proportion (50:50) of shrubs and grasses mostly composed of *Stipa* spp. and *Poa* spp. Whereas on surfaces with steeper gradients, these grasses dominate over shrubs (70:30). The palatable grass steppe of *Festuca pallescens*, coirón blanco or dulce, is scarce or in small patches and found at higher altitudes. Finally, the riparian meadow locally called vega or mallín, is a dense and humid area with mesic plant communities (*Juncus*, *Scirpus*, *Trifolium repens*, etc.) associated with permanent water sources.

The mosaic vegetation units are a complex mix of shrub and herbaceous species belonging to different Districts or vegetation communities, as in the case of the beach ridge vegetation. The grass-shrub steppe has a dominant vegetation with varying proportions of grasses (*Stipa* spp., *Poa* spp.) and shrubs (*Schinus*, *Berberis* spp., *Coliguaya*). The arid grass-shrub steppe has a high proportion of shrubs and patches of hygrophilous species on predominantly silty and fine to coarse sand sediments, alternating with large portions of bare ground. The set of hygrophilous, shrub and grass species is internally very heterogeneous, and

| **Simple Vegetation Units** | |
|---|---|
| 1 | Rocky surface Semidesert |
| 2a | Shrub-grass steppe (*Stipa*) - Gentle slope |
| 2b | Shrub-grass steppe (*Stipa*) - Steep slope |
| 3 | Grass steppe (*Festuca pallescens*) |
| 4 | Saltgrass Semi-desert |
| 5 | Riparian Meadows |
| **Mosaic Vegetation Units** | |
| 6 | Grass-shrub steppe dominant vegetation |
| 7 | Dominant arid shrub steppe and wetland-riparian species |
| 8 | Complex of hydrophilic shrub and grass species from different districts |
| 9 | Shrub vegetation on beach ridges, dunes and sandy deposits |

Table 5: vegetation units in the study area

are interspersed with riparian meadows and gravel banks associated with the meandering courses of the Tarde river on the glacilacustrine plains. Finally, the shrub vegetation on the sandy coastal landforms and deposits around Lago Posadas is composed mainly by *Chacaya*, *Berberis*, *Schinus*, and *Mulinum spinosum* as well as grasses (*Stipa* spp., *Poa* spp.).

Simple units cover a greater percentage (80%) of the study area and are mostly concentrated to the North, South and East of the basin (figure 4). They are mostly situated along the higher elevations, though they also overrun onto the bottom of the valley. The dominant drainage is formed by narrow and deep courses, nearly sub-parallel to the sides surrounding the bottom of the valley (e.g., Tarde and Pedregoso rivers). This pattern results from very steep slopes and an excess of rain or melt water in the upper part of the basin. The water courses drain the high altitude structural plateau and then form the alluvial fans and colluvial slopes that have a mixed texture (fine-coarse) with not much cohesion. At intermediate and lower elevations, sub-surficial water tends to be abundant especially at the end of the alluvial fans and lateral moraines aided by runoff.

The mosaic units cover a smaller surface (20%) and are situated at lower elevations on gentler slopes, mostly along the north and western portions of the valley basin between lakes Posadas and Salitroso (figure 4). They are found mainly at the foot of alluvial fans on the lower and western sections and on the fluvio-lacustrine lowlands. The water table is near the surface, or very high, and all the area is influenced by braided streams, with a multiplicity of small meandering courses as in the case of the Tarde river. The surplus water is currently compounded by the presence of irrigation canals that create riparian meadows flooding the area, or by many canals that cover a great part of the plain of the alluvial fan extending to Lago Posadas. Vegetation forms patches that vary a lot in composition and extension, their heterogeneity and complexity are a result of the greater availability of water and salt concentration in a landscape with a very gradual slope. All the mosaic area is surrounded by simple vegetation units.

Most vegetation units have diffuse or undefined borders, except where they coincide with topographical boundaries, marked breaks in the terrain or defined contacts between landforms or contrasting soils as in the case of saline/non-saline, sandy/gravely, humid/dry and well/poorly drained. Mosaics tend to have poorly defined transitions between units in agreement with an ecotonal zone. Denser sampling might have afforded a more precise boundary definition, but it was not deemed necessary for this analysis.

Surface visibility on vegetation units

We set about transforming the vegetation map (figure 4) into measures with archaeological significance. We used two 2 attributes to evaluate the potential archaeological visibility of the vegetation units. The first was coverage the variable most commonly employed in the literature for evaluating the amount of vegetation within each observational unit covering the surface of archaeological landscapes. In general, this is measured as the percentage of covered ground surface, but can also be expressed as a qualitative measure. In this case, we used three percentage intervals to define high, medium and low visibility (see table 6).

We also used another variable to conjointly measure ground visibility, namely the shape or physiognomy taken on by the dominant species or individual plant in each vegetation unit. Plant shape may also influence ground visibility when comparing the visibility in areas with tall shrubs with dense woody branches with either herbaceous steppe grassland of varying density or a shrub steppe with low lax plants. For this analysis we selected three basic plant shapes: grasses, shrubs and tall bushes.

Grasses in this region tend to grow in tall tussocks no taller than 40-60 cm and are 30 cm or less in diameter. The leaves are linear, generally light in colour, and the ground surface

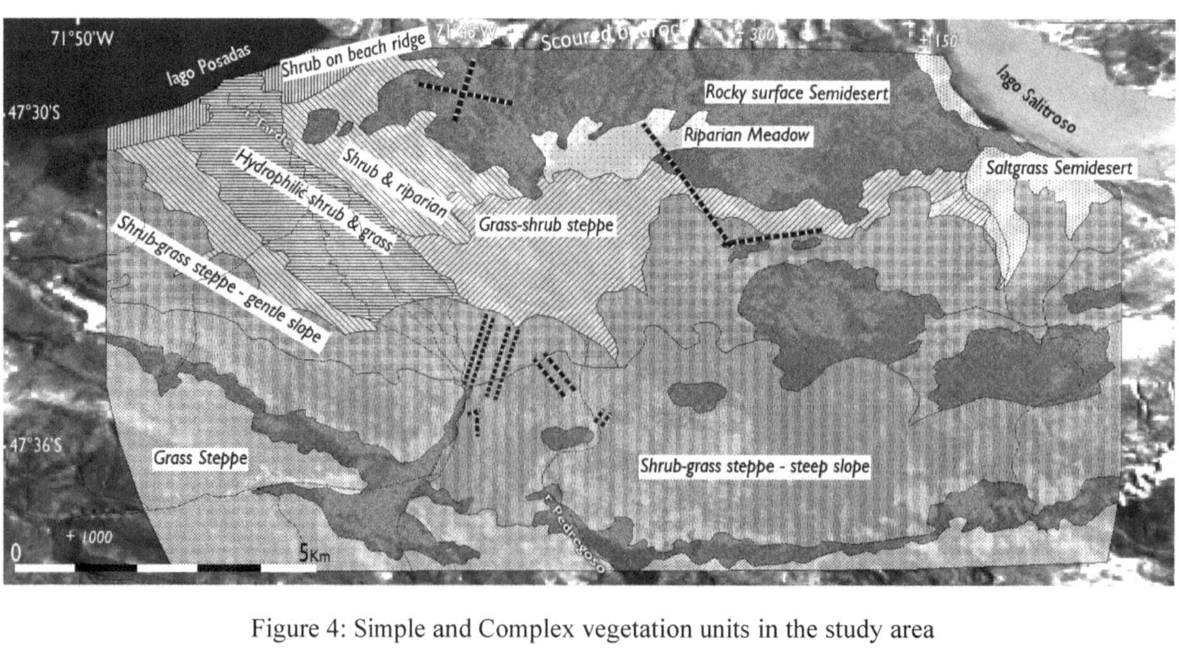


Figure 4: Simple and Complex vegetation units in the study area

| | High | Medium | Low |
|---|---|---|---|
| Coverage | 0-30% | 30-60% | 60-100% |
| Physiognomy | Grasses | Low lax shrub | Tall branchy shrub |
| Score | **3** | **2** | **1** |

Table 6: vegetation visibility attributes classes and scores

can still be seen through them even though total coverage may be 65-70%. Small shrubs are usually rounded (thin lax cushions), generally have small branches and leaves and tend to not to be very dense though their diameter might grow to 50 to 60 cm. Even at this point the ground is partially uncovered and mostly obscured by the shadow the shrubs project. Finally, we considered the tall, dense and branchy bushes that grow over 1 m and tend to have a more compact crown of leaves with extended branches that can obscure ground visibility beneath or under the projected shadow.

Therefore, the criteria to measure potential visibility on the basis of plant physiognomy gave a higher score for the grass shapes and the lowest for the tall branchy bushes or small trees (table 6). The classes (high, medium and low) as well as scoring visibility on a three point basis were identical to the system used for rating geomorphological visibility.

The class with highest visibility was again awarded 3 points and the lowest only 1. We then went through the vegetation units and rated each on the two variables: coverage and physiognomy. The value for the unit resulted from the sum of these two variables (table 7). This procedure was identical to the scoring procedure used above for geomorphological units in the study area. In many cases the scores for both coverage and physiognomy were the same within a unit. Nevertheless, in half the cases there was a difference in scoring, as in the case of riparian meadows associated with permanent water sources. Selecting plant shape or physiognomy proved to be a sensitive attribute and so was able to capture a greater range in the variation of surface visibility than by using coverage alone.

The vegetation units were reordered (table 8) according to their overall values (2 to 6). Only the shrub vegetation on beach ridges scored the lowest visibility. More than half of the units showed a medium score (3-4) for visibility while another third had the highest (5-6).

Again, these values were used in representing the surface visibility of the vegetation units. The new map was generated by converting to grid, or rasterizing, the previous vegetation map (vector) with the values shown in table 87. The resulting map shows three distinct classes (Figure 5). There is a low surface visibility at lower altitudes along the shores of Lago Posadas. This covers a lesser portion of the area analyzed and is represented by the dense vegetation on the beach ridges. The vegetation units affording medium surface visibility are distributed at different altitudes in the study area (<200 to >1000m). This covers the greatest portion of the study area and includes both simple (shrub-grass steppe, riparian meadows) and complex vegetation units (grass-shrub steppe, arid shrub-steppe and riparian species, hydrophilic species). The highest visibility is found on surfaces at intermediate to high altitudes (>200-1000 m). This covers the second largest surface and includes the grass steppe as well as the rocky surface and saltgrass semidesert.

Archaeological surface visibility model

The last step in this analysis united the previous surface measures to form the final archaeological surface visibility map. The raster landform and vegetation layers were superimposed and the values of cells summed (ArcView, Map Calculation) to construct the new layer. Since the area covered by the vegetation map is larger, the superimposed surface is restricted to the smaller landform map. The values for surface visibility formed multiple units in the new layer, so this range of scores was simplified by reclassifying the units into five classes or intervals (table 9). The final result, by simultaneously combining values for geomorphology and vegetation, reflects the present state of the landscape and represents the regional archaeological surface visibility (figure 6).

The units shown in figure 6 have a Low to High archaeological surface visibility. The classes with either Very Low or Very High visibility are not represented. The areas that could exhibit these values fall outside the landform area.

## DISCUSSION

The three main geological processes (glacial, eruptive, and mass-wasting) in our study region conform to what

| | Vegetation Unit | Coverage | Physiognomy | Visibility |
|---|---|---|---|---|
| 1 | Rocky surface Semidesert | 3 | 3 | 6 |
| 2a | Shrub-grass steppe (*Stipa*) - Gentle slope | 2 | 1 | 3 |
| 2b | Shrub-grass steppe (*Stipa*) - Steep slope | 2 | 2 | 4 |
| 3 | Grass steppe (*Festuca pallescens*) | 2 | 3 | 5 |
| 4 | Saltgrass Semi-desert | 3 | 3 | 6 |
| 5 | Riparian Meadows | 1 | 3 | 4 |
| 6 | Grass-shrub steppe dominant vegetation | 2 | 2 | 4 |
| 7 | Dominant arid shrub steppe and wetland-riparian species | 2 | 2 | 4 |
| 8 | Complex of hydrophilic, shrub and grass species from different districts | 2 | 1 | 3 |
| 9 | Shrub vegetation on beach ridges, dunes and sandy deposits | 1 | 1 | 2 |

Table 7: Attributes and overall visibility scores per vegetation unit.

| | Vegetation | Visibility |
|---|---|---|
| 9 | Shrub vegetation on beach ridges, dunes and sandy deposits | 2 |
| 2 a | Shrub-grass steppe (*Stipa*) - Gentle slope | 3 |
| 8 | Complex of hydrophilic, shrub and grass species from different districts | 3 |
| 2 b | Shrub-grass steppe (*Stipa*) - Steep slope | 4 |
| 5 | Riparian Meadows | 4 |
| 6 | Grass-shrub steppe dominant vegetation | 4 |
| 7 | Dominant arid shrub steppe and wetland-riparian species | 4 |
| 3 | Grass steppe (*Festuca pallescens*) | 5 |
| 4 | Saltgrass Semi-desert | 6 |
| 1 | Rocky surface Semidesert | 6 |

Table 8: vegetation units ordered according to their relative ground visibility

is expected for the cordilleran region of Patagonia and their corresponding landforms are the minimum units in the landscape. The dominant feature of the climate is the year round water deficit compounded by the drying effect of the constant westerly winds and temperatures in this enclosed basin. This aridity has been more pronounced from AD 1960 onwards while at the same time there has been a sharp decrease in the intensive land use since the late 1980s. Therefore the variables we selected to evaluate the conditions that obscure or expose archaeological objects on the surface (texture, wind deflation, soil development, % organic matter Horizon A, fluvial deposits and mass wasting) were based on how the active processes on these landforms respond to the main factors of the local climate. In general, these coincide with many of the attributes employed when describing landforms in other areas of Patagonia (e.g. Ercollano et al 2000) though we additionally scored with a hierarchical quantitative measure.

Since our study area is a low lying basin located close to the NPI and the Andes mountains several biogeographical vegetation units (Western and Sub-Andean Districts and Sub-Antarctic Province) come into contact thus making it difficult to characterize the whole area for the purposes of our analysis. From these bigger divisions we focused on the smaller homogenous vegetation units that result from the active processes in the present day ecosystem climate. Again, water availability and temperature but also relief as well as the intensive land utilization for sheep farming

| Scores | Classes | Visibility |
|---|---|---|
| 7-9 | 1 | Very Low |
| 10-12 | 2 | Low |
| 13-15 | 3 | Medium |
| 16-18 | 4 | High |
| 19-21 | 5 | Very High |

Table 9: regional archaeological surface visibility classes

during the past 100 years are the most salient factors in shaping the minimum units identified on the basis of field censuses and aerial photographs. The attributes we selected and scored in this case were ground cover as well as plant physiognomy or shape.

One of our main concerns was in striving for a common scale of analysis in both local geology and vegetation. The scoring for visibility for landforms and vegetation was clearly established using hierarchical qualitative and quantitative values, allowing comparisons with other regions or surveys. What is relevant in this study is that the traditional measure for surface visibility (% ground cover) was established in regards to the vegetation unit. It therefore reflects the temporality of the processes shaping the unit and not the potentially short term or transitory conditions of a particular spot (e.g., 2-4 square meters) in the landscape. In this sense the measures used for vegetation and geomorphology share the same kind of temporality and are comparable in scale and resolution. This also means that vegetation was

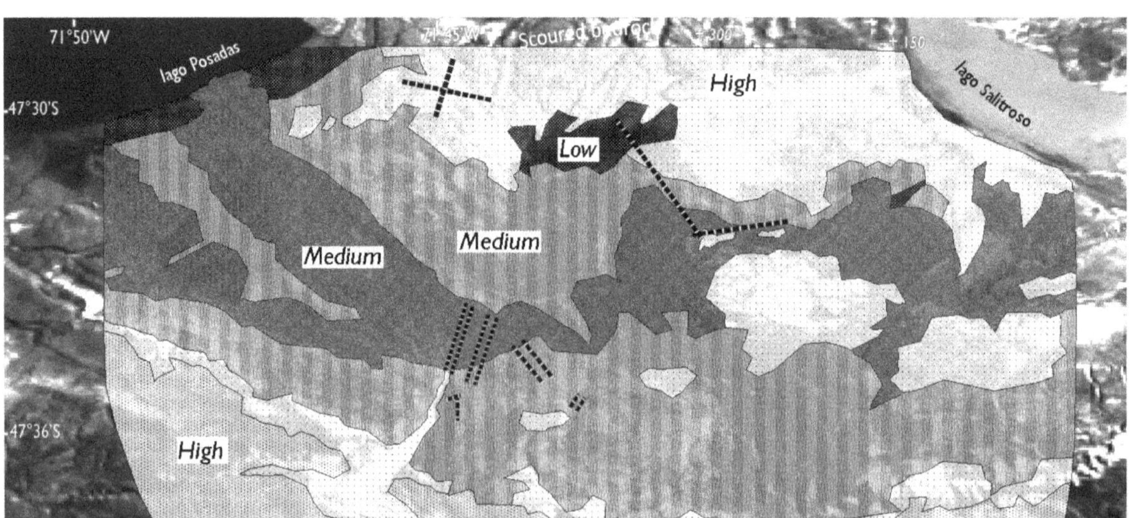


Figure 5: Ground visibility of the local vegetation

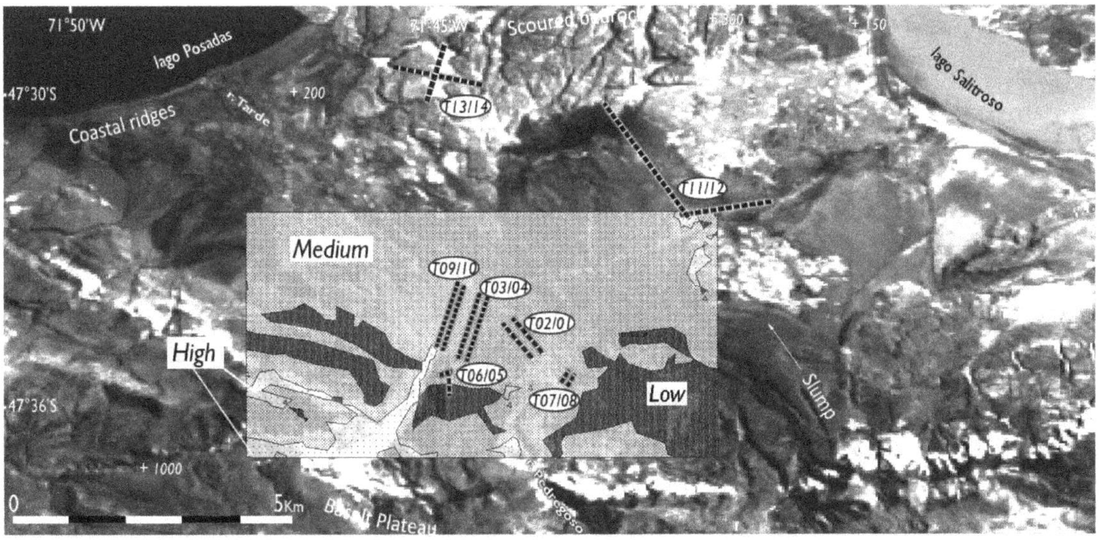


Figure 6: Model of the regional archaeological surface visibility and the location of the archaeological survey transects

rated independently and was not considered simply an attribute of a particular landform. Therefore, the shape and distribution of the units in the landform and vegetation maps are different. That is, they are not isomorphic because each responds differently to the environmental conditions though the water deficit and arid climate has a bearing in both cases.

The landform map covers the southern margin of the basin and has three main surface visibility scores (7-11) though the area with medium visibility (9-10) occupies a larger percentage of the mapped area. The areas with lower surface visibility correspond to moraines and are located towards the side of the valley at different heights (200-300 m, 400-500 m and 700-950 m). The vegetation map covers the entire valley floor and represents a bigger area than the geomorphic map. There is a broader range of surface values (2-6) since all are present in the area occupying the valley floor and sides, but the lowest surface visibility (2) is restricted to the beach ridges bordering the eastern end of Lago Posadas. Both maps then have greater portions with medium surface visibility values but the distribution of the areas is different. The combined values in the final map show a pattern of more continuous area with medium surface visibility mostly distributed on the bottom of the valley and other discontinuous areas with both lower and higher visibility situated on the valley sides.

This model then is a representation of the variations in the condition of the ground surface that is based exclusively on environmental features. The fact that it establishes the expected differences in ground visibility can be used in either of two ways. Firstly, to plan ahead the intensity and placement of observation units in pedestrian surveys for locating archaeological materials in order to ensure better coverage and choose the most appropriate survey techniques. Secondly, as a parameter for interpreting how representative are the archaeological materials in relation to what is potentially observable or for places already surveyed or in the literature. The coverage and resolution of the units used in constructing this model also make it suitable for approaches that contemplate continuous or discontinuously distributed materials over the landscape. The way we have typified the degree of surface visibility could possibly be extended to the same landforms and vegetation in similarly located areas in Patagonia.

Archaeological materials in the Lago Posadas basin

A survey of archaeological distributions in the Lago Posadas basin were carried out in the summer of 1999 while excavation of Cerro de los Indios 1 rockshelter was still underway. Transects were located in pairs on identified landforms in the valley and were 4 m wide though of varying length. All artifacts and ecofacts were continuously recorded within transects but at 200 m intervals (600 m on the longest transects) samples were collected (4x4m blocks) and more detailed observations made of the ground surface including vegetation cover. The list of transects together with artifact densities and vegetation are presented in the following table (table 10) and their location within the valley and associated landforms are indicated in figure 2.

Vegetation cover (%) was grouped into low, medium and high (see table 6) and table 10 lists all the classes observed in each pair of transects. What strikes us first is the variability of ground visibility within each landform as measured at the observation spots. However, using the frequency with which these classes occurred we would have described this area as somewhat uniform visibility, but without our being able to reach a regional assessment of the degree of this variability. Our concern at the time was focused on geomorphic processes which meant that vegetation cover was taken as descriptor of the corresponding landform and did not have an independent status or regional value. As a comparison in the last column of table 10 we have added the modeled visibility based on figure 6. Though four transects fall outside the visibility model, T13/14 in the NW of the area is located on scoured bedrock that is coincident with a vegetation unit (Semidesert) with a high visibility score. Therefore, this set of transects will have a high regional score, maybe even among the highest in the area we have surveyed and it also has the highest density of artifacts. The second set of transects (T11/12 to the NE of the map) that were placed perpendicularly to each other, are located on scoured bedrock and a portion of a slump area with medium scores (9-10) but at the same time they cross several different vegetation units (Semidesert, Grass-shrub steppe and Shrub-grass steppe) that have high, medium and low scores for visibility. The modeled visibility for this portion of the study area would be medium (13-14) yet these transects have the lowest density of artifacts. The modeled visibility for T05/06 is lower than that observed during survey while T01/02 that has a higher modeled visibility that contrasts with its variability as recorded in the field. Yet both these transects have the same artifact density. Transects T01/02, T03/04, T07/08, T09/10 and T11/12 are all located in areas with medium visibility though survey observations indicate more variability in ground surface coverage. There is a wide range of densities (0. 004 to 0.03) within these transects.

In recent applications, the correlation between mapped ground visibility, measured by vegetation or landform surface, and the concentration of artifacts has specifically been used to explain the intensity of landscape use (Morello *et al.* 2009; Oria 2009). While the relative ground surface visibility (dense vegetation or bodies of water) measured beforehand has also been used when making decisions about the location and intensity of pedestrian surveys (García P. 2009; Oria 2009). Our initial design was dependant on landforms as survey units but in our visibility model the variability in geomorphologic units is not reflected in the overall visibility.

There does seem to be a degree of covariation between the modeled visibility and the density found in the archaeological distributions. The highest densities are located in areas with high visibility (T13/14) and the lowest in areas with mixed visibility (T11/12). All the other transects are all located in an area with medium visibility and display a wide range of densities. No temporal constraints can be assigned to these surface distributions with any certainty except for information contained in the artifacts themselves (e.g., projectile point types, ceramic fragments). Since the artifact densities are covariant with visibility, it would be premature to automatically infer intensity of landscape use for the whole valley on the basis of the archaeological distributions. However, within an area with uniform ground visibility the density of artifacts could be interpreted as reflecting the intensity of land use for that portion of the landscape. The results also indicate that our surveys were heavily weighted in areas of medium visibility and other areas should be as intensively explored as indicated by our model.

## CONCLUSION

The surface of the Lago Posadas basin is not homogenous and the possibility of detecting archaeological materials by means of pedestrian surveys varies on a relative scale from areas with low to high archaeological surface visibility. The environmental variables that were selected for modeling the potentiality of discovering archaeological materials were geomorphic processes operating on landforms and present day vegetation units. Both were quantitatively evaluated independently of each other on the basis of several attributes and the measured variables were analyzed with GIS in order to model regional archaeological surface visibility. The model also made evident that vegetation cover behaves differently from geomorphic processes and that both should be evaluated independently and at the same level of resolution in order to assess regional surface visibility. The value of this model is that it can be used as a tool in planning a survey design (coverage or techniques) or as a parameter for regional visibility when interpreting the representativeness of the materials discovered.

Surveys of open air distributions of archaeological artifacts in the Lago Posadas basin were first designed in order to cover the known variety of landforms and vegetation was just another attribute dependant on the landform itself. The surface visibility model then showed that by anchoring the survey to landforms most transects were located in an area of uniform surface visibility and areas with both higher and lower ground visibility were underrepresented. The model also showed that there is a co-variation between artifact densities and surface visibility. This is an important consideration if the distributions and densities are used in

| Transects | Landforms | Surface m$^2$ | Artifacts | Density per m$^2$ | % Vegetation | Modeled Visibility |
|---|---|---|---|---|---|---|
| T01/T02 | Basal moraines and glacio-fluvial deposits | 8,800 | 299 | 0.03 | Low<br>Medium<br>High | Medium |
| T03/T04 | Old Alluvial fan | 13,600 | 240 | 0.01 | Low<br>Medium<br>High | Medium |
| T05/T06 | Glaciofluvial terrace + moraines & mass wasting | 2,240 | 89 | 0.03 | Medium | Low |
| T07/T08 | Glaciofluvial terrace | 2,560 | 55 | 0.02 | Medium | Medium |
| T09/T10 | Alluvial fan | 17,200 | 166 | 0.009 | Low<br>Medium | Medium |
| T11/T12 | Erosional glacial landscape & slumps | 15,200 | 66 | 0.004 | Medium<br>High | Medium |
| T13/T14 | Erosional glacial landscape | 10,800 | 424 | 0.03 | High | High |

Table 10: Transects, artifact densities, vegetation and modeled visibility

inferring intensity of land use though a further step would be to precise the temporal constraints for these materials.

The consideration of temporal constraints and overall archaeological landscape distributions is relevant because of the noted increase in the amount of securely dated occupations in this region towards the end of the Holocene (Mengoni Goñalons *et al.* 2009) and the need to interpret its significance. Most of these occupations are in stratified sites (open air or rock shelters) but there are many open air scatters such as the distributions we have presented. The visibility model and the discussion we have put forward in this paper is a contribution on how to consider regional evidence without temporal constraints. The survey coverage and representativeness of archaeological distributions must be carefully examined before we can address the issues of persistence and intensity of occupations. Our proposal is that this starts with an evaluation of the overall surface visibility of the landscape under analysis. The design and construction of our surface visibility model can be used as a tool for either planning reconnaissance or in interpreting finds and allows more measured comparisons with results from other regions.

*Acknowledgments*

Field work for the archaeological (1999) and geomorphological (1998) surveys was financed with grants from the Universidad de Buenos Aires (UBACYT-TF97) and the Conicet (PIP 4628). Botanical field work, herbarium preparation and plant identification (2003-2004) as well as digitizing and SIG analysis was financed with grant UBACYT F617. Merrill Lyew, ESRI, and the late Eduardo Episcopo, Aeroterra, were instrumental in making the software accessible and in personally providing encouragement and support.
The members of the Comisión de Fomento of Hipólito Yrigoyen gave us logistical support for setting up our camp headquarters. The local division of Gendarmeria Nacional, Sección Hipólito Yrigoyen, Escuadrón 39 Perito Moreno, generously lodged the whole team while the survey lasted. Alejandra Tejedo, Segemar, meticulously digitized the base maps. Norma Pérez-Reynoso designed and Ana Sánchez and Pamela Chávez collaborated in constructing the lab herbarium. Marcela Arrendondo, Carlos Aschero, María Páz Catá, Mariana De Nigris, Gabriela Ibañez, Alejandra Korstanje, Guillermo Mengoni Goñalons, Mariano Orcurto and Hugo Yacobaccio were part of the survey team during the 1999 field season, the company and friendship of them all is still much cherished.

## REFERENCES

Aravena, J. C.
2007 Reconstruction of climate variability from tree-ring records and glacier fluctuations in the southern Chilean Andes. Ph.D. University of Western Ontario, London-Ontario.

Aravena, J. C. and B. H. Luckman
2009 Spatio-temporal rainfall patterns in Southern South America. *International Journal of Climatology* 29 (14):2106-2120.

Aschero, C. A., M. T. Civalero, D. Bozzuto, M. De Nigris, A. Di Vruno, V. Dolce, N. Fernández, L. González and P. Limbruner
2009 El registro arqueológico de la costa norte del lago Pueyrredón-Cochrane. In *Arqueología de Patagonia: una mirada desde el último confín*, edited by M. Salemme, F. Santiago, M. Álvarez, E. Piana, M. Vázquez and M. E. Mansur, pp. 919-926. vol. II. 2 vols. Editorial Utopías, Ushuaia.

Aschero, C. A., M. E. De Nigris, M. J. Figuerero Torres, A. G. Guráieb, G. L. Mengoni Goñalons and H. D. Yacobaccio
1999 Excavaciones recientes en Cerro de los Indios 1, Lago Posadas (Santa Cruz): nuevas perspectivas. In. *Soplando en el viento ... Actas de las Terceras Jornadas de Arqueología de la Patagonia*, pp. 269-286. Universidad del Comahue, Neuquén.

Attenbrow, V.
2006 What's changing: population size or land-use patterns? The archaeology of Upper Mangrove Creek, Sydney Basin. *Terra Australis* 21:1-380.

Banning, E. B.
2002 *Archaeological Survey*. Kluwer Academic / Plenum Publishers, New York.

Barbería, E. M.
1996 *Los dueños de la tierra en la patagonia austral 1880-1920*. UNPA, Río Gallegos.

Barton, C. M., J. Bernabeu, J. E. Aura, O. Garcia and N. La Roca
2002 Dynamic landscapes, artifact taphonomy, and landuse modeling in the western Mediterranean. *Geoarchaeology* 17 (2):155-190.

Barton, C. M., J. Bernabeu, J. E. Aura, O. Garcia, S. Schmich and L. Molina
2004 Long-Term Socioecology and Contingent Landscapes. *Journal of Archaeological Method and Theory* 11 (3):253-295.

Bevan, A. and J. Conolly
2004 GIS, Archaeological Survey, and Landscape Archaeology on the Island of Kythera, Greece. *Journal of Field Archaeology* 29 (1/2):123-138.

Bintliff, J.
1999 The Hidden Landscape of Prehistoric Greece. *Journal of Mediterranean Archaeology* 12 (2):139-168.

Bintliff, J., M. Kuna and N. Venclova (editors)
2000 *The Future of Surface Artefact Survey in Europe*. Sheffield Academic Press, Sheffield.

Brunswig de Bamberg, M.
1995 *Allá en la patagonia. la vida de una mujer en una*

*tierra inhóspita*. Vergara, Buenos Aires.

Burger, O., L. C. Todd, P. Burnett, T. J. Stohlgren and D. Stephens
2004 Multi-Scale and nested-intensity sampling techniques for archaeological survey. *Journal of Field Archaeology* 29 (3/4):409-423.

Campana, S. and R. Francovich
2007 Understanding Archaeological Landscapes: Steps Towards an Improved Integration of Survey Methods in the Reconstruction of Subsurface Sites in South Tuscany. In *Remote Sensing in Archaeology*, edited by J. Wiseman and F. El-Baz, pp. 239-261. Interdisciplinary Contributions To Archaeology. Springer, New York.

Cashmere, C. and L. Wandsnider
1997 GIS modelling of Archaeological Surface Visibility at Agate Fossil Beds. In *Agate Fossil Beds Prehistoric Archaeological landscapes, 1994-1995. Report on 1994 and 1995 Archaeological activities by the department of Anthropology, University of Nebraska-Lincoln and the NPS Midwest Archaeological Center at Agate Fossil Beds National Monument*, edited by L. Wandsnider and G. H. MacDonell, pp. 13-25. Midwest Archaeological Center, National Park Service, Lincoln.

Cassiodoro, G., A. G. Guráieb, A. Re and A. Tívoli
2004 Distribución de recursos líticos en el registro superficial de la cuenca de los lagos Pueyrredón-Posadas-Salitroso. In *Contra viento y marea*, edited by T. Civalero, P. Fernández and A. G. Guráieb, pp. 57-70. INAPL, Buenos Aires.

Cibils, A. F. and P. R. Borrelli
2005 Grasslands of Patagonia. In *Grasslands of the World*, edited by J. M. Suttie, S. G. Reynolds and C. Batello, pp. 121-170. Plant Production and Protection Series No. 34. FAO, Rome.

Cosgrove, R.
1999 Forty-Two Degrees South: The Archaeology of Late Pleistocene Tasmania. *Journal of World Prehistory* 13 (4):357-402.

De Nigris, M. E. and M. P. Catá
2005 Cambios en los patrones de representación ósea del guanaco en Cerro de los Indios 1 (Lago Posadas, Santa Cruz). *Intersecciones en Antropología* 6:109-119.

De Nigris, M. E., M. J. Figuerero Torres, A. G. Guráieb and G. L. Mengoni Goñalons
2004 Nuevos fechados radiocarbónicos de la localidad de Cerro de los Indios 1 (Santa Cruz) y su proyección areal. In *Contra viento y marea. Arqueología de Patagonia*, edited by T. Civalero, P. Fernández and A. G. Guráieb, pp. 537-544. INAPL, Buenos Aires.

del Valle, H. F.
2003 Degradación de la tierra en la patagonia extrandina: Estrategias de la percepción remota. In *Desertificación. Indicadores y puntos de referencia en America Latina y El Caribe*, edited by E. Abraham, D. Tomasini and P. Maccagno, pp. 131-144. Zeta Editores, Mendoza.

Ercolano, B., F. Carballo Marina and E. Mazzoni
2000 El uso del espacio por parte de poblaciones cazadoras-recolectoras en la cuenca inferior del río Gallegos, extremo sur de Patagonia, Argentina. *Anales del Instituto de la Patagonia (Serie Ciencias Sociales)* 28:233-250.

Fanning, P. C. and S. J. Holdaway
2002 Using geospatial technologies to understand prehistoric human/landscape interaction in arid Australia. *Arid Lands Newsletter* 51 (May/June).

Figuerero Torres, M. J.
2004 La estructuración del espacio a través del tiempo en Cerro de los Indios 1 (Lago Posadas, Santa Cruz). In *Contra viento y marea. Arqueología de Patagonia*, edited by T. Civalero, P. Fernández and A. G. Guráieb, pp. 557-563. INAPL, Buenos Aires.

García P., C.
2009 Cazadores recolectores en el área lacustre de la vertiente occidental andina (39°S): cronología, contextos y procesos. In *Arqueología de Patagonia: una mirada desde el último confín*, edited by M. Salemme, F. Santiago, M. Álvarez, E. Piana, M. Vázquez and M. E. Mansur, pp. 1011-1022. vol. II. Editorial Utopías, Ushuaia.

Gilli, A., D. Ariztegui, F. S. Anselmetti, J. A. McKenzie, V. Markgraf, I. Hajdas and R. D. McCulloch
2005 Mid-Holocene strengthening of the Southern Westerlies in South America — sedimentological evidences from Lago Cardiel, Argentina (49°S). *Global and Planetary Change Historical and Holocene glacier - climate variations* 49:75–93.

Glasser, N. F., S. Harrison, V. Winchester and M. Aniya
2004 Late Pleistocene and Holocene palaeoclimate and glacier fluctuations in Patagonia. *Global and Planetary Change* 43:79-101.

Glasser, N. F. and K. Jansson
2005 Fast-flowing outlet glaciers of the Last Glacial Maximum Patagonian Icefield. *Quaternary Research* 63:206-211.

Goñi, R. A., G. Barrientos and G. Cassiodoro
2000-2002 Condiciones previas a la extinción de las poblaciones humanas del sur de Patagonia: una discusión a partir del análisis del registro arqueológico de la cuenca del lago Salitroso. *Cuadernos del Instituto Nacional de Antropología y Pensamiento Latinoamericano* 19:249-266.

Guráieb, A. G.
2004 Before and after the hiatus: lithic technology in Cerro de los Indios 1 rockshelter, south Patagonia, Argentina. *Before Farming* 2004/3 (1):1-19.

Hein, A. S., N. R. J. Hulton, T. J. Dunai, D. E. Sugden, M. R. Kaplan and S. Xu

2010 The chronology of the Last Glacial Maximum and deglacial events in central Argentine Patagonia. *Quaternary Science Reviews* 29 (9-10):1212-1227.

Holdaway, S. J., P. C. Fanning and J. Shiner
2006 Geoarchaeological investigation of aboriginal landscape occupation in Paroo-Darling National Park, Western NSW, Australia. *Research in Anthropology & Linguistics-E* 1:1-82.

Holdaway, S. J. and L. Wandsnider
2006 Temporal Scales and Archaeological landscapes from Eastern Desert of Australia and Intermontane North America. In *Confronting Scale in Archaeology. Issues of Theory and Practice*, edited by G. Lock and B. L. Molyneaux, pp. 183-202. Springer, New York.

Honeychurch, W., J. Wright and C. Amartuvshin
2007 A nested approach to survey in the Egiin Gol Valley, Mongolia. *Journal of Field Archaeology* 32:339-352.

Hubbard, A., A. S. Hein, M. R. Kaplan, N. R. J. Hulton and N. Glasser
2005 A modelling reconstruction of the last glacial maximum ice sheet and its deglaciation in the vicinity of the Northern Patagonian Icefield, South America. *Geografiska Annaler, Series A: Physical Geography* 87 (2):375-391.

Ivanoff Wellman, D.
2002 *La Guerra de Chile Chico o los sucesos del Lago Buenos Aires*. 3 ra. ed. Ediciones Cruz del Sur de la Trapananda, Valparaíso.

León, R. J. C., D. Bran, M. Collantes, J. M. Paruelo and A. Soriano
1998 Grandes unidades de vegetación de la patagonia extra andina. *Ecología Austral* 8:125-144.

Lock, G. and B. L. Molyneaux
2006 Introduction: Confronting scale. In *Confronting Scale in Archaeology. Issues of Theory and Practice*, edited by G. Lock and B. L. Molyneaux, pp. 1-11. Springer, New York.

Masiokas, M. H., R. Villalba, B. H. Luckman, M. E. Lascano, S. Delgado and P. Stepanek
2008 20th-century glacier recession and regional hydroclimatic changes in northwestern Patagonia. *Global and Planetary Change Historical and Holocene glacier - climate variations* 60 (1-2):85-100.

Mena L., F. and D. Jackson S.
1991 Tecnología y subsistencia en Alero Entrada Baker Región de Aisen, Chile. *Anales del Instituto de la Patagonia (Serie Ciencias Sociales)* 20:169-203.

Méndez, C. and H. Velázquez
2005 Tecnología y subsistencia en Alero Entrada Baker: una revisión a la luz de nuevos antecedentes. In *Actas del XVI Congreso Nacional de Arqueología Chilena*, pp. 593-602. Ediciones Escaparate, Concepción.

Mengoni Goñalons, G. L.
1999 *Cazadores de guanacos de la estepa patagónica*. Colección Tesis Doctorales. Sociedad Argentina de Antropología, Buenos Aires.

Mengoni Goñalons, G. L., M. J. Figuerero Torres, P. V. Chávez and M. V. Fernández
2009 Cronología de las ocupaciones arqueológicas del área Los Antiguos-Monte Zeballos y Paso Roballos (N.O. de Santa Cruz). In *Tras la senda de los ancestros: arqueología de Patagonia*, edited by P. F. Azar, E. M. Cúneo and S. N. Rodríguez de Torcigliani, pp. 1-11. EDUCO, Neuquén.

Mengoni Goñalons, G. L. and H. D. Yacobaccio
2000 Arqueología de Cerro de los Indios y su entorno. *Arqueología* 10:193-201.

Morello, F., L. A. Borrero, J. Torres, M. Massone, M. Arroyo, R. McCulloch, E. Calas, M. Lucero, I. Martínez and G. Bahamonde
2009 Evaluando el registro arqueológico de Tierra del Fuego durante el Holoceno temprano y medio. In *Arqueología de Patagonia: una mirada desde el último confín*, edited by M. Salemme, F. Santiago, M. Álvarez, E. Piana, M. Vázquez and M. E. Mansur, pp. 1075-1091. vol. II. Editorial Utopías, Ushuaia.

Moy, C. M., R. B. Dunbar, P. I. Moreno, J.-P. Francois, R. Villa-Martínez, D. M. Mucciarone, T. P. Guilderson and R. D. Garreaud
2008 Isotopic evidence for hydrologic change related to the westerlies in SW Patagonia, Chile, during the last millennium. *Quaternary Science Reviews* 27 (13-14):1335-1349.

Oliva, G.
2006 Perspectivas de control de la desertificación en la Patagonia luego de 15 años de esfuerzos. In *Taller Grupo de Estudio Pastizales Patagonicos - FAO. Degradacion de Ecosistemas Pastoriles en la Patagonia. Serie Actas*, edited by C. Hepp K., pp. 11-20. Instituto de Investigaciones Agropecuarias. Serie Actas 36, Coyhaique.

Oria, J.
2009 Prospecciones en el interior de la estepa fueguina. In *Arqueología de Patagonia: una mirada desde el último confín*, edited by M. Salemme, F. Santiago, M. Álvarez, E. Piana, M. Vázquez and M. E. Mansur, pp. 1109-1125. Editorial Utopías, Ushuaia.

Rabassa, J.
2008 Late Cenozoic Glaciations in Patagonia and Tierra del Fuego. In *The Late Cenozoic of Patagonia and Tierra del Fuego*, edited by J. Rabassa, pp. 151-204. Developments in Quaternary Sciences. vol. 11. Elsevier, Amsterdam-Boston-Oxford.

Ramenofsky, A. F. and A. Steffen
1998 Units as Tools of Measurements. In *Unit Issues in Archaeology: measuring time, space and material*, edited by A. F. Ramenofsky and A. Steffen, pp. 3-17. University

of Utah Press, Salt Lake City.

Ramos, V.
2002a El Magmatismo Neógeno de la Cordillera Patagónica. In *Geología y Recursos Naturales de Santa Cruz*, edited by M. J. Haller, pp. 1-13. vol. Relatorio I-12. XV Congreso Geológico Argentino, El Calafate.

2002b El Magmatismo Paleógeno de la Cordillera Patagónica. In *Geología y Recursos Naturales de Santa Cruz*, edited by M. J. Haller, pp. 1-10. vol. Relatorio I-10. XV Congreso Geológico Argentino, El Calafate.

Rhodes, E. J., P. C. Fanning, S. J. Holdaway and C. Bolton
2009 Archaeological surfaces in western NSW: Stratigraphic contexts and preliminary OSL dating of hearths. In *Archaeological Science Under a Microscope. Studies in Residue and Ancient DNA Analysis in Honour of Thomas H. Loy*, edited by M. Haslam, G. Robertson, A. Crowther, S. Nugent and L. Kirkwood. Terra Australis 30:189-200.

Salemme, M., F. Santiago, M. Álvarez, E. Piana, M. Vázquez and M. E. Mansur
2009 *Arqueología de Patagonia: una mirada desde el último confín*. Editorial Utopías, Ushuaia.

Santa Cruz:AER Los Antiguos
2009 Reportes anuales. *Agrometeorología* http://www.inta.gov.ar/santacruz/met/reportes.htm (21 de Agosto, 2009).

Schiffer, M. B., A. P. Sullivan and T. C. Klinger
1978 The design of archaeological surveys. *World Archaeology* 10 (1):1-28.

Singer, B. S., R. P. Ackert and H. Guillou
2004 40Ar/39Ar and K-Ar chronology of Pleistocene glaciations in Patagonia. *GSA Bulletin* 116 (3/4):434-450.

Soriano, A.
1956 La vegetación de la República Argentina. IV. Los distritos florísticos de la Provincia Patagónica. *Revista de Investigaciones Agrícolas* 10 (4):323-347.

1958 Los distritos florísticos de la Provincia Patagónica. *Revista de Investigaciones Agrícolas* 10 (4):323-347.

Spennemann, D. H. R.
1995 *Site visibility and site survey bias in cultural resource management. A preliminary analysis of the 1993 survey reports held by Aboriginal Affairs Victoria*. Report N° 19. The Johnstone Centre of Parks, Recreation and Heritage, Charles Sturt University, Albury.

Terrenato, N. and A. J. Ammerman
1996 Visibility and Site Recovery in the Cecina Valley Survey, Italy. *Journal of Field Archaeology* 23 (1):91-109.

Thompson, S.
2004 Side-by-Side and Back-to-Front: Exploring Intra-Regional Latitudinal and Longitudinal Comparability in Survey Data. Three Case Studies from Metaponto, Southern Italy. In *Side-By-Side Survey: Comparative Regional Studies in the Mediterranean World*, edited by J. Cherry and S. E. Alcock, pp. 65-85. Oxbow Books, Oxford.

Torrence, R., J. Specht and B. Boyd
1999 *Archaeological Fieldwork on Numundo and Garu Plantations West New Britain, PNG*. PNG National Museum and Art Gallery, Australia and Pacific Foundation, West New Britain Palm Oil, Ltd.

van Leusen, P. M.
2002 Pattern to process: methodological investigations into the formation and interpretation of spatial patterns in archaeological landscapes. Ph.D. dissertation, Rijksuniversiteit Groningen, Groningen.

Villalba, R., A. Lara, J. Boninsegna, M. Masiokas, S. Delgado, J. C. Aravena, F. A. Roig, A. Schmelter, A. Wolodarsky and A. Ripalta
2003 Large-Scale Temperature Changes across the Southern Andes: 20th-Century Variations in the Context of the Past 400 Years. *Climatic Change* 59 (1-2):177-232.

Wagner, S., M. Widmann, J. Jones, T. Haberzettl, A. Lucke, C. Mayr, C. Ohlendorf, F. Schabitz and B. Zolitschka
2007 Transient simulations, empirical reconstructions and forcing mechanisms for the Mid-holocene hydrological climate in southern Patagonia. *Climate Dynamics* 29 (4):333-355

Wandsnider, L. and E. Camilli
1996 The character of surface deposits and its influence on survey adequacy. *Journal of Field Archaeology* 19 (2):169-188.

Wandsnider, L. and M. A. Dooley
2004 Landscape Approaches to Regional Archaeological Variation. Electronic Symposium: Survey Methodologies in Global Archaeological Contexts. Paper presented at the 69th Annual Meeting of the Society for American Archaeology, Montreal.

Wheatly, D. and M. Gillings
2000 Vision, perception and GIS. In *Beyond the map: archaeology and spatial technologies*, edited by G. Lock, pp. 123-131. IOS Press, Amsterdam.

Witter, D. C.
2004 Regional variation of the archaeology in Western New South Wales. *Rangelands Journal* 26 (2):129-149.

Zolitschka, B., F. Schabitz, A. Lucke, H. Corbella, B. Ercolano, M. Fey, T. Haberzettl, S. Janssen, N. Maidana, C. Mayr, C. Ohlendorf, G. Oliva, M. M. Páez, G. H. Schleser, J. Soto, P. Tiberi and M. Wille
2006 Crater lakes of the Pali Aike Volcanic Field as key sites for paleoclimatic and paleoecological reconstructions in southern Patagonia, Argentina. *Journal of South American Earth Sciences* 21:294–309.

El uso de Sistemas de Información Geográfica en arqueología sudamericana.
Figuerero Torres e Izeta (Ed.) 2012: 91-100

# ELABORACIÓN DE LA CARTA DIGITAL DE RIESGO ARQUEOLÓGICO DE LA CIUDAD DE CÓRDOBA CON EL EMPLEO DE LOS SISTEMAS DE INFORMACIÓN GEOGRÁFICA

Rubén Actis Danna*; Enrique Rossetto*, Eduardo Rojas*, Jose Tedesco*

* *Laboratorio de Sistemas de Información Geográfica y Geoprocesamiento, Facultad de Ciencias Exactas Físicas y Naturales, (U N C), Av Vélez Sársfield N ° 1611, Córdoba, Argentina. E-mail: lasig@efn.uncor.edu

## ABSTRACT

The current report shows the results from the process of preparing the Digital Chart of Archaeological Risk of Cordoba. The earlier «Carta de Riesgo Arquelógico de la Ciudad de Córdoba» by D. Rivero was taken as a precedent groundmark for carrying out this chart. In the production of the new chart, the previously recorded data was digitized and new sites with archaeological value. Information derived from interdisciplinary studies was also incorporated, relative to factors which can affect the conservation of archaeological patrimony, for example: water risk, trends in urban construction, environmental contamination value were added. The processing and integrating this the information was carried out with Geographical Information Systems. As a result, a new cartography and an important database was generated that conform previsional models of potentiality, consistency, nature and conservation of archaeological heritage.

En la presente comunicación se exponen los primeros resultados obtenidos de la elaboración de la Carta Digital de Riesgo Arqueológico de la Ciudad de Córdoba, cuya finalidad es la de generar un documento técnico, que ayude a tomar decisiones, en lo referente a la conservación del Patrimonio Arqueológico.

Para la realización de esta carta, se tomo como antecedente inmediato el trabajo: «Carta de Riesgo Arqueológico de la Ciudad de Córdoba» efectuado por D. Rivero, en el marco de la beca de extensión de la Universidad Nacional de Córdoba en 2000. Se digitalizaron los datos precedentes y se agregaron los referidos a nuevos sitios con valor arqueológico. Además, se incorporó la información obtenida en estudios interdisciplinarios (ingeniería, geología, estudios ambientales, etc.), relativa a los factores que pueden afectar la conservación del patrimonio arqueológico, como por ejemplo: riesgo hídrico, tendencias en la edificación, contaminación ambiental, etc. El procesamiento e integración de la información fueron llevados a cabo con el empleo de los Sistemas de Información Geográfica (SIG). Como resultado se generó una nueva cartografía y una importante base de datos que permiten establecer modelos de previsión de la potencialidad, consistencia, naturaleza y conservación del patrimonio arqueológico en la ciudad de Córdoba.

## CONTEXTUALIZACIÓN

La ciudad de Córdoba acumula más de cuatro siglos de historia, desde su fundación en 1573. Durante este amplio lapso, ha experimentado grandes transformaciones en su planta urbana hasta adquirir su fisonomía actual. Desde su origen y hasta fines del siglo XIX, mantuvo una tendencia conservadora y tradicional, luego tuvo inicio un proceso de cambios en su traza urbana y edilicia, que cobró vigor a principios del siglo XX. Esto fue el resultado del dinamismo de una sociedad moderna, encaminada hacia la industrialización, que en esa etapa, recibió un importante flujo de inmigrantes del exterior (principalmente provenientes de Italia). En esos años, nació y se desarrolló gradualmente una nueva arquitectura en el trazado de la ciudad. Ello se debió al acervo cultural de los extranjeros y a una nueva planificación de los espacios públicos por parte de los gobiernos municipales, acorde a las últimas tendencias de los más importantes países europeos. Al mismo tiempo, se aceleró la desaparición del patrimonio edilicio del período anterior. Esta dinámica, dependió en gran medida de las diversas coyunturas económicas y políticas, de los diferentes momentos históricos que atravesó la ciudad de Córdoba, hasta nuestros días, dificultando todas aquellas acciones tendientes a preservar el patrimonio arqueológico.

Fundamentados en el concepto que sostiene que es imposible proteger aquello que no se conoce (Salvatierra MS), surge la necesidad de contar con un instrumento que permita conocer la distribución espacial y las características de los bienes arqueológicos, para planificar las correspondientes intervenciones referidas a la conservación del Patrimonio Arqueológico y lograr un adecuado diseño urbano.

## ELABORACIÓN DE LA CARTA DIGITAL DE RIESGO ARQUEOLÓGICO COMO FACTOR DE PROTECCIÓN DEL PATRIMONIO ARQUEOLÓGICO

El objetivo del presente trabajo, es mostrar como a través de las nuevas tecnologías de la información, como son los Sistemas de Información Geográfica, se pueden elaborar mapas o cartas que reflejen la distribución espacial de los bienes arqueológicos, como es «La Carta Digital de Riesgo Arqueológico de la Ciudad de Córdoba» .

Su realización permite establecer modelos de previsión de la potencialidad, consistencia y naturaleza de los restos arqueológicos presentes en el área urbana, como así también, indicar la zonificación de los principales factores ambientales y de origen antrópico, que amenazan la integridad de física de dicho registro arqueológico.

## EVOLUCIÓN DE LA OCUPACIÓN DEL ESPACIO

### Primeros asentamientos humanos en el área del ejido municipal

El área donde se asienta la ciudad de Córdoba (valle del Río Suquia) fue, un sitio de condiciones muy favorable para los asentamientos humanos, debido fundamentalmente a la buena disponibilidad de agua. Los trabajos de Ameghino (1885), Outes (1911) y Serrano (1945), efectuados en yacimientos arqueológicos localizados en esta ciudad, muestran la presencia de ocupaciones precerámicas. Hace aproximadamente 1,000 años, las sociedades incorporan el cultivo de maíz en su economía trayendo aparejado nuevas pautas de movilidad. Condicionadas por la demanda de trabajo necesaria para la preparación de los campos y la atención de los cultivos. Esto dio origen a los asentamientos residenciales permanentes o aldeas (Berberián 1999).

Con la llegada de los españoles a mediados del siglo XVI y la implantación del régimen colonial, se inició el proceso de invisibilización de la población original. En el siglo XVIII, según Berberián (1999), no quedaban aborígenes autóctonos en la jurisdicción Córdoba.

### Origen de la ciudad y su expansión

El 20 de setiembre de 1571 el Virrey del Perú, Don Francisco Toledo comisiona a Don Jerónimo Luis de Cabrera, gobernador del Tucumán, para que fundara ciudades dentro de su jurisdicción. El 6 de Julio de 1573, funda la ciudad de Córdoba de la Nueva Andalucía en el margen Norte del río Suquía. Originalmente la misma consistió en un fuerte que sirvió de residencia a los primeros pobladores. Mas tarde, el 28 de agosto de 1573, Cabrera distribuye los solares y demarca la planta urbana de la ciudad, la cual se levantaría a un cuarto de legua del fuerte, sobre la otra margen del río (Luque Colombres 1951). Esta localización coincide aproximadamente con la traza definitiva, efectuada en 1577 por Lorenzo Suárez de Figueroa y consistente en un damero de setenta manzanas. Hasta mediados del Siglo XVIII, la ciudad no se había desarrollado más allá de aquella planta. Luego con el aumento de población, se comenzó a recurrir a los ejidos o tierras comunales, que por ser bienes de la ciudad eran inalienables, por lo que fueron entregadas en enfiteusis. Esta institución brindaba un dominio útil al enfiteuta y le generaba la obligación de mejorar el inmueble y abonar una pequeña pensión anual, mientras la ciudad mantenía su dominio directo. Ello permitió mantener la eficacia en la explotación y progreso edilicio en los ejidos, sobre la cual se asentó el desarrollo de la ciudad. Finalmente, en 1874 el gobierno dicta una ordenanza con la cual se elimina la enfiteusis rediméndose los ejidos con lo cual, los antiguos enfiteutas se convierte en propietarios.

### La llegada de los inmigrantes

A partir de la segunda mitad del siglo XIX, la ciudad incrementó notablemente su tamaño y población de la mano de un proceso de modernización y desarrollo económico y social. Se construyeron nuevos puentes, que sumados a los que ya había, permitieron una mejor comunicación entre las dos mitades de la ciudad separadas por el río Suquía. Además, se produjo el desvío de su cauce con el fin ganar terrenos para la localización de viviendas. Sobre nuevos terrenos nacieron nuevos barrios y en 1873 se instaló el ferrocarril que enlazó a esta ciudad con la Buenos Aires. En ese contexto, la urbe comenzó a insinuarse como centro industrial (inicialmente de manufacturas). Todo esto sumado a la promulgación de leyes nacionales y provinciales para favorecer la inmigración, estimularon desde mediados del siglo XIX, el arribo de los primeros contingentes de inmigrantes provenientes de distintos países europeos. Entre ellos se destacaron los grupos los provenientes de Italia que tuvieron una importante incidencia en el desarrollo y fisonomía de la ciudad. Entre otros aspectos, esto se manifestó en las realizaciones y usos de la arquitectura y los espacios públicos de la ciudad (Trecco *et al.* 1999).

## CRITERIOS ADOPTADOS PARA LA DENOMINACIÓN DE PATRIMONIO ARQUEOLÓGICO

Para la realización de este trabajo tomamos como referencia los criterios generales señalados por Querol y Martínez Días (1996) que considera como Patrimonio Arqueológico a todo yacimiento con sus vestigios de construcciones, artefactos y otros elementos producto de la industria humana que nos permitan reconstruir parte de algún subsistema (tecnológico, ideacional, etc.). Consideramos que esto nos permite abarcar los sistemas que caracterizaron Córdoba a lo largo de su historia. Esto incluye a todos los bienes muebles o inmuebles, sin importar si se encuentran en el subsuelo o en la superficie y cuyo origen sea hasta el año 1900. Esta elección obedece a la necesidad práctica de fijar un límite temporal para acotar nuestro trabajo, que en este caso coincide con el apogeo de una etapa muy importante en el desarrollo y cambios en la fisonomía de la ciudad, generados por los procesos migratorios anteriormente señalados.

## CATEGORIZACIÓN DE LAS ZONAS DE RIESGO ARQUEOLÓGICO

Para el diseño de nuestra carta hemos considerado en primer lugar dos grandes categorizaciones de riesgo: La primera relativa a la potencialidad, consistencia y naturaleza de los restos arqueológicos presentes en el área urbana y la segunda relativa a las amenazas ambientales y antrópicas a la integridad física de los restos arqueológicos presentes en el área urbana.

a) Potencialidad, consistencia y naturaleza de los restos arqueológicos

Para la valoración del grado de cautela o riesgo consideramos la antigüedad de los restos arqueológicos y la densidad de las ocupaciones humanas pretéritas. De esta forma, definimos 4 categorías básicas para la determinación de las Zonas de Riesgo:

1) *Riesgo Mínimo*: Grado mínimo de cautela, incluye las zonas que fueron ocupadas con cierta densidad durante el lapso temporal entre 1850 y 1900.

2) *Riesgo Moderado*: Cuando las probabilidades de que exista evidencia arqueológica son mayores que en el caso de Riesgo Mínimo debido a que la densidad de las ocupaciones son mayores. También entran en esta categoría las áreas en donde existen hipótesis de que han sido ocupadas, pero que aún no se han efectuado investigaciones que permitan apreciar el grado e intensidad de la ocupación.

3) *Riesgo Máximo*: Áreas en donde exista un alto grado de seguridad de que hayan existido ocupaciones pretéritas intensivas, factibles de ser estudiadas por medio de metodología arqueológica. Incluimos en esta categoría, a los edificios o restos arquitectónicos cuya construcción se remonta a momentos anteriores al siglo XX, o que hayan sido declarados Patrimonio Histórico de la Humanidad, Nacional, Provincial, o de Interés Municipal.

4) *Zonas Liberadas*: Todas las zonas de la ciudad no incluidas en las categorías anteriores. Son las áreas en donde hasta el momento no se registran indicios de la existencia de elementos que pertenezcan al Patrimonio Arqueológico.

b) Amenazas a la integridad física de los restos arqueológicos

*Agentes de degradación en yacimientos arqueológicos:*

Los agentes de degradación en los yacimientos arqueológicos actúan según la naturaleza de los materiales que lo componen, sean estos orgánicos e inorgánicos, provenientes del reino animal, vegetal y mineral. Al mismo tiempo, podemos agruparlos en externos e internos de acuerdo a su tipología.

1) *Internos*: Son los concernientes a las transformaciones físicas y químicas de los materiales que componen un yacimiento arqueológico (piedra, cerámica, restos óseos, etc.), cuyo origen radica en ellos mismos.
2) *Externos*: Son los relativos a aquellos factores de origen distinto a la composición de los materiales del yacimiento, que les provocan cambios estructurales y en su composición (factores climáticos, urbanización, etc.)

En el presente trabajo, consideraremos estos últimos, entendiendo que son los más perjudiciales para la conservación de los yacimientos arqueológicos.

Agentes y Procesos

Los agentes y procesos externos que pueden afectar el Patrimonio Arqueológico se pueden clasificar, en forma general, como los producidos por:
a) *Acción del Agua*: El agua es uno de los principales agentes de alteración del registro material, reaccionando con sus elementos constitutivos, disolviendo sus componentes y actuando como vehículo de transporte, ocasionándole daños y/o modificando la configuración espacial del yacimiento arqueológico. Al mismo tiempo, su acción se podrá ver potenciada por factores climáticos y de composición del aire, debido a que los componentes de éste, pueden pasar al agua.
b) *Acción de los Organismos Vivos (biodeterioro)*: La acción de los organismos sobre las estructuras arqueológicas puede ser muy variada. Incluye desde fenómenos puramente físicos, como la acción de las raíces de plantas, que pueden introducirse por las grietas, por las juntas, o afectar a las cimentaciones. También los efectos químicos o físico-químicos producidos por los excrementos de aves, por la acción de líquenes o de bacterias (los líquenes, hongos y musgos), favorecen la colonización y producen ácidos.
c) *Acción de los agentes atmosféricos*: Los agentes atmosféricos actúan como catalizadores de las reacciones intensificando la acción química del agua. Pueden en algunos casos, accionar directamente sobre los minerales (caso del ozono) y en otros, aportar agentes que el agua o el vapor agua de la atmósfera pueden incorporar, actuando sobre los elementos en forma líquida. Por el estado de la materia en el que se encuentran se clasifican como: partículas (polvo, humo, cenizas, etc.) o gases. Los principales contaminantes atmosféricos son: los óxidos de nitrógeno, de carbono y de azufre, procedentes de la combustión de hidrocarburos, el gas metano, y los gases de combustión liberados en la incineración de residuos sólidos.
d) *Acción antropogénica*: Se incluyen todos los factores relacionados con la acción o actividad humana. El Hombre, es generador de residuos, combustiones diversas, y cambios permanentes en el uso de suelo urbano. La acción antrópica origina deterioros por efecto de la urbanización que genera la construcción de obras, los movimientos de tierras, el tráfico vehicular, etc.
e) *Acción por efectos de fenómenos naturales*: Los factores climáticos, inciden directamente sobre los materiales transformando su estructura. Los vientos, de por sí son perjudiciales pero bajo la presencia de sales y humedad agravan los procesos de cristalización y alveolización del registro material.

Los ciclos estacionales (heladas y deshielo), las oscilaciones (sombra/sol, día/noche) provocan variaciones térmicas, que regulan la humedad del sistema, la solubilidad de gases y sales disueltas, la velocidad de las reacciones químicas, etc., La luz solar, afecta por las radiaciones espectrales que dañan los elementos. Las lluvias, combinadas con la topografía, pueden producir anegamientos. «La combinación de las acciones físico -químicas entre los distintos componentes del medio, con los objetos en el inmersos es muy compleja y determina el nivel del estado de conservación» (Marichal y Rebé 1992: 279).

Entre los diferentes factores enunciados, que condicionan las características de un entorno y el proceso de degradación, es importante conocer la relación que se establece entre ellos, y así distinguir los que potencialmente pueden resultar más perjudiciales para los objetos muebles e inmuebles a conservar.

# METODOLOGÍA

Utilización de los Sistemas de Información Geográfica (SIG)

Los SIG, presentan un gran potencial operativo en cuanto al análisis de la componente espacial de los objetos, permitiendo realizar en éstos, estudios complejos. De esta forma, los SIG proporcionan un rango mucho mayor en operaciones de análisis de los datos espaciales, que de los atributos temáticos de dichos datos (Barredo Cano 1995).

La información espacial, junto con una serie de funciones desarrolladas por un SIG, puede ser utilizada para obtener nueva información resultante del análisis de la original (Aronoff 1989), realizando operaciones sobre una determinada capa de entrada, indicando los parámetros de esas operaciones para obtener una capa de salida o resultante del proceso. Esto trae aparejado más de una complejidad, ya que la solución a ciertas situaciones requerirá un cúmulo de datos para generar información, y un mismo dato a su vez, contendrá simultáneamente diferentes informaciones, de acuerdo a la disciplina que lo analice.

En la mayoría de los proyectos que involucran SIG, el problema es contar con la información necesaria para el correcto análisis del tema. Generalmente la misma no existe o no esta disponible, o es insuficiente.

Afortunadamente, en los últimos tiempos se ha avanzado sorprendentemente en la posibilidad de adquirir información, aunque en muchos casos, ésta es sumamente costosa.
Este trabajo no es ajeno a esa realidad, pero busca a través de la metodología propuesta, tratar de superar esas limitaciones, logrando inferir resultados a través de información disponible, que a veces no esta directamente vinculada al tema tratado.

El uso de los SIG, para el proyecto que desarrollamos, nos permite trabajar con información de distinta naturaleza, que aunque no sea especifica, puede ser adaptable, ya que nos permiten determinar con un grado de mayor certeza los fenómenos involucrados, y como influyen en el objeto de estudio.

Confección de la carta de riesgo

Para la elaboración de la carta de riesgo de Córdoba, consideramos la información disponible, previéndose la incorporación futura de parámetros que serán obtenidos con criterios cuantificables, específicamente relacionados a la conservación del patrimonio arqueológico de esta ciudad.

En este estudio, adoptamos un criterio simple, producto de la superposición de los riesgos antes considerados, para que en una etapa posterior, una vez incorporados otros parámetros, podamos realizar distintos análisis (multicriterio y multivariado) que permitirán actualizar nuestro trabajo.

De acuerdo a los objetivos planteados, se estructuró la información en mapas temáticos, descomponiendo la realidad en distintos temas o capas. Posteriormente, combinamos las distintas capas, representando cada una un estado de situación determinado, producto de la información obtenida de distintas fuentes, y respetando los criterios establecidos previamente por los distintos investigadores que las generaron.

De esta manera, fue posible relacionar esa información, con los agentes de degradación del Patrimonio Arqueológico. A tal efecto, se digitalizaron e incorporaron como capas de información, desde la cartografía base, con sus respectivos atributos, hasta información relacionada con los agentes que afectan el Patrimonio Arqueológico.

Descripción de las capas de Información.

Como cartografía base, tomamos la del ejido urbano de la Ciudad de Córdoba, a nivel de manzana (Figura 1).

Como capa con información arqueológica previa, se incorporaron los datos proporcionados por la Carta de Riesgo Arqueológico de la ciudad de Córdoba (Rivero 2000), con los 705 sitios arqueológicos correspondientes a los diferentes momentos ocupacionales de la ciudad, hasta el año 1900 y las intervenciones arqueológicas descriptas en ese trabajo. (Figura 2). A esta capa, se le adicionaron siete nuevos sitios arqueológicos, uno data de 1887 y pertenece a la primera infraestructura de equipamiento social de la ciudad de Córdoba (Parque Elisa). Los otros seis yacimientos, corresponden a parte de los primeros asentamientos de inmigrantes provenientes de Italia durante la segunda mitad del siglo XIX.

Como capas varias de información, se digitalizaron e incorporaron también aquellas que eran factibles de relacionar con los agentes de degradación del Patrimonio Arqueológico_(Figura 3), como el mapa de uso de suelo de la Municipalidad de Córdoba, establecido por las respectivas ordenanzas[1], la zonificación propuesta por el Centro de Investigaciones Inmobiliarias (C E D I N )[2] y datos estadísticos de tránsito[3], como factores relacionados a los agentes antropogénicos. Además se incluyeron: La Carta de Riesgo Hídrico de la ciudad de Córdoba [4] y zonificación sísmica[5], factores relacionados a los fenómenos naturales; y los datos de contaminación del observatorio ambiental municipal[6] relacionados a los agentes atmosféricos.

A partir del análisis de la combinación de las distintas capas, se elaboró una nueva capa de información, dando origen a una nueva Carta de Riesgo Arqueológico.

A los efectos de mostrar el procedimiento, se darán dos ejemplos de capas relacionables: el primero con los parámetros y criterios considerados para inferir información, como son el tráfico vehicular y la contaminación atmosférica; y el segundo, con los parámetros y criterios definidos y cuantificados en un Atlas de Riesgo Hídrico. Ambos ejemplos permiten representar geográficamente, la existencia de un nivel de amenaza o riesgo a la integridad del Patrimonio Arqueológico, que es factible de combinar con la Carta de Riesgo Arqueológica previa o inicial.

1. Capas de información, de las cuales es factible de inferir potenciales de degradación del Patrimonio Arqueológico:

1a. Datos de contaminación del Observatorio Ambiental Municipal

La posibilidad de tener mediciones de la contaminación atmosférica, a través del Observatorio Ambiental Municipal, nos permitió determinar las zonas de mayor influencia de estos contaminantes. Estas mediciones se realizaron a través de estaciones móviles, ubicadas en distintos lugares de la ciudad, lo que permitió zonificar la misma de acuerdo al Índice de Contaminación del Aire (I C A)[6].

Los datos de los registros de las mediciones, estaban en una planilla en soporte papel, con la ubicación de las estaciones por calle y altura, fechas de mediciones, valores obtenidos, etc. Los mismos se digitalizaron en forma de puntos georeferenciados, con los cuales se construyo un mapa con las respectivas zonas de influencia, a través de la metodología de los polígonos de Thiesen, para permitir la posterior superposición de capas.

Los valores mas altos de contaminación se registraron en la estación móvil ubicada en las arterias de las calles del microcentro de la ciudad (Figura 4) y con ello la posibilidad de que se produzcan reacciones químicas, que puedan afectar el Patrimonio Arqueológico. Por otra parte, en sitios mas alejados al microcentro, se reportaron índices inferiores de polución atmosférica.

1b. Datos estadísticos del tráfico vehicular

A través de la información estadística de la intensidad del tráfico vehicular de la ciudad[3], es factible realizar inferencias acerca de posibles procesos vibratorios, que de alguna manera pueden afectar a monumentos o construcciones edilicias.

Los datos de los registros de las mediciones, estaban en soporte papel, con esa información, se crearon zonas *buffer* de influencia, de cada calle. De esta forma, se pudo tener una distribución por áreas, que permitió la posterior superposición de capas.

Los valores mas elevados, como en el caso de la contaminación atmosférica, fueron registrados en las arterias del microcentro (Figura 5), comprobando que la mayor densidad de tránsito generalmente coincide con las más altas mediciones de contaminación del aire.

2. Capas de información, con parámetros y criterios definidos en un Atlas de Riesgo Hídrico.

Para la creación de esta capa, se utilizó la Carta de Peligrosidad (Amenaza) de Inundación, Erosión y Anegamiento de la Ciudad de Córdoba[4], donde se pone en evidencia la amenaza hidrometereológica a que está expuesto el territorio comprendido por el ejido urbano de la ciudad de Córdoba, tomando en consideración la realidad de su ambiente físico, de acuerdo a sus características geológicas y geomorfológicas.

En la misma, se ha zonificado y jerarquizado las diferentes amenazas, las cuales están dadas por tres tipos: Inundaciones fluviales, Anegamientos en interfluvios, y Erosión (acelerada) de márgenes y base fluviales; y a su vez, a cada una se la discrimino en clases diferentes.

Esta información, se encontraba disponible en formato papel, con referencias geográficas precisas, tanto en dimensiones, como en sistema de proyección, lo que permitió digitalizarla,

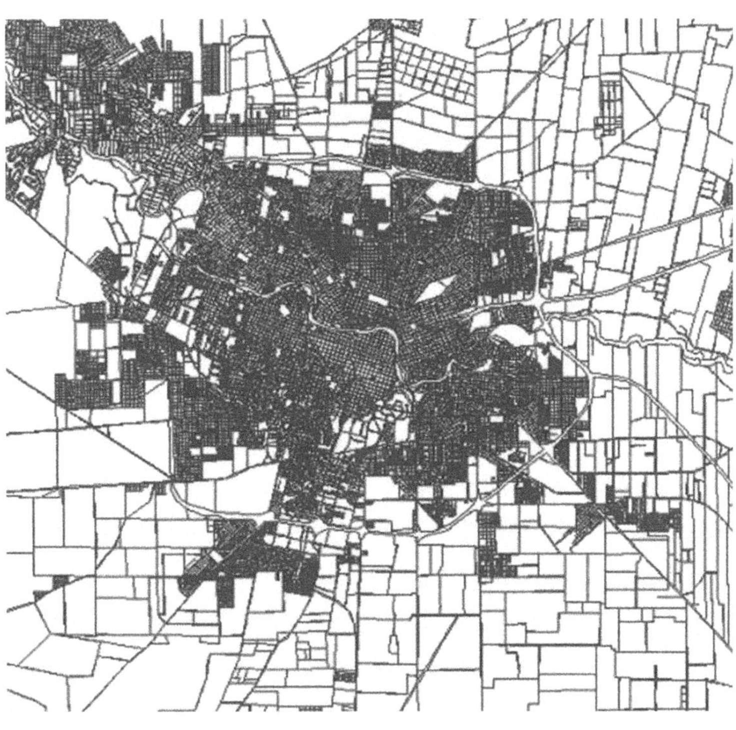

Figura 1: Ejido urbano de la Ciudad de Córdoba a nivel de manzana

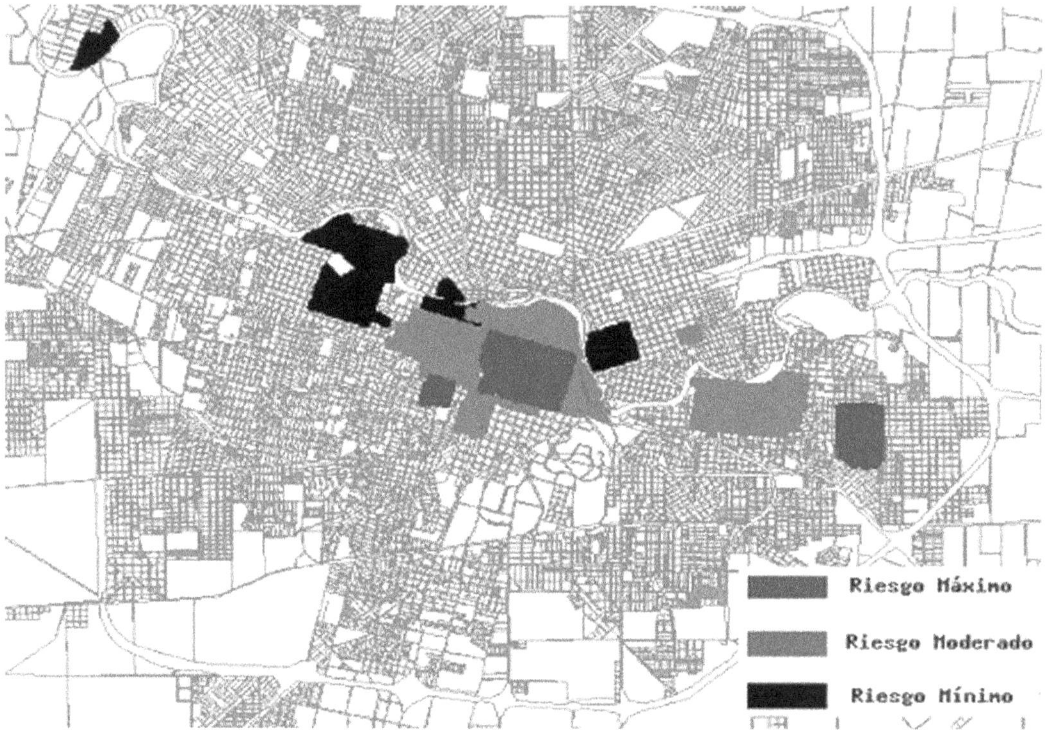


Figura 2: Carta base de Riesgo Arqueológico de la ciudad de Córdoba

vectorizarla e incorporarla como capa de información, de manera relativamente sencilla, para permitir la posterior superposición de capas.

Como ejemplo de los procedimientos efectuados, la (Figura 6) muestra en un sector del área central de la ciudad, la combinación de la capa de riesgo arqueológico inicial con la capa de riesgo hídrico, dando origen a una nueva capa de riesgo arqueológico (Figura 7).

## CONSIDERACIONES FINALES

El conocimiento de la distribución y características de los bienes arqueológicos, como también la incidencia de los factores ambientales que los amenazan, es esencial para planificar las correspondientes intervenciones referidas a la conservación del Patrimonio Arqueológico y lograr un adecuado diseño urbano. La posibilidad de incorporar esa información, a través de datos alfanuméricos y cartográficos, volcados en sistemas informáticos que facilitan su gestión, permiten de manera sencilla que su actualización sea permanentemente, incorporando los datos obtenidos en investigaciones o hallazgos ocasionales.

La Carta Digital de Riesgo Arqueológico de la Ciudad de Córdoba es un documento de diagnóstico, por lo que no puede pretenderse que de manera mecánica genere una norma urbanística, es un documento técnico que ayuda a tomar decisiones normativas y contribuye a una mayor comprensión de la historia de esta ciudad.

*Agradecimientos*

Agradecemos especialmente al Dr. Diego Rivero por la información suministrada. También deseamos expresar nuestra gratitud al Ing. Carlos Rivarola, Subdirector de Prevención y Gestión Ambiental de la Municipalidad de Córdoba, que nos facilito la datos del Sistema de Monitoreo del Aire (Si.M.A.), dependiente del observatorio ambiental de Córdoba, al Ing. Alejandro Ambrosini, gerente de Fundación Centro, por el material aportado y a los integrantes del La.S.I.G. por su colaboración.

## BIBLIOGRAFÍA

Ameghino, F.
1885 Informe sobre el Museo Antropológico y Paleontológico de la Universidad Nacional de Córdoba durante el año 1885. *Boletín de la Academia Nacional de Ciencias de Córdoba* VII: 347-360.

Aronoff, L.
1989 *Geographical Information Systems: A Management Perspective*. W.D.L, Otawa.

Barredo Cano, J.
1995. *Sistemas de Información Geográfica y evaluación Multicriterio*. Editorial RAMA, Madrid

Berberián, E.
1999. Las Sierras Centrales. En *Nueva Historia de la Nación Argentina* 1. La Argentina Aborigen. Conquista y Colonización, pp. 135-158. Editorial Planeta. Buenos Aires.

CEDIN
2001. *Radiografía de la Ciudad de Córdoba* - (Informe) CEDIN - Centro de Investigaciones Inmobiliarias de Córdoba – Córdoba - Argentina

INPRES
1985 - *Normas de construcción sismorresistente de la República Argentina* - *INPRES – 103.* - Instituto Nacional de Prevención Sísmica- San Juan - Argentina

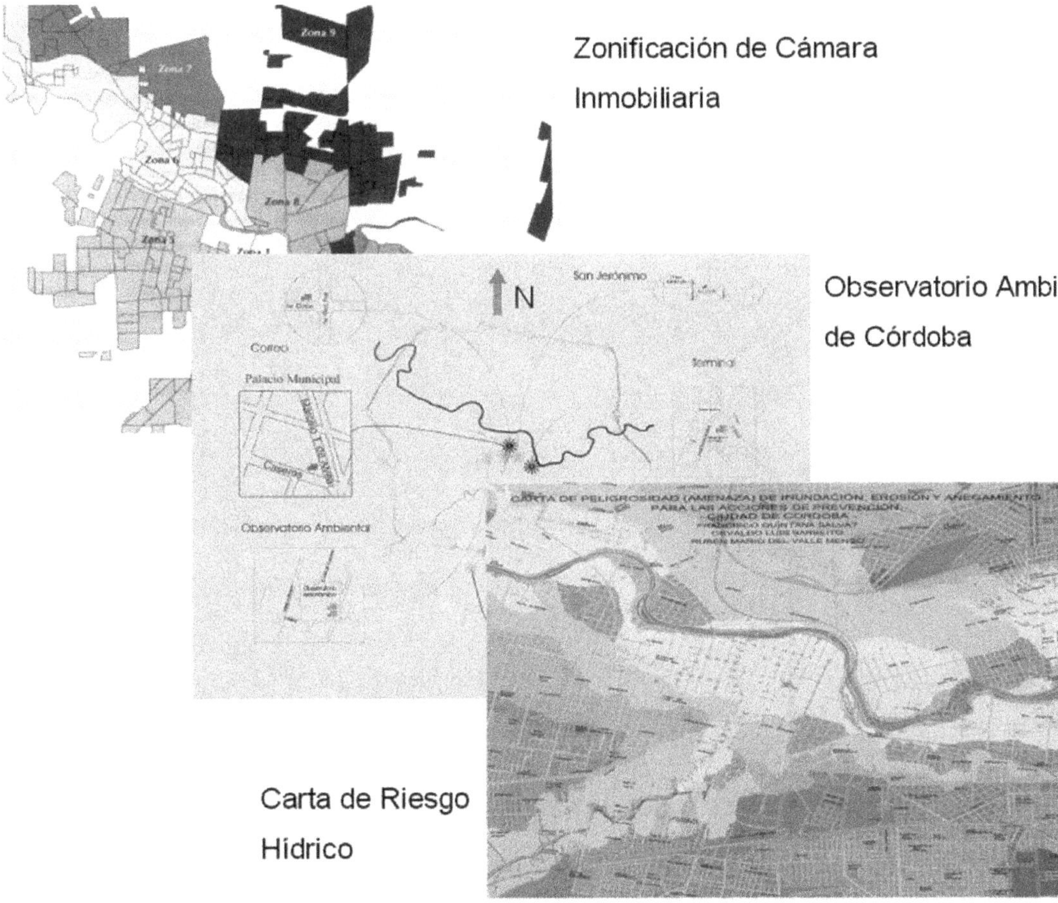


Figura 3: Capas varias de información factibles de relacionar con los agentes de degradación del Patrimonio Arqueológico

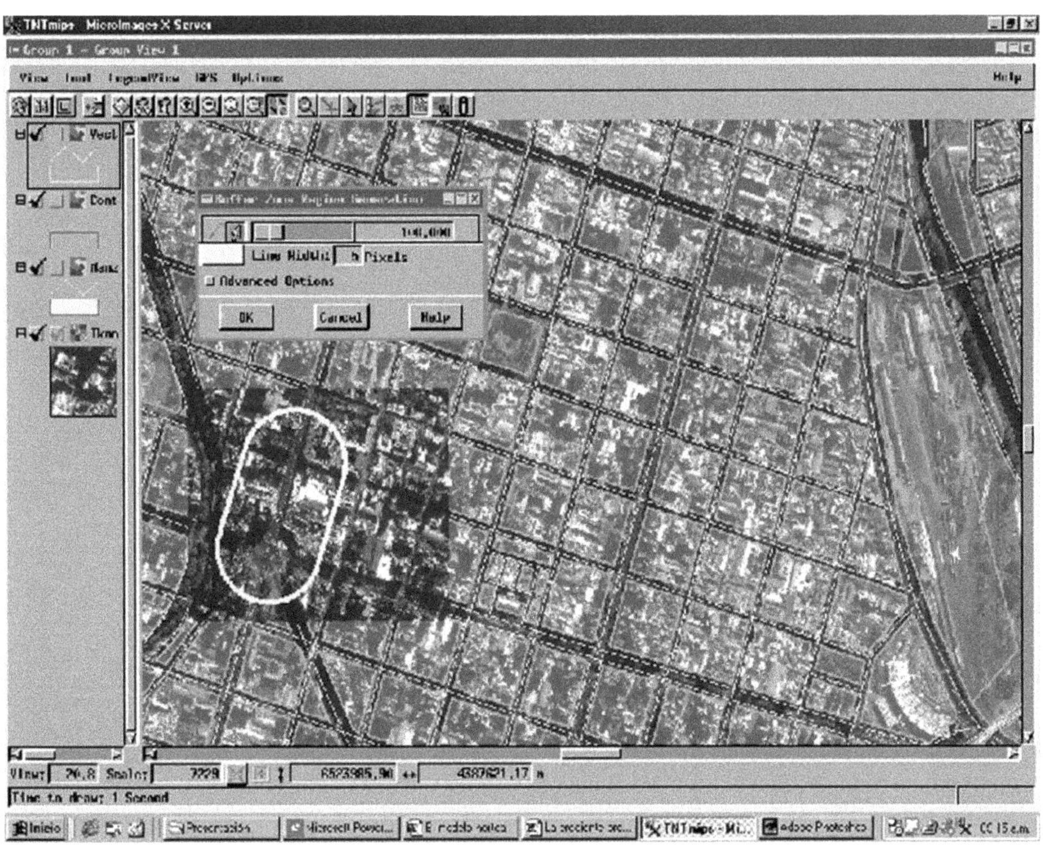


Figura 4: Registro de los valores más altos de contaminación en el microcentro de la ciudad

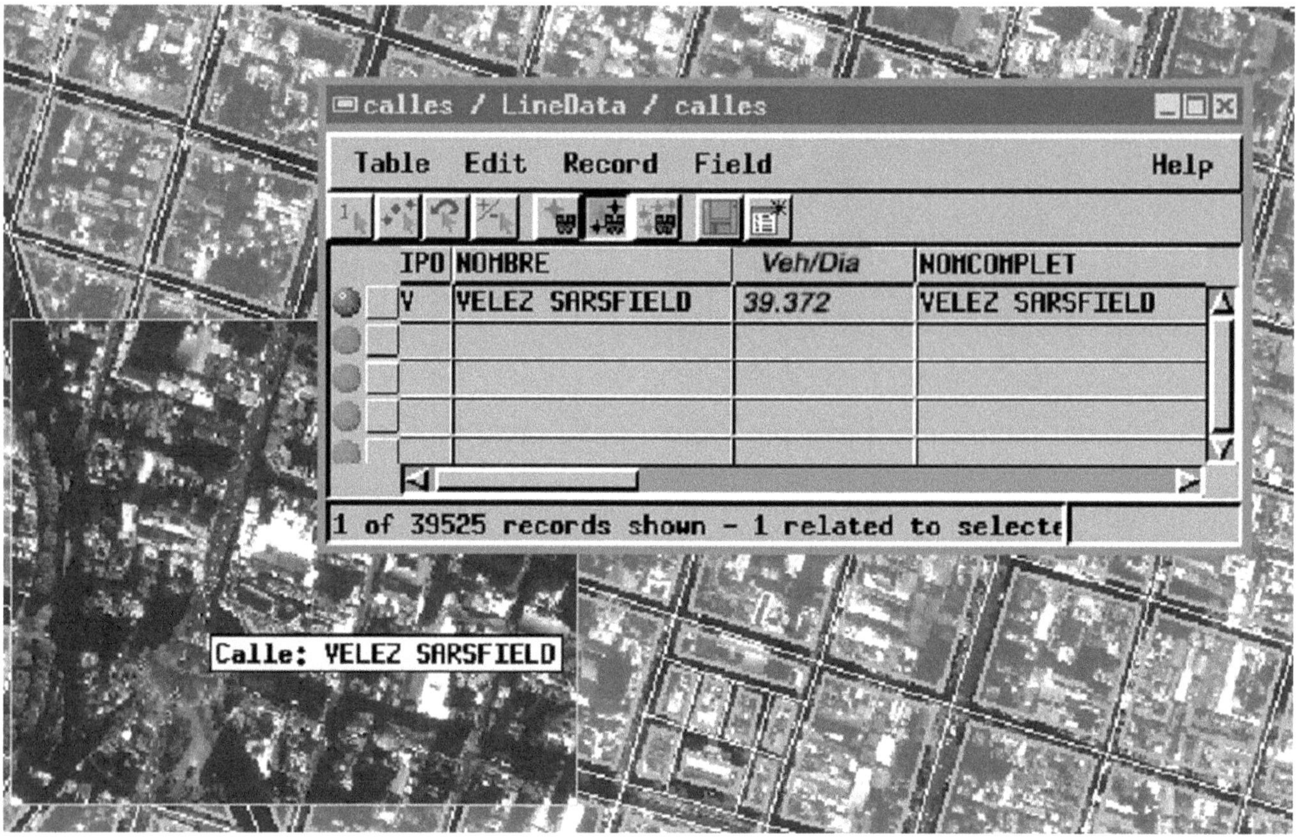


Figura 5: Registro de los valores más elevados de tráfico vehicular

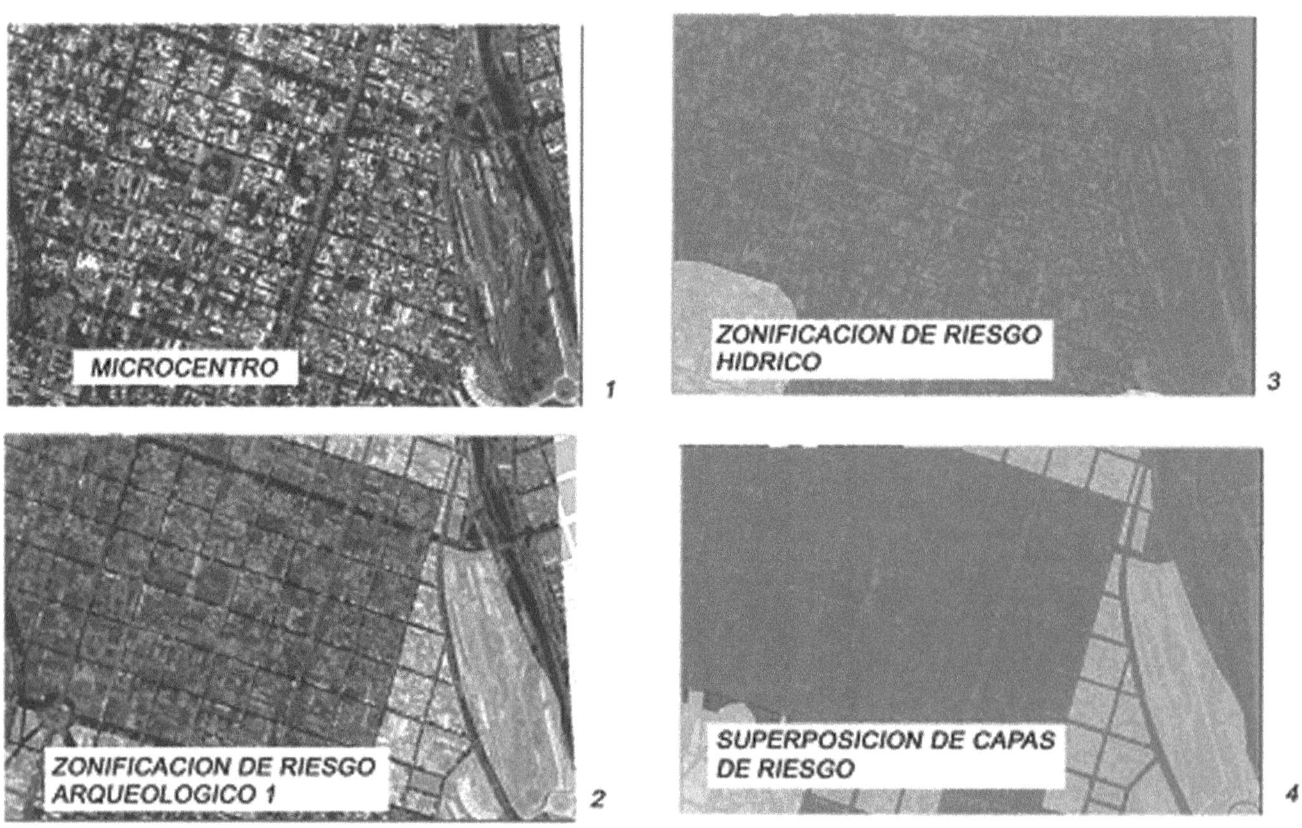


Figura 6: Combinación de la capa de Riesgo Arqueológico Inicial con la capa de Riesgo Hídrico

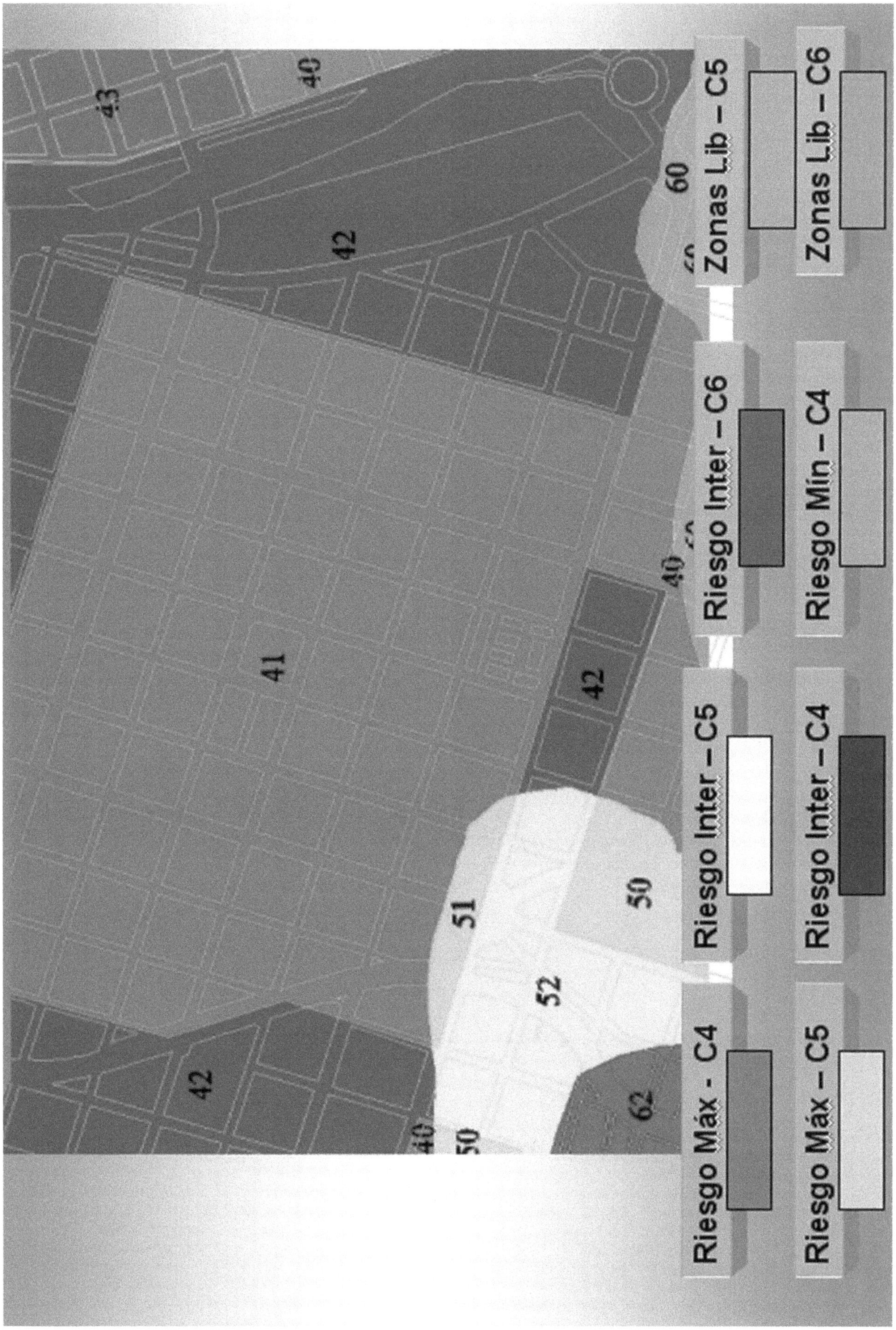


Figura 7: Nueva capa de Riesgo Arqueológico

Luque Colombres, C.
1951. *Ubicación del fuerte y sitio de la fundación de Córdoba*. Publicaciones del Instituto de Estudios Americanistas, Serie Histórica XXI, Córdoba.

Marichal, R. y I. Rebé
1997. Tratamientos de Urgencias en las Excavaciones Arqueológicas: el ejemplo de Rucino. En *Ciencias Metodologías y Técnicas Aplicadas a la Arqueología.* Editado por I. Roda, pp. 279-292. Universidad Autónoma de Barcelona, Barcelona.

Municipalidad de Córdoba
2004. *Estado de contaminación del aire en la Ciudad de Córdoba* – Observatorio Ambiental de Córdoba -Subdirección de Prevención y Gestión Ambiental de la Municipalidad de Córdoba – Córdoba

Municipalidad de Córdoba
1985. *Ordenanza de Ocupación del suelo en el área central (Ord. 8057/85)* - Digesto Municipal - Subdirección de Imprenta de la Municipalidad de Córdoba - Córdoba

Municipalidad de Córdoba
1986. *Ordenanza de Ocupación del suelo en el ejido urbano (Ord. 8256/86)* - Digesto Municipal - Subdirección de Imprenta de la Municipalidad de Córdoba - Córdoba

Municipalidad de Córdoba
1995. *Ordenanza de Ocupación del suelo en el área central (Ord. 9386/95, complementaria de Ord. 8057/85)* - Digesto Municipal - Subdirección de Imprenta de la Municipalidad de Córdoba .

Municipalidad de Córdoba
1995. *Ordenanza de Código de edificación (Ord. 9387/95)* - Digesto Municipal - Subdirección de Imprenta de Córdoba.

Municipalidad de Córdoba
2000. *Intensidad del tránsito diario (Informe)* – Dirección de Tránsito de la Municipalidad de Córdoba - Córdoba

Outes, F.
1911. Los tiempos prehistóricos y protohistóricos en la provincia de Córdoba. *Revista del Museo de la Plata* 17: 261-374.

Querol, M. y B. Martínez Díaz
1996. *La gestión del Patrimonio Arqueológico en España.* Editorial Alianza, Madrid.

Quintana Salvat, F., Barbeito, O. y Menso, R.
2002. *Carta de Peligrosidad (Amenaza) de Inundación, Erosión y Anegamiento para las acciones de prevención* –Subd. de Imprenta de la Municipalidad de Córdoba – Córdoba

Rivero, D.
2000. Carta de Riesgo Arqueológico de la Ciudad de Córdoba. Informe de la beca de extensión de la Universidad Nacional de Córdoba. Ms, Secretaría de Extensión Universitaria, UNC.

Salvatierra, A.
N/d. *La Carta Arqueológica de Riesgo. MS.*

Serrano, A.
1945. *Los comechingones.* Serie Aborígenes Argentinos. Publicación del Instituto de Arqueología, Lingüística y Folklore Imprenta de la Universidad Nacional de Córdoba, Córdoba.

Trecco, A; B. de la Rúa; A. Rodríguez de Ortega;. y L. Pupich
1999. Italianos y sus Descendientes. Realizaciones y usos de la Arquitectura y los Espacios Públicos de la Ciudad de Córdoba. En *Presencia e Identidad de los Italianos en Córdoba,* editado por Centro de Italianística (CITAL), UNC, pp 43- 100. Ediciones del Copista, Córdoba.

## Notas

[1] El uso de Suelo Urbano, esta reglamentado por distintas ordenanzas, que regulan las acciones de transformación del entorno dentro del ejido municipal de la ciudad de Córdoba. Estas contemplan, parcialmente, dentro de algunos capítulos, las pautas y áreas particulares de intervención que requieren un estudio urbanístico especial. Son: el Código de edificación (Ord. 9387/95), la Ocupación del suelo en el ejido urbano (Ord. 8256/86), y la Ocupación del suelo en el área central (Ord. 8057/85 y 9386).

[2] CEDIN (Centro de Investigaciones Inmobiliarias) – Radiografía de la Ciudad de Córdoba (Informe) – Julio del año 2001

[3] Intensidad del tránsito diario – Dirección de Tránsito de la Municipalidad de Córdoba (2000).

[4] Carta de Peligrosidad (Amenaza) de Inundación, Erosión y Anegamiento para las acciones de prevención – Ciudad de Córdoba – Francisco Quintana Salvat, Osvaldo Luis Barbeito y Rubén Mario del Valle Menso.

[5] Normas de construcción sismorresistente de la República Argentina - INPRES – 103.

[6] Desde mayo del año 1995, existe el Sistema de Monitoreo del Aire (Si.M.A.), dependiente del Observatorio Ambiental de Córdoba cuyo objetivo es confeccionar un diagnóstico del estado del aire en la ciudad de Córdoba. A tal fin, se analizan los promedios horarios, diarios y mensuales de las concentraciones de Ozono Troposférico ($O_3$), Monóxido de carbono (CO), Dióxido de Azufre (SO2), Oxidos de Nitrógeno (NO y NO2) y partículas de Polvo en Suspensión menores de 10 micrómetros (PM10). Los valores del Indice de Contaminación del Aire por contaminante, surgen del valor reportado del índice general que es el mayor de todos ellos llevados a una escala de 500 y se informa que el estado de contaminación es: Bajo: menor de 50; Moderado: 51-100; Primera alerta: 101-200; Segunda alerta:2001-300; Tercera alerta: 301-400; Máxima: mayor de 400

El uso de Sistemas de Información Geográfica en arqueología sudamericana.
Figuerero Torres e Izeta (Ed.) 2012 101-124

# ARQUEOLOGÍA DEL CAMPESINADO EN EL VALLE DEL BOLSÓN. PRODUCCIÓN Y RESIDENCIA COMO LÍNEAS DE ANÁLISIS PARA UNA ESCALA DE LARGA DURACIÓN

Laura Quiroga * y M. Alejandra Korstanje**

*CONICET- Universidad de Buenos Aires
**Instituto de Arqueología y Museo (IAM), Facultad de Ciencias Naturales, Universidad Nacional de Tucumán. Instituto Superior de Estudios Sociales (ISES), CONICET-UNT.

## RESUMEN

En un paisaje rural como el Valle del Bolsón (Pcia. de Catamarca, Argentina), nuestro examen se centra precisamente en ese carácter rural-campesino, analizado en una escala de larga duración. El hilo conductor que nos guía es el de reconstruir la historicidad de las prácticas campesinas de producción y reproducción social, con el fin de establecer dinámicas de cambio y continuidad. Este trabajo constituye, así, un aporte al estudio de la diversidad de los paisajes productivos prehispánicos y coloniales del noroeste argentino (en *ca.* 2,000 años de historia). El valle en estudio es un área transicional entre el ambiente de valles bajos y la puna motivo por el cual se postula que el Valle del Bolsón ha sido un área de interacción y tránsito entre poblaciones y recursos materiales y simbólicos de distintos ambientes

El uso de SIG nos ha permitido integrar información de nuestra área de estudio con el fin de administrar el caudal de información creciente que se ha generado a partir de la diversidad de líneas de investigación abordadas (arquitectura, arte rupestre, producción agrícola y ganadera, procesamiento de alimentos, tecnología lítica e iconografía cerámica, entre otras). En este sentido la representación cartográfica responde a la necesidad de elaborar una representación visual homogénea y que nos permita evaluar ciertas hipótesis. Por esto hemos incorporado el uso de SIG, como herramienta apropiada para el tratamiento gráfico de información regional y de casos de estudio específicos. En este trabajo presentamos la estructura de base geográfica regional y una comparación entre dos sitios arqueológicos El Alto El Bolsón (SCatBe 3 (3)) y La Angostura (SCatBe 5 (6)), en los cuales estudiamos específicamente la estructuración del espacio agrícola y sus relaciones con las áreas residenciales, tomando criterios de proximidad-lejanía, agrupamiento, aislamiento, envergadura y emplazamiento topográfico. La cartografía temática resultante y su análisis nos llevan a observar que una misma actividad productiva (en este caso, la agricultura) lleva a organizar el espacio de maneras diferentes, no sólo según las épocas u organizaciones socio-políticas, sino también según la diversidad de emplazamientos.

## ABSTRACT

In a rural landscape such as that found in the Valley of El Bolsón (Catamarca Province, Argentina), our analytic perspective focuses upon that particular peasant character analyzed on a scale of long duration. Our guiding thread is that of reconstructing the historicity of the peasant practices in production and social reproduction, in order to establish the dynamics of change and continuity in such a space.

This paper constitutes a contribution to the study of the diversity within early Prehispanic and Colonial period productive landscapes of the Argentinean northwest (*ca.* 2,000 years of history). The valley here presented is located in a transitional zone between low valleys and the puna. For this reason we hold it is an area of transit and interaction between people and material and symbolic resources flowing from different environments.

The use of GIS has allowed us to integrate large amounts of information from multiple lines in our study area and manage the growing body of information that has been generated resulting from a great variety of research themes (architecture, rock art, food production and processing, lithic and ceramic technologies, among others). In this sense, the cartographic representation responds to the need of elaborating a visual representation of a heterogenic geographical data structure in order to allow us to evaluate certain hypothesis. Thus, we have incorporated GIS as the appropriate tool for the graphic treatment of regional information and of specific cases studies. In this paper we present the geographical based structure of the region and a comparison between two archaeological sites: El Alto El Bolsón (SCatBe 3 (3)) and La Angostura (SCatBe 5 (6)), where we specifically studied the structure of the agricultural space and its relationship with the residential areas, thorough the concepts of vecinity-distance, clustering, isolation, extent and topographical location. The resultant thematic cartography and its analysis allows us to observe that the same productive activity (in this case, agriculture) will organize space in different ways, not only according to the cultural periods or socio-political organizations, but also according to the diversity of locations chosen.

Este trabajo constituye un aporte al estudio de la diversidad de los paisajes productivos prehispánicos y coloniales del noroeste argentino. El hilo conductor que nos guía es el de reconstruir la historicidad de las prácticas campesinas de producción y reproducción social, con el fin de establecer dinámicas de cambio y continuidad en una escala de larga duración. En este contexto, concebir el paisaje como una construcción social significa asumir que el espacio no es resultado o reflejo pasivo de relaciones sociales, sino que es posible establecer una analogía entre la producción y reproducción de la sociedad y el espacio al mismo tiempo (Soja 1986, Harvey 1997).

Como caso de análisis, el Valle del Bolsón constituye un aporte al problema de la formación de los paisajes que evidencian desde entonces al día de hoy, un marcado carácter rural, desentrañando fragmentos de un pasado contenido tanto en los documentos escritos como en las trazas materiales -culturales y naturales-. Sólo un estudio histórico, arqueológico y ambiental planteado en términos de larga duración podría dar cuenta del cambio material en el paisaje. Por esto, hemos recurrido a los sistemas de información geográfica, para sistematizar información diversa y representar cartográficamente una dinámica de ocupación de larga duración.

Los resultados de la investigación arqueológica en el área de estudio señalan que, desde el Formativo (I° milenio a.C. - d.C) hasta el Período Tardío prehispánico (*ca.*1,000-1,470 d.C.) inclusive, los valles altos fueron ámbitos de producción agro-ganadera mixta con cultivos de secano y con regadío, rotación de cultivos y uso de fertilizantes (Korstanje 2005, Korstanje y Cuenya 2008). Sin embargo, la ocupación colonial convirtió estas áreas en espacios ganaderos vinculados a redes mercantiles coloniales, relegando la agricultura a una escala de subsistencia familiar (Quiroga 2003, 2004). La información arqueológica disponible, que aquí presentamos, aspira a reconstruir la infraestructura productiva prehispánica -a través de su impronta material- y confrontar la evidencia empírica del pasado con el discurso colonial y, con ello, convertir el estudio del pasado en un estudio crítico del presente.

El uso de SIG nos ha permitido integrar información de carácter local y microrregional con el fin de administrar el caudal de información diversa y creciente que se ha generado a partir de una diversidad de líneas de investigación abordadas a lo largo de quince años por diversos equipos, tales como arquitectura, arte rupestre, producción agrícola y ganadera, procesamiento de alimentos, entre otras. De este modo, la representación cartográfica de una estructura regional de datos -integrada en función de una referencia geográfica-, hace de esta una herramienta de análisis de particular relevancia, en tanto permite no sólo expresar resultados, sino también plantear nuevos problemas de investigación a partir de la distribución observada. Por esto, hemos incorporado el uso de SIG como instrumento apropiado para el tratamiento gráfico de información regional y de casos de estudio específicos como los que presentamos en este trabajo: los sitios arqueológicos El Alto El Bolsón, SCatBe 3 (3), y La Angostura, SCatBe 5 (6).

## ARQUEOLOGÍA DEL CAMPESINADO EN LA LARGA DURACIÓN

### ¿Por qué hablamos de Campesinado?

En un paisaje rural como el Valle del Bolsón, el hilo conductor de nuestro análisis debió por fuerza estar relacionado con ese carácter campesino-rural para realizar un estudio de larga duración, que abarcara los distintos períodos históricos reconocibles hasta el momento en la arqueología del valle -desde los primeros agricultores formativos hasta la ocupación colonial- (Quiroga 2002, Korstanje 2007). En este sentido, en tanto las transformaciones del paisaje son producto de la interacción de actores diversos, nos pareció oportuno destacar lo que tenían en común: su pertenencia y su relación con la tierra misma. De este modo, la categoría campesinado se mostró como oportuna y viable desde el punto de vista arqueológico. Por razones de espacio remitimos al lector interesado en más detalles sobre esta perspectiva teórica, a la bibliografía (Quesada 2001, Haber y Korstanje 2003, Korstanje 2003, 2007, Quesada y Korstanje 2007), como así del histórico (Quiroga 2003).

Los estudios campesinos constituyen un campo de investigación abordado por disciplinas científicas diferentes, así como una diversidad de áreas y períodos históricos.

Podríamos sintetizar las perspectivas de estudios campesinos en dos. Por un lado, aquellas que enfatizan la producción en función de unidades domésticas (concepto que involucra el parentesco) tales como las propuestas por Chayanov (1985), Meillasoux (1977). Por otro, aquellas que hablan de una economía campesina, tales como Braudel (1984 [1967]) y Villar (1982) quienes coinciden en jerarquizar la actividad agrícola como un rasgo de primer orden para caracterizar y definir la vida campesina. Sin embargo, la experiencia de la vida andina presenta evidencias que refieren una diversidad de estrategias productivas, en contextos sociales donde las redes de parentesco permiten la reproducción, o bien en contextos políticos de mayor centralización y jerarquización política.

Chayanov, define a la familia campesina como "(...) *una familia que no contrata fuerza de trabajo exterior, que tiene una cierta extensión de tierra disponible, sus propios medios de producción y que a veces se ve obligada a emplear parte de su fuerza de trabajo en oficios rurales no agrícolas*" (1985:44). Este autor, pionero en los estudios campesinos, considera que el modo de producción campesino se asienta principalmente en su carácter de economía de subsistencia y familiar. Esto implica que la familia campesina no requiere mano de obra externa a la misma y que tiene al menos una parcela de tierra bajo su dominio y sus propios medios de producción. Es importante observar que la familia campesina se reserva, no sólo la producción, sino por lo menos una parte importante de la reproducción social del grupo. De ese modo, la economía campesina es una forma especial de organización familiar sobre la base de la producción agropecuaria, donde el objeto no es la acumulación de bienes sino la reproducción de las familias vinculadas a sus unidades al nivel de bienestar más alto posible.

Esta perspectiva teórica delinea ciertos aspectos que interesan para nuestro enfoque arqueológico -a pesar de estar enmarcado en un momento pre-capitalista-. Pero también interesan para casos etnográficos e históricos del NOA, a saber: la familia como unidad de producción/ reproducción; la tierra como unidad productiva; el agro y la ganadería como medios de producción; y el beneficio de la explotación logrado mediante el balance trabajo-consumo. Una de las críticas a esta postura es que la racionalidad campesina, así entendida, no permite superar el umbral de la acumulación y lleva forzosamente a establecer una relación directa entre campesinos y pobreza rural (Posada 1996). Sin embargo, esta condición no se da cuando los campesinos amplían sus redes de intercambio y distribución -que sería el caso de las poblaciones andinas-, ya que el campesino también produce para sostener sus relaciones de parentesco, religiosas, etc.

El mínimo denominador común de las sociedades campesinas estaría en tres factores fundamentales: la explotación agraria familiar, la aldea marco donde operan las explotaciones domésticas y se desarrollan las relaciones sociales y, los vínculos con el mundo exterior. En este último ámbito son importantes tanto las plazas o mercados -en las que los agricultores obtienen artículos y servicios no producidos por ellos-, como las redes de intercambio y dominación por parte de otros sectores sociales.

Para el caso específico de los Andes, los estudios campesinos también han generado un campo nutrido en desarrollos teóricos y casos de análisis. Desde la publicación del modelo de ocupación vertical como modelo teórico especifico para el área, Murra (1975) ha considerado la relación particular con la tierra, las relaciones de parentesco, producción y circulación, constituyéndose en eje de referencia para estudios regionales posteriores (Mayer y Zamalloa 1974, Ossio Acuña 1992, Isla 1992, Zimmerer 1996, entre muchos otros). En los últimos años, algunos autores han cuestionado este modelo por su visión esencialista, orgánica y funcional de las comunidades campesinas (Stern 1986, Van Buren 1996) haciendo de la continuidad histórica un supuesto que no requiere explicación.
En tanto este es un volumen específico de GIS, no abundaremos más en este tema, reforzando sin embargo la idea que no estamos haciendo una analogía directa con el campesino de la época capitalista, como cuando se habla en arqueología de "industria" o de un "textil", tampoco hacemos referencia a la forma de esas categorías durante la revolución industrial.

¿Por que hablamos de Campesinos en una Escala de Larga Duración?

La elección de una escala de larga duración no representa, en este caso, la definición de un segmento temporal extenso (que, de hecho, cubre casi dos mil años), sino por el contrario, el registro y observación de ritmos de cambios múltiples, diferentes y tangibles en la aparente continuidad y estabilidad de la vida campesina. La relación entre espacio, vida material y larga duración es, sin duda, un campo propio y propicio para la investigación arqueológica, que puede brindar información sobre la relación entre estructura socio-económica y geografía en el largo plazo (Last 1995).

El concepto de larga duración nos permite ver los procesos como un juego dialéctico entre la continuidad y discontinuidad histórica. En segundo lugar, nos libera de la tradición "cultural" que han seguido las periodificaciones propuestas para el noroeste argentino (González y Pérez 1971, Núñez Regueiro 1975, entre otros). Esto es porque no asumimos *a priori* ni culturas, ni cambios políticos, ni jerarquización social ante una acumulación determinada de rasgos culturales, sino que partimos desde la perspectiva agrícola como vía de acceso al problema social. A nuestro entender, la vida material no refleja la historia de los eventos, ni los pasos de la evolución cultural definidos por una serie de estadios evolutivos, como unidades ordenadas en una secuencia temporal de límites cronológicos precisos. Al respecto, Mc Glade (1999) señala que una secuencia de cronología relativa construida a partir de la utilización de una única categoría de artefacto, podría arrojar diferentes resultados si se tomara en consideración otro ítem de referencia. Lejos de ser un sencillo ordenamiento de secuencias lineales, la diversidad de prácticas y formas de subsistencia no se reemplazan unas a otras secuencialmente sino que coexisten y dan sentido a una historia narrada desde el espacio.

Hay quienes cuestionan a Braudel (1984 [1967]) la ausencia de una formulación teórica que explique la articulación entre el evento y la estructura, entre el cambio y la continuidad, señalando la pasividad del agente histórico frente a la indiferencia de la estructura que responde a sus propios ritmos de cambio (por ejemplo, Gosden 1994). Para las aplicaciones arqueológicas, la ausencia de esta explicación dificulta el uso de la larga duración como escala temporal de análisis arqueológico en función de cambios tangibles y observables en el registro. En este caso, el abandono, la reocupación, la transformación o la creación de nuevos asentamientos no constituyen cortes con el pasado sino que el nuevo contexto social manipula la vida material integrando el pasado a un nuevo contexto de relaciones sociales. Es importante, entonces, considerar la caracterización del paisaje como un espacio donde las trazas materiales, producto de diferentes instancias históricas, se hacen visibles en una misma superficie y en muchos casos incorporan de tal modo a la realidad anterior -aunque resignificada-, que anulan su visibilidad independiente. Por esto, si bien en muchas ocasiones apelamos a categorías como Formativo, Tardío, etc., hemos decidido trabajar sobre las discontinuidades temporales que se observan en el registro arqueológico en cada línea de evidencia por separado y, así, establecer ritmos de cambio y continuidad diferenciados entre ítems materiales.

La categoría campesinado tiene, de este modo, ciertas dimensiones que la hacen compatible con una visión arqueológico-social de larga duración. Por un lado, y como dijimos al principio, se define claramente por su carácter rural, lo que nos permite establecer la relación de las poblaciones con la tierra, su modo de apropiación, uso y defensa. Esto deja marcas en el paisaje que son cómodamente distinguibles desde el punto de vista arqueológico. Por otro lado, esta relación con la tierra nos permite establecer vínculos entre paisaje y cuestiones ambientales que también hacen a la larga duración. Las poblaciones campesinas son forzosamente impactadas, por ejemplo, por cambios meteorológicos y climáticos (variaciones de humedad y temperatura) y sus consecuencias en el terreno (por ejemplo, retracción de vegas, formación de barrancos, modificaciones de las terrazas, torrentes, etc.), para lo cual deben desarrollar experiencias alternativas destinadas a enfrentar las nuevas situaciones. Esto también deja marcas visibles en el registro arqueológico, tanto arquitectónico como artefactual y ecofactual.

Por último, pero no menos importante, el interés puesto en lo campesino nos permite intentar comprender el pasado prehispánico también desde una perspectiva donde la historia sea contada desde los sectores subalternos y no tan solo desde el poder y dominio construido por las elites (Gupta 2002). De este modo pasan al centro de la escena, como protagonistas, los actores sociales que denominamos *campesinos* y será su accionar -sus elecciones, su vida cotidiana, su forma de producir, consumir e intercambiar- la expresión histórica de la materialidad que hemos elegido como hilo conductor de este relato (en este caso, el paisaje). Ese núcleo “campesino y su territorio” es el que esperamos que nos de la idea de los cambios económicos, sociales y políticos en el segmento temporal elegido, aunque tal resultado excede los objetivos de este trabajo en particular.

Al respecto, en esta instancia de la investigación, decidimos trabajar con escalas temporales de gran amplitud que puedan traducirse en cambios tangibles y materiales aún cuando es evidente que encierran una gran diversidad de situaciones. Por esto cada unidad de la larga duración delimitada a continuación, no representa una unidad temporal definida por eventos históricos a los que se puede otorgar fechas precisas de inicio y final, sino modalidades alternativas de espacialización de relaciones sociales.

La ocupación Formativa

Para el estudio del Formativo, una de nosotras (MAK) ha optado por utilizar desde el inicio de las investigaciones en el valle, la periodización de Núñez Regueiro (1975) considerada adecuada para nuestro planteo. Sin embargo, hemos preferido tomar al Formativo como un periodo completo, sin las subdivisiones en Formativo Inferior, Medio y Superior, por las mismas razones ya expuestas. Entonces, cronológicamente estaríamos abarcando en pan prácticamente los siglos I a.C a IX d.C, sin que con ello estemos especulando que haya uniformidad social o cultural en ese lapso, pero sí considerando que hay perduración en las prácticas de producción agrícola.

La ocupación post-Formativa

Esta unidad ha sido tomada por otra de nosotras (LQ) como correspondiente a los períodos de Desarrollos Regionales, Inca e Hispano-Indígena según los esquemas de periodificación vigentes para el área (Núñez Regueiro 1975). Recientemente Tarragó y Nastri (1999) señalan que, si bien la unidad Desarrollos Regionales (1,000 d.C -1,480 d.C) representa una unidad de análisis operativa, encierra una dinámica compleja de interacción social y política que se ve oscurecida por una constante reocupación de los sitios tardíos durante seiscientos años alcanzando, inclusive, la ocupación incaica y colonial temprana. También discuten -a la luz de la experiencia de los trabajos realizados en el Valle de Santa María- la pertinencia de la fecha de inicio del período de Desarrollos Regionales (1,000 AD) según los fechados radiocarbónicos disponibles para los sitios de Rincón Chico, Molinos y Pichao que llevarían sus inicios hacia el siglo IX de la era (Tarragó y Nastri 1999).

## EL VALLE DEL BOLSÓN, LA ESCALA REGIONAL

El ambiente constituye una categoría de análisis basada sobre la determinación de unidades biogeográficas, ambientales o regiones naturales construidas a partir de variables que definen condiciones ecológicas específicas y homogéneas (Cabrera y Wilink 1980 Natenzon s/f, Morlans 1985, Sal 1982, entre otros). Sin embargo, estas unidades enuncian disponibilidad de recursos pero no refieren a condiciones paleoambientales o condiciones históricas de producción, por lo que consideramos imprescindible una perspectiva integrada de las mismas.

Toda región definida en términos operativos, supone un recorte de la realidad a partir de ciertas variables y problemas de investigación. Por esto, dado que los espacios regionales no son realidades por si mismos, es necesario hacer explícitos los criterios con los que definimos nuestra escala de análisis. La relación entre sociedad y ambiente que buscamos reconstruir no se asemeja a aquella que podría establecerse entre actores y escenarios como ámbitos pasivos de extracción para la subsistencia, sino de condiciones históricas de asentamiento que requieren para su explicación de condiciones ambientales con las que los actores sociales crean y recrean un paisaje tan “natural” como social (Quiroga 2002).

A los efectos de manejar con más precisión la información arqueológico-ambiental hemos diferenciado tres sectores dentro del valle (Figura 1). Los criterios para tal definición son de índole paisajística (estrechos del valle, cambios ambientales, litológicos, vegetación, etc.) y arqueológicos (recursos potenciales, diseños de asentamiento) (ver Korstanje 1996).

La Geografía del valle

El Valle del Bolsón (Dpto. Belén, Pcia. de Catamarca) corre en sentido Norte-Sur siguiendo el curso del Río El Bolsón con una extensión de 20 km. Se trata un área transicional entre el ambiente de Valles Bajos (1,800 msnm) y la Puna (3,400 msnm) (Figura 1), según la caracterización ambiental y condiciones productivas planteadas por Aschero y

Korstanje (1996). Por este motivo se postula que el Valle del Bolsón ha sido un área de interacción y tránsito entre poblaciones y recursos materiales y simbólicos de distintos ambientes.

La vía de acceso al mismo es la Ruta Provincial N° 43, que comunica la ciudad de Belén con la población de Antofagasta de la Sierra, pasando por Puerta de Corral Quemado y Villa Vil. A su vez, ésta se entronca con la Ruta Nacional N° 40 en la localidad de El Eje, en el tramo que comunica la ciudad de Belén con la de Hualfín y Santa María. Comprende, de Norte a Sur, los actuales poblados de: Los Nacimientos de San Antonio; Lampacillo; Cura Quebrada; El Alto El Bolsón; Yerba Buena; Barranca Larga; El Bolsón y Cotagua. Todos ellos constituyen caseríos agrupados o aislados. El único que puede considerarse pueblo, en el sentido de que además posee una infraestructura de servicios, es Barranca Larga (Figura 1). Además hay puestos dispersos, que en muchos casos son ocupados la mayor parte del año.

Los límites orográficos son: al Noroeste: los cerros Campo y Bayo Grande; al Noreste: los cerros Loma Batía y Loma Corral; al Este: la Sierra de Las Cuevas; al Oeste: la Sierra de Papachacra; y al Sud: la Cuesta de Indalecio (Figura 1).

La sectorización realizada para el valle, tiene por objetivo agrupar unidades geológicas-geomorfológicas y fisiográficas, con las características arqueológicas generales del valle. En ese sentido, el Sector Septentrional comienza donde el Río Bolsón cambia su rumbo E-W para tomar una

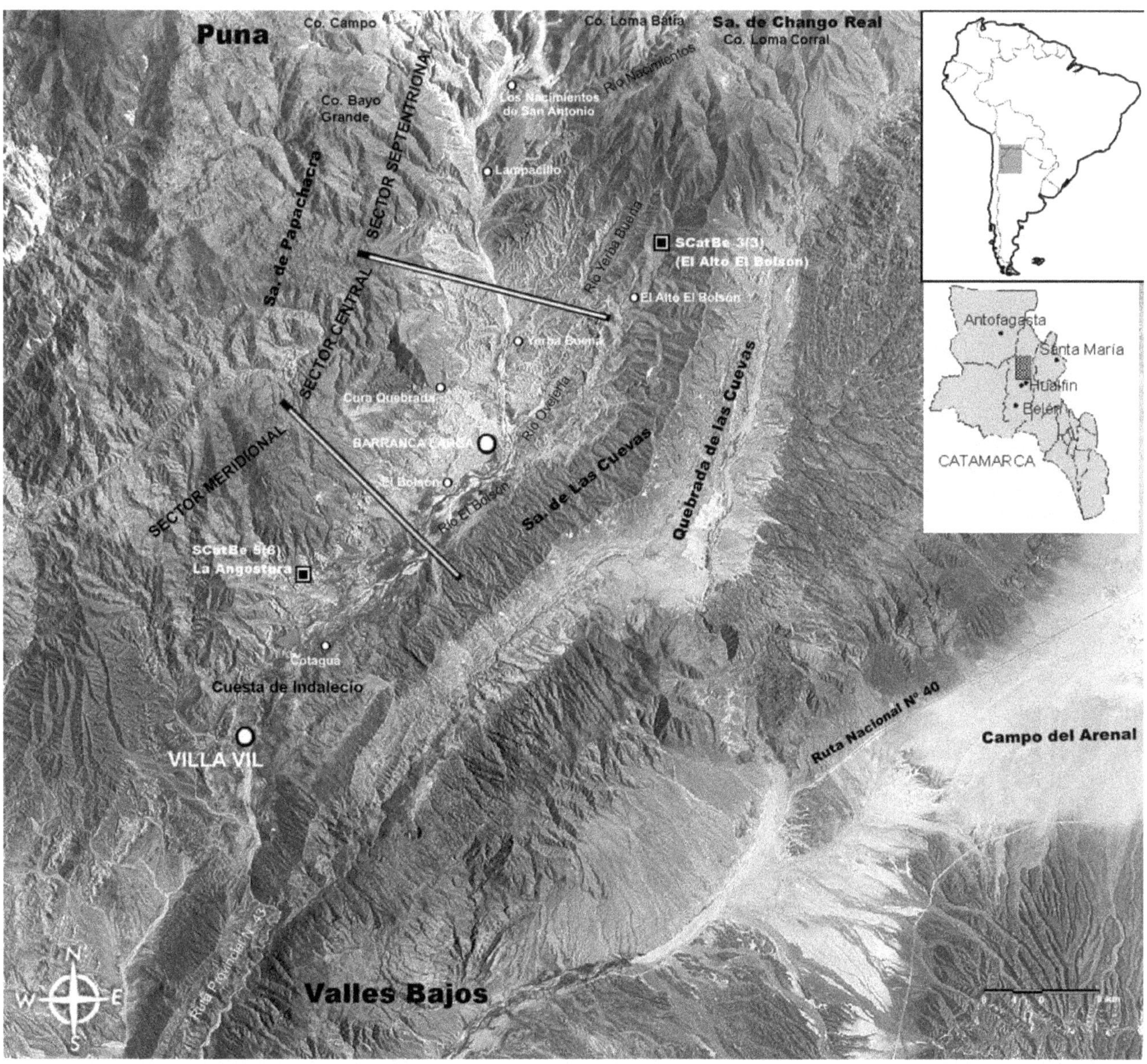


Fuente: Google Earth 2005

Referencias: O Poblado

° Caserío

▣ Sitios Arqueológicos Analizados

Figura 1.

orientación N-S y termina en la confluencia con el Río Yerba Buena. Este sector de unos 8,5 km de extensión y apenas 500 m de ancho. Desde el punto de vista arqueológico es el sector donde hemos podido detectar mayor cantidad de sitios correspondientes al Período Formativo y donde se han efectuado hallazgos superficiales de instrumentos Arcaicos y Paleoindios.

El Sector Central comprende unos 7 km en dirección N-S. Es el sector donde el valle se ensancha como llanura aluvial y se extiende entre 1 y 2 km de ancho. Arqueológicamente hablando, hemos detectado aquí sitios residenciales y ocupaciones en abrigos rocosos correspondientes a los Períodos Formativo (ca. s. I a.C.-s. I d.C.), de Desarrollos Regionales (*ca.* s. II – XV d.C.) y Colonial (s. XVI).

El Sector Meridional tiene una extensión aproximada es de 5,5 km. Ha sido separado del sector anterior ante el rasgo de un estrangulamiento en el valle, producido por dos pequeños cerros que se enfrentan transversalmente al nivel del curso del río. La superficie aluvial se ensancha aquí hasta 1,8 Km, pero tiene además la particularidad de estar anegada (unas 20 ha) durante la época estival y con presencia de vegetación de cortaderal durante todo el año. Desde el punto de vista arqueológico no hemos encontrado hasta el momento sitios del Período Formativo (excepto el alero Los Viscos), sin embargo, contiene la ocupación post-Formativa de mayor envergadura.

La base Geológica, Litográfica y Geomorfológica:

Desde el punto de vista geológico (Figura 2a) se trata de un ambiente típico de Sierras Pampeanas (Navarro García 1984), representadas en el sector septentrional por los cordones de las sierras que posibilitan el acceso al escalón de la Puna Catamarqueña (por encima de los 3,400 msnm), a través de las hondas quebradas que las cortan. Los Valles intermedios, producidos por episodios tectónicos, se extienden al este de las quebradas. Esas hondas fosas fueron rellenadas por el constante acarreo de los ríos que bajan de las quebradas y las recorren por cauces imprecisos y, en muchos casos, estacionales. Los sedimentos más finos los observamos en los fondos de valles, bolsones y en los conos de deyección de las quebradas laterales. Así, la presencia de montañas alterna con depresiones intermontanas donde las condiciones de drenaje y sedimentación posibilitan la existencia o conformación de verdaderos oasis de riego (Figura 2a).

El valle está flanqueado, a ambas márgenes del Río El Bolsón, por diversas formaciones litológicas que marcan al menos tres fisonomías bien distintas en lo que a paisaje respecta, que es lo que en este caso nos interesa:

En ambas márgenes del sector septentrional, las Formaciones paleozoicas Loma Corral y Chango Real y constituyen la roca madre del valle. La Formación Loma Corral está formada por un conjunto de metamorfitas sin aporte

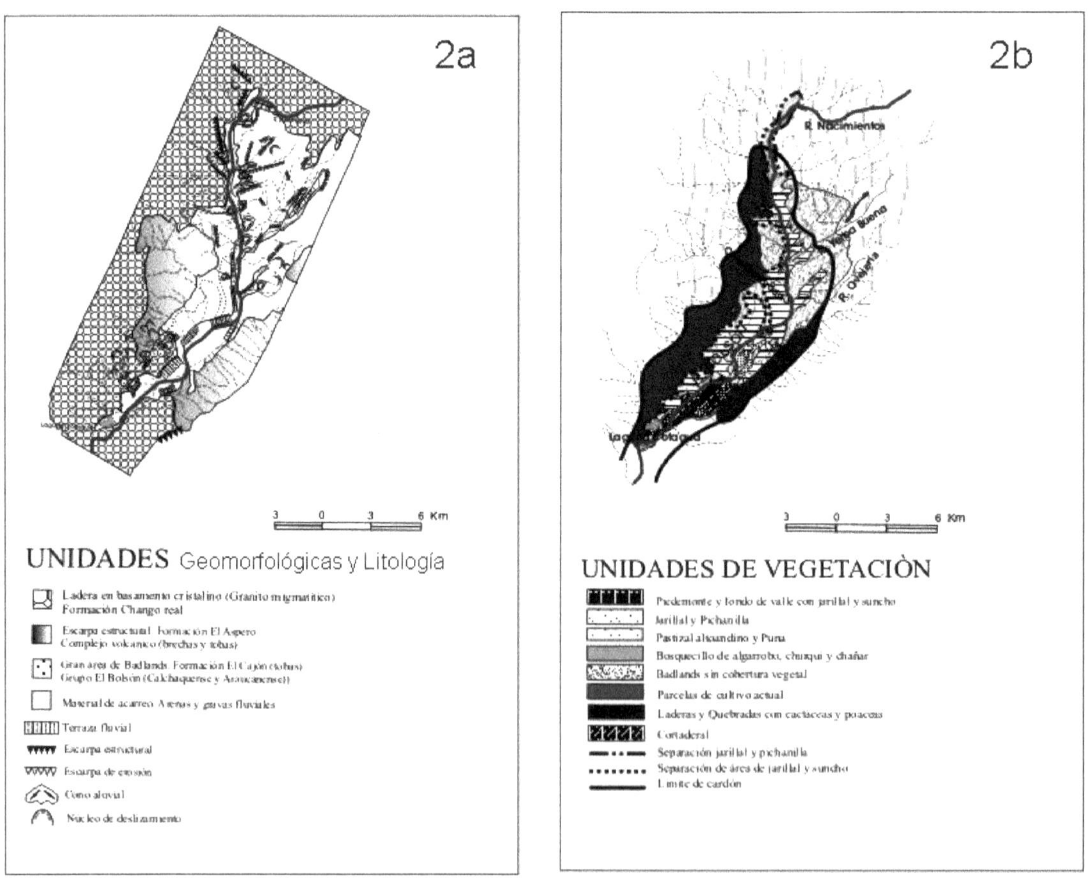


Figura 2a y 2 b.

magmático, que, en su mayoría, corresponden a esquistos, pizarras y filitas. Sus afloramientos son discontinuos y aparecen aislados entre sí. En cambio, la Formación Chango Real constituye el mayor afloramiento de la zona, en tanto forma las sierras de Chango Real, Las Cuevas y Papachacra (Navarro García 1984). Se trata de granitos que se hallan cubiertos discordantemente por sedimentos modernos (Figura 2a). Actualmente sobre esta base se asienta la vegetación altoandina y prepuneña, debido a los procesos pedogenéticos generados en estos. Sin embargo, es importante notar que es en este sector donde hay mayor abundancia de grandes arenales, en forma de medanales o simples dunas, y en los cuales también hay ocupaciones antiguas.

En el sector central del valle predominan la gran área de *badlands* o zona desnuda de vegetación que los lugareños denominan "*jasi*" y que corresponde a la Formación El Cajón, donde predominan las tobas y prácticamente no hay desarrollo de suelo. Por esos motivos, no es un sector favorable al asentamiento humano desde el punto de vista productivo pero, sin embargo, en las terrazas fluviales, conos y formas varias relacionadas con flujos fluviales o pluviales, es ocupada para el cultivo (Figura 2a).

En la margen oeste del sector meridional y en casi la totalidad de la central, la Formación El Aspero presenta elementos volcánicos, brechas y tobas terciarias. Está integrada por una facie lávica y una facie intrusiva. En el valle predomina la facie lávica formada por brechas y tobas de variados colores (Navarro García 1984). Prácticamente no crece la vegetación en esta formación, salvo en la zona más alta recostada contra la sierra de Las Cuevas. Se presenta como un paisaje de escondrijos y laderas altamente erosionadas y friables que domina el fondo de valle y parte del oriente con su presencia árida. En esta formación, por ejemplo, se encuentran los abrigos rocosos Los Viscos y Cueva de Las Máscaras (Korstanje 2007).

Desde el punto de vista mineral, la región, en su sentido más amplio, es rica en oro, azufre, bórax y uranio pero, en la actualidad, no hay explotaciones mineras en el Valle del Bolsón. Sin embargo, en el siglo pasado se explotó la mina de Vaca Vizcana, de donde se extraía cobre, plata y oro según los informantes de la zona. Las zonas mineras cercanas por excelencia están hacia el Este (complejo minero La Alumbrera, en las cercanías de Hualfín, actualmente en explotación a gran escala) y hacia el Oeste (sierra de Culampajá, donde se han realizado explotaciones mineras menores).

En relación a esta litología, los recursos disponibles para tecnología lítica prehispánica para el Sector Septentrional del valle, han sido explorados por Babot y Larrahona (2001) y Somonte (2004). Este dato es importante en relación a la presencia de molinos fijos y de mano y a las materias primas para la talla. Entre las materias primas líticas disponible como recursos se encuentran -en orden de importancia por su frecuencia de aparición- ocho variedades de cuarcitas, cinco variedades de Vulcanitas, dos variedades de obsidiana, metamorfitas –pizarra, filita y esquisto-, cuarzo en sus variedades cristalino y blanco, otros sílices (ópalo y vidrio volcánico), sedimentitas (limolita silicificada). Según estos autores, las fuentes generales relacionadas a estas materias primas líticas están asociadas del siguiente modo:

La Formación El Cajón está definida por un conjunto de materiales clásticos y elementos volcánicos de color grisáceo (Figura. 2a). Sus componentes predominantes son las areniscas, que debido a la desnudez de su superficie no lo hacen un sector apto para el asentamiento humano. Hacia el Este, las quebradas son cortas y originadas por la fuerte erosión hídrica a la que son sometidas sus laderas abruptas. Sin embargo, el paisaje del sector Meridional es en un sentido similar al Septentrional, ya que hacia el Oste está flanqueado por basamento que, sometido a procesos pedogenéticos, ha posibilitado la colonización vegetal. En lo que difieren mayormente es en el gran ensanchamiento de fondo de valle, y en la existencia de dos lagunas (*Cotagua* y la *Lagunita*), lo cual la distingue también enormemente por el desarrollo de bosques de algarrobos y cortaderal (Tabla 1).

En cuanto a la disponibilidad de materia prima lítica para talla y molienda que esta litología presenta, podemos decir que en el Sector Septentrional del valle, los afloramientos con disponibilidad de rodados en el área provienen tanto de la Formación El Cajón como de los depósitos aluviales del Cuartario. El sustrato del sitio El Alto El Bolsón puede adscribirse a los depósitos de acarreo cuartarios constituidos por sedimentos arenosos con camadas conglomerádicas y mantos de grava, que rellenan depresiones y cauces de ríos. Estos acarreos están constituidos por materiales de la Formación Chango Real, provenientes de la Sierra de Las Cuevas, y constan esencialmente de rodados de las rocas que afloran en las proximidades al sitio. Son principalmente rocas graníticas color gris con una estructura esquistosa muy poco aparente que, en esta zona, presentan un grano mediano a grueso, fractura irregular y estado de conservación fresco (Babot y Larrahona 2001, Somonte (2004).

Dentro de esta base litológica también hemos mapeado las grandes unidades geomorfológicas, a partir de la fotointerpretación (Figura 2a). A diferencia de lo que ocurre en los valles bajos, no hemos encontrado gran cantidad de asentamientos humanos u ocupación del espacio de tipo productivo en los conos de deyección (pero justamente, una excepción es el caso del sitio La Angostura que presentamos en este trabajo). Una explicación posible es que el material de acarreo en los mismos es lo suficientemente grueso como para no ser apto para la agricultura, o bien la energía del sistema es muy grande, tal como las características climáticas indican. Por el contrario, los espacios agrícolas ocupan sobre todo las terrazas fluviales y áreas mesopotámicas con flujos de detritos. Este es el caso de los sitios El Alto, El Bolsón-Yerba Buena, que ocupan la mayor superficie productiva de todo el valle. En líneas generales, es escasa la proporción de espacio potencialmente utilizable para la agricultura en el valle, desde el punto de vista moderno. Sin embargo, en el pasado se utilizaron espacios que *a priori* no hubiéramos considerado aptos para la producción agrícola.

| | Ubicación | Caracterización | Familias | Especies | Observaciones |
|---|---|---|---|---|---|
| **MONTE** | Sector Meridional | Mayor variabilidad de especies. Monte bajo, de arbustos xerófilos, leñosos y a menudo espinosos, de escaso follaje. Algunos árboles, sobre todo en márgenes de ríos, quebradas y terrazas fluviales. | **Zigofiláceas** | jarilla (*Larrea divaricata* y spp) | muy abundante, uso tintóreo |
| | | | | retama (*Bulnesia retama*) | uso para resina |
| | | | **Fabáceas** | algarrobo (*Prosopis alba* et *nigra*) | abundante, forraje y alimento humano importante |
| | | | | brea (*Cercidium cupine*) | uso para resina |
| | | | | churqui (*Acacia caven*) | abundante, forraje |
| | | | | chañar (*Geoffroea decorticans*) | abundante, forraje y alimento humano importante |
| | | | | pichana (*Cassia aphylla*) | muy abundante, uso doméstico |
| | | | | visco (*Acacia visco*) | sólo en algunas quebradas, forraje |
| | | | | espinillo (*Prosopis ferox*) | muy abundante |
| | | | **Asteráceas** | pichanilla, (*Heterothalamus spartoides*) | muy abundante, uso doméstico |
| | | | | chilca (*Baccharis salicifolia*) | |
| | | | **Cactáceas** | de pequeño porte (*Opuntia sulphurea* y spp) | alimento humano |
| | | | | columnares (*Trichocereus pasacana*) | alimento humano |
| | | | **Poáceas** | cortadera (*Cortaderia selloana* ) | muy abundante en el fondo de valle, uso doméstico y artesanal |
| | | | **Ciperáceas** | varios tipos de juncos (en proceso de identificación) | en los bordes de las lagunas |
| | | | **Bromeliáceas** | chaguar (*Abromeitiela* sp., *Deutorocohnia* sp.) | abundante en las quebradas, uso artesanal |
| | | | | clavel del aire, ***Tillandsia*** sp. | abundante en las quebradas |

| | Ubicación | Caracterización | Familias | Especies | Observaciones |
|---|---|---|---|---|---|
| **PREPUNA** | Todo el valle | Entre las terrazas fluviales y las laderas, (entre los 3,000 □3,200 msnm) | **Cactáceas** | de pequeño porte (*Opuntia sulphurea* y spp) | alimento humano |
| | | | | columnares (*Trichocereus pasacana*) | alimento humano |
| | | | **Poáceas** | numerosas (en proceso de identificación) | abundantes, forraje |

Tabla 1: Fitogeografía en el valle (continúa)

| | Ubicación | Caracterización | Familias | Especies | Observaciones |
|---|---|---|---|---|---|
| **PUNA** | Sector Meridional | Sólo se encuentra en una angosta franja de ecotono, entre los 2,793 y 3,200 msnm (entre Lampacillo y Los Nacimientos de San Antonio). Se observa el fin del cardonal, y el valle comienza a elevarse en transición al piso altitudinal también llamado Puna. Se caracteriza por el predominio de la estepa arbustiva de un conjunto de especies conocido como □tolar□ | **Cactáceas** | de pequeño porte (*Opuntia sulphurea* y spp) | alimento humano |
| | | | **Poáceas** | numerosas (en proceso de identificación) | abundantes, forraje |
| | | | **Asteráceas** | tola (*Parastrephia phyllicaeformis*) | |
| | | | | tola o lejía (*Baccharis polifolia*) | |
| | | | **Solanáceas** | tolilla (*Fabiana densa*) | |
| | | | Vegetación de suelos húmedos (vegas) | (en proceso de identificación) | |
| | | | comunidades de **Bromeliáceas** | (en proceso de identificación) | |

| | Ubicación | Caracterización | Familias | Especies | Observaciones |
|---|---|---|---|---|---|
| **ALTOANDINA** | Todo el valle | Se encuentra por encima de los 3,200 msnm en las laderas montañosas y áreas cumbrales | **Poáceas** | *Festuca* sp. | Son las Poáceas xerófilas las que definen esta provincia |
| | | | | *Poa* sp. | |
| | | | | *Stipa* sp. | |
| | | | asociaciones de líquenes de alta montaña | (en proceso de identificación) | |

Tabla 1: Fitogeografía en el valle (continuación)

El Clima y la Vegetación:

El clima del valle corresponde a un tipo Templado Árido de Sierras y Bolsones, que se define por los violentos contrastes de temperatura y monto pluvial entre la parte específica de sierras y los bolsones. En cuanto al régimen pluviométrico, la provincia entra dentro del régimen tropical de precipitaciones estivales y neta sequía invernal. Se estiman nulas o escasas precipitaciones mensuales superiores a los 20 mm. Las precipitaciones medias se calculan en los 175 mm anuales (Irurzun 1978). Sin embargo, nuestros propios aportes al registro local de lluvias realizado con mediciones en pluviómetros caseros (con error controlado) a lo largo de cinco años ininterrumpidos, indican que, según los microambientes y años, las precipitaciones pueden llegar cerca de los 500 mm (Korstanje 2005). Es sabido, además, que estos registros necesitan un control paleoambiental para constituirse en buenos indicadores de producción potencial, tema sobre el cual estamos trabajando en la actualidad.

Desde el punto de vista de los biomas -en el sentido de unidades ecológicas máximas, delimitadas en función de la resultante de la interacción del clima con los substratos geológico y geomorfológico regionales- observamos que el comportamiento de este valle comienza a mostrar divergencias con el ambiente típico de Valles y Bolsones, y esto no por causas morfoestructurales (ya que nos encontramos aún en Sierras Pampeanas), sino más bien por diferencias climáticas. Según nuestros estudios se trata en realidad de un ambiente ecotonal de Borde de Puna y por ello comparte una serie de características climáticas, hidrológicas y fitogeográficas con ambos biomas (Puna / Valles y Bolsones). Las características climáticas ya citadas, sumadas a la aridez de los suelos, que son predominantemente arenosos, pobres en materia orgánica y frecuentemente salinos y pedregosos (Cuenya 2004), llevan al desarrollo y predominio de una vegetación natural xerófila: bosques xerófilos caducifolios, matorrales, estepas herbáceas, etc. Sólo junto a los ríos o lagunas aparecen formaciones de plantas higrófilas.

Fitogeográficamente, según la bibliografía consultada (Morelo 1958, Cabrera y Willink 1980, Grondona 1978) y de acuerdo a nuestros propios datos (Korstanje y Würschmidt 1999, Korstanje 2005), la vegetación del valle corresponde a las provincias de: Monte (Dominio Chaqueño); Prepuna (Dominio Chaqueño) y Puneña y Altoandina (Dominio Andino-Patagónico) (Tabla 1, Figura 2b).

## SISTEMAS DE INFORMACIÓN GEOGRÁFICA: EL TRATAMIENTO CARTOGRÁFICO DE LA INFORMACIÓN

En función de los resultados obtenidos hasta el momento relacionando recursos naturales y asentamiento, consideramos que las instalaciones generadas por las sociedades prehispánicas en el Valle del Bolsón, responden a una dinámica local de asentamientos permanentes con evidencias de agricultura intensiva y producción mixta de alimentos, así como de asentamientos generados por prácticas de movilidad y tránsito, registradas desde el período Formativo hasta los siglos de dominio colonial inclusive.

Teniendo en cuenta la totalidad de sitios detectados y siguiendo las líneas de investigación y los resultados obtenidos desde el año 1992 al día de hoy, respecto de la producción agrícola, interacción caravanera, asentamiento y documentación histórica (Aschero y Korstanje 1996, Korstanje 1996, 1998, 2001, 2005, 2007, Korstanje y Aschero 1998, Korstanje y Cuenya 2008, Quiroga 2002, 2003, 2004), nos interesa ahora ampliar y profundizar en un estudio comparativo de dos de las ocupaciones agrícola/residenciales desde el Formativo prehispánico a la ocupación tardía prehispánica con el fin de integrar perspectivas.

La representación cartográfica tiene como objeto la caracterización significativa de un territorio en función de la información regional que se busca transmitir (Ferland 2000). En este sentido responde a la necesidad de elaborar un esquema visual de una estructura de datos geográficos. En esta etapa planteamos el manejo de la información a través de la cartografía temática, esto es, dar sobre un fondo geográfico de referencia -mediante símbolos cualitativos o cuantitativos- una representación convencional de variables y sus correlaciones (Joly 1982: 29). La elaboración de mapas temáticos tiene como objeto la representación cartográfica de una variable y su distribución geográfica. Así entendida, constituye no sólo una forma de expresar resultados, sino un instrumento de análisis, cuando el objeto del mismo requiere información acerca de las posiciones relativas de cada punto en relación con otros y la distribución de caracteres (Guinsburg 1983: 37). Por esto planteamos la necesidad de traducir la información obtenida en las etapas previas de prospección y relevamiento a la representación cartográfica.

Desde el punto de vista metodológico las estrategias de análisis para estudiar los territorios campesinos abarcan distintas posibilidades con sus consecuentes riquezas y miserias analíticas. Entre ellas, la decisión de realizar o no un levantamiento planialtimétrico de los sitios productivos, desvela y ha desvelado a muchos –sobre todo si el sitio o el área a mapear es muy extenso (ver Albeck y Scattolin 1984, Albeck 1992-1993, 1993, Quesada 2001, Nastri 2001, Korstanje 2005). Aún en el caso de que se tome la decisión de realizar el mapeo, el grano de resolución del mismo está ligado a la escala de nuestras preguntas y respuestas.

Las posibilidades clásicas de un mapeo son las de analizar las relaciones entre estructuras agrícolas de distinto tipo -riego, despedre, etc.- con las estructuras domésticas, funerarias, artefactos de molienda fijos, monolitos, áreas de tránsito y áreas de restricción al paso. Las posibilidades adicionales que consideramos en el análisis de la planialtimetría de los sitios productivos incluye no sólo el detalle y ubicación espacial de las estructuras sino también de la topografía completa del sitio en relación con los cursos de agua, endicamientos naturales, canales de escurrimiento, control de escorrentías, mecanismos de riego, etc. que no pueden ser resueltas solamente desde la prospección

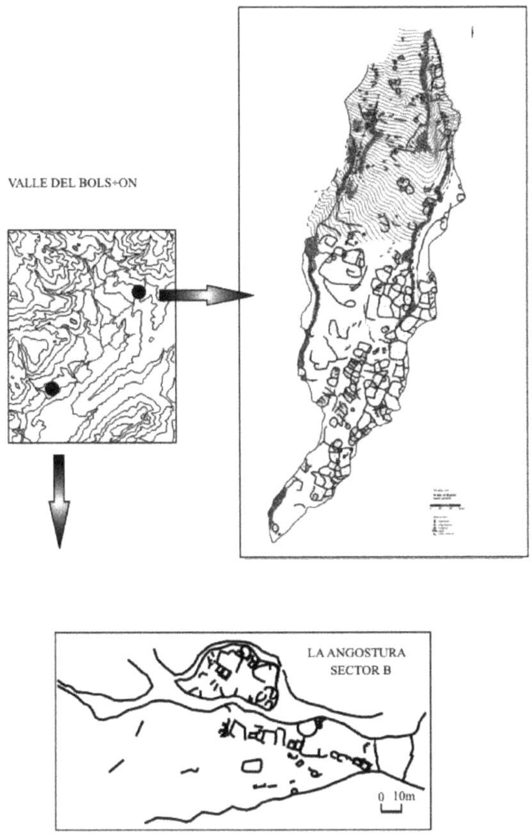


Figura 3.

pedestre, ni en el mapeo o prospección con aerofotografías, ni simplemente excavando. También consideramos la proximidad y relación de las estructuras construidas con las distintas formas topográficas: cercanía a los barrancos, cursos de agua naturales permanentes y temporarios; zonas con acumulación de rocas naturales, etc. Desde la dimensión planialtimétrica también es posible analizar la dispersión de artefactos líticos y tiestos cerámicos, así como indicadores de intensificación en la ocupación del espacio y elaboración de cronologías relativas.

Esta visión del sitio en su conjunto es importante para integrar el problema de la producción agrícola con otros problemas de la economía campesina tales como la distribución y el consumo, y generar hipótesis sobre los mecanismos productivos. Si consideramos el diseño arquitectónico como un ámbito material que interviene y modela la interacción social (Moore 1996), de este modo, la variabilidad del espacio construido es un componente de las relaciones sociales y, al mismo tiempo, constituye una línea de evidencia significativa para el análisis arqueológico. Planteamos, entonces, que una misma actividad productiva –por ejemplo, la agricultura- ha generado en el Valle del Bolsón una configuración arquitectónica variable. Para su análisis trabajamos sobre:

a) la integración de las áreas de producción y residencia, y

b) la representación cartográfica como herramienta de análisis para describir tendencias y plantear, a partir de allí, nuevas preguntas.

Por esto es relevante señalar qué factores serán considerados para describir y así dar cuenta de la configuración arquitectónica en cada caso.

El análisis de la arquitectura como evidencia arqueológica se ha orientado hacia la descripción de patrones de asentamiento, variabilidad funcional e integración jerárquica. Se ha planteado una relación de analogía y equivalencia entre la organización jerárquica y funcional de los sitios arqueológicos, como reflejo de una organización jerárquica y funcional de las relaciones sociales en el pasado. Las medidas de superficie y densidad en la ocupación han servido para establecer cuantitativamente el carácter de conglomerado atribuido a los asentamientos del tardío prehispánico en el noroeste argentino (Raffino 1988). En este sentido, se han dejado de lado aspectos que podrían señalar variabilidad interna en los mismos para privilegiar tendencias de incremento -como tendencias evolutivas- entre los asentamientos del período Formativo, caracterizado por una forma de vida aldeana, y el período de Desarrollos Regionales, definido por la emergencia de Jefaturas.

Desde otras perspectivas, en los últimos años, se han ampliado los contextos a observar para dar cuenta de la variabilidad de los emplazamientos arqueológicos prehispánicos. Las prospecciones y relevamientos arquitectónicos realizadas en el Valle Calchaquí, del Cajón y de Santa María permitieron ampliar las formas de instalación conocidas para el Período Tardío, incorporando ámbitos productivos agrícolas y pastoriles de diferente envergadura (Nielsen 1997; Nastri 1997-1998, Baldini 2000, Scattolin y Lazzari 2003, Albeck 1992-1993).

A la luz de estas experiencias, la variabilidad de emplazamientos y formas arquitectónicas generadas por las sociedades prehispánicas muestran que las herramientas de análisis deben conducirnos no sólo a la observación de tendencias de incremento o intensificación sino también hacia la identificación de configuraciones espaciales y arquitectónicas múltiples y diversas. Por ello, proponemos inicialmente una cartografía que describa la asociación de tales variables en los casos analizados, esto es, producción y residencia, como base de la organización campesina (ver Figura 3). En segundo lugar, comparamos otras perspectivas potenciales sobre la base de la experiencia empírica prehispánica valliserrana (Tablas 2 y 3).

Para la elaboración de la Tabla 2, comparamos con otros sitios Formativos ubicados fuera del valle, a los efectos de ver después la consistencia de estos patrones en el mismo valle. Para ello, hemos tomado las variables arquitectónicas que se asocian entre sí, en distintos sitios productivos Formativos cercanos al área de estudio, pero fuera de ella. Los sitios que hemos tenido en cuenta para esto son: en Antofagasta de la Sierra, El Morteral y Las Pitas (Olivera 1991); en Antofalla, Tebenquiche Chico (Haber 1999, Quesada 2001); distintos sitios del Valle de Tafí (Berberián y Nielsen 1988, Sampietro 2002); Laguna

| TIPO DE ESTRUCTURA | recintos habitacionales | patios | corrales | campos de cultivo | infraestructura de riego | despedres | artefactos de molienda | marcadores territoriales | enterratorios | basurales |
|---|---|---|---|---|---|---|---|---|---|---|
| recintos habitacionales | X | X | X | X | | | X | X | X | X |
| Patios | X | | X | | | | X | | X | X |
| Corrales | X | X | X | | | | | X | | |
| canchones de cultivo | | | X | X | X | X | X | X | | |
| aterrazamientos de cultivo | | | | X | X | X | X | X | | |
| líneas de cultivo | | | | | X | X | X | X | | |
| Acequias | | | | X | X | | | | | |
| Desmedres | | | | X | | | | | | X |
| represas | | | | | X | | | | | |
| tomas de agua | | | | | X | | | | | |
| melgas | | | | X | X | X | | | | |
| molinos móviles | X | X | | X | | | | | X | |
| molinos fijos | | | | X | | | | ¿? | | |
| menhires o monolitos | | X | X | X | | | | | | |
| representaciones rupestres | X | X | X | X | X | | | | X | |
| enterratorios | X | X | | | | | | X | | |
| basurales | X | X | X | | | | | | | |

Tabla 2: Variables arquitectónicas asociables en el Formativo.

| Tipo | Emplazamiento | Características | Ejemplos |
|---|---|---|---|
| Pueblos aglomerados | Sobre cerros | Estructuras defensivas | • Cerro Colorado de la Ciénaga<br>• Loma Negra de Asampay<br>• Eje de Hualfín<br>• Puerta de Corral Quemado<br>• Coral Quemado<br>• Tatón<br>• Cerro Bayo |
| Pueblos abiertos | Sobre terrazas altas | Sin obras de riego<br>Sin estructuras defensivas | • Guanchin<br>• Mishma<br>• Ranchillos |
| Aldeas | Espolones de los cerros | Recintos entre sistemas de cultivo y obras de irrigación | • Asampay |

Tabla 3: Patrón de poblamiento Tardío de áreas aledañas elaborado sobre datos y categorías descriptivas tomadas de Sempé (1999)

Blanca (Albeck y Scattolin 1984); la Falda Occidental del Aconquija (Scattolin y Lazzari 1993); y el Campo del Pucará (Bustos Thames 1994). También incorporamos otros sitios productivos del mismo Valle del Bolsón, como Morro Relincho (Korstanje 2005).

Como vemos, las estructuras más asociables a otros ítems son dos: a) los recintos habitacionales individuales (ocho tipos de asociaciones), y b) las estructuras de cultivo (seis tipos de asociaciones). Las representaciones rupestres también pueden estar asociadas a varios tipos de estructuras, pero en este caso no las tomamos porque no están presentes en los sitios elegidos (aunque sí en otros sitios del valle con características similares).

Los planos publicados hasta el momento para los sitios Tardíos de áreas cercanas como Hualfín, corresponden a pueblos conglomerados -asentamientos de mayor envergadura- como Loma Negra de Asampay, Corral Quemado, Pozo Verde de Hualfín y Eje de Hualfín elaborados durante los trabajos de las Expediciones Muñiz Barreto, publicados y cuantificados por Raffino (1988). Sempé (1999) describe para esa región un patrón de poblamiento basado en asentamientos que evidencian una producción agrícola intensiva observada en la presencia de obras de riego, boca toma y estanques. Dado el interés comparativo para nuestro trabajo, se elabora la Tabla 3 -con el mismo objeto de evaluar la homogeneidad y consistencia, que la Tabla 2.

Los restos prehispánicos que hemos relevado en La Angostura se asemejan a las "aldeas" de la clasificación tipológica planteada por Sempé para los asentamientos del oeste catamarqueño (1999). Lamentablemente no están disponibles relevamientos completos de las aldeas mencionadas por la autora, sino rasgos parciales como unidades de vivienda o estructuras productivas y de riego (Sempé 1999; Mafia *et al.* 2001). Aún así, sobre descripciones contenidas en los trabajos mencionados, podemos destacar algunas similitudes con los asentamientos de La Falda en Asampay formando conjuntos de viviendas dispersas entre andenes de cultivo, obras de irrigación y estructuras de molienda (Mafia *et al.*2001). Para Sempé la extensión de las estructuras productivas para la agricultura –3 a 5 Km- en Las Manzas y Asampay representa una producción intensiva que superaría las demandas de la población allí asentada. La producción del excedente se orientaba –según la autora- hacia los asentamientos ubicados en el área de Hualfín, marcando una relación de jerarquía y dominio entre ambas áreas. No hay evidencia ciertas que sustente esta hipótesis, sin embargo, la relevancia de la producción agrícola durante el período y la estrecha relación física y material entre producción y residencia demuestra la importancia de su análisis pormenorizado en casos específicos como el Valle del Bolsón.

## LA REPRESENTACIÓN CARTOGRÁFICA COMO HERRAMIENTA DE ANÁLISIS

Ahora bien, a los efectos de integrar nuestras bases de datos respectivas, hemos organizado la información en función de los siguientes aspectos:

*I- Información regional*

- *Ambiente*: relevamiento de la red de drenaje, geomorfología microrregional y unidades de vegetación (Korstanje 2005).
- *Ocupación actual*: esto incluye, distribución de población, actividades productivas, vías de circulación, toponimia, ubicación de organismos públicos, divisiones administrativas y jurisdiccionales. Para esto se han realizado relevamientos de campo y recopilaciones bibliográficas y cartográficas (Korstanje 1996 y 2005, Quiroga 2002).
- *Ocupación histórica*: para esto se han realizado relevamientos en archivos históricos, recopilaciones bibliográficas y de cartografía histórica (Quiroga 2002, 2003, 2004)
- *Georeferenciación de sitios arqueológicos*: La georeferenciación de sitios arqueológicos se ha realizado con GPS navegador Garmin modelos 12, 38, 45 y Emap en diversas prospecciones realizadas por ambos equipos de trabajo. Posteriormente fueron volcados en una base de datos procesada en el software OziExplorer y exportados como archivo shp a entorno ArcView con el fin de elaborar bases de datos específicas de cada sitio en estudio.

*II- Casos de estudio específicos*

- Relevamiento planimétrico y arquitectónico de sitios arqueológicos.
- Caracterización, descripción y comparación de casos de análisis.
- Representación cartográfica.

Se han seleccionado dos casos de análisis específicos en función del problema de la producción agrícola en el Valle del Bolsón: El Alto El Bolsón y La Angostura (Figura 1). En ambos casos se cuenta con relevamientos planimétricos exhaustivos, descripción arquitectónica y funcional de recintos, excavaciones y distintos tipos de análisis. Ambos sitios se encararon con objetivos de investigación diferentes: El Alto El Bolsón fue seleccionado en función del problema de la producción de alimentos en el Formativo (Korstanje 2005), mientras que el sitio La Angostura se eligió con el fin de reconstruir el proceso de agregación frecuentemente observado en los sitios Tardíos o post-Formativos (Quiroga 2003).

El Alto El Bolsón, [SCatBe 3(3)]:

El sitio se encuentra en una mesada formada por un flujo de detritos, a los 2,950 msnm, ubicada entre dos cursos de agua -uno de los cuales es permanente. Si bien hay superposición de ocupaciones, hemos localizado un sector en el ápice que presenta sólo rasgos Formativos a partir de la evidencia superficial y material de excavaciones y dataciones absolutas (Korstanje 2007, Quesada y Korstanje 2007). La construcción de las estructuras circulares está realizada con piedras más grandes que en el sitio inmediatamente ubicado pendiente abajo (sitio Yerba Buena, con ocupaciones post-Formativas), y no sigue el patrón ortogonal regular característico del Período Tardío. El resto del sitio presenta rasgos arquitectónicos de dos momentos posteriores al Formativo, aunque todavía no datados.

Los relevamientos pedestres y la observación de fotografías aéreas de la zona, ofrecieron un bosquejo aproximado de las dimensiones del sitio y de la densidad y tipo de estructuras arqueológicas de piedra ("*pircas*") y su distribución en el espacio. Esto permitió delimitar la zona a ser mapeada y los puntos estación que se debían establecer. Se utilizó un teodolito digital electrónico de precisión Karl Zeizz DT6. El relevamiento se hizo a partir de una poligonal abierta por rodeo doble en los puntos estación, y simple en los puntos visados desde los mismos, incluyendo 21 puntos estación y 2,729 puntos visados. Los puntos visados se ubicaron tanto en la inmediata adyacencia de las líneas de estructuras arqueológicas –no sobre ellas-, de modo de poder ser utilizadas para el trazado de la forma de las mismas y como cotas, así como en los espacios intermedios entre estas a fin de obtener un panorama de las variaciones meso-topográficas.

El espacio construido mapeado es de 312,500 m$^2$, o sea, unas 32 ha. En total, se relevaron en cartografía 327 estructuras de distinto tipo y época –sin contar las dudosas. Durante el relevamiento topográfico se tomaron también los puntos de todos los hallazgos superficiales líticos y cerámicos que se consideraba importante recuperar para análisis en laboratorio. Además de eso se realizaron relevamientos detallados con brújula de mano y cinta métrica en aquellos recintos que se consideró como estructuras domésticas o agrícolas de interés particular, y que figuran como detalles en el plano completo del sitio. Las intervenciones arqueológicas incluyeron otras actividades como la realización de sondeos exploratorios, muestreo de sedimentos para obtención de microfósiles y mediciones de infiltración de acuerdo a un plan de muestreo estratificado (Korstanje y Cuenya 2008); transectas para muestrear la dispersión del material en superficie y compararlo con otros sitios; excavaciones por decapaje en estructuras consideradas residenciales (Korstanje 2005)

La Angostura, [SCatBe 5(6)]:

El sitio La Angostura fue mencionado por primera vez en 1924 durante los trabajos realizados por el Ingeniero alemán Vladimiro Weiser a cargo de la VI expedición financiada por Muñiz Barreto. Cabe señalar que en aquella ocasión no se realizaron excavaciones ni relevamientos de las ruinas mencionadas.

La prospección realizada en el sector meridional del Valle del Bolsón mostró la presencia de dos conos aluviales. Se trata de dos unidades geomorfológicas delimitadas por quebradas muy profundas que descienden hacia el pastizal ubicado en el fondo de valle. El resultado de la prospección intensiva y relevamiento planimétrico realizado sobre ambos conos muestra que el sector de La Angostura presenta ocupaciones espacialmente discontinuas –identificadas como sectores- que hemos atribuido, a la ocupación post-Formativa en virtud de la planta arquitectónica y cerámica superficial.
Con el fin de determinar la cronología de la ocupación y el abandono de las áreas de residencia prehispánica, se han realizado excavaciones estratigráficas en los sectores A Morteros 2 y B, junto con un relevamiento arquitectónico exhaustivo y estudios de nivelación de espacios construidos que profundiza los mapeos realizados sobre la planta superficial, revelando una complejidad constructiva no observada en los análisis previos (Quiroga 2004).

Una vez realizados los relevamientos de ambos sitios (El Alto El Bolsón y La Angostura), a partir de las estructuras especificas, las actividades de la producción agrícola señalaban que el trabajo de la tierra había sido un factor determinante en el diseño arquitectónico de estos asentamientos. Sin embargo las diferencias entre ambos también estaban a la vista, por lo que se decidió plantear un trabajo comparativo en el que se consideren la relación entre aspectos arquitectónicos y topográficos.
A partir de aquí, diseñamos una estructura de datos comparativa para los dos casos de estudio en cuestión:

- georeferenciación
- caracterización del emplazamiento
- caracterización funcional de recintos en la que se discrimina unidades residenciales, estructuras agrícolas como campo de cultivo, acequias, riego, etc.
- datos cuantitativos: superficie, número de recintos.
- integración de unidades de producción y residencia.

A partir de estos datos, se han elaborado una serie de cartas temáticas con el fin de expresar tendencias a través de la representación cartográfica. En primer lugar, los datos expuestos servirán de base para caracterizar comparativamente la envergadura de los asentamientos analizados, a través de variables cuantitativas como el número de recintos y superficie entre sectores. En segundo lugar, se combinan dichas variables con medidas que permitan describir la estructuración interna de la forma arquitectónica. En tal sentido, la cartografía elaborada se convierte en una descripción de carácter interpretativo de los asentamientos analizados (Nastri 2001).

Envergadura (Figura 4, Tabla 4):

Esta carta describe y compara aspectos cuantitativos tales como superficie (mapeada o construida) y frecuencias de recintos, diferenciando entre residenciales y no residenciales en el conjunto.

a) Se decide representar la variable *superficie* utilizando el círculo como signo gráfico más conveniente para la representación comparativa de magnitudes (Guinsburg 1983). En efecto, la superficie constituye una variable cuantitativa representada a través de un incremento proporcional del signo gráfico de acuerdo con la magnitud a representar. Para calcular su magnitud en cada caso consideramos el espacio definido por elementos delimitadores arquitectónicos o topográficos como barrancos, hondonadas u otros de tal

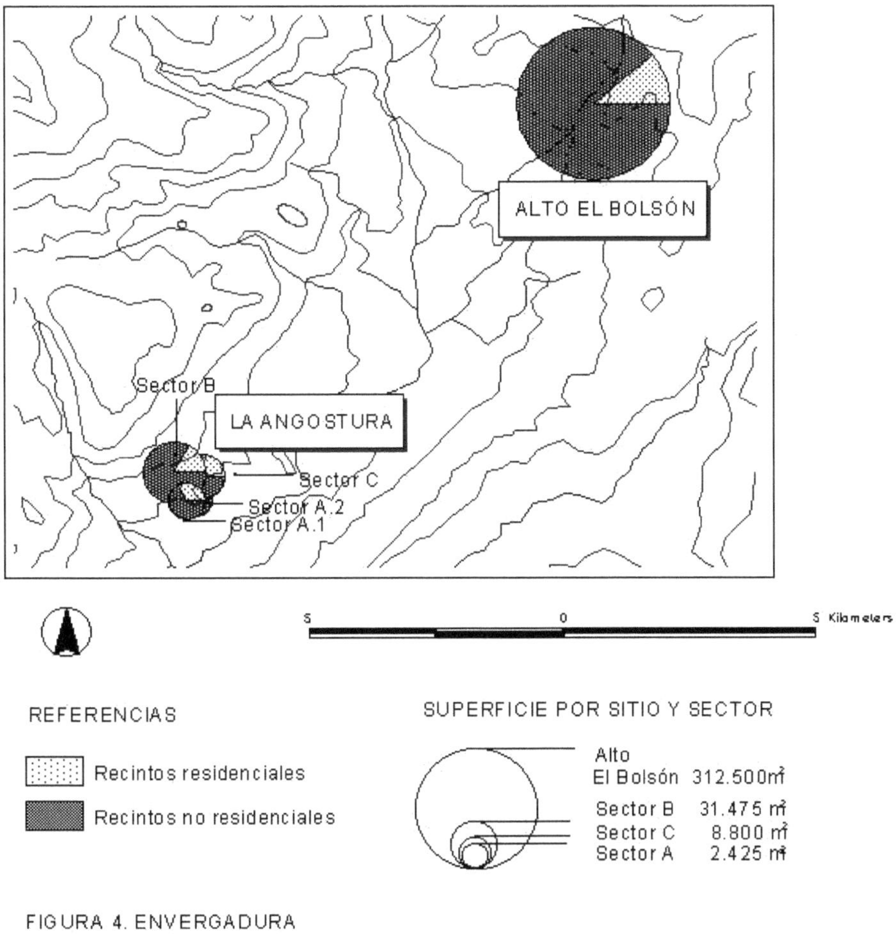


Figura 4.

| | **El Alto El Bolsón** | **La Angostura** Sector A.1 | A.2 | Sector B | Sector C |
|---|---|---|---|---|---|
| Superficie | 312,500 m | 1325 m² | 2,425 m² | 31,475 m² | 8,800 m² |
| Altitud msnm | 2,950 | 2400 | 2400 | | |
| Unidad de emplazamiento | Flujo de detritos | Cono aluvial | Cono aluvial | Cono aluvial | Cono aluvial |
| N total de recintos | 327 | 12 | 12 | 82 | 17 |
| N de recintos residenciales | 40 | 0 | 6 | 17 | 5 |

Tabla 4: Sitios del valle presentados

forma que se definió un polígono sobre el cual se calculó la superficie total del sitio.

A partir de esta carta podemos observar cómo la superficie construida, en el Alto el Bolsón representa el área de producción agrícola de mayor extensión en todo el Valle del Bolsón, más aún si pensamos que el sitio se continúa (hondonada de por medio) con el sitio Yerba Buena, que concentra gran cantidad de estructuras agrícolas pero en este caso post-Formativas. Por este motivo, es posible plantear como un área de dimensiones significativas si se la compara con grandes áreas agrícolas de la región circundante.

Por su parte, La Angostura ocupa una superficie construida de escaso desarrollo. Esta tendencia se corrobora si comparamos estas cifras con los asentamientos agrícolas del área cercana de Asampay que alcanzan un rango de 3 a 5 km² de superficie (Sempé 1999). Si bien en nuestro caso están presentes la mayoría de los rasgos arquitectónicos destinados al riego y a la preparación del terreno señalado para Asampay, la extensión de La Angostura muestra un asentamiento de complejidad similar pero de menor envergadura.

b) En segundo lugar consideramos la relación entre superficie disponible en la unidad geomorfológica de emplazamiento y superficie construida. Cabe aclarar que las unidades de emplazamiento no constituyen unidades homogéneas, factores como la pendiente del terreno, suelos y disponibilidad de agua entre otros, influyen en las posibilidades de ser efectivamente ocupados.

Los valores obtenidos expresados en porcentajes de ocupación para cada unidad geomorfológica en el caso de La Angostura, muestran que la superficie cubierta en ambos casos presenta valores muy bajos, esto indica que en ninguna instancia la instalación humana llegó a colmar la superficie disponible. Esto es de particular relevancia si consideramos que los conos representan las mejores condiciones para la ocupación (Grondona 1978).

El caso del Alto El Bolsón señala una tendencia claramente diferente en tanto las dimensiones de la unidad de emplazamiento no son superiores a los conos del sector sur. Aun así esta condición es más significativa en tanto la extensión de la superficie construida alcanza valores de 34% frente al 12% de La Angostura. De este modo, el sitio El Alto El Bolsón muestra así una intensificación en el uso del espacio agrícola, ya que es ahí donde se concentra toda la producción en términos sincrónicos y diacrónicos. Es llamativo que por ejemplo, no se ocupe la mesada contigua que, topográfica y ambientalmente tiene características totalmente comparativas.

c) Por ultimo hemos representado comparativamente las frecuencias respecto del número de recintos residenciales y los no residenciales, considerados estos últimos como un solo conjunto que engloba una diversidad de estructuras de carácter productivo. Para lograr la percepción selectiva -que permite discriminar visualmente las variables- se buscó la implantación de texturas.

La relación entre el número de recintos destinados a unidades de habitación y recintos no residenciales permite establecer que la incidencia de los recintos residenciales en el conjunto se mantuvo en niveles muy bajos, estableciendo una relación prioritaria entre la superficie destinada a la producción respecto de la residencia. En El Alto el Bolsón los recintos destinados a residencia alcanzan el 12% en tanto La Angostura esta variable representa el 20%.

Estructuración de recintos residenciales y no residenciales:

Si bien ambos casos representan similitudes funcionales muy claras -en tanto constituyen asentamientos de carácter residencial y productivo- una observación detallada de la configuración arquitectónica de ambas categorías muestra diferencias notables en cuanto a la estructuración de las mismas (Figura 3). Por ejemplo, en el caso de El Alto El Bolsón, las estructuras residenciales Formativas se encuentran agrupadas entre sí en algunos casos (tipo patrón "margarita": patio y habitaciones) y absolutamente aisladas en otros, con un solo recinto como habitación (Korstanje 2007). Están cercanas a, pero no insertas entre, campos de cultivo -que son de sistema de secano-. En los momentos post-Formativos, es este último patrón el que se mantiene: recintos únicos, aislados, entre campos de cultivo continuos y regados.

En el caso de La Angostura, las unidades residenciales están formadas por dos recintos vinculados entre si por pasillos internos y vanos de circulación. Su distribución en el conjunto muestra que la disposición de los sectores residenciales ha seguido un criterio constante. La residencia enmarca las áreas productivas dejando los sectores de mayor desnivel para este fin (Quiroga 2004).

Para describir estas observaciones comparativas y darle un tratamiento sistemático hemos establecido tres modalidades de articulación entre recintos de habitación y estructuras no residenciales:

a) los recintos *contiguos* corresponden a aquellos que presentan algún muro en común con otra estructura vecina; b) la *asociación* entre recintos se define por la cercanía entre estructuras, y por último, se establecen c) recintos *aislados*.

Para elaborar la carta temática hemos considerado la forma de articulación entre recintos y establecimos su frecuencia en cada caso analizado (Figura 5). Hemos seguido el mismo criterio de representación, el incremento del signo grafico para representar magnitud y la diversidad de texturas para permitir la selectividad. Las magnitudes se refieren al número total de recintos de habitación en cada caso, diferenciando en porcentajes las modalidades de articulación (Tabla 5).

La *forma A* representa dos recintos habitacionales unidos entre si y contiguos a recintos no residenciales. Para el caso de La Angostura esta representa el caso más frecuente de articulación. Se trata dos recintos habitacionales de planta ortogonal, unidos entre si por pasillos internos y vanos de ingreso, contiguos a su vez, a estructuras productivas de carácter agrícola. En El Alto El Bolsón, los recintos habitacionales contiguos entre sí se presentan con una planta circular a sub-circular, alcanzando una frecuencia notoriamente mas baja.

La *forma B* constituye otra forma de contigüidad, establecida entre un solo recinto y estructuras agrícolas. En esta forma los valores se invierten y esta modalidad representa la mayor frecuencia en El Alto El Bolsón y notoriamente menor en La Angostura.

La *forma C* se define por un recinto cercano a estructuras productivas al que caracterizamos como asociado a las mismas. Es una forma muy frecuente en El Alto El Bolsón y muy baja en La Angostura.

La *forma D* esta integrada por recintos aislados a distancia del conjunto de estructuras.

La carta expresa comparativamente esta variabilidad (Fig 5). El Alto El Bolsón evidencia mayor variabilidad en su articulación, donde la forma A, contrariamente a lo esperado, es la más frecuente en las ocupaciones Formativas y las B, C y D a las Tardías. La Angostura por su parte se orienta claramente hacia la imbricación, hacia la contigüidad entre producción y residencia, esto es, hacia el control físico y material de los espacios de producción.

En estos casos, entonces los diseños de asentamiento de

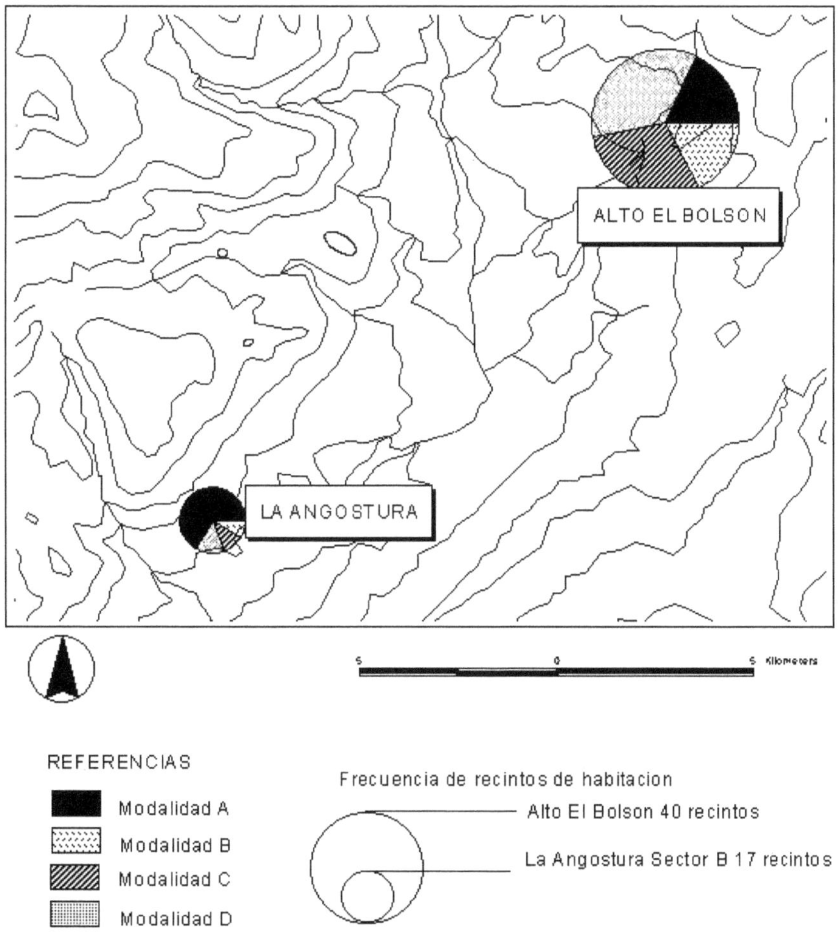


Figura 5.

| Modalidad de articulación | **El Alto El Bolsón** | **La Angostura** |
|---|---|---|
| **A** | 7 | 14 |
| **B** | 14 | 3 |
| **C** | 12 | 2 |
| **D** | 7 | 2 |

Tabla 5: Estructuración de recintos de producción y residencia

ambos sitios difieren notablemente y deben responder a distintas situaciones de control social sobre la producción quizás, más o menos vigilante según los casos. En este sentido, la creación de espacios de producción a través de la construcción arquitectónica está orientada a establecer una relación de acceso y control sobre medios de producción críticos en sociedades de agricultura intensiva: tierra y agua.

## RESULTADOS: LA ESTRUCTURACION DEL TERRITORIO CAMPESINO, EN LOS SITIOS ESTUDIADOS

Tomando en cuenta la bibliografía de las áreas aledañas ya citadas, la imagen de larga duración, y las formas en que se puede estructurar el espacio campesino que hemos descrito, podemos discutir ahora los siguientes ítems sobre la estructuración de la materialidad arqueológica del territorio campesino

*1) viviendas asociadas a campos de cultivo:*

El diseño de espacios de producción agrícola, estaría relacionado con las necesidades de emplazamiento definidas a su vez por el tipo de producción misma (riego, clima, tipo de cultivo, suelos, etc.). Mientras que el diseño de agregación-desagregación entre estas estructuras agrícolas y los espacios de vivienda o residenciales, debería mostrar afinidad con el tipo de relaciones sociales no ya sólo productivas, sino de distribución y, en menor medida, consumo. La diferencia que estamos viendo es que, mientras en el primer momento las estructuras de vivienda pueden encontrarse en las cercanías o no de los espacios de producción, en el segundo momento en su mayoría se las encuentra insertas en los mismos campos de producción.

¿A qué responde esto? ¿Mayor necesidad de control? Hay matices inclusive en el diseño arquitectónico de la vivienda mismo, tanto entre los dos momentos históricos de larga duración planteados, como entre los sitios entre sí. Mientras que en el caso de El Alto El Bolsón, las viviendas son mayormente unicelulares para el Tardío, en el caso de La Angostura los recintos de habitación están formados por dos unidades vinculadas entre si por pasillos internos, vanos de ingreso y planta ortogonal. En tal sentido, es importante considerar la relación inmediata.

*2) viviendas asociadas entre sí*

La asociación de viviendas que tienen al menos un muro en común y su opuesto, la segregación residencial, pueden estar dando cuenta de formas de diferenciación social. Esto nos lleva a pensar qué situaciones sociales son las que diseñan agregamientos de estructuras residenciales entre sí.
En El Alto El Bolsón hay un sólo caso de núcleo residencial agregado con más de dos componentes y este corresponde netamente al momento Formativo. Este núcleo muestra diversas actividades en su interior que incluyen episodios de cocina, elaboración de artesanías y posiblemente episodios de cautiverio animal (corrales). Sin embargo, en el resto del sitio no hay más de dos núcleos residenciales agregados y tampoco sucede lo contrario para el momento Tardío. ¿Habrían correspondido a distintas necesidades campesinas de manejo de los bienes de producción o bien a una estructuración social donde la familia extensa va dando lugar a unidades menores en el campo mismo y la agregación se da fuera de los espacios productivos? Cabe aclarar que en el valle del Bolsón no hemos encontrado hasta ahora asentamientos agregados de grandes dimensiones para el Tardío y tampoco un patrón aldeano para el Formativo.

*3) viviendas o campos de cultivo asociados a molinos fijos o móviles*

La asociación de campos de cultivo y morteros fijos u otros instrumentos de molienda móviles es clara y contundente en ambos sitios, aunque el patrón de distribución es diferente. Mientras que en El Alto El Bolsón los morteros fijos están distanciados y distribuidos en el espacio, en La Angostura parecen conformar más bien espacios de molienda acotados y jerarquizados en asentamientos emplazados en fondo de valle, en los cuales se concentra dicha actividad. Hemos relevado en el sector A de La Angostura un total de 4 recintos de molienda en los que no se han detectado recintos de habitación. Esto marca una diferencia significativa, la actividad de la molienda se realiza en espacios segregados de la residencia.

*4) campos de cultivo asociados a marcas territoriales (monolitos, arte rupestre).*

En el Valle del Bolsón hay varios casos de marcas territoriales constituidas por grandes rocas clavadas de punta (monolitos) o bien por bloques rocosos con arte rupestre. En el sitio El Alto El Bolsón sólo tenemos el primer ejemplo, que interpretamos como jalones o marcas intragrupales más que estandartes para ser visualizados e interpretados por otros grupos -como se interpretaría, en cambio, el arte rupestre del acceso a los campos agrícolas, conocido como El Overito (Aschero y Korstanje 1996).

*5) campos de cultivo asociados a estructuras de riego (canales, acequias, melgas, represas) y/o de despedre.*

Este caso, si bien está claramente asociado a requisitos topográficos y de tecnología agrícola, también es un indicador de organización laboral dentro del campesinado, ya que se asume que las tareas relacionadas con la irrigación pueden involucrar actividades que requieran de más mano de obra que la que puede proveer la familia campesina.

*6) Corrales*

Los corrales son un tipo de estructura de compleja determinación, a pesar de que *a priori* todo círculo aislado mayor de 5 metros de diámetro ha sido considerado un corral. Sobre la base de nuestros resultados con estudios de microfósiles en suelos, hemos llegado a la conclusión de que no es posible distinguirlos sólo sobre la base de la evidencia arquitectural de superficie, en tanto se pueden superponer y aún alternar su uso como instalaciones de tipo doméstico como agrario (Korstanje 2005, Korstanje y Cuenya 2010).

## DISCUSIÓN: LA VARIABILIDAD DE LAS INSTALACIONES, TENDENCIAS DE LARGA DURACIÓN

En primer lugar, unas breves consideraciones sobre el espacio físico como cimientos sobre los cuales se asienta la arquitectura del asentamiento humano -entendiendo siempre que ésta a su vez puede modificar en algunos casos la solidez de dichos "cimientos"-. La cartografía temática ambiental actual nos muestra una red de drenaje permanente y otra estacional. Los sectores productivos agrícolas se encuentran cercanos a aquellos que aún hoy tienen agua permanente, aunque hay sectores con agricultura a secano que no necesariamente están asociados a curso fluvial alguno. Este es el caso, por ejemplo, del sitio Morro Relincho, ubicado en el extremo superior del sector septentrional del valle (Korstanje 2007). Esta red de drenaje tiene forma dendrítica, característica de los terrenos medianamente inclinados (Dincauze 2000), aunque su diseño está relacionado también a las características de la litología que va cruzando y a las características morfoestructurales. Así vemos que la red es paralela en el sector meridional oriental, donde se levanta la escarpa estructural de la Sierra de Las Cuevas (Figura 2a). En ese sector no hay posibilidad de agricultura alguna, por ello las ocupaciones encontradas son solo en abrigos rocosos. El resto de la red es dendrítica y allí donde surca la gran área de *badlands*, pero sólo en los sectores en que se ha acumulado material de acarreo -y por lo tanto relacionados a algún curso de agua-, es donde se da el mayor desarrollo agrícola del valle.

Como vemos claramente en las figuras 2a y b, los sectores

de basamento cristalino corresponden en su mayoría a la vegetación altoandina o a Cactáceas y Poáceas. Su pendiente y la roca madre, que es matriz de sus suelos, tampoco son aptos para la agricultura aunque sí para el asentamiento humano residencial.

Ahora bien, ¿cuáles son los cambios en las modalidades observadas de estructuración del espacio agrícola en relación con el doméstico entre el Formativo y el Tardío? La cartografía específica realizada con SIG (Figuras 3 y 5) nos muestra que la estructuración del espacio residencial y agrícola no evidencia cambios en el Valle del Bolsón dentro del largo lapso del Formativo, sino recién ya entrados en el Período Tardío, que a su vez muestra una gran variabilidad en las plantas arquitectónicas de acuerdo con la información regional disponible.

En El Alto El Bolsón (Figura 3) encontramos un *primer momento* en la estructuración del espacio donde las viviendas se encuentran agrupadas entre sí, pero dispersas entre áreas de cultivo que no presentan evidencias de riego artificial (aunque sí de un manejo de escorrentías naturales). En un *segundo momento*, en cambio, el espacio agrícola se expande considerablemente, se lo delimita con claridad y se riega por medio de acequias Aquí se produce ya una clara diferenciación del espacio doméstico (que es cuantitativamente menor al anterior si pensamos en términos de población). En otras palabras, la expansión y la intensificación del uso de ese espacio productivo llevan a la separación física de las áreas residenciales. En el área productiva sólo quedan los puestos de control como únicos rasgos "domésticos", mientras que el grueso de la población que tal producción sustenta debe localizarse en otros parajes. El *tercer momento* (claramente post-Formativo), en cambio, presenta modalidades diferenciales entre los sitios estudiados e indica una posible especialización en las formas productivas. En El Alto El Bolsón se reutilizan claramente algunas estructuras con modificaciones en su arquitectura, reforzando la construcción y dando mayor altura a los muros de algunos recintos –lo cual no quiere decir que el resto de las estructuras no hayan podido ser utilizadas bajo los mismos criterios que en el segundo momento. El espacio doméstico asociado es similar al caso anterior. Esta paulatina -pero sostenida- separación de los espacios productivos de los espacios de residencia del grueso de la población puede indicar cambios en la organización social del trabajo posibilitados por el desplazamiento del poder desde la esfera de la familia extensa a un poder cada vez más centralizado.

El campesinado formativo del Valle del Bolsón -hasta lo que hoy podemos decir, entonces, incluyendo los resultados de excavaciones y análisis varios- es un campesinado responsable de la producción y circulación de bienes, que consume en la medida de sus necesidades y que aún mantiene para sí también la autonomía sobre su reproducción social (Korstanje 2007, Quesada y Korstanje 2007). En términos generales para todo el valle, las características de los asentamientos del Período Formativo muestran un patrón de ocupación disperso en las terrazas fluviales, arenales de piedemonte y laderas altas de montaña. De la interpretación de las transectas extrasitio realizadas -registro de baja densidad (Korstanje 2005)- se desprende la idea de que la ocupación en este tiempo largo ~~ya~~ implicó una utilización concentrada del espacio construido. En otras palabras, las actividades domésticas se realizaron en los ámbitos domésticos, las productivas en los productivos, y así, mostrando una especialización en el diseño del paisaje centrada en los espacios construidos, cercados, delimitados, ya fuera de modo estable (viviendas, habitaciones, cocinas, basureros, campos de cultivo, etc.) u ocasionales (puestos, campamentos, etc.) (Korstanje 2007).

Veamos ahora algunas consideraciones particulares sobre la especificidad de las formas del paisaje campesino y la territorialidad asociada al mismo para el caso Formativo, según los resultados compartidos:

Decíamos que cada espacio funcional está delimitado con marcas claras, con límites respecto a lo externo. Pero además, entre cada tipo de espacio funcionalmente adecuado a una actividad, media un espacio vacío hasta el próximo. En otras palabras, el área residencial está espacialmente separada de la productiva, aunque compartan una misma localización. Esto no es así en otros paisajes culturales formativos cercanos, donde hay continuidad entre lo uno y lo otro, como por ejemplo en Laguna Blanca, hacia el Oeste, subiendo el escalón de la puna (Albeck y Scattolin 1984); la Falda Occidental del Aconquija, hacia el Este, post depresión tectónica del Campo del Arenal (Scattolin y Lazzari 1993) o Yutopián en el Valle del Cajón, hacia el Noreste (Gero y Scattolin 1994).

El sector más temprano de El Alto El Bolsón corresponde a este ejemplo, dado que sus áreas productivas agrícolo-ganaderas están separadas de las residenciales, a pesar de que puedan encontrarse cercanas (Figura 3).

Por otro lado, si bien el espacio de producción no tiene en general atributos arquitectónicos para la defensa ni es un territorio activamente defendido, sí hay "marcas" para estos territorios que pueden estar ubicadas en los accesos a las áreas productivas. Como ejemplo las posibles "*huancas*" incorporadas dentro de los mismos territorios de cultivo, como las grandes piedras clavadas de punta que encontramos en El Alto El Bolsón.

En cuanto a la producción en sí misma es importante recordar que en todo el Valle del Bolsón no hemos encontrado hasta el presente estructuras agrícolas de tipo andenería, que generalmente son las más tardías y están asociadas a una red de riego finamente estructurada. En las áreas de cultivo a secano hay, en cambio, evidencia de aprovechamiento de las escorrentías naturales. Además, la construcción de los canchones es de por sí una tecnología apropiada para la retención de suelos y de humedad, tal como hemos mostrado en los casos estudiados (Korstanje y Cuenya 2008).

Respecto de los territorios construidos durante el Tardío, éstos presentan otras alternativas. El cambio y la jerarquización social se hacen evidentes en el momento post-Formativo. No sabemos cuáles podrían haber sido las causas de tal situación en el valle mismo, pero se observa una importante ampliación de las zonas de cultivo y, la redundancia en la ocupación de algunos espacios, muestra una intensificación en el uso del mismo. Por su parte, las representaciones rupestres asociadas a este período (por ejemplo, Cueva de las Máscaras; algunos motivos de El Overito y de los sitios de el Valle de Las Cuevas) tocan temas que han sido relacionados con conflictos y con situaciones de jerarquización social (Aschero y Korstanje 1996). Esto, sumado a la aparición de ocupaciones en localizaciones de asentamiento apartadas de los accesos principales del valle (como el sitio La Angostura), o en escondrijos (Cueva de Las Máscaras), y en algunos casos, hasta con protección natural para el retiro y defensa del tipo "pucará" (como el sitio El Duraznito), nos hacen pensar que la intensificación del conflicto se manifiesta en la ocupación post-Formativa.

El caso de La Angostura, en cambio, no presenta una variabilidad interna en la estructuración del espacio residencial y productivo. Se trata –como hemos visto- de habitaciones contiguas a un número variable de recintos productivos de modo que podríamos sostener que en términos de forma arquitectónica, estaría integrada por unidades estructuralmente similares.

Diversos autores postularon la estructuración funcional y jerárquica de asentamientos como evidencia de primer orden para caracterizar procesos de integración socio-política ocurridos en el oeste catamarqueño durante el Período Tardío (Raffino y Cigliano 1973) (Sempé 1999). De modo que el análisis de la forma arquitectónica se orientó hacia la adscripción funcional de los asentamientos (Sempé 1999) o bien, hacia la caracterización de tendencias de incremento en las ocupaciones, expresadas a través de medidas de intensificación, superficie o densidad que reflejan a su vez, un mayor grado de complejidad socio-política (Raffino 1988). El supuesto que une a estos trabajos es que existe una relación de analogía y equivalencia entre la organización jerárquica y funcional de los sitios arqueológicos, como reflejo de una organización jerárquica y funcional de las relaciones sociales en el pasado. La diferenciación interna de las sociedades tardías del oeste catamarqueño se tradujo entonces, en una articulación funcional de los asentamientos, entendidos como segmentos sociales orgánicamente entrelazados.

La perspectiva de la articulación funcional de los asentamientos tardíos se ha basado en una asignación de funciones productivas diferenciadas que se articulan con alguna cabecera emplazada generalmente en altitudes menores. Sin embargo, no es posible suponer que un solo principio explique las actividades de todos los segmentos sociales y que todos los asentamientos puedan ser reducidos a una única modalidad de articulación funcional, o mejor dicho, a un solo principio de racionalidad locacional. La búsqueda de un único principio de racionalidad encierra la variabilidad de relaciones y prácticas sociales en los estrechos márgenes de la articulación funcional como única explicación posible.

## CONCLUSIONES

Teniendo en cuenta las representaciones espaciales campesinas en la larga duración y los cambios en diseño, emplazamiento, envergadura y contigüidad, hemos descrito aquí las alternativas de organización del espacio residencial y de producción agrícola desde el Formativo al Tardío en el Valle del Bolsón, a partir de la evidencia empírica que representan los dos sitios que hemos traído a esta discusión.

Hemos tomado la diferenciación en el uso del espacio como una de las vías que nos permiten reconocer la creciente jerarquización y/o complejidad de una sociedad y su corolario en las formas de "apropiación" del territorio. Así, consideramos como una de las variables importantes a tener en cuenta, a la paulatina separación de las áreas de vivienda de las áreas de producción de alimentos y, dentro de las áreas de producción de alimentos, la intensificación del uso del espacio, evidenciada no sólo por una mayor concentración de estructuras residenciales o domésticas sino por la especialización funcional de las estructuras utilizadas para la producción y el uso de riego artificial.

En este contexto el uso de SIG nos ha permitido integrar y sistematizar la información disponible. En efecto, la diversidad de asentamientos generados por las sociedades prehispánicas en el Valle del Bolsón, muestran que las herramientas de análisis deben orientarse hacia la identificación de configuraciones espaciales múltiples y diversas. En este sentido, la representación cartográfica se ha convertido en una herramienta de análisis fundamental para dar cuenta de este aspecto.

*Agradecimientos*: A. Korstanje desea agradecer a la Dra. M. Collantes por su colaboración en supervisar parte del mapa geomorfológico.

## REFERENCIAS CITADAS

Albeck, M. E.
1992-1993 Áreas agrícolas y densidad de ocupación prehispánica en la Quebrada de Humahuaca. *Avances en Arqueología* 2:56-77.

1993. *Contribución al estudio de los sistemas agrícolas prehispánicos de Casabindo (Puna de Jujuy).* Tesis doctoral (inédita). UNLP, La Plata.

Albeck, M.E. y M.C. Scattolin
1984 Análisis preliminar de los asentamientos prehispánicos de Laguna Blanca (Catamarca) mediante el uso de la fotografía aérea. *Revista del Museo de La Plata* T. VIII (61): 279-302.

Aschero, C. A. y M. A. Korstanje
1996 Sobre figuraciones humanas, producción y símbolos. Aspectos del Arte Rupestre del Noroeste argentino. *Volumen del XXV Aniversario del Museo Arqueológico "Dr. Eduardo Casanova,* pp. 13-31. Instituto Interdisciplinario Tilcara (UBA). Jujuy.

Babot, M. del P. y P. Larrahona
2001 Artefactos de molienda y materias primas en los valles del Noroeste. En *Arqueología argentina en los inicios de un nuevo siglo*, editado por F. Oliva; N. de Grandis y J. Rodríguez. Tomo 2. Laborde Editor, Rosario. En prensa.

Baldini, L.
2000 Hacia un modelo de ocupación del Valle calchaquí central (Salta) durante los desarrollos regionales. *Relaciones de la Sociedad Argentina de Antropología.* XXV: 75-98.

Berberián, E y A. Nielsen
1988 Sistemas de asentamiento prehispánicos en la Etapa Formativa del Valle de Tafí (Pcia. de Tucumán, República Argentina). En *Sistemas de asentamiento prehispánicos en el Valle de Tafí*, editado por E. Berberían y A. Nielsen, pp. 21-52. Ed. Comechingonia, Córdoba.

Braudel, F.
1984 [1967] *Civilización material, economía y capitalismo. Siglos XV-XVIII.* Alianza Editorial, Madrid.

Bustos Thames H.
1994 *Análisis de la distribución espacial y tipología de sitios arqueológicos formativos del Campo del Pucará, Departamento Andalgalá, Provincia de Catamarca.* Seminario Final de Carrera de Arqueología (inédito). Fac. de cs. Naturales e IML. Universidad Nacional de Tucumán.

Cabrera, A. y A. Willink
1980 Biogeografía de América Latina. *Monografía* N° 13. Serie Biología. Secretaría General de la O.E.A.

Chayanov, A.
1985 *La organización de la unidad económica campesina.* Ed. Nueva Visión. Buenos Aires.

Cuenya, P.
2004 *Determinaciones analíticas de sedimentos y suelos de El Bolsón.* Informe manuscrito. Cátedra de Pedología. Fac. de Cs Naturales e IML. Universidad Nacional de Tucumán. Manuscrito en posesión del autor.

Dincauze, D.
2000 *Environmental Archaeology*. Principles and Practice. Cambridge University Press.

Ferland, Y.
2000 Les défis théoriques posés à la cartographie ménet à la cognition. *Cybergeo* N 148. CNRS, Francia.

Gero, J y C. Scattolin
1994 Hacia la comprensión de la jerarquización: un estudio desde Yutopián, Valle del Cajón. En prensa: *Actas del XI Congreso Nacional de Arqueología Argentina.* San Rafael. Mendoza. En prensa

González, A. y J. Pérez
1971 *Primeras Culturas Argentinas.* Filmediciones Valero, Buenos Aires.

Gosden, C.
1994. *Social Being and Time.* Blackwell. London.

Grondona, F.
1978 Observaciones fitogeográficas en la provincia de Catamarca. En *Geografía de Catamarca.* Sociedad Argentina de Estudios Geográficos. Serie Especial n° 5: 107-134.

Guinsburg, J.
1983 Elementos de cartografía aplicada al tratamiento de la información. Instituto de Geografía. Serie: *Contribuciones.* Facultad de Filosofía y Letras. Universidad de Buenos Aires. Buenos Aires.

Gupta, R.
2002 *Las voces de la historia y otros estudios subalternos.* Critica. Barcelona.

Haber, A.
1999 *Una arqueología de los oasis puneños. Domesticidad, interacción e identidad en Antofalla, primer y segundo milenios d.C.* Tesis de Doctorado (inédita). Universidad de Buenos Aires.

Haber, A. y A. Korstanje
2003 *Peasants in Archaeology.* Session G4. Theme G: Empowerment and Exploitation: North-South and South-South Archaeological Encounters (S. Oyzman, G. Martínez y R. Torrence orgs.). Fifth World Archaeological Congress, pp: 143. Washington D.C.

Harvey, D.
1997 Between Space and Time: Reflections on the Geographical Imagination. En *Reading Human Geography. The poetics and politics of Inquiry,* Editado por Barnes y Gregory, pp. 244-255. Arnold, Londres.

Irurzun, J.
1978 Contribución al conocimiento del clima de la Provincia de Catamarca. En *Geografía de Catamarca.* Sociedad Argentina de Estudios Geográficos. Serie Especial, n° 5: 43-81.

Isla, A.
1992 Dos regiones, un origen. Entre el "silencio" y la furia. En: *Sociedad y articulación en las tierras altas jujeñas. Crisis terminal de un modelo de desarrollo,* editado por A. Isla, pp. 167-215. ECIRA – ASAL – MLA, Buenos Aires.

Joly, F.
1982 *La Cartografía.* Barcelona. Ariel.

Korstanje, M. A.
1996 Sobre el uso del espacio durante el Formativo en el valle de El Bolsón Belén, Catamarca. *Actas y Memorias del XI Congreso Nacional de Arqueología Argentina (13° parte).* Revista del Museo de Historia Natural de San Rafael, Vol. XXV, Ns. 1-2: 99-121.

1998 El Médano, es un sitio caravanero? Apuntes sobre

contextos de tráfico y territorialidad para el Formativo. En *Los Desarrollos locales y sus territorios,* editado por B. Cremonte, pp. 33-64. CREA. Fac. de Humanidades y Cs. Sociales (UNJu), Jujuy.

2001 *The role of wild resources in productive societies: northwestern Argentina's rock shelter cases.* SAA´s 66[th] Annual Meeting, New Orleans, Abril 2001. Manuscrito en posesión de la autora.

2003 Ancient Peasant Labor in the Andes. *5th. World Archaeological Congress.* Theme: Empowerment and Exploitation: North-South & South-South Archaeological Encounters. Session: Peasants in Archaeology, pp. 143. Washington D.C.

2005 *La Organización del Trabajo en torno a la Producción de Alimentos en Sociedades Agropastoriles Formativas (Provincia de Catamarca, República Argentina).* Tesis doctoral en Arqueología (inédita). Facultad de Ciencias Naturales e IML, Universidad Nacional de Tucumán.

2007 Territorios Campesinos: Producción, Circulación y Consumo en los Valles Altos. En *Procesos Sociales Prehispánicos en los Andes Meridionales*, editado por A. Nielsen, M.C. Rivolta, V. Seldes, M. Vazquez y P. Mercolli. Vol. 2:191-223. Editorial Brujas.

Korstanje, M. A. y C. A. Aschero
1998 Arte Rupestre en El Bolsón - Las Cuevas (Catamarca, Argentina): formulando hipótesis de cambio y conflicto. *Chungará*, Vol. 28/1-2:199-222.

Korstanje M. A. y P. Cuenya
2008 Arqueología de la Agricultura: suelos y microfósiles en campos de cultivo del Valle del Bolsón, Catamarca, Argentina. En *Matices Interdisciplinarios en Estudios Fitolíticos y de otros Microfósiles,* editado por A. Korstanje y P. Babot. *BAR International Series 1870.* pp. 133-147.

2009. Ancient agriculture and domestic activities in north western Argentina: a contextual approach studying silicaphytoliths and other microfossils in soils. *Environmental Archaeology 15(1):43-63*

Korstanje, M. A. y A. E. Würschmidt
1999 Producir y recolectar en los valles altos del NOA: Los Viscos como caso de estudio. En *En los tres reinos: prácticas de recolección en el cono sur de América*, editado por C. Aschero, A. Korstanje y P. Vuoto, pp: 151-160. Instituto de Arqueología y Museo (UNT). Tucumán.

Last, J.
1995 The Nature of History. En: *Interpreting Archaeology. Findings meaning in the pas,* editado por I. Hodder, C. Shanks, Alexandr, Buchli, Carman, Last, Lucas, pp. 141-157. London and New York. Routledge.

Maffia, M ; Sempe, MC ; Zubrzycki, B y Basualdo, L.
2001 Continuidad y cambio en los asentamientos de Azampay (Belèn, Provincia de Catamarca, Argentina) *Revista de Arqueología Americana* 20: 291-314. IPGH. México.

Mc Glade, J.
1999 Arqueología, dinámica no lineal y discurso histórico. *Trabajos de Prehistoria.* 56 (2): 5-18.

Mayer, E y C. Zamalloa
1974 Reciprocidad en las relaciones de producción. En *Reciprocidad e intercambio en los Andes peruanos,* editado por G. Alberti y E. Mayer, pp. 66-85. Instituto de estudios Peruanos. Lima, Perú.

Meillasoux , C.
1977 *Mujeres, graneros y capitales.* Siglo XXI, Mexico.

Moore, J.
1996 Architecture *and power in the Ancient Andes.* Cambridge University Press. Cambridge.

Morello,
1958 La provincia fitogeográfica del Monte. *Opera Lilloana* 2:11-155.

Morlans, M. C.
1985 Regiones naturales de Catamarca. *Provincias Geológicas y provincias fitogeográficas. Catamarca.* Facultad de Ciencias agrarias, Catamarca.

Murra, J.
1975 *Formaciones económicas y políticas del mundo andino.* I.E.P., Lima.

Nastri, J.
1997-1998.Patrones de Asentamiento prehispánicos tardíos en el sudoeste del valle de Santa María (Noroeste Argentino). *Relaciones de la Sociedad Argentina de Antropología* XXII-XXIII: 247-270.

2001 Interpretando al describir: la arqueología y las categorías del espacio aborigen del valle de Santa María (noroeste argentino). *Revista Española de Antropología Americana* 31: 31-58.

Natenzon, C.
S/f. *Marco Biogeográfico.* Proyecto Planificación y Gestión de los Parques Nacionales. Administración de Parques Nacionales. FAO.

Navarro García, L. F.
1984 Estratigrafía de la región comprendida entre los paralelos de 26° 00' a 27° 15' de Latitud Sur y los meridianos de 66° 30' a 67° 00' de Longitud Oeste, Provincia de Catamarca. *Actas del IX Congreso Geológico Argentino.* Tomo I:353-383. S. C. de Bariloche.

Nielsen, A.
1997 Architectural performance and the reproduction of social power. En *Expanding archaeology,* editado por J. Skibo, W. Walker y A. Nielsen, pp.47-66. University of Utah Press, Salt Lake.

Núñez Regueiro, V. A.
1975 Conceptos instrumentales y marco teórico en relación al análisis del desarrollo cultural del noroeste argentino. *Revista del Instituto de Antropología* 5: 169-190.

Olivera D.
1991 *Tecnología y estrategias de adaptación en el Formativo (Agro-alfarero temprano) e la Puna meridional argentina. Un caso de estudio: Antofagasta de la Sierra (Provincia de Catamarca).* Tesis doctoral (inédita). UNLP, La Plata.

Ossio Acuña, J. M.
1992 *Parentesco, reciprocidad y jerarquía en los Andes. Una aproximación a la organización social de la comunidad de Andamarca.* Pontificia universidad Católica del Perú. Lima, Perú.

Posada, M.
1996 En torno a los campesinos argentinos: aportes críticos para su estudio y discusión. *Estudios Interdisciplinarios de América Latina y el Caribe* 7 (2).

Quesada, M.
2001 *Tecnología agrícola y producción campesina en la Puna de Atacama, I milenio D.C.* Tesis de grado Lic. en Arqueología (inédita). Escuela de Arqueología. Universidad Nacional de Catamarca.

Quesada, M. y M. A. Korstanje
2007 Cruzando Estructuras: El Espacio Productivo y su Entorno Percibido desde las Prácticas Cotidianas. En *El hábitat prehispánico. Arqueología de la arquitectura y de la construcción del espacio organizado,* editado por M.E. Albeck, C. Scattolin y A. Korstanje, en prensa.

Quiroga, L.
2002 *Paisaje y relaciones coloniales en el Valle de Cotahau. Del tardío a la ocupación colonial.* Tesis de Doctorado (inédita). Universidad Internacional de Andalucía. Sede La Rábida. Sevilla.

2003 El Valle del Bolsón (siglos XVII-XVIII). La Formación de un Paisaje Rural. *Anales* 6: 301-327. Nueva Época. Local, Regional, Global: Prehistoria e Historia en los valles Calchaquíes. University of Goteborg, Suecia.

2004 Arquitectura residencial en La angostura (Valle del Bolsón, Belén, Catamarca). *Resúmenes* del *XV Congreso Nacional de Arqueología Argentina* pp. 74-75. Universidad Nacional de Río Cuarto, Córdoba.

Raffino, R.
1988 *Poblaciones Indígenas en Argentina.* Ed. TEA. Buenos Aires.

Raffino, R y Cigliano, E.
1973 La Alumbrera. Antofagasta de la Sierra. Un modelo de ecología cultural prehispánica. *Relaciones.* Sociedad Argentina de Antropología. Tomo VII : 241-258. Nueva Serie. Buenos Aires.

Sampietro, M. M.
2002 *Contribución al conocimiento Geoarqueológico del Valle de Tafí, Tucumán (Argentina).* Tesis Doctoral en Arqueología (inédita). Fac. de Ciencias Naturales e I.M.L. UNT, Tucumán.

Sal, J.D.
1982 *Regiones naturales de la provincia de Catamarca: problemática de los recursos vegetales naturales y fauna silvestre: líneas de investigación sugeridas.* Catamarca. EEA Catamarca.

Sempé de Gómez Llanez, C.
1999 La cultura Belén. *Actas.* XII Congreso Nacional de Arqueología Argentina. Diez Marín, C. (ed.) Tomo II: 250-258. La Plata.

Scattolin, C y M. Lazzari
1993 *Espacio doméstico y agrario en sitios arqueológicos del Aconquija.* Ponencia al III Congreso Latinoamericano de Cultura Arquitectónica y Patrimonio Urbanístico. Salta. Manuscrito en posesión de las autoras.

Soja, E.
1986 The Spatiality of Social Life: Towards a transformative Retheorisation. En *Social relations and Spatial structure,* editado por D. Gregory y J. Urry, pp. 90-127. Macmillan. London.

Somonte, C.
2004 *Arqueología de la Diversidad: casos de análisis para el Centro-Oeste del NOA.* Primer Informe, Beca Agencia Nacional de Promoción Científica. Tucumán.

Stern, S.
1986 *Los pueblos indígenas del Perú y el desafío de la conquista española.* Editorial Alianza, Madrid.

Tarragó, M. y J. Nastri
1999 Dimensiones de la complejidad santamariana. *Actas XII Congreso Nacional de Arqueología Argentina.* Diez Marín, C (ed.). Tomo II: 259-264. La Plata.

Van Büren, M.
1996 Rethinking the Vertical Archipielago. Ethnicity, Exchange and History in the South Central Andes. *American Anthropologist* 98 (2): 338-350.

Villar, P.
1982 *Iniciación al vocabulario del análisis histórico.* Crítica. Barcelona.

Zimmerer, K.
1996 *Changing Fortunes. Biodiversity and Peasant Livelihood in the Peruvian Andes.* University of California Press.

El uso de Sistemas de Información Geográfica en arqueología sudamericana.
Figuerero Torres e Izeta (Ed.) 2012: 125-138

# SIG, CARTOGRAFÍA TEMÁTICA Y ANÁLISIS LOCACIONALES EN SITIOS FORMATIVOS DE LA QUEBRADA DEL TORO (SALTA, ARGENTINA)

María Eugenia De Feo*

* CONICET. División Arqueología, Museo de La Plata, FCNyM, UNLP. Paseo del Bosque s/n CP 1900, La Plata, Argentina. E - mail: eugeniadefeo@yahoo.com

## RESUMEN

Este trabajo tiene como objetivo, someter a contrastación la hipótesis que sugiere que las diferencias observadas en los patrones de asentamiento de los distintos sitios Formativos de la Quebrada del Toro (Salta, Argentina), son el resultado de condiciones medioambientales diferenciales. Para ello se implementan distintas técnicas de análisis locacional. A partir de ellas se evalúa la existencia o no, de diferencias entre las áreas de emplazamiento de cada sitio, las cuales permitan sostener dicha hipótesis.

La gran cantidad de variables manejadas en dichos análisis, la necesidad de vincular información de fuentes diversas y la precisión espacial requerida, hizo necesario que se implementaran tecnologías SIG.

Asimismo, previo al desarrollo de los análisis fue necesaria la elaboración de la cartografía digital, para lo cual se utilizaron técnicas de interpretación visual y procesamiento matemático de imágenes. En este sentido, este trabajo también se presenta como una contribución al desarrollo de cartografía de potencial utilidad arqueológica.

## ABSTRACT

The aim of this paper is to contrast the hypothesis suggesting that the observed differences in the settlements patterns of Formatives sites in Quebrada del Toro (Salta, Argentina), are the result of different environmental conditions. To contrast this hypothesis, different analytical locational techniques were implemented. From these we were able to evaluate the possible differences, or not, between the site settlement areas.

The number of variables analyzed, the need to connect information coming from different sources, and the requisite of spatial accuracy, led to the use of GIS.

In order to implement this analysis we prepared digital cartography with images interpretation and mathematical images processing, was done. Thus, this analysis is also a contribution to the archaeological cartography of the region

## 1. INTRODUCCIÓN

Durante las últimas dos décadas, los Sistemas de Información Geográfica (SIG en adelante), han tenido una amplia difusión dentro de la arqueología, en especial, en aquellos estudios donde la variable espacial constituye un componente clave en los análisis (Araneda 2002). Este hecho se ha visto reflejado en la amplia variedad de aplicaciones de SIG en este campo, tanto en el ámbito de la gestión del patrimonio, como de la investigación arqueológica (para un panorama en diversos países Allen et al. 1990; Lock y Stancic 1995; Wescott y Brandon 2000; Baena et al. 2003).

El creciente interés por parte de los arqueólogos en incorporar SIG a sus programas de trabajo, deviene de la gran capacidad que presentan para el almacenamiento, gestión y representación de información espacial; de la posibilidad que brindan de integrar cartografía de fuentes diversas, tales como imágenes, mapas temáticos, fotografías aéreas, e información temática organizada en bases de datos; así como también, de su utilidad para manipular grandes volúmenes de información, de forma rápida y precisa (Bosque Sendra 1997).

En este trabajo presentamos un caso arqueológico, donde hemos implementado tecnologías SIG, a los fines de someter a contrastación hipótesis locacionales planteadas en décadas pasadas (Cigliano et al. 1976; Raffino 1977, 1988), para explicar diferencias en los patrones de asentamiento de los distintos sitios Formativos de la Quebrada del Toro (Salta, Argentina). Puntualmente, sometemos a contrastación la hipótesis que sugiere que tales diferencias son consecuencia de condiciones medioambientales diferenciales (Raffino 1988). Para ello utilizamos un conjunto de técnicas de análisis locacional, desarrolladas previamente por otros autores (Méndez Fernández 1998; Parcero Oubiña 2000), las cuales han sido adecuadas a las características de nuestra problemática. Los distintos análisis han tenido como objeto evaluar si existen diferencias en el contexto medioambiental de cada sitio, que permitan o no sostener la hipótesis mencionada.

La complejidad de los análisis, dada fundamentalmente por la gran cantidad de variables manejadas, la necesidad de vincular información de fuentes diversas y la precisión espacial requerida, hizo que debiéramos recurrir al uso de SIG.

Asimismo, previo al desarrollo de los análisis debimos confeccionar nuestra propia cartografía, para lo cual se implementaron técnicas de interpretación visual y procesamiento matemático de imágenes. Por lo que este trabajo, también se presenta como una contribución al desarrollo de cartografía de potencial utilidad arqueológica.

## 2. EL CASO

Durante los años 60 y 70 se desarrollaron en la Quebrada del Toro y tributarias (Provincia de Salta, Argentina), investigaciones arqueológicas que permitieron, entre otros, formular un esquema de desarrollo cultural para la región. Dentro de este esquema, y sobre la base de la evidencia arqueológica derivada de los sitios Cerro el Dique, Potrero Grande, Las Cuevas, La Mina, La Encrucijada y Las Capillas (Figura 1), se definió un Período Formativo temprano, ubicado cronológicamente entre el 600 A.C. y el 400 D.C. (Raffino 1977). Las características que permitieron definirlos como Formativos, fueron la presencia de un fuerte componente productivo agrícola y/o ganadero, asociado a un alto grado de sedentarismo y el uso de determinadas tecnologías, por ejemplo, la cerámica (Olivera 2001).

También en el marco de estas investigaciones, se propuso para el Formativo regional (Raffino 1977), la existencia de un modelo de aldeas agropastoriles, económicamente autosuficientes, localizadas preferentemente en fondos de valle y en asociación con campos agrícolas, estepas de pastoreo y cotos de caza.

Estos sitios comparten además, similitudes en el patrón arquitectónico y en las condiciones de emplazamiento de los sitios, no obstante, existen entre ellos ciertas diferencias

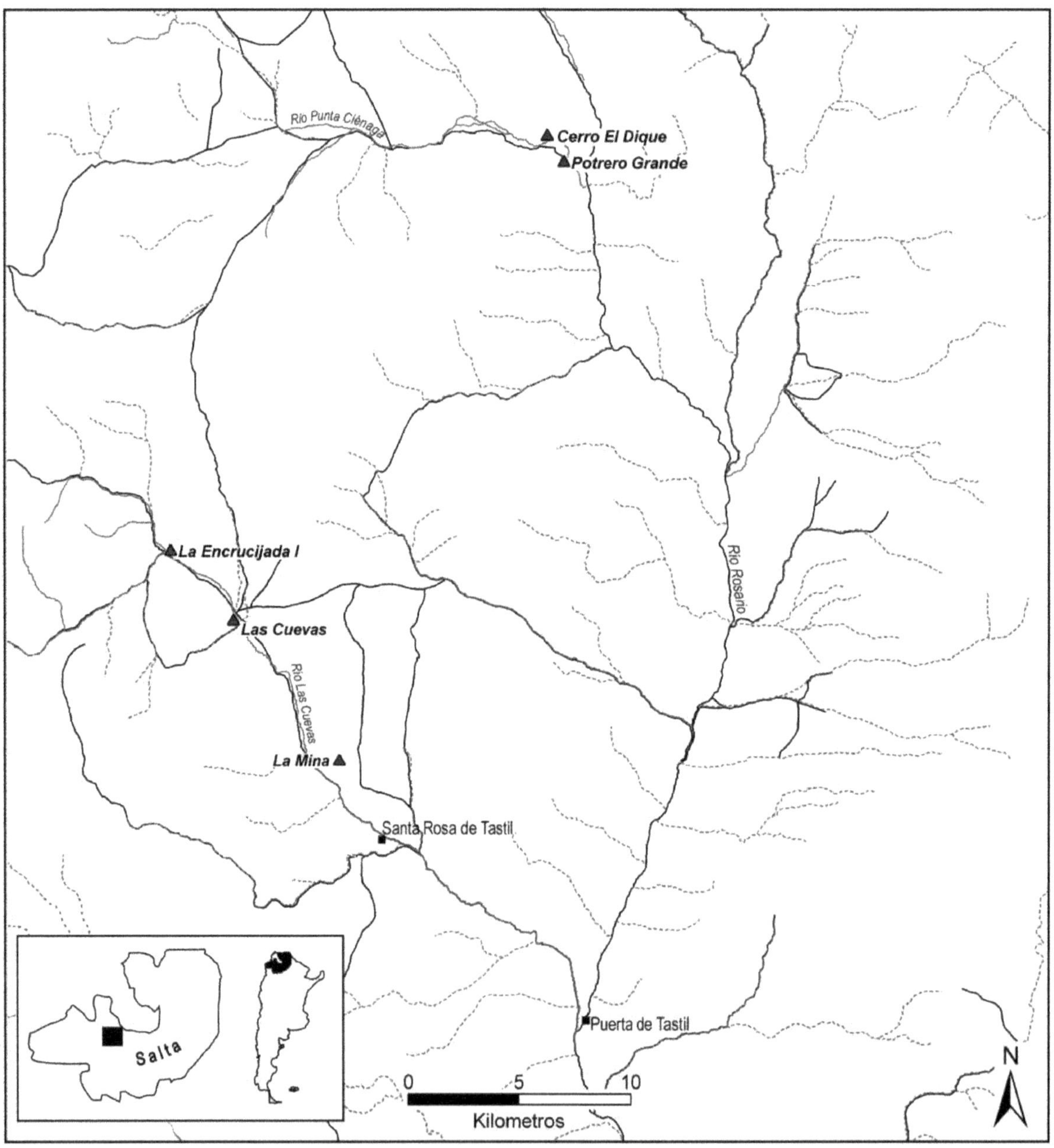


Figura 1. Área de estudio con la ubicación de sitios analizados.

Figura 2. Plano y fotografía panorámica del sitio Cerro El Dique, Quebrada del Toro, Pcia. de Salta (Plano redibujado de Raffino, 1988). La flecha en la fotografía indica el área de emplazamiento del sitio.

(Raffino 1977, 1988; De Feo 2004). Los sitios Cerro El Dique (Figura 2), Potrero Grande, La Encrucijada y Las Capillas presentan un patrón formado por habitaciones de planta circular o elíptica, adosadas a patios de iguales formas y mayores dimensiones (Raffino 1977; Raffino y Togo 1970) (1). En Las Cuevas (Figura 3), se registra un patrón similar, aunque de tipo monticular, con superposición de elementos arquitectónicos, resultado de la redundancia en la ocupación del sitio (Cigliano et al. 1976; Raffino 1977).

Un patrón monticular, también ha sido verificado en del norte del valle Calchaquí (Tarragó 1996), en Antofagasta de la Sierra (Olivera 1988) y, aunque presentando características más complejas, en Caserones y Tarapacá, al Norte de Chile (Núñez 1984) y en Wankarani en el Altiplano boliviano (Walter1966; Ponce Sanguinés 1970). Esto último, llevó a plantear ciertas relaciones filogenéticas entre las áreas recién mencionadas y Las Cuevas (Cigliano et al. 1976; Raffino 1977). En otros trabajos (Raffino 1977), también se sugirió que las diferencias entre el patrón registrado en Las Cuevas y Cerro El Dique, Potrero Grande, La Mina, La Encrucijada y Las Capillas se debe a la distinta cronología de los sitios (2). Dada la posición cronológica temprana de Las Cuevas se planteó que el patrón monticular sería el característico de los inicios del Formativo, para luego ser reemplazado por uno sin superposición de elementos, como el de Cerro El Dique. Alternativamente, se argumentó que la superposición de elementos arquitectónicos, resultado de la reocupación del sitio, se debe al interés de los grupos por no perder el control de «sectores preferenciales, ubicados en puntos neurálgicos» (Raffino 1988: 133). En este caso, las diferencias se deberían a su localización en sectores más favorables para el establecimiento humano.

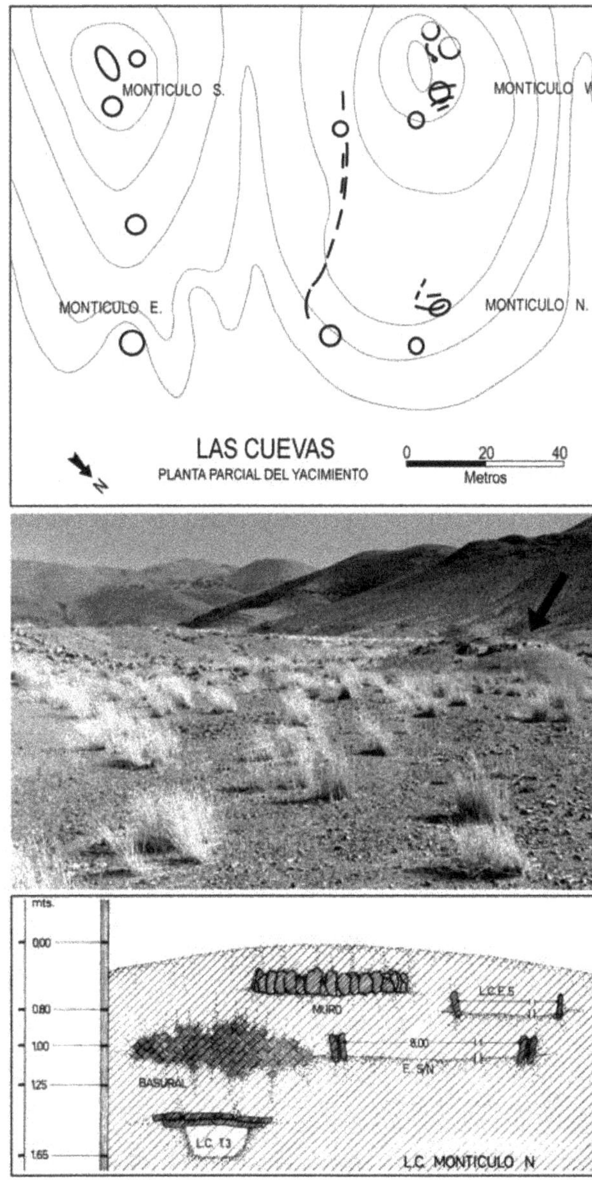


Figura 3. Plano, perfil estratigráfico y fotografía panorámica del sitio Las Cuevas, Quebrada de Las Cuevas, Pcia de Salta (Plano redibujado de Raffino, 1988). La flecha en la fotografía indica el área de emplazamiento del sitio y el patrón monticular, que se grafica con detalle en el perfil de excavación.

Como se desprende de lo anterior, las diferencias presentadas en el patrón de asentamiento de los distintos sitios de la Quebrada del Toro, se han atribuido tanto a factores cronológicos como estratégicos, incluso filogenéticos. Mientras que la hipótesis cronológica está sustentada por fechados radiocarbónicos y seriaciones cerámicas, la explicación filogenética se apoya en la presencia compartida de un conjunto de rasgos culturales, arquitectónicos, cerámicos, etc, además de dataciones que ubicarían a los sitios del Altiplano boliviano como centro de difusión. Con respecto a la hipótesis que sugiere que el patrón monticular de Las Cuevas es consecuencia de condiciones medioambientales más favorables, esta explicación aún no había sido sistemáticamente contrastada.

Con el fin, entre otros, de someter a contrastación las hipótesis locacionales arriba enunciadas, es que hacia el 2001 comenzamos nuestras investigaciones arqueológicas en el área (De Feo 2004) (3). En este trabajo nos proponemos discutir en particular, la hipótesis que atribuye las diferencias en el patrón de asentamiento a la localización en «sectores preferenciales», con condiciones más favorables para el asentamiento humano.

Como desarrollaremos en párrafos siguientes, debimos previamente definir qué entendíamos por condición medioambiental más o menos favorable. En este sentido, teniendo presentes las características medioambientales del área, así como también los aspectos tecnológicos y socioeconómicos propios de las poblaciones Formativas, derivamos una serie de variables, las cuales pensamos pudieron ser relevantes para el emplazamiento de los sitios Formativos: potencialidad económica de los suelos, acceso directo a fuentes de agua, vinculación con vías naturales de circulación y posición topográfica relativa de los sitios.

A continuación analizamos el comportamiento de dichas variables para cada uno de los sitios que componen la muestra seleccionada, a saber: Las Cuevas, Cerro El Dique, Potrero Grande, La Mina y La Encrucijada. Consideramos que de ser correcta la hipótesis que atribuye el patrón monticular de Las Cuevas a su emplazamiento en sectores más favorables, deberán existir diferencias en el comportamiento de las variables seleccionadas entre este sitio y los restantes sitios que componen la muestra.

La implementación de SIG para la resolución del problema planteado radicó en la necesidad de generar y gestionar grandes volúmenes de información espacial, prácticamente inabarcable de forma manual o en formato analógico.

## 3. MATERIALES Y METODOLOGÍA

### 3.1. Sitios que componen la muestra

Para la realización de los análisis locacionales se incluyeron los sitios Formativos conocidos hasta el momento para la Quebrada del Toro y tributarias, y dentro de este conjunto, aquellos que tuvimos oportunidad de relevar personalmente. La muestra quedó conformada por los siguientes sitios: Las Cuevas, La Encrucijada, La Mina, Potrero Grande y Cerro El Dique. Hemos excluido en este trabajo, al sitio Las Capillas debido a que no existen en trabajos previos, datos precisos respecto de su ubicación espacial.

Los sitios Potrero Grande y Cerro El Dique se localizan en la cabecera septentrional de la Quebrada del Toro. (Departamento de Rosario de Lerma, Salta, República Argentina). Ésta posee aproximadamente unos 100 km de extensión y un sentido NO-SE, siendo el río Toro el colector principal de la red hidrográfica. Confluyen sobre esta quebrada una serie de quebradas laterales menores. Sobre una de ellas, conocida como Quebrada de Las Cuevas se ubican los sitios Las Cuevas, La Encrucijada y La Mina. Con extensión aproximada de unos 32 km de longitud desemboca sobre la margen derecha de la Quebrada del Toro a la altura de la localidad de Puerta de Tastil.

Por sus rasgos geomorfológicos y ambientales, los sitios se ubican dentro del ámbito de Pre-puna o borde oriental del Altiplano puneño. Con alturas que van desde los 2500 y 4000 msnm, posee un clima de tipo continental árido-semiárido con bruscas oscilaciones de temperatura diurna-nocturna y precipitaciones de régimen estival que no superan los 100 mm anuales (Knoche y Borzacov 1947)

Las áreas montañosas están representadas por cordones de disposición aproximada N-S, los cuales definen estrechas y pronunciadas quebradas que funcionan como importantes rutas naturales de tránsito y en cuyos terrenos fértiles se han concentrado tanto poblaciones Formativas como actuales. Los fondos de valle, irrigados por ríos permanentes y con suelos arenoso-limosos, son en actualidad, así como en momentos Formativos (Raffino 1977; De Feo 2004), las zonas con mayor concentración de recursos para el cultivo y el pastoreo del ganado.

### 3.2. Variables analizadas

Como hemos dejado planteado, nos interesa testear la hipótesis que sugiere que la recurrencia en la ocupación de Las Cuevas, que dio como resultado un patrón arquitectónico de tipo monticular, es consecuencia de su localización en «sectores preferenciales» (Raffino 1988: 133), más favorables para el asentamiento humano. El paso previo fue entonces, definir qué condiciones deberían ser consideradas como favorables o no para la ocupación humana. En este sentido, contemplamos las características medioambientales del área, las cuales fueran someramente enunciadas en el apartado anterior, así como también, aspectos sociales, económicos ý tecnológicos propios de las poblaciones Formativas de la Quebrada del Toro.

Considerando estos aspectos derivamos una serie de variables que pensamos definen, dentro del área considerada, sectores más o menos favorables para el establecimiento de dichas poblaciones.

Restaría, antes de pasar al desarrollo de cada una de las variables, una reflexión respecto de la utilización de información geográfica actual, para la resolución de problemáticas arqueológicas. Al respecto, no asumimos que las condiciones medioambientales actuales sean idénticas a las del pasado. En cambio, trabajamos bajo el supuesto de que las posibles variaciones que hayan podido éstas sufrir a través de tiempo, fueron similares o están dentro de parámetros comparables, para los distintos sitios, más aún, teniendo en cuenta la cercanía geográfica entre ellos (todos se ubican en un radio no mayor a 50 kilómetros). Igualmente, somos concientes de la necesidad de realizar estudios paleoambientales más profundos que los llevados a cabo hasta el momento, los que han estado relacionados básicamente con la existencia de paleocauces y posibles modificaciones en el curso de ríos (De Feo 2004).

A continuación se mencionan las variables seleccionadas y la manera en que fueron analizadas

1) La potencialidad económica de los suelos

Teniendo presente que se trata de sociedades con una economía agropastoril (Raffino 1977; De Feo 2004), pensamos que los fondos fértiles de valle, con alta concentración de recursos para la agricultura y el pastoreo, constituyeron las áreas más favorables para el asentamiento humano. Asimismo, en función del significativo aporte de animales provenientes de la caza registrado en contextos de excavación de sitios Formativos del la Quebrada del Toro (Raffino et al. 1977; De Feo 2004), también identificamos las zonas bajas de piedemonte, de alto potencial forrajero, como favorables.

Para poder evaluar esta variable, sobre la base de un mapa temático de usos del suelo, cuantificamos la presencia de cada tipo definido, en un radio de 500 metros desde cada sitio. La razón por la cual hemos considerado esta distancia y no una mayor, reside en nuestro interés por caracterizar el entorno inmediato de cada sitio. Cada radio se estableció mediante la definición de «áreas de accesibilidad» (Méndez Fernández 1998; Parcero Oubiña 2000). Se optó por ellas ya que a diferencia de los radios fijos de distancia («áreas buffer») permiten contemplar en su diseño, variables tales como la topografía y la red hidrográfica, las cuales actúan como condicionantes del desplazamiento, y en consecuencia, de la forma en que las poblaciones usan y explotan su medio.

2) El acceso directo a fuentes de agua

En un ambiente de tipo árido o semiárido como el de la Quebrada del Toro, el agua es un recurso imprescindible para la instalación humana. Además, partiendo de la ausencia de registro referente a obras de ingeniería agrícola (andenería, canales, reservorios de agua) para las sociedades Formativas (Raffino 1977; De Feo 2004), consideramos que las áreas irrigadas naturalmente cercanas a los cursos de agua, se constituyeron en las más aptas para el desarrollo de actividades ganaderas y agrícolas.

Estudiamos entonces, la cercanía de cada sitio a los principales cursos de agua del área, tanto actuales como paleocauces. Para este caso se implementaron tres radios arbitrarios de 100, 200 y 300 metros a partir de cada curso de agua.

3) La vinculación con vías y pasos naturales de circulación

La movilidad es considerada como un factor esencial dentro de los sistemas sociales Formativos. Por un lado, Olivera (1988) ha señalado que la movilidad entre ámbitos ecológicos con recursos complementarios, constituyó una estrategia económica practicada durante el Formativo. En este contexto, la localización de sitios en vinculación con rutas y pasos naturales habría facilitado el acceso a dichos recursos Por otra parte, diversos autores han planteado para el Formativo (Cigliano et al. 1972; Raffino 1977; Núnez y Dillehay 1978; Tarragó 1984), sobre la base de similitudes en los conjuntos materiales, la existencia de intercambio o ejes de interacción entre sociedades ubicadas en distintas regiones de los Andes Meridionales (4). La Quebrada del Toro habría participado articulando relaciones entre poblaciones localizadas en el Norte de Chile y las Selvas Occidentales de Jujuy, ubicados respectivamente, hacia el oeste y este de nuestra área (Tarragó 1984). Tomando en consideración estos planteos, hemos seleccionado la existencia de pasos y rutas naturales para la circulación, como otra de las variables que definen a un sector como más o menos favorable para el asentamiento humano.

Para analizar esta variable se midió la distancia entre cada uno de los sitios y los pasos y líneas naturales de tránsito existentes en el área.

4) Posición topográfica relativa (o altura relativa) de los sitios

Esta variable condiciona directamente las tres anteriores. Al respecto, el control directo de las áreas fértiles de fondo de valle, sus recursos hídricos y las rutas naturales que por allí transcurren, depende, en gran medida, de la ubicación topográfica de cada sitio.

Por ello, se analizó la ubicación topográfica de cada asentamiento con respecto al área circundante, en un radio fijo de 500 metros a partir del sitio.

En esta ocasión se usaron radios fijos de distancia desde cada sitio («áreas buffer»), definidos independientemente de la topografía, que es la variable que necesitamos cuantificar.

3.4 Confección de la Cartografía

Para la realización de los análisis fue necesario previamente, llevar a cabo un pre-procesamiento de la información (Rulf 1993), que incluyó su selección, adquisición y crítica. Además de tareas en gabinete, la confección de dicha cartografía implicó trabajos de campo, a partir de las cuales fue posible obtener información primaria, así como también, calibrar datos preexistentes.

Existen en la Argentina diversos organismos gubernamentales (5), que ofrecen productos cartográficos digitales, los cuales no resultaron adecuados para nuestros objetivos, ya sea porque muchas de las variables contempladas por nosotros no estaban representadas en la cartografía, o porque no cumplían con las necesidades requeridas en cuanto a escala y precisión. Por lo tanto, gran parte de esta labor estuvo destinada a la elaboración de la cartografía digital, requerida en este formato para ser ingresada al SIG.

En este proceso recurrimos a la utilización de técnicas de interpretación visual y procesamiento matemático de imágenes. Al respecto, los datos obtenidos por Teledetección, a través de sensores remotos, tales como fotografías aéreas e imágenes satelitales, constituyeron una importante fuente de información primaria a partir de la cual pudimos generar nuestra cartografía temática (Chuvieco 1991).

Las imágenes satelitales nos proporcionaron información referente a cubiertas vegetales, aspectos geomorfológicos e hidrológicos. Además, el carácter numérico de los datos, permitió que esta información pudiera ser trabajada en forma matemática (Chapa et al. 1998), mediante la aplicación de procesos tales como índices (ver más adelante índice NDVI), filtros y clasificaciones, de los cuales derivamos nueva información cartográfica. Por su parte, las fotografías aéreas fueron otra importante fuente de información sobre la superficie terrestre, permitiendo la observación de fenómenos a una mayor escala de detalle.

La aplicación de técnicas de interpretación visual y procesamiento digital, sobre imágenes satelitales y fotografías aéreas, nos brindó información sobre las distintas variables analizadas, a una escala de detalle muy superior a la ofrecida actualmente en el mercado. Así, mientras que los distintos productos generados por entidades gubernamentales se ofrecen frecuentemente a escala 1:250.000 o 1:100.000, la cartografía obtenida por nosotros, proporcionó información con una resolución espacial de 10 metros para aquella derivada de las imágenes satelitales y de aproximadamente 2,5 metros para la confeccionada a partir de fotografías aéreas (6).

Los programas informáticos a los que recurrimos fueron:
Arc View 8.3
ER Mapper 7.0

La cartografía de base utilizada fue:
- una Imagen satelital Landsat 7 ETM del área;
- fotografías aéreas escala 1:50.000 del Instituto Geográfico Nacional (IGN), llevadas por ampliación a 1:20.000;
- Hojas topográficas Salta y San Antonio de los Cobres a escala 1:250.000 del IGN (1990) y Nevado de Chañi 1:100.000 (Copia heliográfica, Dirección Nacional de Minería 1956-59).

La imagen satelital fue previamente georreferenciada a través del Er Mapper, mediante el uso de coordenadas espaciales obtenidas de la cartografía y puntos de control tomados con GPS. El sistema de proyección seleccionado fue Gauss Kruger y el Datum WGS 84, dado que son los más frecuentemente utilizados por los distintos organismo encargados de la producción de información geoespacial en la Argentina. En forma paralela se construyó un Mosaico digital aerofotográfico georreferenciado del área, previo escaneo, corrección geométrica y balance radiométrico de los fotogramas seleccionados. La georreferenciación se realizó de igual forma que con la imagen satelital.

De la combinación de la imagen satelital y los fotogramas se logró una imagen (Imagen satelital intensificada), que reúne la amplia resolución espectral propia de las primeras, con la mayor resolución espacial de las segundas. Para esto se recurrió a una función específica del ER Mapper.

A partir de esta cartografía de base e información de campo, se confeccionaron distintos mapas temáticos. El primero de ellos fue un Mapa de sitios arqueológicos, el cual fue utilizado en todos los análisis. Para su confección, cada sitio que compone la muestra fue georreferenciados en el terreno mediante GPS. El principal problema surgido en la confección de dicho mapa, radicó en la dificultad de establecer con precisión los límites de los sitios. Esto se debió a la falta de trabajos intensivos de excavación y fundamentalmente a los procesos post- depositacionales que han actuado sobre las estructuras arquitectónicas, tales como reocupación actual del área para actividades agrícolas, reutilización de materiales constructivos para la edificación moderna, entre otros. Consecuentemente, los límites fueron definidos por la presencia de material arqueológico en superficie, hasta tanto se cuente con información proveniente de nuevas excavaciones.

En los párrafos siguientes, organizados en función de los análisis propuestos, detallamos los restantes mapas confeccionados, así como los procedimientos técnico-metodológicos implementados.

1) Análisis de la potencialidad agrícola-ganadera de los suelos presentes en el entorno de cada uno de los sitio. Previamente, fue necesario confeccionar un Mapa de usos del suelo. En este sentido, la potencialidad económica de cada tipo de suelo se definió en base a las distintas coberturas vegetacionales (reflejo de otros aspectos tales como humedad y nutrientes) y al grado de pendiente del suelo. Por ello, la confección de dicho mapa, requirió que previamente se realizara un Mapa de coberturas vegetacionales y otro de Pendientes.

Para el primero se aplicó sobre la imagen satelital ya georreferenciada, mediante el ER Mapper, un índice de vegetación conocido como NDVI. Éste resulta de la combinación de diferentes bandas espectrales y tuvo por objeto realzar en la imagen la contribución de la vegetación. Además brinda información sobre aspectos subyacentes (litológicos, topográfico, humedad) los que, a diferencia de la cubierta vegetal, son relativamente estables a largo plazo y por lo tanto, de gran utilidad arqueológica (Chapa et al. 1998).

La información brindada por la aplicación del índice NDVI, supervisada con los datos obtenidos mediante observaciones del terreno, permitió definir distintas coberturas de vegetación, que fueron vectorizadas manualmente con el programa Arc View.

En forma independiente, a través de este mismo programa, se creó un Mapa de Pendientes. El paso previo para su realización fue la confección de un Modelo Digital de Elevación (DEM) del área de estudio, es decir, un modelo de la topografía del área, de estructura raster (Silió Cervera et al. 2001). Los datos altimétricos se obtuvieron de la digitalización de las curvas de nivel de la hoja topográfica, con una equidistancia de 100 m. Además, para el perímetro de 1 kilómetro alrededor de cada sitio, correspondiente al máximo radio considerado en los análisis a realizar, se tomaron puntos altimétricos de control con GPS, cada 10 metros, que permitieron aumentar la resolución espacial y precisión de la topografía.

En resumen, el Modelo de elevación obtenido posee una resolución espacial de 100 metros para el total del área y de 10 metros para el perímetro de 1 kilómetro desde cada sitio.

A partir del DEM se creó un TIN (triangulated irregular network). Es decir, un modelo de elevación, pero que a diferencia del DEM, posee una estructura vectorial (Silió Cervera et al. 2001), necesario para la realización de diversos cálculos de superficie. Utilizando una función específica del Arc View, se creó, también a partir del DEM, un Mapa de Pendientes en donde se clasificaron las diferentes superficies según su ángulo de inclinación: 0° a 8°, 8° a 20° y 20° a 45°. Los valores fueron definidos tomando en consideración los requerimientos tecnológicos necesarios para la explotación agrícola, según el grado de pendiente del suelo (Raffino 1975).

La combinación del mapa temático de coberturas de vegetación, junto al de pendientes resultó en un Mapa de Usos del Suelo. En él discriminamos 4 tipos: 1) suelos fértiles, bien drenados con pendientes menores a 8° (aptos para prácticas agrícolas y ganaderas extensivas); 2) suelos de estepa densa con pendientes entre 0° y 8° (con alto potencial forrajero); 3) suelos esteparios de piedemonte con pendientes entre 8° y 20° (con menor potencial forrajero y agrícola); 4) suelos con vegetación dispersa y pendientes superiores a los 20° (nulo potencial agrícolo-ganadero).

Finalmente, se definieron las «Áreas de accesibilidad» de 500 metros. En términos de accesibilidad, el desplazamiento desde cada sitio al entorno o viceversa, está condicionado por la pendiente y los cursos de agua. Combinando dos mapas donde se consignaban estas variables, se generó, a través de la función Cálculo de coste del Arc View, un Modelo de coste de sitio, hasta una distancia de 500 metros desde cada uno de ellos. En él se representa el esfuerzo de desplazamiento impuesto por el relieve y la red hidrográfica, por lo que el área queda definida de forma irregular. La posterior vectorización de dicho modelo, dio origen a las Áreas de accesibilidad definidas para cada sitio, y sobre las cuales se cuantificó la presencia de los distintos tipos de suelo definidos en el Mapa de usos del suelo (Figura 4).

2) El acceso directo a fuentes de agua
Este análisis requirió que se confeccionara un mapa temático donde se representara este último recurso. El Mapa de la red hidrológica se digitalizó en el Arc View, sobre la base de la interpretación visual de la Imagen satelital Intensificada, mientras que la clasificación de los cursos, en permanentes y transitorios, fue supervisada con las hojas topográficas. Posteriormente al igual que se procedió con las áreas de accesibilidad se generaron tres radios de 100, 200 y 300 metros a partir de cada curso de agua, a los fines de evaluar en cual de ellos se ubican los sitios arqueológicos.

3) También se creó un Mapa de redes de tránsito que nos permitió analizar la vinculación espacial de los sitios con pasos y líneas naturales de circulación. Las variables utilizadas para su confección fueron nuevamente la topografía y la red hidrográfica, dado que ambas condicionan la manera en que puede desarrollarse el desplazamiento peatonal, dentro de una determinada área. Partiendo de estas variables, representadas en el DEM y en el Mapa de la red hidrológica respectivamente, se generó a través de la función Cálculo de coste del Arc View, un Modelo general de coste de desplazamiento. En él, se discriminan distintas áreas según la dificultad de desplazamiento que involucren. La posterior vectorización del modelo dio como resultado un Mapa de redes de tránsito, en donde quedan contempladas las principales líneas y pasos naturales de tránsito.

4) por último, estudiamos la ubicación topográfica de cada asentamiento. Para ello se crearon, mediante la función Buffer del Arc View, radios fijos de 500 metros a partir del sitio. Posteriormente se cuantificó la superficie ubicada por debajo, encima o a igual altura que cada uno de los sitios, para el radio considerado (Figura 5).

3.5 Resultados y Discusión

Los distintos análisis locacionales llevados a cabo nos permitieron arribar a los siguientes resultados:

1) Al analizar la potencialidad agrícola y ganadera del entorno de cada sitio para el Área de Accesibilidad de 500 metros (Figura 6 y Tabla 1) se observó que:

- Las Cuevas, Cerro El Dique y Potrero Grande presentan porcentajes similares de suelos fértiles de fondo de valle, aptos para la agricultura y ganadería extensivas (tipo 1) (alrededor del 30 %). Mientras que para La Encrucijada, y La Mina se observaron valores inferiores para este tipo de suelo (20%).

- En todos los sitios analizados predominan los suelos de tipo 2, es decir, suelos de estepa densa con pendiente inferior a los 8°, con alto potencial forrajero. Estando representados entre un 47 y 68 %.

- Se observó además, una amplia variación en los porcentajes de suelos con pendiente superior a los 8°, de bajo potencial forrajero y agrícola (suelo de tipo 3). Al respecto, los porcentajes más bajos se observaron en Las Cuevas y Potrero Grande (entre un 2 y 5%), seguidos por Cerro El Dique (11%), La Mina (19 %) y finalmente La Encrucijada, que posee porcentajes sustancialmente superiores a los de los restantes sitios (30 %).

- Por último, los suelos de tipo 4 (suelos con vegetación dispersa de marcada pendiente y nulo potencial agrícola o ganadero) solo están presentes, y en muy bajos porcentajes en La Mina y La Encrucijada (7 y 5 % respectivamente).

De lo anterior se desprende que los sitios analizados mostraron altos porcentajes para el conjunto de suelos de tipo 1 y 2, es decir, de aquellos suelos con alta potencialidad económica agrícola y ganadera. Estos resultados son consistentes con el modelo de aldeas agropastoriles asociadas a campos agrícolas, estepas de pastoreo y cotos de caza, propuesto por Raffino (1977) para los sitios Formativos de la Quebrada del Toro. Mientras los suelos de tipo 1 son áreas de alto potencial para el desarrollo de

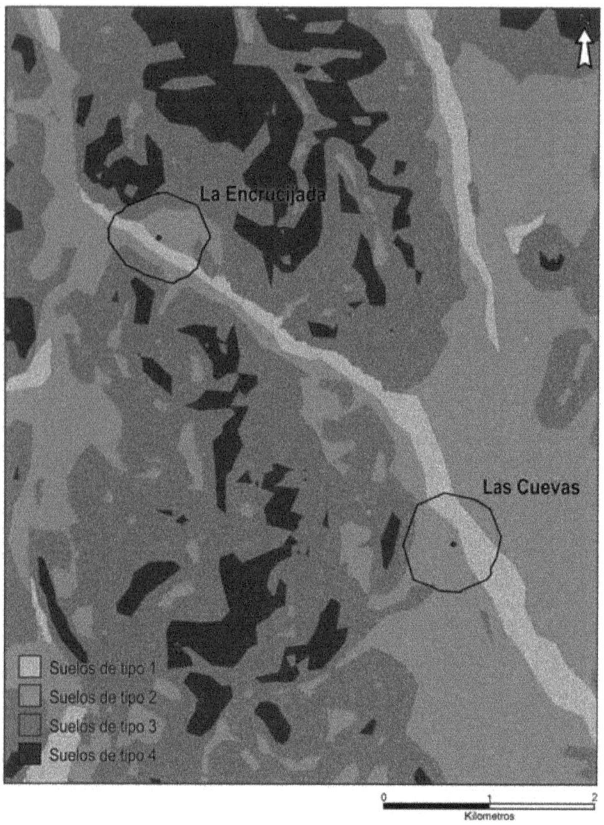


Figura 4. En el mapa se observan las Áreas de Accesibilidad de 500 definidas para el sitio Las Cuevas (inferior) y La Encrucijada (superior), en relación a la presencia de los distintos tipos de suelo. Se observa además, la irregularidad de cada una de las áreas.

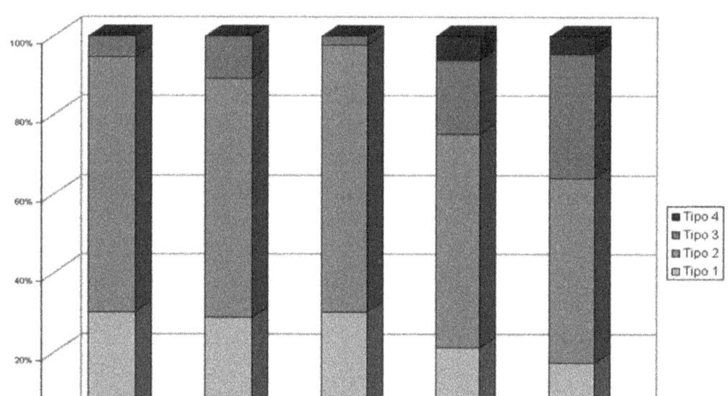


Figura 6. Gráfico de porcentajes de cada tipo de suelo en el Área de Accesibilidad de 500 metros.

prácticas agrícolas y ganaderas de tipo extensivas, como las que han sido planteadas para el Formativo local (Raffino 1997, 1988; De Feo 2004), los suelos de tipo 2 ofrecen altas concentraciones de pasturas para el ganado y animales no domésticos. En relación a esto último, según se ha registrado en contextos de excavación, los animales provenientes de la caza han constituido un significativo aporte a la dieta de estas poblaciones (Raffino et al. 1977; De Feo 2004).

Si bien en todos los casos los suelos de alta potencialidad económica (tipos 1 y 2) son predominantes, en los casos de La Mina y La Encrucijada, los valores para estos suelos son

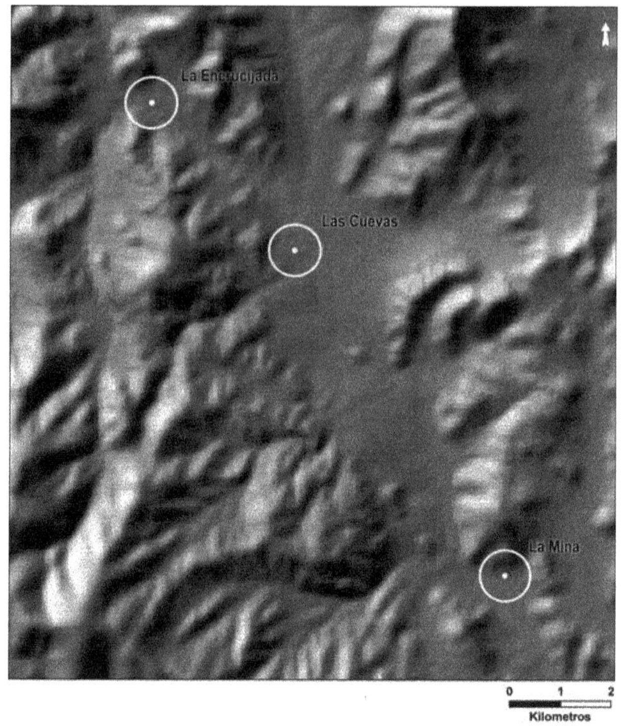


Figura 5. Este mapa muestra las Áreas Buffer de 500 metros definidas para La Encrucijada (superior) y Las Cuevas (inferior) sobre un Modelo Digital de Elevación del área.

Las Cuevas, Cerro El Dique y Potrero Grande no permiten afirmar que existan condiciones medioambientales más favorables, al menos en relación a esta variable.

2- Por otra parte, al analizar la distancia de cada sitio con respecto a los a los principales cursos de agua, se observó que todos ellos se interceptan con el radio de 100 metros definido a partir de los cursos permanentes (Figura 7), mientras que para los de régimen transitorio, no pudo establecerse una clara tendencia. En cuanto a la relación espacial entre sitios y cursos de agua permanentes, se hallan separados por los campos agrícolas, localizados en la franja fértil de fondo de valle (suelos de tipo 1), acorde al modelo de emplazamiento sugerido por Raffino (1977, 1988).

3- A partir del cruce de la información del Mapa de redes de tránsito y la ubicación de los sitios arqueológicos, se determinó que estos últimos están emplazados sobre rutas naturales de circulación. (Figura 8). De este análisis también surgió que todos los sitios se ubican en zonas de intersección de vías, situación que facilita el desplazamiento desde cada uno de ellos, tanto en sentido N-S como E-O. Dicha posición debió cobrar gran importancia en el marco de los sistemas de subsistencia e intercambio propuestos para el Formativo, para los cuales se ha planteado una gran movilidad regional, la cual posibilitó el acceso directo e indirecto a través de intercambios, a distintos pisos altitudinales con oferta diferencial de recursos (Núnez y Dillehay 1978; Tarragó 1984; Olivera 1988).

4- El análisis de la ubicación topográfica relativa de cada sitio para el radio de 500 metros permitió diferenciar dos situaciones (Figura 9). Por un lado, se observó que para

Las Cuevas, Cerro El Dique y de formas más marcada en Potrero Grande, la mayoría del área comprendida dentro de dicho radio se ubica en cotas de igual o menor altura que aquellas donde se emplazan los sitios. Y aunque existe un porcentaje dentro de este radio de áreas con mayores cotas, estas son inferiores. Puede decirse entonces, que los tres sitios mencionados ocupan posiciones altitudinales intermedias para este radio de distancia.

Contrariamente, los resultados obtenidos para La Mina y La inferiores a los registrados en los restantes sitios. Pensamos que esto es consecuencia de su ubicación, como se verá en el análisis de la posición topográfica, en una porción angosta y escarpada de la Quebrada de Las Cuevas, por lo cual los suelos de mayor pendiente, como son los de tipo 3 y 4 se encuentran más representados que los de tipo 1 y 2.

Más allá de las diferencias señaladas para La Mina y La Encrucijada, los porcentajes similares observados para los suelos de alto potencial económico (suelos de tipo 1 y 2) en

| | Las Cuevas | Cerro. El Dique | Potrero Grande | La Mina | La Encrucijada |
|---|---|---|---|---|---|
| Tipo 1 | 30 % | 29 % | 30 % | 21 % | 18 % |
| Tipo 2 | 65 % | 60 % | 68 % | 53 % | 47 % |
| Tipo 3 | 5 % | 11 % | 2 % | 19 % | 30 % |
| Tipo 4 | 0 % | 0 % | 0 % | 7 % | 5 % |

Tabla1. Porcentaje de cada tipo de suelo por sitio para el Area de Accesibilidad de 500 metros.

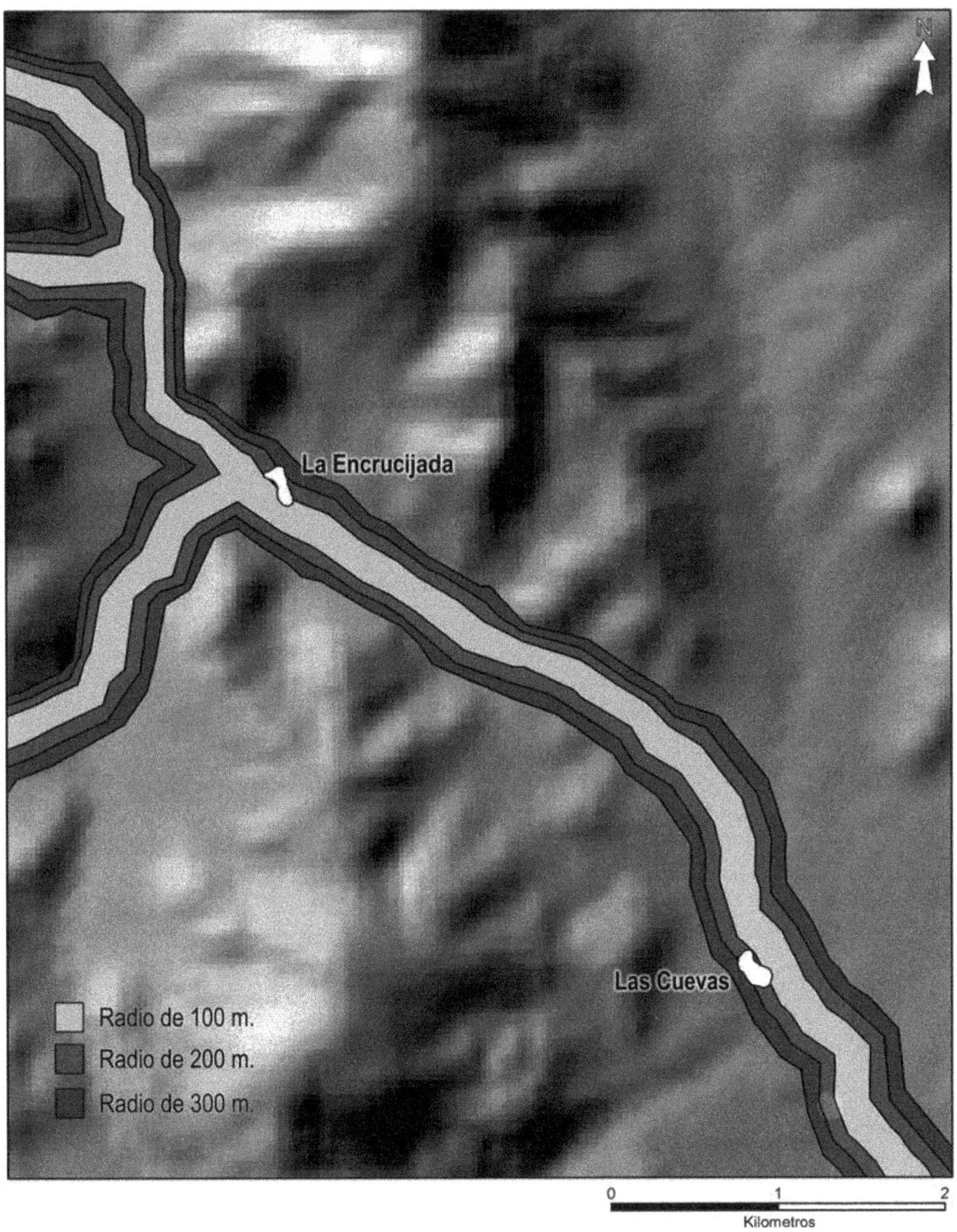


Figura 7. En este mapa puede observarse la intersección de los sitios Las Cuevas (inferior) y La Encrucijada (superior) con el intervalo de 100 metros trazado a partir de los cursos de agua permanentes.

Figura 8.
Este mapa muestra la vinculación de cada uno de los sitio con las principales rutas naturales de des-plazamiento, señaladas en una tonalidad más clara.

Encrucijada mostraron que la mayor parte de la superficie ubicada dentro del radio de 500 metros corresponde a cotas superiores a las de los sitios. Este alto porcentaje de superficie con alturas mayores, así como la escasa representación de áreas con cotas inferiores a las de los sitios, permiten afirmar que estos últimos ocupan posiciones altitudinales inferiores dentro del área de 500 metros analizada.

La situación observada en Las Cuevas, Cerro El Dique y Potrero Grande puede explicarse como consecuencia de la localización de los asentamientos en áreas bajas de piedemonte, por encima de los fondos de valle, razón por la cual muestran cierta dominancia con respecto a su entorno. Por el contrario, en los casos de La Mina y La Encrucijada, si bien su emplazamiento responde también al mismo patrón de localización, por el hecho de ubicarse en sectores más angostos de las quebradas, las superficies con cotas mayores están más representadas.

La localización en zonas bajas de piedemonte le confiere a los sitios un control directo de las áreas fértiles de fondo de valle, ubicados siempre en cotas inferiores, al igual que a los cursos de agua y las principales rutas naturales de circulación, como se ha visto en los análisis anteriores.

## 4. CONCLUSIONES

Los resultados obtenidos de los análisis locacionales realizados en cada sitio, mostraron ciertas regularidades en el comportamiento de las variables consideradas. En relación a la potencialidad económica de los suelos del entorno de cada sitio, Las Cuevas presentó porcentajes similares para los suelos con alto potencial económico (tipo 1 y 2), a los registrados en Cerro El Dique y Potrero Grande. Por su parte, el análisis de la distancia de cada asentamiento con respecto a los a los principales cauces de agua, mostró que todos los sitios considerados (Cerro El Dique, Potrero Grande, Las Cuevas, La Encrucijada y La Mina) se interceptan en un radio no mayor de 100 metros definido a partir de los cursos permanentes. También todos los sitios mostraron estar localizados sobre rutas y pasos naturales de circulación. Finalmente, el análisis de la ubicación topográfica relativa de cada sitio para el radio

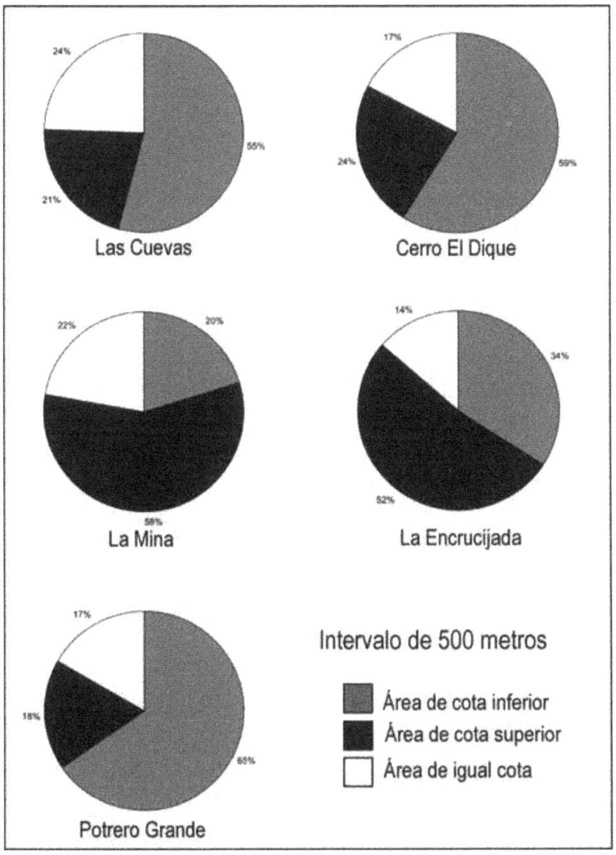


Figura 9. Grafico que ilustra los porcentajes de áreas con igual, menor o mayor cota para el radio de 500 metros definido a partir de cada sitio.

de 500 metros, evidenció una situación de emplazamiento semejante para los sitios Las Cuevas, Cerro El Dique y Potrero Grande.

Como se desprende del párrafo anterior, las similitudes se dieron de manera más marcada entre los sitios de Las Cuevas, Cerro El Dique y Potrero Grande, lo que se explica, como mencionamos anteriormente, como consecuencia de su emplazamiento en sectores más amplios de quebrada. A nuestro entender, estas similitudes no permite sostener la hipótesis que adjudica la presencia del patrón monticular registrado en Las Cuevas a condiciones medioambientales más favorables.

Este trabajo constituye un ejemplo más de las potencialidades que presentan los SIG para el abordaje de fenómenos espaciales, particularmente en la contrastación de hipótesis de tipo locacionales. En nuestro caso, que abarcaba un área de gran extensión y requería del manejo diversas variables medioambientales, con los costos económicos, temporales y logísticos que ello implica, la implementación de SIG se presentó como una interesante alternativa metodológica. Concretamente, su uso nos permitió manejar grandes volúmenes de información espacial proveniente de fuentes diversas, así como también, realizar complejos análisis espaciales que de manera manual habrían sido altamente engorrosos, cuando no imposibles.

Asimismo, su aplicación conjunta con técnicas de interpretación visual y procesamiento matemático de imágenes, auxiliado por datos de campo y el empleo de GPS, nos posibilitó generar un modelo cartográfico digital de la región, con datos espaciales precisos y a escalas acordes a nuestros problemas. Más allá de la utilidad que estas técnicas han tenido en la resolución de nuestra problemática, son de aplicabilidad en la resolución de otros problemas arqueológicos, donde la cartografía disponible no cumpla con requisitos necesarios en cuanto a cobertura, escala y/o precisión.

*Agradecimientos*
Un especial reconocimiento a las comunidades de Las Cuevas y El Toro por su invalorable hospitalidad. A todos los estudiantes y graduados que participaron en los diversos trabajos de campo. A la Comisión Nacional de Investigaciones Científicas y Tecnológicas (CONICET) por la beca gracias a la cual pudo desarrollarse esta investigación y al Dr. R. Raffino, por su dirección. A las Lic. M. G. Raviña y A. Fernández y a los evaluadores por la lectura y valiosos comentarios acerca del manuscrito, siendo de mi exclusiva responsabilidad todo lo expuesto en este trabajo.

## REFERENCIAS BIBLIOGRÁFICAS

Allen, K., S. Green y E. Zubrow (editores)
1990 *Interpreting Space: GIS and Archeology.* Taylor & Francis, London.

Baena, J., C. Blasco y F, Quesada (editores)
2003 *Los SIG y el análisis espacial en Arqueología.* Ediciones UAM, Madrid.

Bosque Sendra, J.
1997 *Sistemas de Información Geográficas.* Ediciones Rialp, Madrid.

Chapa, T., J.M. Vicent, A. Rodríguez y A. Uriarte
1998 Métodos y técnicas para un enfoque regional integrado en Arqueología: el proyecto sobre el poblamiento ibérico en el área del Guadiana Menor (Jaén). *Arqueología Espacial* 19-20: 105-120..

Chuvieco, E.
1991 *Fundamentos de teledetección espacial.* Ediciones Rialp, Madrid.

Cigliano, E., R. Raffino y H. Calandra
1972 Nuevos aportes para el conocimiento de las entidades alfareras tempranas del Noroeste Argentino. *Relaciones de la Sociedad Argentina de Antropología* VI (NS): 225-236.

Cigliano, E., R. Raffino y H. Calandra
1976 La aldea Formativa de Las Cuevas (Provincia de Salta). *Relaciones de la Sociedad Argentina de Antropología* X (NS): 73-130.

De Feo, M. E.
2004 Informe final, Beca de Iniciación, UNLP. Ms. Universidad Nacional de La Plata, Buenos Aires, Argentina.

González, A. R. y J. A. Pérez
1966 El Área Andina Meriodional. *Actas XXXVI Congreso Internacional de Americanistas* Volumen 1, pp. 241-265, Sevilla.

Knoche, W. y W. Borzacov
1947 El clima de la República Argentina. *Sociedad Argentina de Estudios Geográficos*, tomo VI, Buenos Aires.

Lock, G. y Z. Stancic (editores)
1995 *Archaeology and Geographical Information Systems. A European Prespective.* Taylor & Francis, Londres.

Méndez Fernández, F.
1998 Definición y análisis de poblados de la Edad del Bronce en Galicia. En *A Idade do Bronce en Galicia: novas perspectivas*, editado por R. Fábregas Valcarcé, pp. 153–190. Colección Cadernos do Seminario de Sargadelos, 77. Ediciós do Castro, Sada.

Núñez, L.
1984 El asentamiento Pircas: Nuevas evidencias de tempranas ocupaciones agrarias en el Norte de Chile. *Estudios Atacameños* 7: 152-177, San Pedro de Atacama.

Núñez, L. Y T. Dillehay
1978 *Movilidad giratoria, armonía social y desarrollo en los Andes Meridionales: Patrones de tráfico e interacción económica. Ensayo* (1ra.. Edición), Universidad Católica del Norte, Antofagasta.

Olivera, D.
1988 La opción productiva: apuntes para el análisis de sistemas adaptativos del Período Formativo del NOA. *Precirculados de las Ponencias Científicas a los Simposios del IX° Congreso Nacional de Arqueología Argentina,* pp. 83-101. Instituto de Ciencias Antropológicas (UBA), Buenos Aires.

Olivera, D.
2001 Sociedades agropastoriles tempranas: el Formativo Inferior del Noroeste Argentino. En *Historia Argentina Prehispánica,* Tomo I, E. Berberian y A. Nielsen editores, pp. 83-125. Editorial Brujas, Córdoba.

Parcero Oubiña, C.
2000 Tres para dos. Las formas de poblamiento en la Edad del Hierro del Noroeste Ibérico. *Trabajos de Prehistoria* 57 (1): 75-95.

Ponce Sangines, C.
1970 Wankarani y Chiripa y su relación con Tiwanacu. *Publicación* 25: 1-79. Academia Nacional de Ciencias, La Paz.

Raffino, R.
1975 Potencial ecológico y modelos económicos en el N.O. argentino. *Relaciones de la Sociedad Argentina de Antropología* IX (NS): 21-45.

Raffino, R.
1977 Las aldeas del Formativo inferior en la Quebrada del Toro, (Pcia. de Salta. Argentina). *Obra del Centenario del Museo de La Plata*, II, Antropología: 253-300, La Plata.

Raffino, R.
1988 *Poblaciones indígenas en Argentina. Urbanismo y proceso social precolombino.* Ediciones. TEA, Buenos Aires.

Raffino, R. y J. Togo
1970 El yacimiento arqueológico «Cerro El Dique» (Quebrada del Toro, Provincia de Salta). Nota preliminar. *Revista* N° 1: 5-11. Departamento de Antropología y Folklore, Comisión Municipal de Cultura, Concordia.

Raffino, R., E. Tonni y A. Cione
1977 Recursos alimentarios y economía en la Región de la Quebrada del Toro, Provincia de Salta, Argentina. *Relaciones de la Sociedad Argentina de Antropología* XI (NS): 9-30.

Rulf, J.
1993 Pre-processing of archeological data. En *Computing the Past. Computer Applications and Quantitative Methods in Archeology*, editado por Andresen, J., T. Madsen y I. Scollar, pp. 329-332. Aarhus University Press, Aarhus.

Silió Cervera, F., J. C. García Cordón, L. Campo Moreno y S. Sainz de la Maza
2001 Información espacial, Nuevas tecnologías y Medio Ambiente: Un SIG para el estudio de la vegetación en los Andes Bolivianos. En: *Historia Ambiental y Sociedad en Tarija, Bolivia*, editado por S. Beck, N. Paniagua y D. Preston, pp. 231-256. Instituto de Ecología, La Paz.

Tarragó, M.
1984 La historia de los Pueblos Circumpuneños en relación con el Altiplano y los Andes Meridionales. *Estudios Atacameños* 7: 116-132.

Tarragó, M.
1996 El Formativo en el Noroeste Argentino y el Alto Valle Calchaquí. Actas y memorias del XI° Congreso Nacional de Arqueología (11ra. parte). *Revista del Museo de Historia Natural de San Rafael*, Tomo XXIII (1/4): 103- 119, Mendoza.

Walter, H.
1966 Grabung Mound Huankarani. *Baessler Archiv, N.F. Beiheft logische Studien in den Kordilleren Boliviens* II: 17-185, Berlin. Traducido por A. I. Distel. Ediciones Mankacén, Buenos Aires.

Wescott, K. y J. Brandon (editores)
2000 *Practical Applications of GIS for archaeologists. A predictive modeling kit.* Taylor & Francis, Londres.

## Notas

(1) En esta caracterización no se ha incluido al sitio La Mina debido a que no se cuenta con registro referente a áreas de habitación. Los datos del sitio provienen exclusivamente de entierros.

(2) El rango de ocupación definido para Las Cuevas va de los 2485± 60 AP. a los 1695±30 AP., mientras que los sitios Cerro El Dique y Potrero Grande fueron fechados en 1690±50 AP y 1710±50 AP, respectivamente (Raffino, 1977, 1988).

(3) Dichas investigaciones forman parte del proyecto «Organización y uso del espacio durante el Período Formativo en la Quebrada del Toro (Pcia. Salta)».

(4) Dicha área comprende el Noroeste Argentino, norte de Chile, altiplano peruano boliviano y el extremo meridional de la costa y sierra de Perú (González y Pérez 1966)

(5) Tales como la Comisión Nacional de actividades espaciales (CONAE), el Servicio Geológico Minero Argentino (SEGEMAR), el Instituto Geográfico Nacional (IGN) y el Instituto Nacional de Tecnología Agropecuaria (INTA).

(6) Las imágenes Landsat ETM utilizadas posee una resolución espacial de 10 metros en el modo pancromático. Mientras que para las fotografías 1:50.000, la resolución es de aproximadamente 2,5 metros.

# DISTRIBUCION Y EMPLAZAMIENTO DE SITIOS ARQUEOLOGICOS EN PICA-TARAPACÁ, NORTE DE CHILE. UN ACERCAMIENTO A TRAVÉS DE LOS SISTEMAS DE INFORMACIÓN GEOGRÁFICA

Rolando C. Ajata López*

* Programa Magíster en Antropología. Departamento de Antropología, Universidad de Tarapacá, Arica, Chile. E-mail rolandoajata@gmail.com

## RESUMEN

Camiña y el Loa, en los siglos XI al XV. Presentaron diferentes modalidades de organización social, patrones arquitectónicos y énfasis económicos de acuerdo a los recursos disponibles en cada unidad geográfica. Sin embargo, poco se conoce respecto de la distribución de los asentamientos arqueológicos en la región. Además, se desconocen las particularidades del entorno de los asentamientos y de las características del relieve asociado a ellos.

A partir de un acercamiento exploratorio con sistemas de información geográfica se confeccionaron bases de datos espaciales de asentamientos arqueológicos para caracterizar las principales tendencias en el poblamiento de la región con base en las diferentes unidades geográficas y las principales cuencas hidrográficas de la Cordillera de los Andes. A nivel local del área geomorfológica de asentamiento se considera información sobre los tipos de relieve asociados, los niveles de visibilidad del entorno y valores relativos a elevaciones y profundidades máximas lo que permite caracterizar tanto el medio circundante como el emplazamiento de los sitios.

Los análisis permiten afirmar que los sitios habitacionales, funerarios y de petroglifos se corresponden con espacios que presentan una mayor densidad arqueológica, presentando una mayor agrupación entre sitios. En cambio, los sitios con geoglifos se corresponden con espacios que presentan una menor densidad arqueológica y una menor agrupación entre sitios. Por otra parte, el emplazamiento de los sitios habitacionales permite afirmar que la mayor visibilidad corresponde a los asentamientos costeros, relacionada al mar y las planicies, así como a los sectores de desembocadura de río. Esta visibilidad disminuye a medida que los sitios se localizan en unidades geográficas de mayor altitud debido principalmente a la rugosidad del terreno. Altura y visibilidad son variables interrelacionadas y en conjunto con los tipos de relieve permiten establecer interpretaciones sobre la utilización del medio circundante, así como establecer relaciones sociales entre asentamientos.

## ABSTRACT

The communities of Pica-Tarapacá (XI to XV centuries) presented different modalities of social organization, architectonic patterns and economic emphases according with the available natural resources. Nevertheless, little is known concerning the distribution of the archaeological settlements in the region. Likewise, the surrounding landforms and terrain of the associated settlements has not been sufficiently studied.

From an exploratory approach with GIS the main tendencies in regional settlement are analyzed based on different geographic units and the main river basins of the Andes Mountain. At a local level information on the associated types of terrain, the levels of visibility of the surroundings and values relative to altitude is considered. It made it possible to characterize the surroundings and location of the archaeological sites.

The results how association between kinds of sites and archaeological densities with certain portions of the landscape. There is also correlation between greater site visibility on certain coastal features that diminishes with more rugged terrain at higher altitudes. These relationships allow interpretations concerning landuse and social connections among settlements.

## INTRODUCCIÓN

En este trabajo se presentan los primeros resultados de un análisis espacial mediante sistemas de información geográfica de las evidencias arqueológicas disponibles para el Complejo Cultural Pica-Tarapacá del Norte de Chile del Período Intermedio Tardío (1,000 - 1,450 DC). Los objetivos buscan conocer la distribución de asentamientos arqueológicos del complejo en relación con los diferentes espacios regionales, así como caracterizar las principales variables territoriales del área geomorfológica en determinados sitios habitacionales. De esta manera, se presentan índices territoriales sobre densidad, ocupación del espacio y agrupamiento de las evidencias arqueológicas de acuerdo a las unidades geográficas y cuencas hidrográficas que componen la región de estudio, así como se señalan las principales tendencias en la distribución de los sitios habitacionales, funerarios y de arte rupestre del Complejo Pica-Tarapacá. Además, se presentan los resultados del análisis de emplazamiento de seis sitios habitacionales localizados en las unidades geográficas de la Planicie Litoral, el Plano Inclinado y la Precordillera, considerando sus características de visibilidad y altura, así como los tipos de relieve del entorno de los asentamientos.

## EL COMPLEJO CULTURAL PICA-TARAPACÁ: MOTIVACIONES DEL ESTUDIO

En la región comprendida entre los valles de Camiña y Loa en el Norte de Chile se ha documentado una serie de evidencias arqueológicas que, si bien comparten elementos culturales con los complejos arqueológicos vecinos de Arica y Loa-San Pedro, constituyen una entidad arqueológica diferente (Figura 1). A este conjunto de evidencias que se manifiestan en momentos del Período Intermedio Tardío (1,000 - 1,450 DC) se le denomina Complejo Cultural Pica-Tarapacá (Núñez 1965, 1971, 1979, 1992; Núñez 1983; Schiappacasse *et al.* 1989; Uribe 2006). Algunos autores señalan que el lugar que ha recibido la atención más sistemática del complejo corresponde al Valle de Tarapacá, y que los acontecimientos ocurridos en este valle debieran reflejar lo que sucede en el resto de los valles (Schiappacasse *et al.* 1989). De esta manera, entre los 1,200 y 1,600 msm se localizan una serie de aldeas caracterizadas por un patrón constructivo aglutinado con recintos de piedra y rocas calcáreas de planta ortogonal. Otras aldeas localizadas entre los 2,000 y 3,500 msm se caracterizan por un patrón constructivo no planificado con recintos de piedra de planta circular, subrectangular e irregular. Mientras tanto, en la costa los sitios habitacionales se caracterizan por un patrón constructivo ortogonal e irregular con muros de piedra y argamasa y paredes de material ligero (Adán *et al.* 2005; Adán y Urbina 2004, 2005; Núñez 1971; Núñez 1983).

Los distintos patrones observados en la región arqueológica de Pica-Tarapacá han sido interpretados como tres modalidades en la estructura de las organizaciones sociales tarapaqueñas (Adán *et al.* 2005, Uribe 2006). Así, las comunidades de la costa, con un fuerte énfasis en la recolección y caza de especies marinas, son herederas de una antigua tradición costera enraizada en los períodos Arcaico (9,000 - 1,000 AC) y Formativo (1,000 AC - 1,000 DC). Las comunidades de valles y oasis, por su parte, se encuentran estrechamente vinculadas con las poblaciones del Formativo y manifiestan una segmentación productiva con base en los recursos arbóreos de la Pampa del Tamarugal (*Prosopis chilensis, Prosopis tamarugo*) y el cultivo intensivo del maíz (*Zea mays*). Las comunidades precordilleranas, en cambio, se vinculan a los desarrollos culturales de Valles Occidentales y Altiplano con un fuerte énfasis en la producción agrícola de altura y en actividades de ganadería[1]. Estas modalidades de costa, valle y precordillera se integran de acuerdo a un sistema de complementariedad económica y social que se sustenta en las características medioambientales de las diferentes unidades geográficas a nivel regional. En este sentido, el estudio de diferentes materialidades arqueológicas confirma una fluida interacción entre grupos sociales, siendo el tráfico de caravanas el sistema que permite el intercambio de recursos económicos de una gran variedad de ecosistemas (Briones *et al.* 2005; Carrasco 2005; Catalán 2005; González 2005; Núñez 1976, 1985, 1992; Núñez y Dillehay 1995; Valenzuela 2005; Vidal 2005).

El estudio del tráfico caravanero en el Norte de Chile ha permitido relacionar ciertos componentes arqueológicos, tales como geoglifos, petroglifos y senderos troperos, con su contexto geográfico (Briones 2006; Briones *et al.* 2005; Núñez 1976, 1985). De esta manera, Núñez (1976) señala que la mayoría de los geoglifos se localizan en las inmediaciones de la Pampa del Tamarugal, en lugares estériles que necesariamente debieron ser atravesados por caravaneros, y que las *apachetas* se sitúan preferentemente en la frontera ecológica entre valles altos y altiplano. Ahora bien, Ajata (2006a) caracteriza de manera general el comportamiento de los asentamientos arqueológicos simples y complejos con miras a entender los diferentes énfasis en la ocupación del Altiplano de Tarapacá y la relación con los complejos culturales vecinos. Pese a ello, no se ha puesto mayor énfasis en conocer la distribución de los asentamientos arqueológicos en el contexto de la región arqueológica de Pica-Tarapacá.

Por otra parte, en el norte de Chile existen escasas experiencias en las que se ha utilizado la información del área de asentamiento para caracterizar y relacionar los asentamientos arqueológicos. Por ejemplo, algunos trabajos han permitido identificar las áreas de emplazamiento y cuantificar la cobertura de recursos en asentamientos tardíos (Cornejo 1984; Piazza 1981), así como establecer niveles de articulación territorial en asentamientos agrícolas tardíos (Ajata 2006b). En Pica-Tarapacá aún no se han realizado experiencias de este tipo.

## UNIDADES GEOGRÁFICAS Y ASENTAMIENTOS HUMANOS

Los grupos que ocupan la región arqueológica de Pica-Tarapacá comprenden varias unidades geográficas que se disponen a modo de franjas longitudinales. De mar a cordillera estas unidades son la Planicie Litoral, Cordillera de la Costa, Pampa del Tamarugal, Plano Inclinado, Precordillera y Altiplano[2] (Niemeyer 1989; Velozo 1974)[3].

La Planicie Litoral (Figura 2) es una franja de terreno estrecha (ancho máximo de 2.7 km) que se dispone junto al Océano Pacífico. Su extensión longitudinal se interrumpe con la caída abrupta de la Cordillera de la Costa al mar que la separa en dos secciones. Una septentrional que se extiende desde Punta Gorda hasta Punta Junín (46 km) y una meridional que se extiende desde Iquique hasta la desembocadura del Río Loa (138 km). Las investigaciones arqueológicas han documentado asentamientos en la desembocadura de la quebrada de Tiliviche, Punta Pichalo, Bajo Molle, Los Verdes, Patillos, Cáñamo, Chipana, Caleta Huelén 42, entre otros (Adán y Urbina 2004; Bird

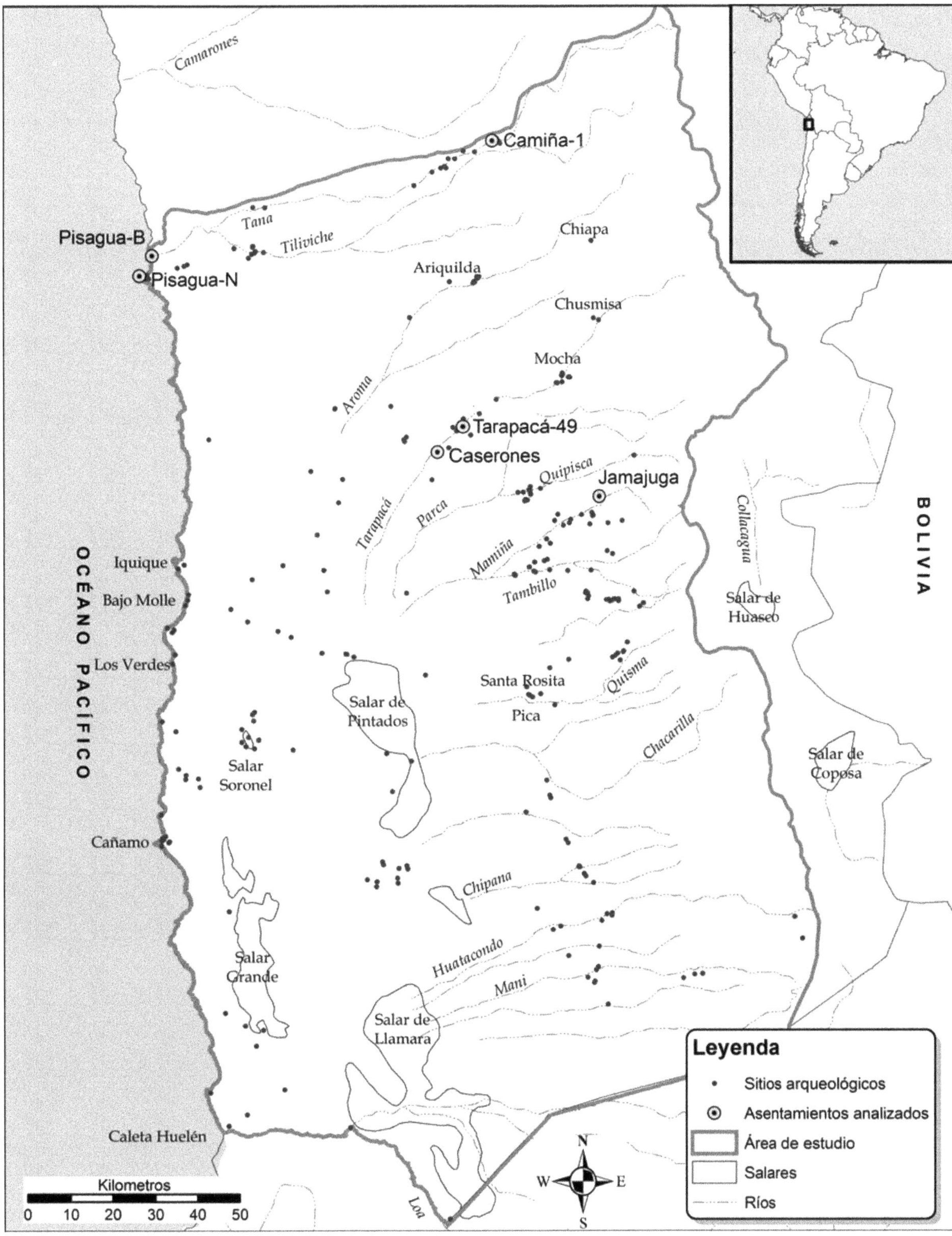


Figura 1. Distribución de sitios arqueológicos del Complejo Cultural Pica-Tarapacá.

1943; Moragas 2004; Olmos y Sanhueza 1984; Rivera y Aufderheide 1998; Schiappacasse *et al.* 1989). Estos yacimientos aprovechan las aguadas que nacen a los pies de la Cordillera de la Costa, la humedad que producen las neblinas o *camanchacas*, o las avenidas estacionales de agua de río en las zonas de eficiencia de desembocadura (Núñez y Varela 1965). Los tipos de relieve local asociados a los asentamientos costeros corresponden a islas, mar, planicie, ladera y, excepcionalmente, lecho de río. Éstos son utilizados para desarrollar las principales actividades económicas de la población costera. Así, el mar y la planicie constituyen fuentes de recursos permanentes para la caza, pesca y recolección de especies marinas; las islas reúnen gran variedad aves y fauna marina y constituye una fuente inagotable de *guano* necesaria para la agricultura de tierras altas; las laderas, en general, carecen de recursos aunque concentran en las partes más elevadas la vegetación de altura o *lomas* alimentadas por la humedad de las *camanchacas*

(Muñoz *et al.* 2001).

La Cordillera de la Costa (Figura 2) presenta una altura promedio de 963 msm y alcanza elevaciones de hasta 1,739 msm en el Cerro Constancia. Su lado occidental se presenta como un continuo farellón rocoso que cae abruptamente al mar por *ca* 1,000 m de altura. Su lado oriental presenta estribaciones que se internan en la Pampa del Tamarugal, así como pasos que se introducen en la cordillera, los cuales fueron utilizados como lugar de tránsito entre la costa y las tierras altas (Briones *et al.* 2005; Núñez 1976). Sin embargo, esta formación no presenta las condiciones adecuadas para el hábitat humano permanente debido a la escasez de agua y recursos vegetales[4]. Así, las investigaciones arqueológicas han documentado principalmente senderos, campamentos estacionales y geoglifos (Briones 2006; Briones y Álvarez

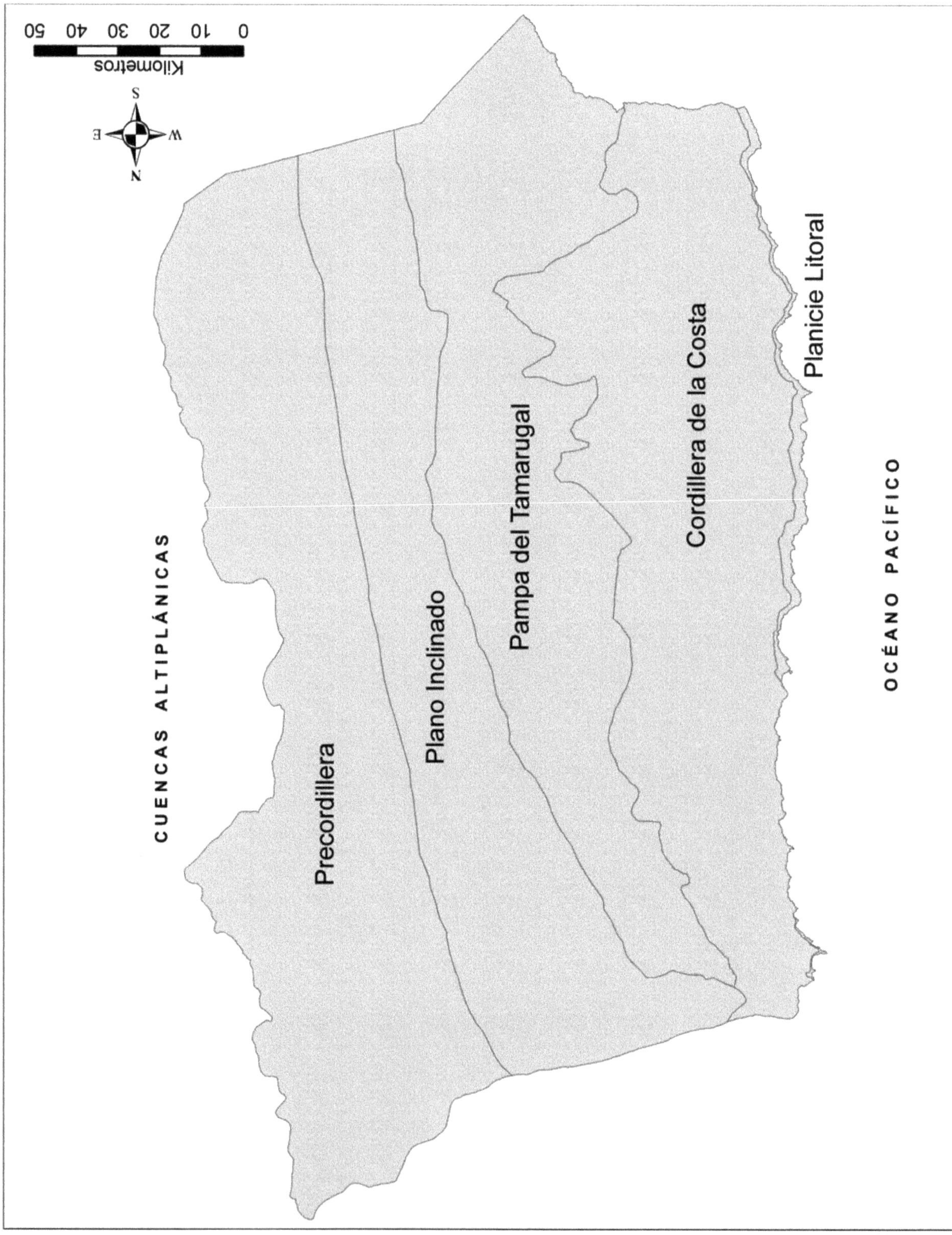


Figura 2. Unidades geográficas de la región Pica-Tarapacá.

1984; Briones *et al.* 2005; Cerda *et al.* 1985; Núñez 1976; Núñez y Dillehay 1995).

La Pampa del Tamarugal (Figura 2) es una extensa planicie que se desarrolla entre la Cordillera de la Costa y la Cordillera de los Andes. Presenta una pendiente menor a cinco grados y alturas que varían entre los 800 y 1,400 msm. En la parte oriental de la Pampa del Tamarugal se han formado conos de deyección como consecuencia de los procesos de depositación aluvial de las quebradas andinas, siendo utilizados para el desarrollo de actividades agrícolas estacionales a través de los recursos hídricos disponibles en época estival (Bermúdez 1975; Núñez 1971; Velozo 1974). Algunos recursos importantes de este espacio son la sal; los recursos líticos; y los bosques de algarrobo (*Prosopis chilensis*) y tamarugo (*Prosopis tamarugo*), que a partir de sus frutos posibilitan la elaboración de importantes productos alimenticios como la chicha y la harina. Tanto las características hídricas como las investigaciones arqueológicas indican que en esta unidad geográfica no hay asentamientos humanos permanentes en tiempos prehispánicos. Más bien, constituye un lugar de paso entre la costa y las tierras altas, documentándose principalmente senderos, campamentos estacionales, geoglifos, campos de cultivo estacionales, canales, talleres líticos, entre otras evidencias arqueológicas.

El Plano Inclinado corresponde al faldeo occidental más suave de la Cordillera de los Andes el cual se ubica entre los *ca* 1,500 y 2,500 msm (Figura 2). La combinación de un clima cálido y el abastecimiento de agua a través de vertientes y escorrentías superficiales, ha permitido el surgimiento de importantes oasis y valles. Las investigaciones arqueológicas han documentado asentamientos como Carora, Tarapacá 13, 13a, 15, 16, 44, 49 y Caserones en la sección baja de la Quebrada de Tarapacá; cementerios en el oasis de Pica; y cementerios en la sección inferior de la Quebrada de Huatacondo[5] (Mostny 1980; Niemeyer 1959; Núñez 1971; Núñez 1983). Además, corresponde a uno de los espacios en el que se ha documentado más evidencias de geoglifos, tanto en laderas de cerro como en la planicie desértica (Briones 2006; Briones *et al.* 2005; Cerda *et al.* 1985; Díaz y Mondaca 1999; Núñez 1976). Así, los tipos de relieve local asociados a los asentamientos del Plano Inclinado corresponden a planicie, ladera y lecho de río. Éstos son utilizados para desarrollar las principales actividades económicas de la población, así, la planicie y el lecho de río constituyen los espacios con las fuentes de recursos más importantes, localizándose árboles como el algarrobo (*Prosopis chilensis*), el tamarugo (*Prosopis tamarugo*), el chañar (*Geoffroea decorticans*), y el molle (*Schinus molle*) de vital importancia para el aprovisionamiento de madera y la producción de alimentos con base en sus frutos. También fueron utilizados para la agricultura del maíz (*Zea mays*), ají (*Capsicum sp.*), papas (*Solanum tuberosa*), zapallos (*Cucurbita sp.*) y porotos (*Phaseolus sp.*), así como para el cultivo del algodón (*Gossypium barbadense*) y la explotación de la totora (*Typha angustifolia*) (García 2006; García y Vidal 2006; Vidal 2005). Respecto de la fauna se ha documentado en los contextos arqueológicos camélidos (*Lama glama, Lama guanicoe*), cuy (*Cavia porcellus*), quirquincho (*Euphractus nationi*), vizcachas (*Lagidium viscacia*), cánidos (*Canis culpaeus andinus)* y diferentes tipos de aves, aunque aún no es claro su lugar de procedencia (González 2005; Núñez 1983).

La Precordillera corresponde al faldeo occidental más accidentado de la Cordillera de los Andes, con una topografía abrupta al modo de serranías (Figura 2). Las temperaturas disminuyen y las lluvias aumentan en esta unidad geográfica en comparación con los valles y oasis localizados a menor altura. Los estudios arqueológicos documentan una serie de asentamientos como Camiña-1, Putuskima, Troncales, Laymisiña, Chiapa, Mocha, Chusmiza, Jamajuga, Ozcuma, entre otros (Moragas 1993; Niemeyer 1961; Núñez 1965; Reinhard y Sanhueza 1981; Uribe 2006; Uribe *et al.* 2004). Los tipos de relieve local asociados a los asentamientos de Precordillera corresponden a ladera y lecho de río. En general, el lecho de río presenta escaso desarrollo en Precordillera, siendo ocupado intensivamente con melgas de cultivo o *canchones*. Otras veces es utilizado como lugar de forraje para ganado doméstico. Sin embargo, los mayores esfuerzos de la población local se concentran en la construcción de terrazas de cultivo en laderas, constituyendo, en la mayoría de los casos, el único espacio disponible para la agricultura. Así, los productos agrícolas más importantes son el maíz (*Zea mays*), la papa (*Solanum tuberosa*) y la quínoa (*Chenopodium quinoa*). El cultivo de estos productos, capaces de sustentar a la población local y de producir excedentes para intercambio, demandó una gran cantidad de esfuerzo y organización de las poblaciones locales de precordillera, lo que se evidencia en las extensas áreas de terrazas construidas y en los complejos sistemas de irrigación.

Todas las unidades geográficas se hallan cruzadas por innumerable cantidad de senderos troperos y rasgos arqueológicos asociados que permiten la comunicación de los grupos humanos de la región arqueológica de Pica-Tarapacá y sus vecinos (Briones 2006; Briones *et al.* 2005; Díaz y Mondaca 1999; Núñez 1976). Así, Díaz y Mondaca (1999) señalan la presencia de dos rutas principales que atraviesan la Pampa del Tamarugal y la Planicie Litoral en sentido longitudinal, y rutas secundarias que se internan en cada cuenca hidrográfica del Plano Inclinado y Precordillera, estableciendo una comunicación en sentido transversal.

## PROCEDIMIENTOS DE ANÁLISIS

Nuestro trabajo se propone llenar vacíos de conocimiento arqueológico que abarcan dos niveles de análisis territorial. Un primer nivel de análisis se centra en la región arqueológica de Pica-Tarapacá, buscando caracterizar la distribución de los asentamientos arqueológicos. Para ello se elaboró una base de análisis territorial con base en la delimitación de las unidades geográficas y cuencas hidrográficas de la región (Figura 2 y 3). Esta información se conformó a partir de la vectorización de cartografía publicada en papel (Castillo 1960) y digital del Instituto Geográfico

Militar (IGM). También se creó una base de datos espacial con sitios arqueológicos relacionados al complejo Pica-Tarapacá, considerando el tipo de sitio y su localización. Este registro fue elaborado con base en catastros estatales (Ministerio de Obras Públicas 1995) e informes de investigación regional[6]. Los análisis relacionaron la cantidad de sitios arqueológicos con el área de las unidades geográficas y cuencas hidrográficas, obteniendo así parámetros respecto de la densidad arqueológica (Tablas 1 y 2). Además, como una forma de disminuir el sesgo que introduce la inclusión de áreas no habitadas, se analizó el grado de agrupamiento de los sitios arqueológicos en las unidades geográficas y cuencas hídricas. El agrupamiento se estimó de acuerdo al grado de superposición de las áreas más cercanas a los sitios arqueológicos, área que fue definida a partir del promedio de la distancia al vecino más próximo

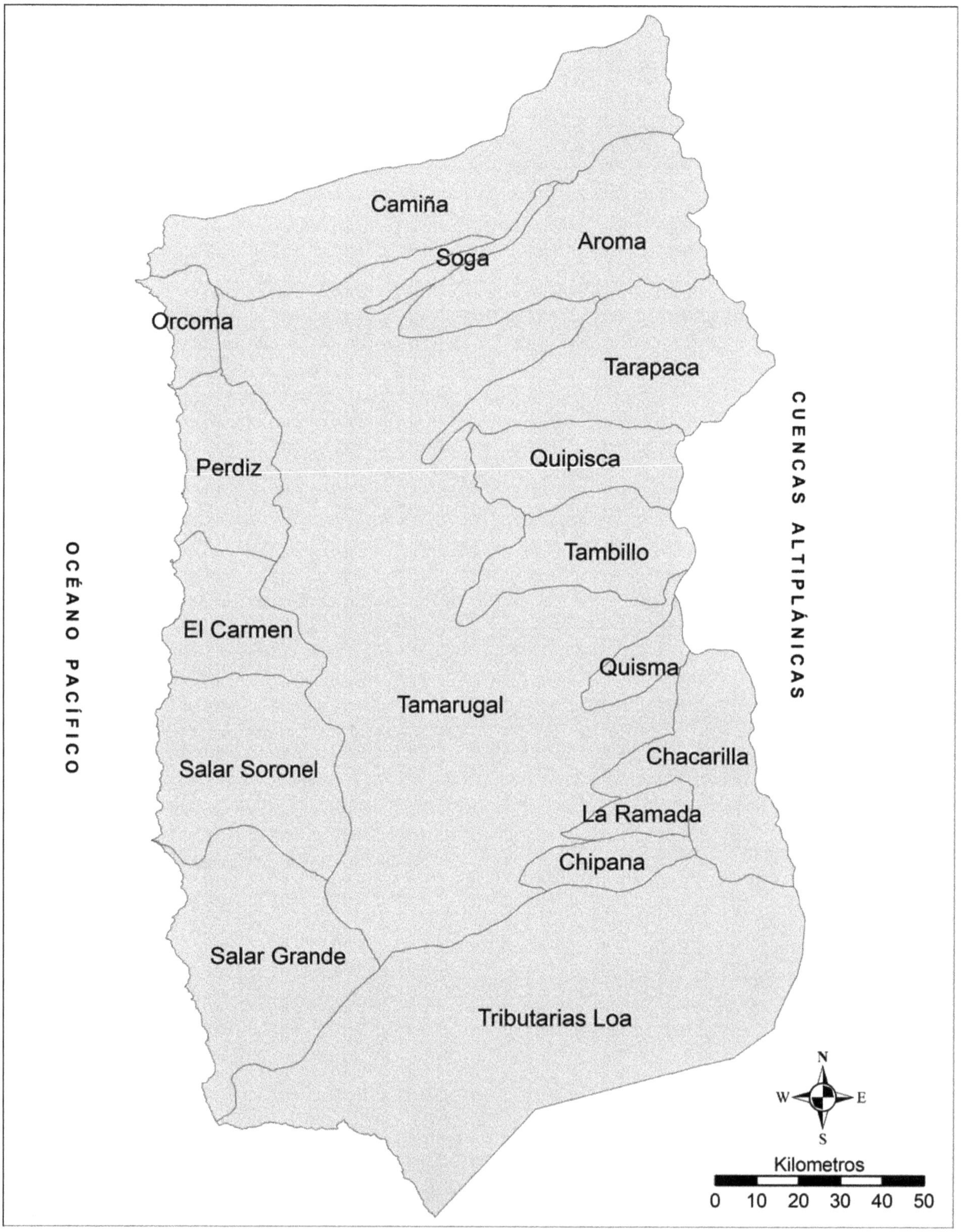


Figura 3. Cuencas hidrográficas de la región Pica-Tarapacá.

de los sitios registrados (2,000 m). Por último, se consideró la distribución regional de los principales tipos de sitios arqueológicos (habitacional, funerario, geoglifos y petroglifos) mediante porcentaje simple, de tal manera conocer los lugares donde éstos se concentran (Tablas 3 y 4).

Un segundo nivel de análisis se centra en la Unidad Geomorfológica de Asentamiento y su Área Geomorfológica o entorno inmediato (Moreno *et al.* 1993; Nocete 1994), buscando caracterizar las formas de emplazamiento y su relación con el medio local. Para ello nos enfocamos en el estudio de seis sitios habitacionales, localizados en la Planicie Litoral, el Plano Inclinado y la Precordillera, que presentan componentes arqueológicos del Complejo Cultural Pica-Tarapacá.

El área geomorfológica se delimitó de acuerdo a un buffer de 2,621 m alrededor de cada asentamiento[7]. En el contexto de comunidades agrícolas esto equivale al promedio de distancia que se puede recorrer a pié entre 45 minutos - 1 hora y al área donde se realiza la mayor parte de las actividades agrícolas (Loker 1989; Stone 1991). Dentro de esta área se identificó el relieve local y calculó la visibilidad de los asentamientos. Para identificar el relieve local se utilizó imágenes satelitales Landsat de 14.25 m/píxel y cartografía digital del IGM escala 1:50,000. Así, se obtuvieron polígonos de islas, laderas, lechos de río, mar y planicies que permitieron cuantificar los tipos de relieve más directamente relacionados con los asentamientos arqueológicos (Figura 4). La visibilidad de los asentamientos dentro del área geomorfológica (2,621 m de radio) fue calculada de acuerdo al porcentaje de terreno visible desde el centro geográfico de los asentamientos. Para ello se utilizó un modelo digital de terreno (MDT) con base en la cartografía digital del IGM, escala 1:50,000. Los resultados nos permiten cuantificar niveles de visibilidad y los tipos de relieve local más involucrados (Figura 4).

Ahora bien, la unidad geomorfológica de asentamiento (UGA), o lugar de emplazamiento propiamente tal, se delimitó de acuerdo a un buffer de 262 m alrededor de cada asentamiento, esto es, la décima parte del área geomorfológica. En el contexto de los asentamientos de estudio esta distancia permite conocer la forma del lugar específico donde se sitúa el asentamiento y las capacidades estratégicas del asentamiento. Así, dentro de esta área se analizaron las elevaciones y profundidades máximas del lugar de asentamiento (Arenas 1993; Moreno *et al.* 1993; Nocete 1994) cuya información cuantitativa se obtuvo del MDT de alturas señalado previamente. El análisis de altura consideró las diferencias entre la altura máxima del entorno y la del asentamiento (elevación máxima) y entre esta última y la altura mínima del entorno (profundidad máxima), ambas dentro de la UGA. Estas medidas de elevación y profundidad del entorno inmediato al asentamiento constituyen una determinante de los niveles de visibilidad del entorno, a la vez que permiten inferir patrones de comportamiento en relación con la posición estratégica del asentamiento y su asociación con los recursos económicos (Nocete 1994). De esta manera, mientras menor es la elevación máxima, el asentamiento presenta una mejor posición estratégica en relación al entorno y por consiguiente un mayor nivel de visibilidad. Ahora, mientras menor es la profundidad máxima, el asentamiento presenta una mayor relación con los espacios bajos del entorno, así como un menor nivel de visibilidad (Figura 5).

## DISTRIBUCIÓN DE SITIOS ARQUEOLÓGICOS EN PICA-TARAPACÁ

La distribución de 301 sitios arqueológicos en la región de Pica-Tarapacá (Figura 1) permite establecer una densidad promedio de 0.01, es decir, uno por cada 106 kilómetros cuadrados. Al analizar la densidad de sitios en el marco de las unidades geográficas regionales (Tabla 1) destaca la Planicie Litoral con la mayor densidad arqueológica, que supera hasta 18 veces el promedio regional. Esta mayor

| **Unidad Geográfica** | **Área 1** | **Sitios** | **Densidad 1** | **Factor 1*** | **Área 2** | **Densidad 2** | **Factor 2**** | **Territorio adyacente***** |
|---|---|---|---|---|---|---|---|---|
| Planicie Litoral | 285 $km^2$ | 47 | 0.165 | 18 | 65 $km^2$ | 0.72 | 51 | 22.83% |
| Cordillera de la Costa | 8,431 $km^2$ | 59 | 0.007 | 1 | 161 $km^2$ | 0.37 | -24 | 1.91% |
| Pampa del Tamarugal | 7,042 $km^2$ | 19 | 0.003 | 0 | 48 $km^2$ | 0.40 | -17 | 0.68% |
| Plano Inclinado | 6,624 $km^2$ | 112 | 0.017 | 2 | 232 $km^2$ | 0.48 | 1 | 3.50% |
| Precordillera | 9,399 $km^2$ | 64 | 0.007 | 1 | 119 $km^2$ | 0.54 | 12 | 1.26% |
| ***Total*** | ***31,780 $km^2$*** | ***301*** | ***0.010*** | ***1*** | ***625 $km^2$*** | ***0.48*** | ***1*** | ***1.96%*** |

Tabla 1. Densidad arqueológica de acuerdo a las unidades geográficas de Pica-Tarapacá. * Factor resultante de la conversión del total de la densidad 1 en números enteros. ** Factor resultante de la conversión del total de la densidad 2 en porcentaje. *** Territorio que se encuentra dentro del radio de 2,000 m de cada sitio arqueológico.

| Cuenca Hidrográfica | Área 1 | Sitios | Densidad 1 | Factor 1* | Área 2 | Densidad 2 | Factor 2** | Territorio adyacente*** |
|---|---|---|---|---|---|---|---|---|
| Aroma | 1,759 km$^2$ | 11 | 0.006 | 1 | 17 km$^2$ | 0.64 | 33 | 0.98% |
| Camiña | 2,800 km$^2$ | 27 | 0.010 | 1 | 60 km$^2$ | 0.45 | -6 | 2.13% |
| Chacarilla | 1,211 km$^2$ | - | - | - | - | - | - | - |
| Chipana | 394 km$^2$ | 6 | 0.015 | 2 | 12 km$^2$ | 0.52 | 8 | 2.93% |
| El Carmen | 867 km$^2$ | 17 | 0.020 | 2 | 47 km$^2$ | 0.36 | -24 | 5.38% |
| La Ramada | 267 km$^2$ | - | - | - | - | - | - | - |
| Orcoma | 327 km$^2$ | 16 | 0.049 | 5 | 18 km$^2$ | 0.87 | 81 | 5.64% |
| Perdiz | 916 km$^2$ | 1 | 0.001 | 0 | 3 km$^2$ | 0.32 | -34 | 0.34% |
| Quipisca | 881 km$^2$ | 14 | 0.016 | 2 | 22 km$^2$ | 0.63 | 30 | 2.54% |
| Quisma | 281 km$^2$ | - | - | - | - | - | - | - |
| Salar Grande | 1,989 km$^2$ | 7 | 0.004 | 0 | 22 km$^2$ | 0.32 | -34 | 1.11% |
| Salar Soronel | 1,749 km$^2$ | 27 | 0.015 | 2 | 62 km$^2$ | 0.44 | -9 | 3.54% |
| Soga | 169 km$^2$ | - | - | - | - | - | - | - |
| Tamarugal | 9,657 km$^2$ | 79 | 0.008 | 1 | 167 km$^2$ | 0.47 | -1 | 1.73% |
| Tambillo | 999 km$^2$ | 39 | 0.039 | 4 | 79 km$^2$ | 0.49 | 3 | 7.91% |
| Tarapacá | 1,735 km$^2$ | 22 | 0.013 | 1 | 42 km$^2$ | 0.52 | 9 | 2.42% |
| Tributarias Loa | 5,779 km$^2$ | 35 | 0.006 | 1 | 72 km$^2$ | 0.49 | 2 | 1.24% |
| ***Total*** | ***31,780*** km$^2$ | ***301*** | ***0.010*** | ***1*** | ***622*** km$^2$ | ***0.48*** | ***1*** | ***1.96***% |

Tabla 2. Densidad arqueológica de acuerdo a las cuencas hidrográficas de Pica-Tarapacá.

| Unidad Geográfica | Habitacional | % | Cementerio | % | Geoglifo | % | Petroglifo | % |
|---|---|---|---|---|---|---|---|---|
| Planicie Litoral | 23 | 45 | 16 | 44 | 2 | 2 | - | - |
| Cordillera de la Costa | 1 | 2 | 3 | 8 | 39 | 40 | - | - |
| Pampa del Tamarugal | - | - | 1 | 3 | 14 | 14 | 1 | 3 |
| Plano Inclinado | 10 | 20 | 11 | 31 | 38 | 39 | 21 | 64 |
| Precordillera | 17 | 33 | 5 | 14 | 4 | 4 | 11 | 33 |
| ***Total general*** | ***51*** | 100 | ***36*** | 100 | ***97*** | 100 | ***33*** | 100 |

Tabla 3. Distribución de tipos de sitios arqueológicos de acuerdo a las unidades geográficas de Pica-Tarapacá.

| Cuenca Hidrográfica | Habitacional | % | Cementerio | % | Geoglifo | % | Petroglifo | % |
|---|---|---|---|---|---|---|---|---|
| Aroma | 1 | 2 | - | - | 5 | 5 | 5 | 15 |
| Camiña | 7 | 14 | 7 | 19 | 3 | 3 | 5 | 15 |
| Chipana | - | - | - | - | 6 | 6 | - | - |
| El Carmen | 3 | 6 | 7 | 19 | 7 | 7 | - | - |
| Orcoma | 8 | 16 | 7 | 19 | 3 | 3 | - | - |
| Quipisca | 3 | 6 | 1 | 3 | 4 | 4 | 3 | 9 |
| Salar Grande | 1 | 2 | 1 | 3 | 5 | 5 | - | - |
| Salar Soronel | 10 | 20 | 2 | 6 | 14 | 14 | - | - |
| Tamarugal | 7 | 14 | 5 | 14 | 24 | 25 | 9 | 27 |
| Tambillo | 4 | 8 | 1 | 3 | 3 | 3 | 8 | 24 |
| Tarapacá | 7 | 14 | 4 | 11 | 5 | 5 | 1 | 3 |
| Tributarias Loa | - | - | 1 | 3 | 18 | 19 | 2 | 6 |
| ***Total general*** | ***51*** | ***100*** | ***36*** | ***100*** | ***97*** | ***100*** | ***33*** | ***100*** |

Tabla 4. Distribución de tipos de sitios arqueológicos de acuerdo a las cuencas hidrográficas de Pica-Tarapacá.

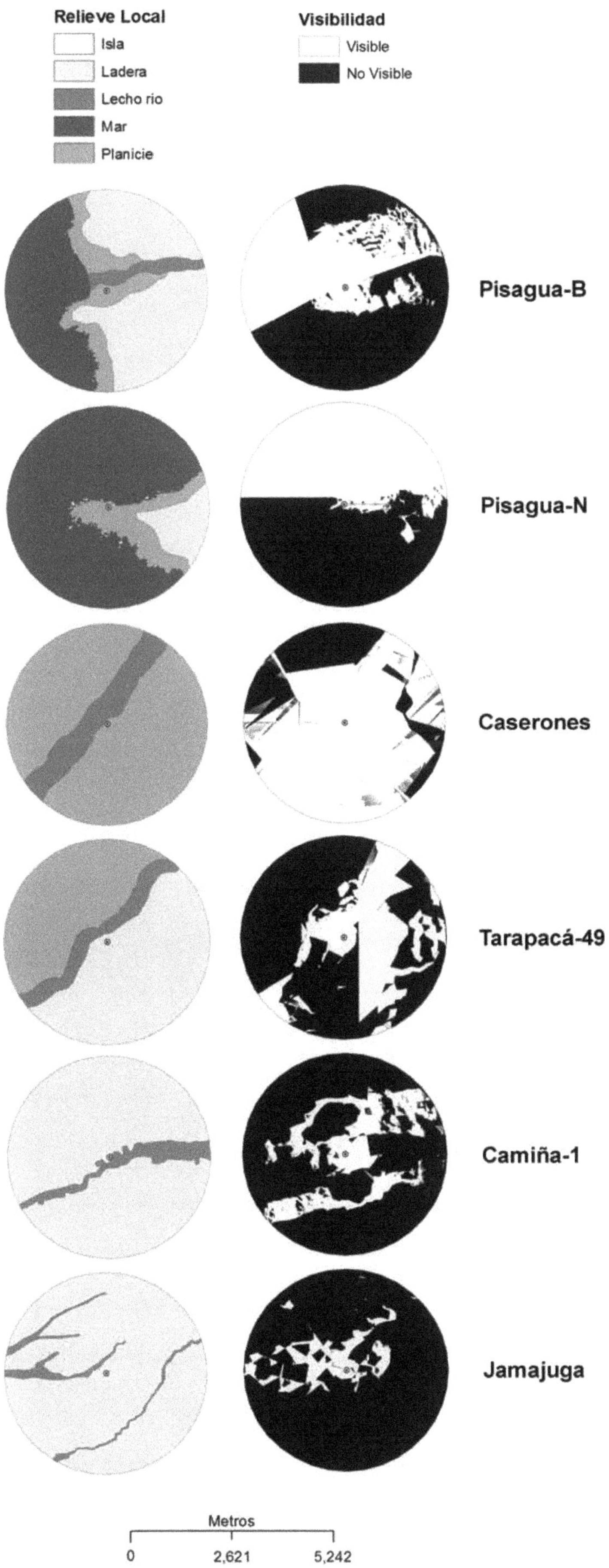


Figura 4. Área geomorfológica de asentamiento donde se muestra el relieve local y la visibilidad de los asentamientos analizados.

densidad se encuentra fuertemente correlacionada con la menor cantidad de área que presenta la Planicie Litoral en comparación con otras unidades geográficas. Por su parte, el Plano Inclinado presenta la segunda mayor densidad arqueológica, aunque solo alcanza el doble del promedio regional. Sin embargo, debemos señalar que constituye el espacio que presenta la mayor cantidad de evidencias arqueológicas de la región. Ahora bien, tanto la Precordillera como la Cordillera de la Costa no presentan mayores diferencias de densidad arqueológica respecto del promedio regional y constituyen las unidades geográficas que presentan las dos mayores áreas. Finalmente, la menor densidad arqueológica corresponde a la Pampa del Tamarugal, alcanzando sólo un tercio del promedio de densidad regional, lo que se correlaciona con la menor cantidad de sitios arqueológicos.

Ahora, al definir las áreas más cercanas a los sitios arqueológicos se pudo estimar el porcentaje de territorio que éstas representan en relación a las unidades geográficas (Tabla 1). De esta manera, la Planicie Litoral presenta los mayores índices de ocupación, ya que alrededor del 23 por ciento de este espacio forma parte de las áreas más cercanas a los sitios arqueológicos. Cifras bastante menores se observan en el resto de las unidades geográficas. Así, el Plano Inclinado presenta una ocupación de poco más del 3 por ciento de su área total. Mientras que las otras unidades geográficas presentan porcentajes menores al promedio regional (1.96 por ciento). La Pampa del Tamarugal muestra los menores índices de ocupación, ya que sólo el 0.68 por ciento de este espacio forma parte de las áreas más cercanas a los sitios arqueológicos.

La estimación del agrupamiento de los sitios arqueológicos (Tabla 1) demuestra que los sitios costeros de la Planicie Litoral presentan los mayores índices de agrupamiento, con un 51 por ciento más que el promedio de agrupamiento regional (0.48). Los sitios de Precordillera presentan la segunda mayor cifra de agrupamiento con un 12 por ciento por sobre el promedio regional. En cambio, los sitios del Plano Inclinado presentan una concentración similar a la del promedio regional. Ahora bien, tanto la Cordillera de la Costa y la Pampa del Tamarugal presentan los sitios arqueológicos con los menores índices de agrupamiento, esto es, 24 y 17 por ciento, respectivamente, por debajo del promedio regional.

Por otra parte, al analizar la densidad de los sitios arqueológicos en el marco de las cuencas hidrográficas regionales (Tabla 2), se puede señalar que Orcoma presenta la mayor densidad arqueológica, cinco veces mayor que el promedio regional (0.01). Por su parte,

Tambillo presenta la segunda mayor densidad arqueológica, la cual es cuatro veces mayor que el promedio regional. Ahora bien, las cuencas de El Carmen, Soronel, Quipisca y Chipana presentan una densidad que alcanza el doble del promedio regional. El resto de las cuencas no destacan por sobre el promedio de densidad regional o carecen de registro.

El cálculo del porcentaje de territorio que representan las áreas más cercanas a los asentamientos en relación con las cuencas hídricas (Tabla 2) indica que Tambillo, Orcoma y El Carmen presentan los mayores índices de ocupación, con cifras superiores al cinco por ciento del área de la cuenca. En tanto, Soronel, Chipana, Quipisca, Tarapacá y Camiña superan levemente el porcentaje promedio de ocupación regional. Otras cuencas no destacan por sobre el promedio regional (1.96 por ciento), las que a su vez constituyen las cuencas de mayor área.

El agrupamiento de los sitios arqueológicos de acuerdo a las cuencas hídricas (Tabla 2) permite afirmar que los sitios localizados en la cuenca de Orcoma presentan los mayores índices de agrupamiento, con un 81 por ciento más que el promedio de agrupamiento regional (0.48). Luego, los sitios de Aroma y Quipisca presentan índices de agrupamiento de alrededor de 30 por ciento sobre el promedio regional. Los sitios de Tarapacá, Chipana, Tambillo y Tributarias del Loa manifiestan una concentración entre dos y nueve por ciento por sobre el promedio regional. En tanto, los sitios del resto de las cuencas evidencian una concentración con índices más bajos que el promedio regional. De esta manera, Tamarugal, Camiña y Salar Soronel se encuentran en el rango de concentración entre uno y nueve por ciento por debajo de dicho promedio. Por su parte, El Carmen, Perdiz y Salar Grande presentan la menor concentración de sitios arqueológicos de todas las cuencas hídricas, con cifras entre 24 y 34 por ciento bajo el promedio regional.

Ahora bien, al analizar la distribución regional de las principales categorías de sitios arqueológicos de acuerdo a las unidades geográficas (Tabla 3) permite señalar que la mayor cantidad de sitios habitacionales se presenta en la Planicie Litoral (45 por ciento), seguida por la Precordillera (33 por ciento) y el Plano Inclinado (20 por ciento). Los cementerios también se presentan de forma mayoritaria en la Planicie Litoral (44 por ciento) y en el Plano Inclinado (31 por ciento). Los geoglifos se concentran en la Cordillera de la Costa y en el Plano Inclinado con porcentajes de alrededor del 40 por ciento). Los sitios con petroglifos se concentran mayoritariamente en el Plano Inclinado (64 por ciento) y en la Precordillera (33 por ciento).

La distribución de los sitios arqueológicos de acuerdo a las cuencas hídricas (Tabla 4) permite afirmar que el 76 por ciento de los sitios habitacionales se localiza en las cuencas de Salar Soronel (20 por ciento), Orcoma (16 por ciento), Camiña (14 por ciento), Tamarugal (14 por ciento) y Tarapacá (14 por ciento). En cuanto a los cementerios el 83 por ciento se ubica en las cuencas de Orcoma (19 por ciento), Camiña (19 por ciento), El Carmen (19 por ciento), Tamarugal (14 por ciento) y Tarapacá (11 por ciento).

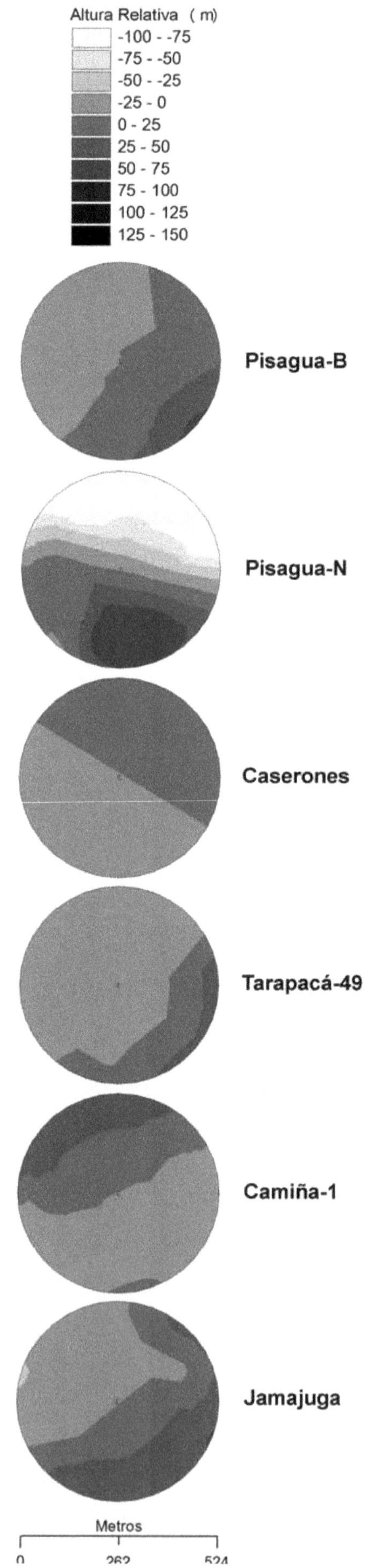


Figura 5. Unidad geomorfológica de asentamiento (UGA) donde se muestran las elevaciones y profundidades máximas.

Mientras tanto, un 58 por ciento de los sitios con geoglifos se localiza en las cuencas de Tamarugal (25 por ciento), Tributarias del Loa (19 por ciento) y Soronel (14 por ciento). Finalmente, el 52 por ciento de los sitios con petroglifos se sitúa en las cuencas de Tamarugal (27 por ciento) y Tambillo (24 por ciento), y un 30 por ciento en las cuencas de Aroma y Camiña con 15 por ciento respectivamente.

## EMPLAZAMIENTO DE SITIOS HABITACIONALES EN PICA-TARAPACÁ

Los sitios habitacionales de Pisagua-B y Pisagua-N se localizan en un lugar de la Planicie Litoral que presenta escaso desarrollo ya que la Cordillera de la Costa cae casi directamente al mar. Ambos sitios costeros se encuentran separados por una distancia de 5,695 m. El primero de ellos se emplaza en una zona de eficiencia de desembocadura (Quebrada Tiliviche) y el segundo en una puntilla rocosa que se interna en el mar (Punta Pichalo)[8]. Los asentamientos de Caserones y Tarapacá-49 se localizan en la unidad geográfica del Plano Inclinado y se encuentran separados por una distancia de 8,412 m. Caserones, con un área de 3.75 ha, se localiza en la parte más baja de la Quebrada de Tarapacá, cerca de su confluencia con la Pampa del Tamarugal; en cambio, Tarapacá-49, con un área de 3.02 ha, se localiza en las inmediaciones de una formación montañosa, aguas arriba de Caserones. Los asentamientos de Camiña y Jamajuga se localizan en diferentes valles de Precordillera, al norte y al sur del Valle de Tarapacá respectivamente. El primero, con un área de 3.02 ha, se localiza en una lengua de tierra asociado a un valle principal; el segundo, con un área de 1.17 ha, se localiza en la cima de un cerro en un sector algo más accidentado.

### Relieve local

La cuantificación del relieve asociado a cada uno de los Asentamientos Arqueológicos dentro de un radio de 2,621 m (Figura 4 y Tabla 5) permite afirmar que Pisagua-N presenta la mayor cantidad de área (4 ha) y número de islas (10). En cambio, Pisagua-B sólo presenta dos islas que en conjunto alcanzan una décima parte del área total de islas en Pisagua-N. En ambos casos las islas se distribuyen en el mar no superando los 80 m de distancia del borde costero. Por otro lado, ambos sitios presentan diferencias en la cantidad de mar y ladera asociados. Así, Pisagua-N presenta el mayor porcentaje de mar, con un 78 por ciento dentro de su área inmediata. En cambio, Pisagua-B sólo presenta un tercio de mar en su área inmediata. En el mismo sentido, Pisagua-B presenta 5 veces más área de ladera que Pisagua-N, a la vez que ambos sitios costeros presentan los menores porcentajes de planicie de todos los sitios analizados (alrededor del 13 por ciento). Por último, Pisagua-B se asocia a 95 ha de lecho de río, mientras que Pisagua-N carece de una relación con este tipo de relieve.

Los asentamientos del Plano Inclinado manifiestan una mayor relación con los lechos de río (Figura 4 y Tabla 5). Así, Caserones presenta en el entorno inmediato más de 320 ha de lecho de río y Tarapacá-49 alrededor de 200 ha. Ésta relación disminuye en los sitios de Precordillera presentándose en Camiña 160 ha de lecho de río y en Jamajuga unas 120 ha. Sin embargo, los asentamientos del Plano Inclinado presentan los mayores porcentajes de relieve de planicie. De esta manera, el 85 por ciento del área inmediata a Caserones corresponde a un relieve de planicie. Esta proporción es menor en Tarapacá-49, con un 39 por ciento de planicie. Sin embargo, la mayor cantidad de relieve de este último asentamiento corresponde a laderas de cerro (más del 50 por ciento). Por su parte, los asentamientos de Precordillera carecen de planicies como los asentamientos de las otras unidades geográficas. Más bien, gran parte de su área inmediata se relaciona con un relieve accidentado. De esta manera, más del 90 por ciento del área inmediata de Camiña y Jamajuga consiste en terrenos con laderas escarpadas.

### Visibilidad

El análisis de visibilidad de los asentamientos dentro de un radio de 2,621 m (Figura 4 y Tabla 6) permite afirmar que alrededor de la mitad del territorio asociado a los sitios costeros es visible desde el asentamiento. Así, Pisagua-B alcanza una visibilidad del 45 por ciento del área geomorfológica de asentamiento, mientras que Pisagua-N alcanza un 49 por ciento de visibilidad. Los tipos de relieve que son visibles desde los asentamientos corresponden principalmente al mar y a la planicie, y en el caso de Pisagua-B, también al lecho de río y a la ladera que se encuentra en la vertiente opuesta de la desembocadura de Tiliviche. Para el caso de los asentamientos del Plano Inclinado se presentan situaciones dispares. Por un lado, Caserones alcanza la mayor visibilidad de todos los sitios habitacionales con un 76 por ciento. Las áreas visibles de relieve corresponden al lecho de río y a los espacios de planicies adyacentes. Por otro lado, Tarapacá-49 presenta una baja visibilidad con un 16 por ciento, lo cual se corresponde con su localización en una explanada cercana al lecho del río. Así, los tipos de relieve más visibles corresponden al lecho de río, y en menor medida a la ladera inmediata. En el caso de los asentamientos de Precordillera en general presentan menores índices de visibilidad. Así, el porcentaje de visibilidad del terreno alcanza el 23 por ciento en Camiña-1 y 11 por ciento en Jamajuga. En ambos casos, la visibilidad se relaciona a los espacios bajos de lecho de río y a las laderas adyacentes.

### Altura

El análisis de altura de la unidad geomorfológica de asentamiento (radio de 262 m) permite señalar que los asentamientos de la Planicie Litoral presentan las mayores elevaciones de su entorno inmediato (65 m en Pisagua-N y 57 m en Pisagua-B) (Figura 5 y Tabla 6). Estas elevaciones están dadas por la formación de la Cordillera de la Costa, en cuyos faldeos se emplazan los asentamientos costeros analizados. Los asentamientos de Precordillera también presentan grandes elevaciones en el entorno inmediato, auque levemente menores a las de la Planicie Litoral (55 m en Jamajuga y 45 m en Camiña). En cambio, las menores elevaciones en el entorno inmediato se asocian a los asentamientos del Plano Inclinado. Así, Tarapacá-49 presenta en el entorno inmediato elevaciones de hasta 38 m y en el caso de Caserones estas elevaciones solo alcanzan los 4 m. Estas menores elevaciones de los asentamientos del Plano Inclinado concuerdan con las formas del relieve local donde gran parte del terreno corresponde a extensas planicies que se funden con la gran cuenca de la Pampa del Tamarugal.

Al considerar las profundidades máximas que se encuentran en el entorno inmediato de la unidad geomorfológica de asentamiento (Figura 5 y Tabla 6) se puede señalar que el asentamiento costero de Pisagua-N presenta la mayor profundidad (83 m) que concuerda en este caso con el nivel del mar. Esta elevación del asentamiento respecto del mar le otorga una de las mayores visibilidades del entorno, como se demostró en el análisis de visibilidad del acápite anterior. Pisagua-B, en cambio presenta una profundidad cuatro veces menor que el asentamiento anterior, y por lo tanto una mayor relación con los espacios bajos, en este caso con el lecho de río. El resto de de los asentamientos del Plano Inclinado y Precordillera no manifiestan diferencias de altura significativas con los espacios bajos, destacando el asentamiento de Tarapacá-49 que presenta la menor profundidad de los asentamientos analizados, y por lo tanto, una estrecha relación con los lechos de río.

## PATRONES DE DISTRIBUCIÓN Y EMPLAZAMIENTO EN PICA-TARAPACÁ

En la sección anterior se presentaron de manera extensa los principales resultados de la distribución de asentamientos en Pica-Tarapacá y del emplazamiento de seis asentamientos arqueológicos. A continuación señalaremos cómo estos resultados se integran con los antecedentes arqueológicos disponibles y la manera en que ellos conforman patrones arqueológicos tanto en un nivel regional como local.

Los análisis de distribución de sitios arqueológicos en el contexto regional permitieron establecer parámetros respecto de la densidad arqueológica, la ocupación de unidades geográficas y cuencas hidrográficas, el grado de agrupamiento de los sitios arqueológicos y la distribución de los principales tipos de sitios. De esta manera, la Planicie Litoral y el Plano Inclinado se destacan como las unidades geográficas que presentan los mayores índices de densidad arqueológica y al contrario, la Pampa del Tamarugal como la que presenta los menores índices de densidad. Estos resultados concuerdan con los índices de ocupación basados en las áreas más cercanas a los asentamientos, pero difieren en cuanto al grado de agrupamiento de los sitios. De esta manera, si bien los sitios de la Planicie Litoral vuelven a destacar esta vez por su mayor agrupamiento, los sitios de Precordillera presentan la siguiente mayor agrupación de sitios. A su vez, los sitios de la Cordillera de la Costa y la Pampa del Tamarugal son los que presentan los menores índices de agrupación.

Estos niveles de densidad y agrupamiento de sitios arqueológicos deben ser entendidos en función de los tipos de sitios arqueológicos documentados. Así, los sitios funerarios se localizan mayoritariamente en la Planicie Litoral y en el Plano Inclinado, y los sitios habitacionales, además de las unidades anteriores, también en la Precordillera. Ambos tipos de sitios se asocian con las unidades geográficas que manifiestan los mayores índices de densidad arqueológica y agrupación. Los petroglifos, por su parte, también se asocian a estos espacios de mayor densidad y agrupación (Plano Inclinado y Precordillera). Sin embargo, los geoglifos se distribuyen tanto en la Cordillera de la Costa como en el Plano Inclinado, organizándose en torno al eje longitudinal de la Pampa del Tamarugal.

En el contexto de las cuencas hidrográficas regionales destacan por su densidad arqueológica y mayor ocupación las cuencas de Orcoma y Tambillo. Sin embargo, algunas cuencas carecen de registro para el Período Intermedio Tardío, lo que no significa la inexistencia de tales sitios. Los índices de agrupación nuevamente destacan a Orcoma con los asentamientos más concentrados, aunque también se destacan los asentamientos de las cuencas de Aroma, Quipisca, Tarapacá, Chipana, Tambillo y tributarias del Loa. En cuanto a la distribución de los principales tipos de sitios arqueológicos destacan Salar Soronel, Orcoma, Camiña, Tarapacá y Tamarugal con la mayoría de los sitios habitacionales y funerarios. Los geoglifos, en cambio, manifiestan su mayor presencia en la cuenca de Tamarugal, cuya delimitación incluye las porciones bajas del Plano Inclinado y los faldeos orientales de la Cordillera de la Costa. Los petroglifos, también manifiestan su mayor presencia en Tamarugal, aunque también en Tambillo, Aroma y Camiña.

De acuerdo a los antecedentes del Complejo Pica-Tarapacá se ha señalado que la mayor atención de los arqueólogos

| **Relieve local** | **Isla** | **Ladera** | **Lecho río** | **Mar** | **Planicie** |
|---|---|---|---|---|---|
| Pisagua-B | 0.02% | 46.79% | 4.44% | 34.05% | 14.70% |
| Pisagua-N | 0.19% | 9.42% | - | 77.74% | 12.64% |
| Caserones | - | - | 14.97% | - | 85.03% |
| Tarapacá-49 | - | 51.93% | 9.40% | - | 38.68% |
| Camiña-1 | - | 92.46% | 7.54% | - | - |
| Jamajuga | - | 94.38% | 5.62% | - | - |

Tabla 5. Porcentaje de relieve local dentro del área geomorfológica en los asentamientos arqueológicos analizados.

| Asentamiento | Visibilidad* | Elevación máxima** | Profundidad máxima** |
|---|---|---|---|
| Pisagua-B | 45% | 57m | 22m |
| Pisagua-N | 49% | 65m | 83m |
| Caserones | 76% | 4m | 16m |
| Tarapacá-49 | 16% | 38m | 0m |
| Camiña-1 | 23% | 45m | 12m |
| Jamajuga | 11% | 55m | 28m |

Tabla 6. Medidas de visibilidad y altura en el área geomorfológica de asentamiento de los sitios analizados

se ha puesto en el estudio del Valle de Tarapacá y que éste debería representar los acontecimientos ocurridos en otros valles (Schiappacasse *et al.* 1989). En el contexto de este estudio, nuestro análisis si bien permite afirmar que el Valle de Tarapacá constituye una de las cuencas con la mayor presencia de asentamientos habitacionales y funerarios, esta característica también es compartida por otras cuencas hidrográficas, tal como Salar de Soronel, Orcoma, Camiña y Tamarugal. Sin embargo, el Valle de Tarapacá presenta dos modalidades de organización social que no se encuentran en otros valles del Plano Inclinado y Precordillera, por lo cual los acontecimientos complejos ocurridos en este valle sólo representan en parte los acontecimientos de los otros valles, más aún cuando se ha señalado que Tarapacá constituye el centro político de este complejo arqueológico (Núñez 1992).

En relación a un análisis previo sobre la distribución de los geoglifos en el norte de Chile es posible señalar que alrededor de un 53 por ciento de ellos se localizan en la Cordillera de la Costa y un 47 por ciento en la Pampa del Tamarugal, Plano Inclinado y Precordillera (Núñez 1976)[9]. Nuestro análisis de distribución de geoglifos permite confirmar que la mayoría de los geoglifos se localiza en los sectores de desembocadura de los valles o en sus tramos bajos (Pampa del Tamarugal y Plano Inclinado), y permite especificar que su presencia en la Cordillera de la Costa es levemente menor (40 por ciento).

Ahora bien, el análisis de emplazamiento de los sitios habitacionales permitió caracterizar y cuantificar variables de la unidad geomorfológica de asentamiento, tal como las elevaciones y profundidades máximas, así como su área geomorfológica, tal como los tipos de relieve local y los niveles de visibilidad. De esta manera, se determinó que los asentamientos costeros de Pisagua-B y Pisagua-N se relacionan con relieves de mar, islas, laderas y planicies, y en el caso del primer asentamiento, además con lechos de río. Ambos asentamientos presentan los mayores niveles de visibilidad y esta visibilidad se relaciona fundamentalmente con el mar y las planicies adyacentes, y en el caso de Pisagua-B también con los espacios bajos de lechos de río y laderas inmediatas. Estas particularidades tienen relación con la posición altitudinal que ocupa el asentamiento respecto de las elevaciones y profundidades del entorno inmediato. Así, Pisagua-N corresponde al asentamiento que se encuentra más elevado de su entorno inmediato, esto es 83 m respecto de la profundidad máxima y que en su caso concuerda con el nivel del mar. En el caso de Pisagua-B esta profundidad alcanza los 22 m, sin embargo, a diferencia de Pisagua-N, no corresponde al nivel del mar, por lo cual la relación de altura respecto del mar es algo mayor. Estas características de la posición del asentamiento respecto del terreno permiten plantear que los lugares donde se localizan los asentamientos costeros analizados mantienen cierta altura respecto de las partes más bajas, y en especial del mar, que le otorgan las condiciones adecuadas de protección contra eventuales catástrofes naturales, como las marejadas y maremotos[10]. Desde el punto de vista de los recursos explotados, el asentamiento de Pisagua-B presenta una diversificación potencial en la explotación de recursos, ya que el asentamiento se localiza en un área de eficiencia de desembocadura (Núñez y Varela 1965). Esto significa que los habitantes de Pisagua-B tienen a su alcance inmediato una amplitud de recursos costeros, tanto de playa arenosa como de playa rocosa; recursos provenientes de la fauna local asociada a los humedales que se forman en la desembocadura; y tierras de cultivo en los espacios de lecho de río con la posibilidad de ser irrigadas en época estival. El asentamiento de Pisagua-N, en cambio, presenta las condiciones apropiadas para una especialización en la explotación de recursos marinos de playa rocosa. Su localización en una puntilla rocosa que se interna en el mar, además les otorga ventajas adicionales a sus habitantes en el sentido que presenta una mayor cantidad de costa lineal efectiva y, por ende, acceso a una mayor cantidad de recursos marinos. Por lo tanto, es posible pensar que ambos asentamientos costeros se relacionan, ya sea mediante el intercambio de productos entre los habitantes de cada asentamiento, o una relación en la estructura de los asentamientos (campamento base, campamento de tareas).

Los asentamientos analizados en Pisagua constituyen el 8.7 por ciento de los sitios habitacionales de la costa. Las condiciones de localización de Pisagua-B con áreas de eficiencia de desembocadura solamente se presentan en el sector de Caleta Huelén, desembocadura del Río Loa, aunque con características bastante menos favorables. El resto de los asentamientos costeros presentan una asociación exclusiva con los recursos marinos, se localizan en lugares asociados a planicies litorales más extensas de playas arenosas y rocosas, y se asocian a pequeñas vertientes de agua dulce (p.e., Bajo Molle, Los Verdes, Cáñamo).

Los asentamientos del Plano Inclinado presentan una mayor asociación con espacios bajos de lechos de río, a la vez que demuestran una estrecha relación con formaciones de planicies desérticas. Las menores elevaciones del entorno del asentamiento de Caserones permiten que los niveles de visibilidad sean bastante altos. Esta visibilidad, en cambio, es menor en Tarapacá-49 por localizarse en un terreno poco elevado muy relacionado con los sectores agrícolas y de pastizales del lecho de río, impidiendo así una adecuada visibilidad de todo el entorno. Sin embargo, no solamente los lechos de ríos constituyen los espacios aptos para el cultivo ya que estas planicies, que se prolongan extensamente hacia la Pampa del Tamarugal, presentan condiciones adecuadas para el cultivo en época estival. Un ejemplo de ello corresponde a Pampa Iluga, ubicada algunos kilómetros al oeste de Caserones, donde se han documentado amplios sectores de cultivo asociados a pequeñas recintos de piedra que siguen un patrón disperso (Núñez 1971). Estas actividades agrícolas estacionales se complementan con otras actividades económicas de gran importancia para la economía tal como la recolección de frutos del algarrobo y el tamarugo de los bosques que crecen en las inmediaciones.

Los asentamientos de Caserones y Tarapacá-49 representan el 20 por ciento de los sitios habitacionales del Plano Inclinado. En general, las características presentes en los casos analizados son compartidas por el resto de los asentamientos. Así, el asentamiento de Santa Rosita en el oasis de Pica se localiza en terrenos abiertos de amplia visibilidad del entorno y con elevaciones del entorno mínimas, lo que permite suponer una probable asociación con recursos arbóreos de la Pampa del Tamarugal. Otros asentamientos, como Tana y Tiliviche se asocian a espacios de valles con recursos de agua intermitente similares a Tarapacá, por lo tanto, asociados a terrenos de cultivo y pastizales, y niveles menores de visibilidad del entorno.

Los asentamientos de Precordillera presentan una menor área de lecho de río en el entorno inmediato, carecen de terrenos con planicies y presentan laderas bastante escarpadas, que en los casos de los asentamientos de Camiña-1 y Jamajuga superan el 90 por ciento del área geomorfológica. En general, los niveles de visibilidad son menores que en los asentamientos de otras unidades geográficas, por lo cual, el emplazamiento de estos sitios habitacionales privilegia un dominio visual sobre los lechos de río y las laderas inmediatamente adyacentes. Así, estos niveles de visibilidad, son consecuencia de lo escarpado del terreno, como de las elevaciones que se encuentran en el entono inmediato. En este contexto, las diferencias poco significativas respecto a la profundidad máxima en los asentamientos de Camiña-1 y Jamajuga permite plantear una relación más estrecha con los recursos agrícolas localizados a menor altura. Ante la ausencia de espacios llanos y lechos de río más extensos, las poblaciones asentadas en Precordillera invirtieron gran esfuerzo en la habilitación de espacios agrícolas en la forma de andenes de cultivo y canales de regadío en las laderas rocosas de gran pendiente.

Los asentamientos de Camiña-1 y Jamajuga representan el 11.8 por ciento del total de sitios habitacionales de la Precordillera. Estos asentamientos presentan dos formas de localizarse en el terreno. Por un lado, Camiña-1 se emplaza en una lengua de tierra que se asoma al valle de manera similar a los asentamientos de Putuskima y Troncales localizados en el mismo valle de Camiña. Por otro lado, Jamajuga se emplaza en la puntilla de un cerro isla de manera similar a los asentamientos de Chiapa y Chusmiza. Además, algunos asentamientos se localizan en la ladera de cerros, en quebradas tributarias al valle principal (p.e., Laymisiña). Estas formas de emplazarse en el territorio manifiestan mayores o menores condiciones estratégicas en cuanto al control visual-territorial de los recursos económicos del entorno inmediato, en especial de los espacios agrícolas.

## PALABRAS FINALES

La sistematización de la información espacial del Complejo Pica-Tarapacá sirvió para realizar diferentes análisis sobre su distribución a nivel regional. Aquí, el uso de sistemas de información geográfica fue la herramienta de trabajo que permitió la conformación de un conjunto de datos cuantitativos sobre el territorio que se transformó en la base de comparación tanto entre espacios regionales como entre asentamientos habitacionales. En el primer caso se documentaron las principales áreas donde se concentran los asentamientos (unidades geográficas y cuencas hidrográficas) y la distribución de las principales categorías de sitios arqueológicos (habitacionales, funerarios y de arte rupestre). En el segundo caso, fue posible caracterizar los emplazamientos de los sitios habitacionales conforme a las principales unidades geográficas ocupadas, conocer el alcance y representación de los análisis en relación con el conjunto de las evidencias documentadas, y establecer interpretaciones respecto de la ocupación del entorno y de la relación con otros asentamientos. Nuevos trabajos de investigación arqueológica a nivel regional deberán evaluar aquellos espacios que carecen de evidencias arqueológicas del Complejo Pica-Tarapacá, para saber si ello responde a una falta de investigaciones arqueológicas o a decisiones culturales de los habitantes de Pica-Tarapacá de no habitar dichos espacios. Sin embargo, se espera que las tendencias sobre la ocupación de los espacios señaladas en este trabajo se mantengan o varíen levemente con el incremento de las bases de datos regionales de sitios arqueológicos.

Por otra parte, la utilización de sistemas de información geográfica fue fundamental para analizar el territorio y generar información espacial cuantitativa, la que en algunos casos es imposible de obtener mediante métodos tradicionales. Así, a nivel regional permitió la automatización en los cálculos ligados a las dimensiones de los polígonos (unidades geográficas y cuencas hidrográficas) y sus componentes (sitios arqueológicos). A nivel del área geomorfológica, solamente mediante la utilización de sistemas de información computacional es posible realizar ciertos cálculos complejos, como es el caso de los análisis de visibilidad del entorno. Finalmente, cabe señalar que nuestra elaboración metodológica constituye una manera de incorporar los elementos del territorio y del terreno en los análisis arqueológicos del Norte de Chile.

*Agradecimientos*

Este trabajo es resultado del Proyecto FONDECYT 1030923. Quisiera agradecer a Mauricio Uribe, quién me invitó a participar en el Proyecto y estimuló a estudiar Pica-Tarapacá a través de los sistemas de información geográfica.

Además, agradecer a los organizadores del simposio, María José Figuerero y Andrés Izeta, quienes hicieron posible la difusión de este trabajo.

## REFERENCIAS CITADAS

Adán, L., S. Urbina y C. Pellegrino
2007. Arquitectura de Tierras Altas a partir de Pukar Qollu: un asentamiento altiplánico en la región de Tarapacá (900-1450 DC). Informe Proyecto FONDECYT 1030923. Ms. en archivo FONDECYT, Santiago.

Adán, L., S. Urbina y M. Uribe
2005. Arquitectura pública y doméstica en las quebradas de Pica-Tarapacá: Asentamiento y dinámica social en el norte grande de Chile (900-1450 DC). Ms. en archivo FONDECYT, Santiago.

Ajata, R.
2006a. Patrones arqueológicos de ocupación territorial en el Altiplano de Tarapacá. Trabajo presentado en el XVII Congreso Nacional de Arqueología Chilena, Valdivia.

2006b. Patrones de asentamiento prehispánico en el valle de Codpa, Norte de Chile: una propuesta de articulación territorial de los asentamientos y su entorno. Trabajo presentado en el XVII Congreso Nacional de Arqueología Chilena, Valdivia.

Arenas, J.
1993. El poblamiento de la segunda Edad del Hierro en la depresión de Tortuela-La Yunta (Guadalajara). *Complutum* 4:279-296.

Bermúdez, O.
1975. *Estudios de Antonio O'Brien sobre Tarapacá. Cartografía y labores administrativas 1763-1771*. Ediciones Universitarias, Antofagasta.

Bird, J.
1943. Excavation in Northern Chile. *Anthropological Papers American Museum of Natural History* 38 (4):178-318.

Briones, L.
2006. The geoglyphs of the north Chilean desert: An archaeological and artistic perspective. *Antiquity* 80 (307):9-24.

Briones, L. y L. Álvarez
1984. Presentación y valoración de los geoglifos del norte de Chile. *Estudios Atacameños* 7:296-305.

Briones, L., L. Núñez y V. Standen
2005. Geoglifos y tráfico prehispánico de caravanas de Llamas en el desierto de Atacama (Norte de Chile). *Chungara* 37 (2):195-223.

Carrasco, C.
2005. Materialidad lítica de sitios tardíos de la región cultural de Tarapacá, norte de Chile. Informe Proyecto FONDECYT 1030923. Ms. en archivo FONDECYT, Santiago.

Castillo, O.
1960. El agua subterránea en el norte de la Pampa del Tamarugal. *Boletín* 5, Instituto de Investigaciones Geológicas, Santiago.

Catalán, D.
2005. Registro de colecciones arqueológicas de la costa de Tarapacá: Los complejos artefactuales de contextos funerarios tardíos de Iquique y Camarones. Informe Proyecto FONDECYT 1030923. Ms. en archivo FONDECYT, Santiago.

Cerda, P., J. Fernández y J. Estay
1985. Prospección de geoglifos de la provincia de Iquique, I región de Tarapacá, norte de Chile. En *Estudios en Arte Rupestre. Primeras Jornadas de Arte y Arqueología*, editado por C. Aldunate, J. Berenguer y V. Castro, pp. 311-348. Museo Chileno de Arte Precolombino, Santiago.

Cornejo, L.
1984. Área de cobertura de recursos: Una nueva perspectiva en el estudio del asentamiento arqueológico. Tesis de licenciatura no publicada, Departamento de Antropología, Universidad de Chile, Santiago.

Díaz, A. y C. Mondaca
1999. Geografía y geoglifos en la Pampa del Tamarugal. Antecedentes sobre geografía cultural y el arte rupestre andino. Tesis de licenciatura no publicada, Departamento de Antropología, Geografía e Historia, Universidad de Tarapacá, Arica.

García, M.
2006. De las plantas y los antiguos camiñanos. Análisis arqueobotánico de la aldea Camiña-1. Provincia de Tarapacá (I Región) durante el Período Intermedio Tardío (1000-1450 DC). Informe de Practica Profesional no publicada, Departamento de Antropología, Universidad de Chile, Santiago.

García, M. y A. Vidal
2006. Análisis de los restos vegetales de Caserones-1, Región de Tarapacá. Diversidad, distribución, uso y funcionalidad. Informe Proyecto FONDECYT 1030923. Ms. en archivo FONDECYT, Santiago.

González, J.
2005. Arqueofauna del Período Intermedio Tardío en aldeas del complejo Pica-Tarapacá. Informe Proyecto FONDECYT 1030923. Ms. en archivo FONDECYT, Santiago.

Loker, W.
1989. Uso moderno de la tierra y asentamiento precolombino: Una perspectiva etnoarqueológica. En *Investigaciones arqueológicas en la Región de El Cajón*, Tomo I: Ecología Cultural Precolombina, editado por K. Hirt, G. Lara y G. Hasemann, pp. 135-185. Memoirs in Latin American Archaeology 1. University of Pittsburgh, Pittsburgh.

Ministerio de Obras Públicas (MOP)
1995. Estudio de ubicación de restos arqueológicos en cuencas priorizadas. CEC Limitada, Santiago. Ms. en archivo del Ministerio de Obras Públicas de Chile, Santiago.

Moragas, C.
1993. Antecedentes sobre un pucara y estructura de cumbre asociadas a un campo de geoglifos en la quebrada de Tarapacá, área de Mocha, I Región. *Boletín del Museo Regional de la Araucanía* 4 (2):25-39.

2004. Reconocimiento arqueológico en el litoral de Pisagua, I Región. Informe Proyecto FONDECYT 1030923. Ms. en archivo FONDECYT.

Moreno, A., F. Contreras y J. Cámara
1991-92. Patrones de asentamiento, poblamiento y dinámica cultural en las tierras altas del sureste peninsular. El pasillo Cullar-Chirivel durante la prehistoria reciente. *Cuadernos de Prehistoria de la Universidad de Granada* 16-17:191-245.

Mostny, G.
1980. The archaeological zone of Guatacondo. En *Prehistoric trails of Atacama: Archaeology of northern Chile*, editado por C. Meighan y D. True, pp. 91-97. Monumenta Archaeologica 7, University of California, Los Angeles.

Muñoz, M., R. Pinto, A. Mesa y A. Moreira.
2001. «Oasis de neblina» en los cerros costeros del sur de Iquique, región de Tarapacá, Chile, durante el evento El Niño 1997-1998. *Revista Chilena de Historia Natural* 74 (2):389-405.

Niemeyer, H.
1959. Excavaciones en Pica (Provincia de Tarapacá). *Boletín del Museo Arqueológico de la Serena* 10:55-68.

1961. Excursiones a la sierra de Tarapacá. Arqueología, toponimia, botánica. *Revista Universitaria* XLVI:97-114.

Nocete, F.
1994. *La formación del estado en las campiñas del Alto Guadalquivir (3000-1500 a.n.e). Análisis de un proceso de transición.* Monográfica Arte y Arqueología 23, Universidad de Granada, Granada.

Núñez, L.
1965. Desarrollo cultural prehispánico en el norte de Chile. *Estudios Arqueológicos* 1:37-115.

Núñez, L.
1971. Cambios de asentamientos humanos en la quebrada de Tarapacá, norte de Chile. *Serie Documentos de Trabajo* 2, Universidad de Chile, Antofagasta.

Núñez, L.
1976. Geoglifos y tráfico de caravanas en el desierto chileno. En *Tomo Homenaje al Dr. Gustavo Le Paige, SJ*, Editado por H. Niemeyer, pp. 147-201. Universidad del Norte, Antofagasta.

Núñez, L.
1979. Emergencia y desintegración de la sociedad tarapaqueña: Riqueza y pobreza en una quebrada del norte chileno. *Atenea* 439:163-213.

Núñez, L.
1985. Petroglifos y tráfico en el desierto chileno. En *Estudios en Arte Rupestre*, editado por C. Aldunate, J. Berenguer y V. Castro, pp. 243-264. Museo Chileno de Arte Precolombino, Santiago.

Núñez, L.
1992. La sociedad tarapaqueña al tiempo de la invasión europea. *Campvs Iquique* 2:60-71.

Núñez, L. y J. Varela
1965. Sobre los recursos de agua y el poblamiento prehispánico de la Costa del Norte Grande de Chile. *Estudios Arqueológicos* 3-4:7-41.

Núñez, L. y T. Dillehay
1995. *Movilidad giratoria, armonía social y desarrollo e los Andes Meridionales: Patrones de Tráfico e interacción económica.* Reimpresión. Universidad Católica del Norte, Antofagasta. Originalmente publicada en 1979, Universidad del Norte, Antofagasta.

Núñez, P.
1983. Aldeas tarapaqueñas. Notas y comentarios. *Chungara* 10:29-37.

Olmos, O. y J. Sanhueza
1984. El precerámico en la costa sur de Iquique. *Chungara* 13:143-154.

Piazza, F.
1981. Análisis descriptivo de una aldea incaica en el sector de Pampa Alto Ramírez. *Chungara* 7:172-210.

Reinhard, J. y J. Sanhueza
1981. Expedición santuarios de altura y arqueología del altiplano. Instituto Profesional de Iquique, Iquique.

Rivera, M. y A. Aufderheide
1998. Camarones y Pisagua, dos casos de adaptación al medio marítimo y su coexistencia con pueblos de extracción altiplánica (1500-500 AC). En *50 años de estudios americanistas en la Universidad de Bonn: Nuevas contribuciones a la arqueología, etnohistoria, etnolingüística y etnografía de las Américas*, vol. 30, Editado por S. D. Salazar, C. Arellano, E. König y H. Prümers, pp. 259-289. Bonner Amerikanistische Studien. BAS - Universität Bonn, Seminar für Völkerkunde, Bonn.

Schiappacasse, V., V. Castro y H. Niemeyer
1989. Los desarrollos regionales en el Norte Grande (1000 al 1400 DC). En *Prehistoria, Desde sus Orígenes Hasta los Albores de la Conquista*, editado por J. Hidalgo, V. Schiappacasse, H. Niemeyer, C. Aldunate e I. Solimano, pp. 181-220. Editorial Andrés Bello, Santiago.

Stone, G.
1991. Agricultural territories in a dispersed settlement system. *Current Anthropology* 32(3):343-353.

Uribe, M.
2006. Acerca de complejidad, desigualdad social y el complejo cultural Pica-Tarapacá en los Andes Centro Sur (1000-1450 DC). *Estudios Atacameños* 31:91-114.

Uribe, M., R. Ajata, D. Catalán, J. Valenzuela y S. Urbina
2004. Informe arqueológico: Prospección quebrada Los Troncales. Municipalidad de Camiña, Provincia de Iquique, Chile. Ms. en archivo FONDECYT, Santiago.

Uribe, M., L. Sanhueza y F. Bahamondes
2005. Acercamiento sistemático a la alfarería tardía de Tarapacá: La cerámica de los valles interiores y la costa (Caserones-1, Camiña-1, Jamajuga, Pisagua B y N). Informe Proyecto FONDECYT 1030923. Ms. en archivo FONDECYT, Santiago.

Valenzuela, J.
2005. Análisis del material malacológico de cinco sitios interiores de la región de Tarapacá, norte de Chile. Informe Proyecto FONDECYT 1030923. Ms. en archivo FONDECYT, Santiago.

Velozo, L.
1974. Características geomorfológicas de la Pampa O'Brien, Pampa del Tamarugal, Tarapacá. *Norte Grande* 1(2):101-111.

Vidal, A.
2005. Determinación de macrovestigios vegetales en los sitios de Camiña, Caserones y Jamajuga. Informe Proyecto FONDECYT 1030923. Ms. en archivo FONDECYT, Santiago.

## Notas

[1] Adán y colaboradores (2007) plantean que los asentamientos precordilleranos de las Quebradas de Tarapacá y Mamiña presentan interesantes similitudes arquitectónicas con los asentamientos del Alto Loa y Atacama.

[2] El Altiplano chileno, si bien presenta elementos arqueológicos muebles de los grupos Pica-Tarapacá, constituye más bien un espacio con predominio de diferentes tradiciones arqueológicas de los complejos culturales de Carangas, Intersalar y Lípez (Ajata 2006b; Sanhueza 2006; Uribe *et al.* 2005).

[3] Tradicionalmente los textos de estudio señalan solo cuatro franjas longitudinales. Sin embargo, las características medioambientales y de ocupación humana de nuestra área de estudio nos lleva a distinguir tres unidades diferenciadas en la Cordillera de los Andes. Así, los faldeos occidentales de la cordillera presenta una sección suave (Plano Inclinado) y una sección abrupta (Precordillera). Hacia el este de la línea divisoria de aguas se presenta como Altiplano.

[4] Las pocas excepciones están representadas por la quebrada de Zapiga, en el extremo septentrional de la Pampa del Tamarugal, que corresponde al único curso fluvial permanente existente en la Cordillera de la Costa (González *et al.* 1991), y las formaciones vegetacionales de altura (*lomas*), formadas en lo alto de la cordillera y producidas por el choque de la neblina (*camanchaca*) con las paredes del farellón costero (Muñoz *et al.* 2001).

[5] Aunque se han documentado varias aldeas del Período Formativo en la sección baja de esta última quebrada, aún no existen antecedentes de sitios habitacionales para el Período Intermedio Tardío (Meighan 1980; Mostny 1980).

[6] La información de la base de datos agrupa antecedentes de los principales asentamientos arqueológicos de la región. Sin embargo, no incluye información respecto de prospecciones sistemáticas realizadas en el último tiempo que involucran un registro de baja densidad de materiales arqueológicos. Esto debido a la concentración que este tipo de evidencias manifiesta a nivel espacial lo que habría redundado en una sobre representación de las evidencias arqueológicas en determinados espacios. Además, esta base no constituye un registro completo de los asentamientos de alta densidad de la región arqueológica de Pica-Tarapacá, siendo un reflejo de los antecedentes disponibles en la actualidad.

[7] El valor de 2,621 m fue estimado en un trabajo previo a partir del promedio de las distancias entre asentamientos que se localizan dentro de un mismo sector (Pisagua-B y Pisagua-N = 5,695 m; Caserones y Tarapacá-49 = 8,412 m; Camiña y Laymisiña = 1,622 m).

[8] No se cuentan con antecedentes respecto de la extensión de los asentamientos de Pisagua-B y Pisagua-N.

[9] El análisis realizado por Núñez (1976) se basa en la distribución de 45 conjuntos de geoglifos desde Arica hasta Calama. Los porcentajes señalados corresponden a un total de 38 conjuntos que se localizan dentro de nuestra área de estudio y que han sido agrupados de acuerdo a nuestras delimitaciones de unidades geográficas.

[10] Los movimientos telúricos de gran escala son bastante comunes en nuestra área de estudio y eventos de maremotos han sido registrados para tiempos históricos republicanos.

El uso de Sistemas de Información Geográfica en arqueología sudamericana.
Figuerero Torres e Izeta (Ed.) 2012: 157-172

# SISTEMA DE INFORMAÇÃO DA PROVÍNCIA JESUÍTICA DO PARAGUAI

Lizete Dias de Oliveira*

Departamento de Ciências da Informação, Faculdade de Biblioteconomia e Comunicação – FABICO (UFRGS), Rua Leblon 447, Porto Alegre, Brasil. E-mail: lee7@cpovo.net

## RESUMO

Este artigo oferece uma visão teórico-metodológica do Sistema de Informação Geográfica da Província Jesuítica do Paraguai, criado para o estudo do processo histórico ocorrido na região da Bacia do Rio da Prata. O sistema de informação reúne os dados referentes à história da região em uma estrutura espacial e temática, proporcionando também a possibilidade de gerenciamento do material proveniente das escavações desenvolvidas em sítios arqueológicos brasileiros. Apresenta-se a metodologia utilizada em quatro estudos que retiraram os dados de diferentes fontes de pesquisa e em escalas sincrônicas e diacrônicas diferenciadas.

## ABSTRACT

This paper presents a theoretical and methodological approach with a Geographic Information System of the "Província Jesuítica do Paraguai", for the Bacia do Rio da Prata region. To study the regional historical processes it gathers the available historical data in one spatial and thematic structure. It also allows management of material from the excavations undertaken in Brazilian archaeological sites. We present our approach in four case studies that used data from different sources on quite different temporal scales.

## INTRODUÇÃO

Com o descobrimento do Novo Mundo iniciou-se um processo de conquista e de ocupação que dividiu a América entre as duas coroas ibéricas Portugal e Espanha. Ao sul do continente americano, onde localiza-se a Bacia Hidrográfica do Rio da Prata, foi criada a Província do Paraguai, que se estendia pelos atuais Paraguai, Argentina, Uruguai e Brasil. A colonização européia nessa região iniciou no século XVI, através da fundação de vários centros populacionais.

A tomada de posse da América pressupunha, além da conquista do território, também a conquista e submissão dos nativos que o habitavam. As duas coroas legitimaram sua ação através da "Conquista Espiritual", cujo objetivo oficial seria converter os infiés à fé católica, reunindo-os em centros populacionais.

A liberação das terras através da cristianização dos indígenas, foi implementada de duas formas: através de sua utilização como mão-de-obra por parte dos *encomienderos* – proprietários de terras - ou pela mudança do estatuto dos indígena, que passariam a prestar *encomienda* diretamente ao rei, tornando-se seus vassalos. A primeira alternativa começou a ser implementada na Província do Paraguai, já no século XVI pelos freis franciscanos através da fundação de Missões Franciscanas, chamadas genéricamente de *pueblos de indios*. Essa mesma forma de dominação foi concomitantemente utilizada pela Coroa Portuguesa nos aldeamentos indígenas criados pelos jesuítas da Província Jesuítica do Brasil. A segunda forma começou a ser implementada pela Coroa Espanhola no início do século seguinte, quando foi criada a Província Jesuítica do Paraguai, uma província da Companhia de Jesus, responsável pela conversão dos nativos da Província do Paraguai. Os jesuítas dessa província atuaram na cristianização, principalmente dos índios Guarani, num primeiro momento através de missões religiosas e, posteriormente, através da fundação de reduções. Existe uma diferença básica entre as reduções e as missões. Enquanto nas missões os jesuítas percorriam as aldeias indígenas pregando a doutrina cristã, batizando indiscriminadamente e realizando casamentos, as reduções eram povoados fundados pelos próprios jesuítas. As reduções presupunham o isolamento dos indígenas do contato com as populações de *criollos* – descendentes de europeus nascidos na América - e de europeus que habitavam na região do Rio da Prata.

A experiência de cristianização da Província Jesuítica do Paraguai, que durou do início do século XVII à segunda metade do século XVIII, consistiu na criação desses vários centros populacionais, em um processo de crescimento e de dispersão bastante complexo. Na sua última fase, a Província Jesuítica do Paraguai contava com aproximadamente trinta reduções, passando a ser historicamente conhecido como os "Trinta Povos das Missões".

A expulsão dos jesuítas das terras pertencentes à Coroa Espanhola, em 1768, marcou o fim do sistema reducional. A partir dessa data os centros populacionais começaram a ser abandonados pelos Guarani, sofrendo gradativamente um processo de runização até transformarem-se em sítios arqueológicos. Esse processo de abandono culminou no século XIX, quando vários centros populacionais foram totalmente despovoados devido à belicosidade dos processos de formação dos diferentes Estados Nacionais americanos. Como mostraremos a seguir, dentre essas povoações, algumas das missões fundadas no Tape, atual território do Rio Grande do Sul, permaneceram com suas localizações desconhecidas por séculos, até o trabalho de georeferenciamento realizado por essa pesquisa, apesar de ainda não confirmada sua localização *in situ*.

Por outro lado, alguns dos sítios foram e/ou estão sendo escavados por equipes de arqueólogos dos países platinos. Apenas para citar alguns dos trabalhos nessas antigas reduções, podemos indicar a de Santo Inácio Mini e Loreto na Argentina, de Trinidad e de Santo Inácio Guazú no Paraguai ou de São João Batista e de São Miguel Arcanjo no Brasil.

O estudo das missões jesuíticas localizadas no atual território brasileiro, conhecidas como as "Sete Missões", começou a partir da década de 1930, enfocando temas ligados à arquitetura e urbanismo, dentro do processo de valorização do patrimônio nacional. No Brasil, na década de 1930 o Serviço do Patrimônio Histórico e Artístico Nacional (SPHAN) - atualmente chamado IPHAN -, tombou São Miguel como patrimônio brasileiro, um dos primeiros monumentos inscritos no Livro de Tombo de Belas Artes. Posteriormente, em 2 de dezembro de 1983 foi reconhecida como Patrimônio da Humanidade pela UNESCO. Esse reconhecimento por parte da UNESCO impulsionou o início de escavações arqueológicas sistemáticas principalmente em quatro, dos sete povoados missoneiros do Brasil: São Miguel, São Lourenço, São Nicolau e São João. Contudo, apesar dos estudos arqueológicos, históricos e arquitetônicos realizados sobre a Província Jesuítica do Paraguai, até o final da década de 90, não houvera preocupação no sentido de sistematizar as informações resultantes desses trabalhos, o que ofereceria uma visão global desse processo histórico único, uma vez que todas as reduções jesuíticas faziam parte de uma totalidade. Ou seja, as escavações em sítios arqueológicos nos três países foram sendo realizados, os estudos históricos, arquitetônicos aprofundaram-se gradativamente, mas sem preocupação de reunir toda essa informação, limitando-se apenas às tentativas propostas através dos congressos internacionais onde cada pesquisador relatava sua experiência.

Para suprir essa desconexão no conhecimento e para sistematizar as informações provenientes das diversas pesquisas realizadas sobre as missões jesuíticas, em 1994 concebemos o Sistema de Informação Geográfica da Província Jesuítica do Paraguai. Esse sistema teve como objetivo principal criar uma ferramenta de gerenciamento das informações provenientes das pesquisas arqueológicas desenvolvidas em território brasileiro, bem como dos dados oferecidos por diversos tipos de fontes produzidas durante o processo histórico, tais como documentos escritos, fontes cartográficas, geográficas, dados demográficos, arquitetônicos e urbanísticos. Esse sistema reuniu e gerou informações a partir de diversos dados, oferecendo a possibilidade de visualização em níveis diacrôncos e/ou sincrônicos diferenciados e em diversas escalas, segundo a necessidade de cada estudo específico.

No presente capítulo apresentamos quatro estudos de caso que apresentam diferentes possibilidades de utilização do Sistema de Informação Geográfica. Esses estudos são baseados em dados provenientes de tipos de documentos específicos e diferenciados, exigindo diferentes metodologias para seu tratamento e oferecendo diversos níveis de visualização e de análise.

No primeiro estudo utilizamos como fonte o livro *Descripción e historia del Paraguay y del Río de la Plata*, publicado no século XVIII, pelo naturalista e militar Félix de Azara (1742-1821). O estudo teve como objetivo a localização das fundações realizadas na Província do Paraguai e sua plotagem sobre uma base cartográfica atual, como forma de visualizar o processo de ocupação e povoamento da Província do Paraguai.

O segundo caso baseia-se em dados cartográficos oferecidos por dois mapas de 1640 produzidos pelos jesuítas Louis Ernot e Carrafa, respectivamente, e em um estudo sobre eles realizado no século XX, pelo oficial do Exército Brasileiro Jônatas da Costa Monteiro. Nosso estudo teve como objetivo o georeferenciamento e a localização das antigas reduções do Tape, relacionando-as com as atuais estradas e centros populacionais como forma de facilitar sua localização *in sito*.

O terceiro estudo está baseado em dados extraídos de cartas do Exécito Brasileiro produzidas na década de 70 do século XX e oferece uma visualização do território onde estão localizados os sítios arqueológicos de três antigas reduções: São Miguel, Santo Ângelo e São João Batista, gerando um Modelo Digital de Terreno (MDT) onde visualiza-se o relevo da região. O objetivo desse trabalho consistiu na possibilidade de análise da paisagem assim como a criação de uma base geográfica para a plotagem do material arqueológico resgatado em toda a região, não a restringindo apenas aos perímetros dos sítios arqueológicos estudados, como faz-se em todos os projetos arqueológicos.

Finalmente, o quarto estudo analisa especificamente a redução de São João Batista, situada no município de Entre-Ijuís, no estado do Rio Grande do Sul, Brasil. Geramos um Modelo Digital de Terreno (MDT) a partir de croquis produzidos pelo Instituto do Patrimônio Histórico e Artístico Nacional (IPHAN) e por Cartas do Exército Brasileiro, utilizando como apoio informações baseadas em fotografias aéreas, em um plano da redução pertencente a Bibliothéque Nacionale de France (BNF).

Esses quatro estudos fazem parte da tese de Doutorado em Arqueologia defendida na Univesité de Paris I (Pantheon-Sorbonne), intitulada *Les Réductions Guarani de la Province Jésuite du Paguay – étude historique et sémotique*, defendida no ano de 1997.

Passados dez anos, os documentos aqui apresentados, são os únicos que testemunham a crição do Sistema de Informação da Província Jesuítica do Paraguai. No ano de 1997, quando preparávamos os documentos finais, que seriam publicados na tese, o CCT-SIS-CEIAS/CNRS, sofreu um ataque de *hackers* que avariou grande parte dos arquivos que compunham a base de dados do sistema, que posteriormente foi abandonado como projeto de pesquisa em SIG.

Os resultados dessa pesquisa podem ser considerados rudimentares, resumindo-se apenas em uma ferramenta para a gestão de dados com referencial espacial, o que corresponde a uma definição muito básica do que é possível esperar-se dos atuais sistemas de informação geográficas. Nossa intenção em publicar esse trabalho vai no sentido de mostrar um trabalho de SIG datado historicamente, ou seja, de apresentar o estado da arte, como se faziam, como se praticavam e como se concebiam os Sistemas de Informação Geográfica na década de 90 do século passado, de um ponto de vista teórico-metodológico. Assim,optamos por apresentar a metodologia utilizada para tratar fontes diferenciadas e as possibilidades de análise que elas oferecem, muito mais do que os resultados alcançados na pesquisa.

Evidentemente que na útima década a reflexão, o aperfeiçoamento das ferramentas e a sua dissiminação aumentaram o conhecimento sobre o SIG e produzido a partir dele. Entretanto, optamos por não alterar os documentos gerados durante o estudo, mantendo-nos fiéis a eles, assim como o fizemos com os documentos usados como fonte para os estudos. De fato, neste capítulo existem duas temporariedades que se cruzam: o tempo dos documentos históricos dos século XVII, XVIII e XX que serviram de base para o estudo e os documentos gerados no século XX, que foram produzidos durante o estudo, e que também tornaram-se históricos por serem um testemunho da prática do SIG nos seus primórdios.

## BREVE HISTÓRICO DA PROVÍNCIA JESUÍTICA DO PARAGUAI

A história das missões e reduções jesuíticas é uma das mais bem sucedidas tentativas de cristianização implementada pela Companhia de Jesus no mundo todo. A Província Jesuítica do Paraguai, fundada em 1604 cujo território de atuação era maior do que da Província civil do Paraguai (Figura 1) teve durante os próximos cento e cinquenta anos, uma atuação importante na história da região platina tanto na cristianização dos indígenas como através de atividades pedagógicas em escolas distribuídas pelas principais cidades daquela província. A principal etnia envolvida no processo de cristianização foi a Guarani, que há mais de um milênio ocupavam as terras da bacia hidrográfica do Rio da Prata, principalmente nos vales dos rios Paraguai, Paraná, Uruguai, e de seus afluentes menores.

A importância dessas missões e reduções pode ser evidenciada através da permanência da cultura guarani até os dias de hoje, apesar do seu caráter autoritário, de uma visão negativa a respeito dos indígenas e de uma tentativa de modificar sua cultura nos seus fundamentos, foram os jesuítas que preservaram vários aspectos da cultura Guarani. Por exemplo, a língua guarani, língua oficial do atual Paraguai e que é falada pelos Guarani que habitam toda a região do Rio da Pata, foi registrada pelo jesuíta Padre Ruiz de Montoya, na obra *Arte e Vocabulario de la lengua guaraní (1640)*. Essa obra foi reeditada pelo também jesuíta e especialista da língua guarani, Bartomeu Meliá separando-a em duas obras: *Arte de la lengua guaraní (1640)* (Montoya 1993) e *Vocabulario de la lengua guaraní (1640)* (Montoya, 2002).

Essa experiência de cristianziação que durou aproximadamente 150 anos pode ser dividida, em três períodos, tendo como critério o território ocupado pelas missões: de 1609 a 1640, de 1640 a 1680 e de 1680 a 1768.

O primeiro período inicia em 1609 com a criação das primeiras missões cristianizadoras ligadas a fundação da Província Jesuítica do Paraguai e termina em 1640, com o final da União Ibérica e a Batalha de *M'bororé*, ocorrida no ano seguinte. Geograficamente as missões localizaram-se em quatro áreas: no Guairá (no atual estado do Paraná, Brasil), no Itatim (no sul do atual estado do Mato Grosso, Brasil), no Tape (no estado do Rio Grande do Sul, Brasil) e na região entre as margens dos rios Paraná e Uruguai (na Argentina).

Nesse período o trabalho de evangelização era realizado pelos deslocamentos dos jesuítas de aldeia em aldeia, pregando a doutrina cristã, batizando indiscriminadamente e celebrando matrimônios em massa. A essa prática de cristianização, em que o missionário desloca-se entre as aldeias, chamamos missão. Assim, queremos desde já estabelecer a distinção entre missão e redução, apesar de serem normalmente utilizados indiscriminadamente, como sinônimos. Se por um lado a missão é marcada pelo deslocamento do missionário, nas reduções, posteriormente fundadas na província, os indígenas eram incorporados à povoados já estabelecidos, com uma estrutura urbanística característica, onde seriam "reduzidos à fé cristã" (Montoya 1989).

Nesse primeiro período as relações entre os europeus e *criollos* e os indígenas eram marcadas por uma extrema violência. As populações nativas, que na grande maioria ainda viviam nos bosques, eram constantemente caçadas tanto pelos *encomienderos* que as utilizavam como mão-de-obra através do regime da *encomienda*, ou pelos bandeirantes paulistas, que pecorriam as matas atrás de mão-de-obra para o trabalho nas lavouras da região de São Paulo, Brasil. Como efeito colateral, o trabalho de missionarização efetuado pelos jesuítas favoreceu a captura desses *negros da terra*, como eram chamados os índios escravizados, uma vez que nas missões os índios já estavam reunidos, não sendo preciso percorrerem as matas para escravizá-los. Bastava atacar diretamente as missões. Isso ocorreu nas regiões do Itatim, do Guairá e Tape, destruindo a maior parte das reduções e obrigando as populações a reunirem-se na área da mesopotâmia dos rios Paraná e Uruguai, no atual estado da Argentina.

Como o final da União Ibérica, em 1640, a Coroa Espanhola proibe a presença de portugueses nas suas terras. Para defender o território, ofereceu armas de fogo aos Guarani das missões do Tape para enfrentá-los. O combate entre Guarani e bandeirantes ficou conhecido como a Batalha de *M'bororé*, que marca o final da presença portuguesa na área e a migração dos sobreviventes das missões do Tape para a

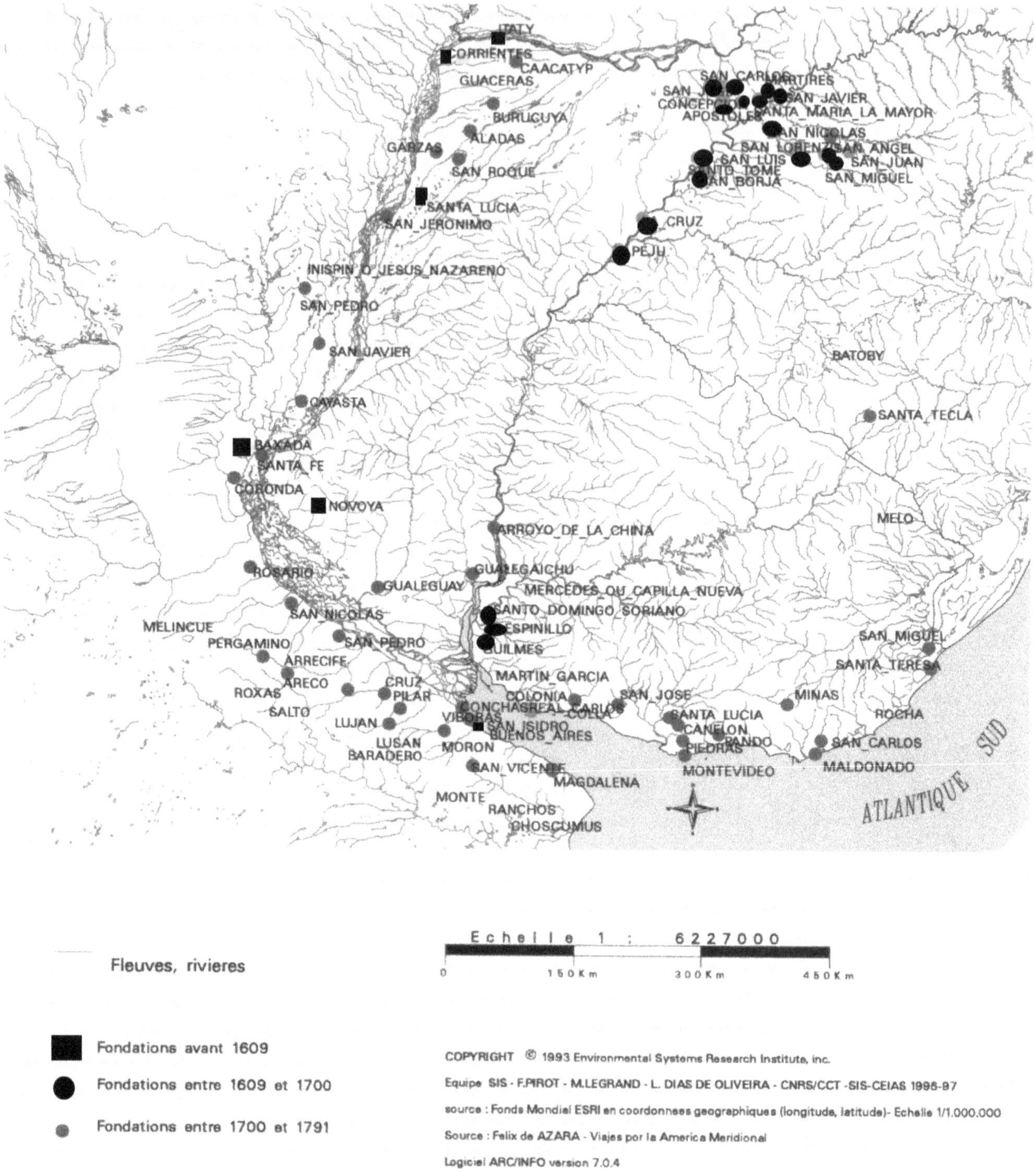


Figura 1

outra margem do rio Uruguai. Nessa migração os Guarani missioneiros deixaram o gado que havia sido introduzido pelos jesuítas, começando a se formar um dos maiores rebanhos de gado selvagem do mundo espalhado por parte do atual estado do Rio Grande do Sul e por todo o território da República Oriental do Uruguai, conhecido como Vacaria do Mar. Sobre esse período trataremos no segundo estudo que será apresentado a seguir.

O segundo período começa com a migração das missões e termina em 1680 com a fundação portuguesa da Colônia de Sacramento nas margens do Rio da Prata, em frente à cidade de Buenos Aires (Figura 1). Nesse período as populações das missões do Itatim, Guairá e Tape estão reunidas em uma mesma região nas margens dos rios Paraná e Uruguai e, em alguns casos, em uma mesma povoação. Esse período é marcado por uma grande mobilidade das missões, sendo que povoados inteiros deslocaram-se várias vezes procurando melhores condições ambientais para se estabelecerem. No território do estado do Rio Grande do Sul não existe, nesse período, nenhuma redução.

A fundação da Colônia de Sacramento irá representar um fator determinante na história da Província Jesuítica do Paraguai pois significa a presença constante, e cada vez mais atuante de portugueses, desequilibrando politica, militar e economicamente a região. Os portugueses, depois desta fundação também modificaram profundamente as relações ecológicas pois passaram a explorar as reservas do gado que havia sido deixado pelos povos missioneiros durante a fuga, chegando ao ponto de quase extinguir o rebanho.

Finalmente, em um terceiro momento, que vai até a expulsão dos jesuítas em 1768, as reduções recomeçaram sua expansão em direção à margem oriental do rio Uruguai, ocupando toda a região noroeste do atual estado do Rio Grande do Sul. Inicialmente estabeleceram três das antigas missões do Tape que haviam migrado para a outra margem quarenta anos antes: São Nicolau que havia sido fundada em 1627, São Miguel, fundada em 1632 e São Luis fundada em 1632. Posteriormente foram fundadas quatro reduções com o excedente populacional de antigas reduções: São Borja (1690) criada com o excedente de São Tomé, São Lourenço (1691) colônia de Santa Maria Mayor, São João Batista (1698) criada como a população de São Miguel e Santo Ângelo (1707) criada com o excedente de Concepção. Esse período será tratado nos estudos três e quatro.

As Trinta Missões criaram estâncias em quase todo o estado do Rio Grande do Sul, onde exploravam o gado selvagem que se havia reproduzido livremente desde 1640, quando as missões do Tape foram destruídas pelos bandeirantes e o gado abandonado durante a fuga. Assim, no século XVIII o Rio Grande do Sul estava dividido em grandes estâncias missioneiras com apenas sete núcleos populacionais onde habitavam um ou dois jesuítas e até seis mil índios, principalmente da etnia Guarani.

Esses núcleos populacionais obedeciam as mesmas determinações urbanísticas das *Leys de Indias*. Toda redução, como observa-se no Plano da Redução de São João (Figura 2) possuía uma grande praça onde realizava-se os Autos do teatro jesuítico, onde ocorriam as processões, e onde era treinado o exército Guarani. Um dos lados da praça era fechado por um conjunto monumental formado pela igreja ao centro, em um de seus lados o cemitério e no outro lado um pátio onde se localizava a residência dos jesuítas e uma escola para os filhos dos caciques e algumas poucas crianças selecionadas. Em um segundo pátio, contínuo a esse, estavam localizadas as oficinas de artesanato, específico para cada redução. Atrás de todo esse conjunto estava a horta e o pomar onde eram aclimatadas várias plantas européias, cultivados temperos e plantas medicinais. Nos outros três lados da praça estavam localizadas as longas casas dos indígenas separadas em pequenas salas onde habitavam as famílias nucleares. Essas casas testemunham uma das mudanças mais importantes ocorridas dentro das reduções: a valorização da família nuclear em detrimento das tradicionais famílias extensas guarani. Ao redor das reduções havia um sistema de estradas que as ligavam umas às outras, as plantações comunitárias de algodão e erva-mate, planta selvagem que foi domesticada pelos jesuítas, e as pequenas plantações familiares dos indígenas, onde deveriam ser plantados os produtos para sua subsistência.

Em 1750 o Tratado de Madrid, assinado entre as Coroas Ibéricas, estabeleceu que área onde estavam localizados os Sete Povos passaria a pertencer à Coroa Portuguesa que, em troca, cederia a Colônia de Sacramento à Coroa Espanhola. Esse tratado, que nunca vigorou, teve graves conseqüências, como a rebelião dos Guarani de algumas das reduções, conhecida como Guerra Guaranítica. Durante esse episódio os próprios índios destruíram alguns povoados para impedir a entrada das tropas luso-espanholas, como aconteceu em São Lourenço ou São João Batista, por exemplo. Depois dessa Guerra os povoados foram ocupados pelas tropas luso-espanholas para a demarcação da nova fronteira. Com a revogação do tratado a situação geo-política voltou a ser a mesma, mas as reduções haviam sido abandonadas pela grande maioria dos seus habitantes.

Com a expulsão dos jesuítas, em 1768, as reduções entram num período final de decadência. No século XVIII os povoados missioneiros ainda eram habitados, mas sofriam

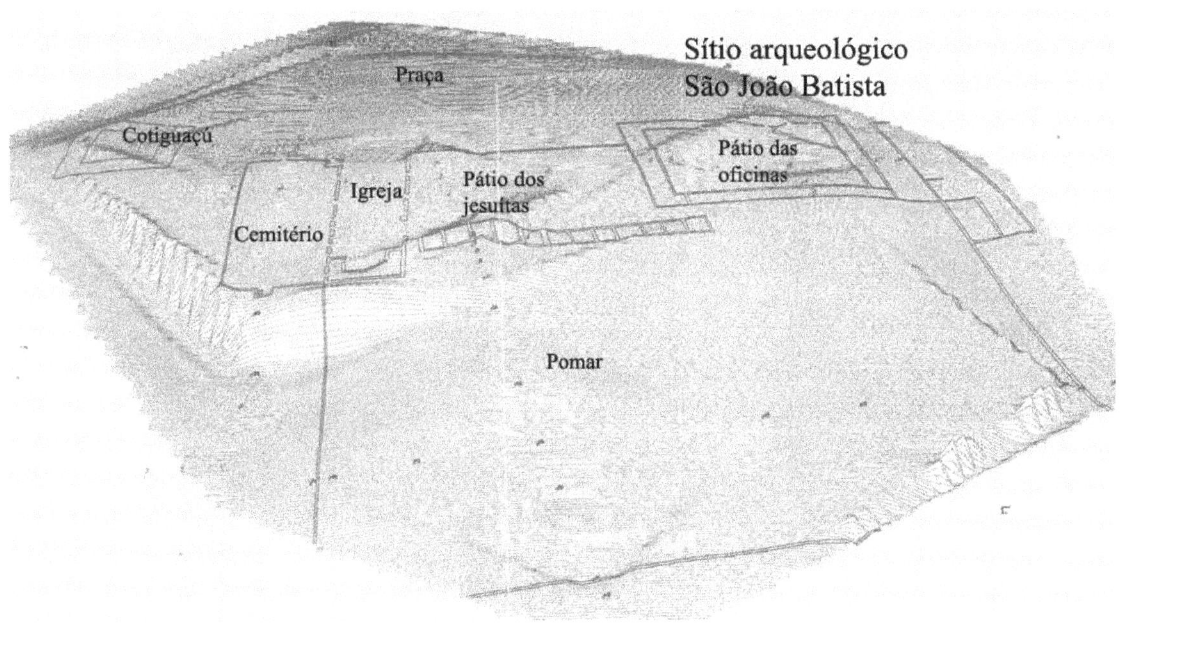


Figura 2

uma degradação constante que culminará com o processo de formação dos Estados Nacionais da América do Sul, no século seguinte, quando os povoados são abandonados e transformam-se em ruínas.

## SISTEMA DE INFORMAÇÃO GEOGRÁFICA DA PROVÍNCIA JESUÍTICA DO PARAGUAI

O Sistema de Informação Geográfica da Província Jesuítica do Paraguai foi criado com o objetivo de reunir informações a respeito desse complexo processo histórico que viemos de relatar brevemente. Durante esse processo vários documentos foram sendo produzidos, documentos oficiais, cartas de jesuítas, mapas, como também documentos da culura material, presentes nos sítios arqueológicos. Todos esses tipos documentais serviram de fontes dos dados que alimentaram o sistema. Veremos a seguir como alguns tipos de documentos foram incorporados ao sistema. Obviamente que se tratam apenas de uma pequena amostra, uma ínfima parte da massa documental produzida durante e a respeito do processo de povoamento ibérico na região do Rio da Prata e do processo de cristianização dos indígenas que ali habitavam.

Inúmeros documentos foram transcritos e publicados em obras tais como os *Documentos da Coleção de Angelis,* transcritos por Jaime Cortesão ou a *História de la Compañía de Jesús en la Provincia del Paraguay* de Pablo Pastells. Os documentos sobre as missões e reduções jesuíticas, principalmente as Cartas Ânuas já foram publicados em edições específicas, como o caso das transcrições de cartas completas como as publicadas por Leonhardt (1927-1929), Cortesão (1951, 1952, 1969), Vianna (1970) e Maeder (1984, 1990). Existem também fragmentos publicados em forma de apêndices de trabalhos ou resumidas, como o caso das obras de Nicolás Techo (1897), de Pedro Lozano (1967), de Pierre de Charlevoix (1910-1916) e de José Cardiel (1984).

Teoricamente esse sistema foi concebido tendo como base a Teoria Geral dos Signos, desenvolvida a partir do final do século XIX por de Charles S. Peirce (Peirce 1987). A Semiótica como fundamento teórico possibilita uma diferenciação entre os diversos tipos informações, entendidas aqui como signos, que fazem parte de nosso mundo de representações. No quadro desse trabalho é impossível aprofundar as implicações dessa opção téorica, em outras palavras, cada documento contém inúmeras informações, entendidas como signos, queremos apenas explicitar que para esse estudo levamos em conta apenas a relação do Signo com o seu Objeto, que pode ser do tipo icônico, indicial ou simbólica. De fato, na construção da informação geográfica, mesmo implicitamente, utilizamos necessariamente uma dessas relações entre os signos e seus objetos: os signos simbólicos (temáticos), os signos icônicos (mapas) e os signos indiciais (registros diretos da teledetecção) (Oliveira 1997).

No sistema de informação geográfica, a informação deveria poder responder a cinco questões elementares sobre os fenômenos, descrevendo: a realidade observada (o que), o espaço (onde), o tempo (quando), as relações (como) e uma simulação (se). Para responder a essas questões torna-se necessário estabelecer uma correspondência entre a semântica e a geometria dos objetos espaciais. Esta correspondência não é uma inovação dos Sistemas de Informação Geográfica, uma vez que uma correspondência entre os objetos espaciais já existia entre os geógrafos da Antigüidade através de dois tipos de linguagem: o texto (signo simbólico) e o mapa (signo icônico). Apenas os signos indiciais são posteriores, pois necessitam instrumentos de captação de alguma diferença/perturbação, como ondas, temperatura, etc.

O texto geográfico, entendido como um signo simbólico, descreve o mundo real de forma qualitativa ou até mesmo quantitativa, quando elas estão localizadas sobre o terreno. Os relatos de viagens ou as Cartas Ânuas produzidas pelos jesuítas da Província Jesuítica do Paraguai, são textos geográficos que informam sobre objetos geográficos, em uma linguagem discursiva. Por exemplo, na *Carta Ânua de la Provincia Jesuitica del Paraguay* correspondente aos anos de 1632 a 1634, os índios Payaguá são descritos como uma "nación célebre por su indomable fiereça y en sus ariscas costumbres mas brutos que hombres. Abitan por mas de 100 leguas las riberas del Rio Paraguay, o mejor decir las tienen infestadas porque viven esparcidos y vagos (...)" (Maeder, 1990, p.104). Esse texto não oferece uma informação geográfica precisa sobre a posição de determinado objeto espacial, mas informa relações de vizinhança, como a proximidade com rios, ou com acidentes geográficos, que permitem traçar áreas aproximadas de sua localização. Esse tipo de documento apresenta uma dificuldade suplementar na medida em que os rios e acidentes geográficos algumas vezes mudaram de nome, dificultando sua identificação e localização.

Um segundo tipo de signo são os mapas. Esse tipo de signo icônico, no seu segundo grau de similaridade, representa o mundo real sob uma forma, que mesmo sendo convencional, é "quase independente das línguas e, por isto, mais universal que o texto escrito" (Denègre e Salgé 1996). Durante o trabalho de cristianização, os missionários produziram grande quantidade de documentos cartográficos. Muitos desses mapas foram reunidos na obra *Cartografia Jesuítica*, publicada pelo também jesuíta Guilhermino Furlong (Furlong 1936), entre eles dois mapas produzidos pelos jesuítas Carrafa (Figura 3) e Louis Ernot, datados de 1640. Esses mapas, que estão entre as mais antigas representações cartográficas do atual estado do Rio Grande do Sul, foram usados para a localização das antigas missões do Tape, como se verá no segundo estudo de caso que mostraremos a seguir.

A partir de meados do século XIX, com a invenção da fotografia começaram a surgir novas formas de registro da superfície terrestre: a fotografia aérea no se´culo XIX e, no final do século XX, a imagem de satélite. Estas formas de registro captam emissões dos raios refletidos pela superfície terrestre, fornecendo, como as fotografias clássicas, imagens que tornam visíveis os fenômenos do mundo físico. Em tal representação, do tipo indicial, o objeto imprime em seu signo, vestígios de sua existência concreta. Para o estudo da redução de São Joao Batista, utilizamos fotografias aéreas tiradas em que as sombras projetadas dos volumes topográficos oferecem a possibilidade de localização de estruturas arquitetônicas do subsolo.

No final dos anos 60, a digitalização tornou possível a reunião destes três tipos de signos: icônicos, indiciais e simbólicos. Hoje, através da informática, estas três formas de expressão encontram-se reunidas em apenas uma linguagem, possibilitando uma capacidade quase ilimitada na descrição dos objetos, na descrição de seus atributos (com a capacidade crescente de registro) e na capacidade de representação cartográfica (com diversos instrumentos e tratamento de traços informáticos), além de um incremento na capacidade de combinações entre a semântica e a geometria dos diversos modos de expressão: textual (simbólico), cartográfico (iconográfico) e fotográfico (indicial) (Denègre e Salgé 1996).

É importante sublinhar que a digitalização dos objetos reúne, em um mesmo sistema, as duas estruturas de informação: a estrutura geométrica e a estrutura semântica ou temática. A escolha do modo de digitalização utilizado, vetorial ou matricial, influencia diretamente a estrutura geométrica dos objetos na medida em que a "representação gráfica" leva em conta a posição dos objetos geométricos, suas formas e as relações espaciais entre estes objetos (vizinhança, intersecção, inclusão, etc...).

O Sistema de Informação Geográfica da Província Jesuítica do Paraguai descreveu digitalmente a geometria dos objetos através do modo vetorial, descrita pelos pontos que compõem o contorno de cada objeto. No modo vetorial a posição do objeto é expressa pelas coordenadas (x,y,z) ligadas a um referencial de posicionamento. A forma dos objetos geométricos foi expressa pela união de três primitivas geométricas principais: os objetos pontuais, os objetos lineares e os objetos em superfície. Dito de outra forma, a posição de um objeto pontual no espaço associa-se a um único jogo de coordenadas, enquanto um objeto linear associa sua posição a partir de um segmento de coordenadas, sendo que cada ponto está ligado ao ponto seguinte por um segmento de linha, geralmente um segmento de reta. Finalmente, um objeto com superfície é entendido como sendo o interior de seu perímetro, limitado pelo seu contorno, ou seja, sua superfície é delimitada por um objeto linear que se fecha sob si mesmo. Por exemplo, no terceiro estudo (Figura 4), o sistema de águas foi representado de duas formas diferentes e em duas camadas separadas, de acordo com as formas geométricas que apresentam. Na representação da rede hidrográfica, os rios foram tratados como objetos lineares, os lagos e fontes foram tratados como objetos geométricos em superfície pois fecham-se sobre si mesmo.

As formas geométricas (ponto, linha e superfície) estão definidas por um espaço euclidiano em duas ou três dimensões, posicionando-se umas em relação às outras

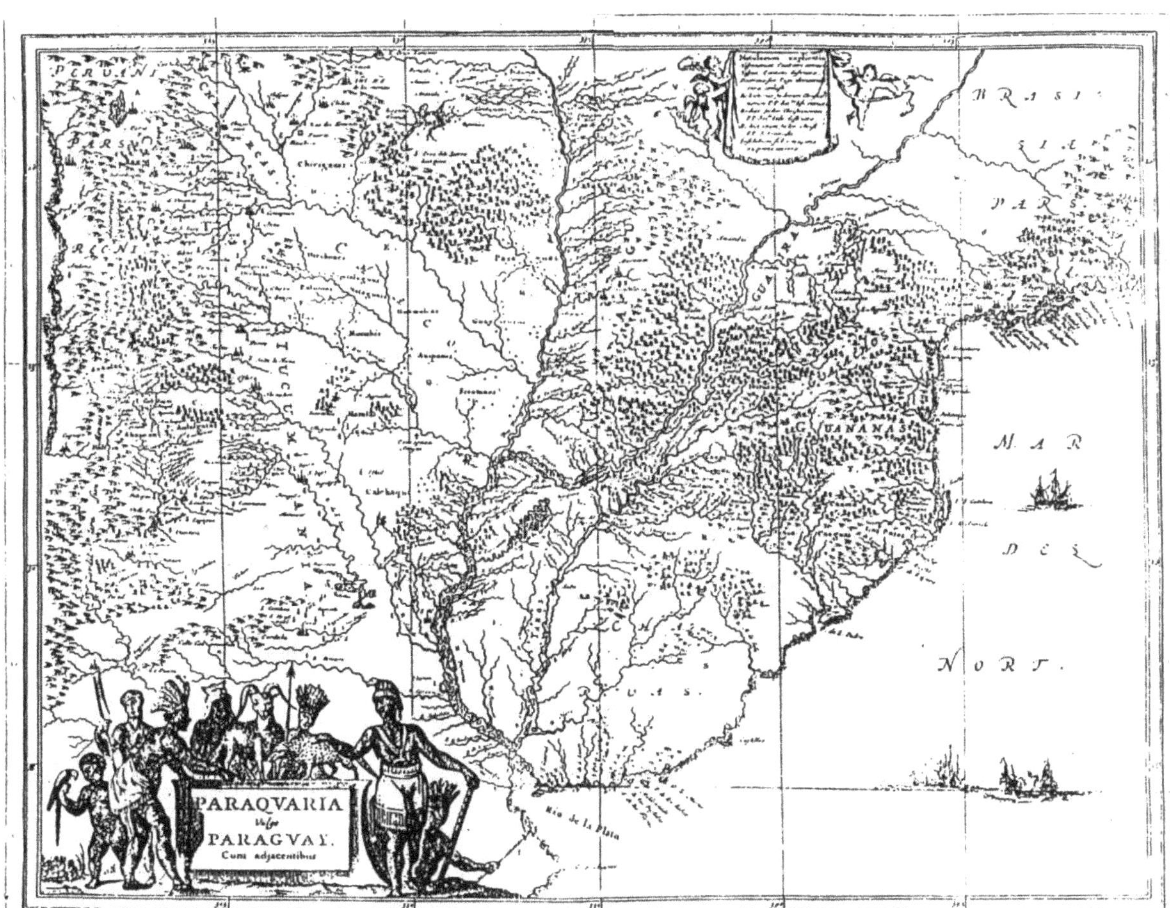


Figura 3

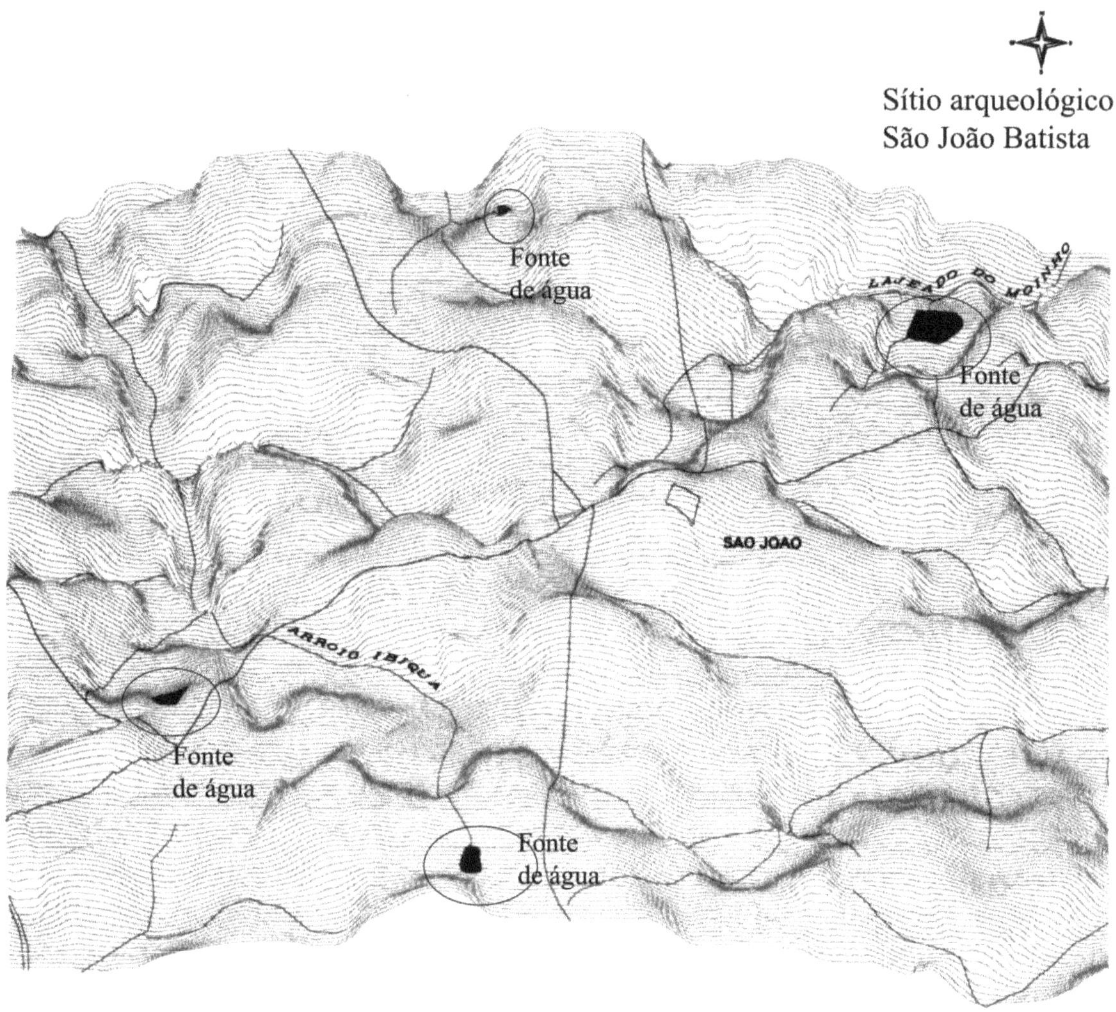


Figura 4

por relações espaciais determinadas, como a inclusão, intersecção, a adjacência e a proximidade. As três primeiras relações espaciais são boleanas, respondendo a um critério objetivo que pode ser verificado por sim ou não. A última depende de critérios subjetivos, como por exemplo: a partir de que limite duas formas são vizinhas? Essas relações espaciais podem ser implícitas ou explícitas. Nas relações espaciais implícitas, ou modo *spagheti*, as formas geométricas ignoram-se entre si, podendo cortar-se, sem necessariamente uma explicitação. A relação espacial explícita - ou topologia - utiliza a teoria dos grafos (Peirce 1987), quando as intersecções e as adjacências calculadas conduzem a definição de nós (caracterizados por intersecções ou pontos numerados), de arcos (caracterizados por linhas cortadas) e de faces (caracterizadas pelos arcos que formam sua periferia e as limitam).

Em resumo, sobre o plano teórico, este modelo topológico se define por três conjuntos de objetos geométricos – nós, arcos e faces - e cinco relações topológicas entre estes conjuntos. O conceito de grafo plano é importante na medida em que ele leva em conta todas as relações espaciais boleanas, facilitando o cálculo das relações espaciais incertas e evitando as redundâncias.

Assim, a realidade está sendo modelizada por sua dimensão funcional (no contexto geográfico), por sua dimensão estrutural (relação entre as entidades componentes da realidade) e por sua dimensão temporal (evolução no tempo ou deslocamentos).

O Sistema de Informação Geográfica da Província Jesuítica do Paraguai utilizou dois programas ARC-INFO e SAS-GRAPH para reunir em uma estrutura espacial e temática as informações produzidas sobre a história da região da Bacia do Rio da Prata.

O Modelo Conceptual de Dados do programa ARC-INFO, versão 7.0 repousa sobre um conceito de organização informacional chamado de camada (layer), ou seja, um conjunto de informações relativas a um mesmo tema e à sua definição espacial.

Como dissemos acima, um objeto espacial necesssita de uma coerência entre as duas descrições: a descrição geométrica ou espacial e a descrição semântica ou temática. Cada documento pode apresentar diversos temas, formando conjuntos de objetos espaciais, em diferentes camadas, diferenciados uns dos outros por suas características e suas relações entre si.

Cada camada corresponde a um nível de informação com um tema diferente: cidades, rede hidrográfica, estradas, relevo. Na sobreposição das camadas evidenciam-se novas relações entre as informações. Cada camada temática é descrita por seus atributos temáticos e espaciais. O modelo conceitual reúne duas estruturas: uma estrutura topológica - ARC - que reagrupa as informações espaciais, topológicas, de localização e de digitalização, e uma estrutura descritiva, como as tabelas, por exemplo. A relação da base topológica com a base relacional ou descritiva efetua-se pela redundância dos identificadores internos e externos, que se repetem em cada uma das duas bases. Na figura 5, por exemplo, a descrição geométrica ou espacial, foi feira a partir das diferentes linhas que traçam as curvas de nível, onde um ponto é ligado ao outro, formando linhas. A cada uma dessas linhas é atribuido um valor, que apresenta uma diferença de 20 metros em relação à próxima, ou seja, cada linha representada está separada da outra em uma diferença no terreno de 20 metros de altitude.

Cada camada está composta de um ou vários objetos espaciais sobre o mesmo tema, que são ligados à uma informação espacial que os ligam às suas localizações sobre a superfície terrestre, descrita em um sistema de referência explícito. Na figura 5 podemos observar três camadas sobrepostas ao Modelo Digital de Terreno: uma camada para a hidrografia que segue os vales indicados no MDT, uma camada para o traçado urbano e uma camada para as estradas e rodovias que correspondem às entradas da cidade de Santo Ângelo.

Podemos definir o nível semântico como sendo a tradução composta de uma realidade observável, constituída no espaço e no tempo, permitindo a definição das entidades geográficas que procuramos modelizar. Por isto, convém determinar inicialmente o "universo do discurso", isto é, sua estrutura, os elementos estáveis e as informações pertinentes ao fenômeno observado.

No caso do Sistema de Informação Geográfico da Província jesuítica do Paraguai cada diferente documento ofereceu dados, que foram tratados, sem considerar, em

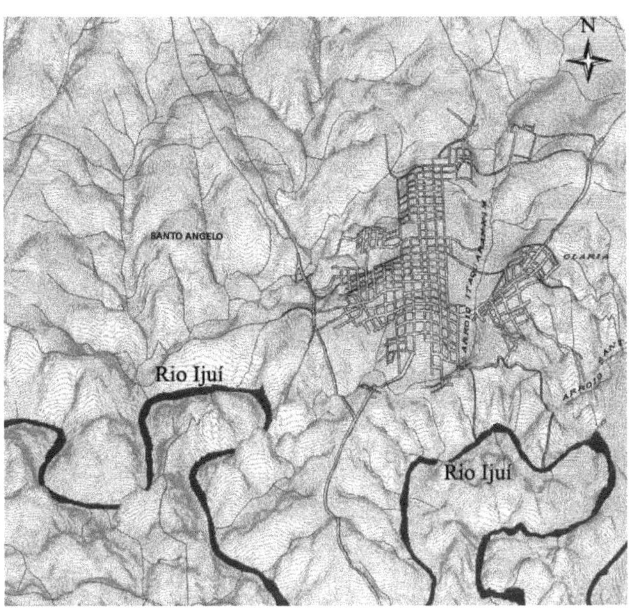


Figura 5

um primeiro momento, as relações estabelecidas com os outros documentos. Cada documento foi considerado um sub-sistema, sendo percebido nas suas articulações internas de onde foram extraindo informações intrínsecas, ou seja, as informações que fazem referência ao objeto em si. Somente em um segundo momento consideramos as informações extrínsecas dos fenômenos, ou seja, nas suas relações com os outros objetos. (Dijindjan 1991). Por exemplo, no estudo 04 utilizamos vários documentos isoladamente para depois estabelecermos relações entre as informações intrínsecas, como veremos a seguir.

Estudo 1 - A Província do Paraguai: ocupação espacial

Durante a conquista e a colonização da América os espanhóis privilegiaram a urbanização no seu processo de ocupação do território, vendo nas cidades um dos principais instrumentos de dominação. Uma comparação entre os dois processos ibéricos de colonização evidencia que o número de fundações de centros urbanos espanhóis foi bem superior ao de fundações portuguesas. Em 1530 começou efetiva e permanentemente a ocupação do Brasil com a expedição de Martin Afonso de Souza. Cento e vinte anos depois, em 1650, os portugueses haviam fundado somente trinta e um povoados e seis cidades. Em comparação, os espanhóis, em 1574, haviam fundado na América cento e oitenta e nove centros e em 1659, já havia trezentos e trinta fundações. (Oliveira, 1997)

Para acompanhar este processo de conquista e colonização européia na Província do Paraguai - uma província civil e administrativa que não pode ser confundida com a Província Jesuítica do Paraguai - utilizamos dados provenientes da documentação escrita, como documentos oficiais e as cartas dos jesuítas, as principais fontes de dados sobre a Província Jesuítica do Paraguai.

Nesse estudo apresentamos as informações extraídas exclusivamente dos dados oferecidos por Félix de Azara, reunidos durante o período de vinte anos que morou na região platina, de 1781 a 1801, que foram publicados na obra *Descripción e historia del Paraguay y del Río de la Plata*. Essa obra oferece informações sobre o processo de ocupação, tais como, a data de fundação, o tipo de povoamento, as coordenadas geográficas e a demografia dos diversos centros fundados na Província do Paraguai até o século XVIII. Esses dados foram reunidos em uma estrutura de dados do programa SAS-GRAPH.

As medições de longitude e latitude de Azara tomaram como base o Meridiano de Paris, como era habitual no século XVIII. Nosso trabalho consistiu, em um primeiro momento, no cálculo das coordenadas, transformando-as em coordenadas geográficas com origem na intersecção do Meridiano de Greenwich com a Linha do Equador. Esse cálculo foi feito para as coordenadas das fundações de núcleos populacionais das duas camadas de cada governo, a *Gobernación* do Paraguai e a *Gobernación* de Buenos Aires.

A separação em duas camadas deve-se à divisão da província do Paraguai, feita por Azara de acordo com os dois governos que existiam na época de seu registro: a *Gobernación del Paraguay* e a *Gobernación de Buenos Aires*. A estruturação das camadas temáticas respeitou esta divisão oferecida pelo autor, seguindo o pressuposto metodológico de respeitar as estruturas dos dados oferecidos pelos documentos, mesmo se soubéssemos - e esse conhecimento histórico é sempre *a posteriori* - que essa divisão não correspondia à realidade. Seguindo esse presuposto metodológico, separamos as informações em duas camadas diferenciadas, uma camada para cada *Gobernación*.

Em um segundo momento importamos os dados para o programa ARCINFO e sobrepusemos as duas camadas à estrutura espacial ESRI oferecida pelo programa, que cobre toda a superfície da Terra. O programa oferecia diversas camadas informacionais, tais como os limites políticos, cidades, vilas, centros urbanos, hidrografia, topografia em diversas divisões de altitude.

A figura 2 apresenta as duas camadas de dados oferecidos por Azara, sobrepostas às camadas de hidrografia da Bacia do Rio da Prata, oferecida pelo programa ARC-INFO. Pode-se, dessa forma, observar, os principais rios dessa bacia hidrográfica, Paraguai, Paraná e Uruguai, além de seus afluentes.

A visualização desses dados nos permite compreender o processo de colonização da região da Bacia do Rio da Prata. Queremos ressaltar que essa visualização trata-se de apenas uma das possíveis combinações entre os dados apresentados pelo autor. No século XVI foram fundados apenas 22 núcleos populacionais, a maioria nas proximidades de Asunción, o primeiro núcleo populacional permanente fundado na Província do Paraguai, em 1537, como aparece ressaltado no círculo 1 (Figura 2). Os *pueblos de índios* que se concentram ao redor de Asunción são basicamente as missões franciscanas que, como explicamos anteriormente, funcionavam segundo o mesmo modelo dos aldeamentos jesuíticos da Província Jesuítica do Brasil.

O segundo círculo indica a área ocupada pelas reduções jesuíticas, de 1609 a 1680. Note-se que a partir de 1604, com a chegada dos jesuítas e o início do sistema reducional, inicia-se a prática de reunir os indígenas em povoados isolando-os do convívio com os espanhóis e *criollos* moradores da Província do Paraguai. Esse período é marcado por uma grande mobilidade populacional, causada inicialmente pelos ataques dos bandeirantes paulistas, que deslocavam-se de São Paulo para a região sul na busca de mão-de-obra. A última descida de bandeirantes, para a região o que obrigou as reduções jesuíticas a reunirem-se nas mesopotâmias dos rios Paraná e Uruguai e nas margens do rio Paraguai.

Finalmente entre os anos 1680 a 1768, na tentativa de barrar o avanço da ocupação portuguesa no território do atual estado do Rio Grande do Sul notamos um deslocamento dos núcleos populacionais na direção leste, ultrapassando novamente o rio Uruguai, conforme ressaltado no círculo 3. Nesse período contamos quarenta e quatro fundações na Província do Paraguai, principalmente na *Governación* de Buenos Aires, com 28 fundações, indicando a preocupação em tomar posse do território do atual estado do Uruguai, a partir de 1680 quando os portugueses fundaram a Colônia de Sacramento,na margem norte do Rio da Prata, em frente à cidade de Buenos Aires.

Note-se que na estrutura de dados oferecidos por Azara não estão indicadas nenhuma das fundações da província do Tape, no Estado do Rio Grande do Sul, provavelmente porque quando viveram na região, as localizações dessas antigas missões já eram desconhecidas desde o século anterior, como veremos no estudo seguinte.

Estudo 2 - Missões da Província do Tape: século XVII

O estudo anterior mostrou que no período de 1609 a 1680 observamos a fundação de vários núcleos populacionais na Província do Paraguai, sendo que a maioria consistiu em reduções jesuíticas ou em *pueblos de índios* fundados pelos franciscanos. Entre essas fundações a maior parte deveu-se ao trabalho de cristianização dos missionários jesuítas, que passaram a percorrer as aldeias indígenas, formando primeiramente missões e posteriormente as reduções, como já mencionamos anteriormente.

A partir de 1626 os jesuítas navegam pelo rio Piratini, penetrando no território sul-rio-grandense, onde estabeleceram missões, conhecidas como as Missões do Tape (Figura 1). Essa data marca o início da penetração européia no território sul-riograndende, fundando dezoito missões até os anos 40 do século XVII. Em 1640 esses centros populacionais foram abandonados devido aos ataques dos bandeirantes de São Paulo. A população retirou-se para a outra margem do Rio Uruguai, iniciando-se um período de quarenta anos em que não existiram missões no território do atual estado do Rio Grande do Sul.

Os dados geográficos sobre essas missões do Tape foram oferecidos na grande maioria pelos jesuítas, principalmente nas Cartas Ânuas onde relatavam seus trabalhos apostólicos. Na medida em que foram os primeiros a penetrarem nessa área, os jesuítas inauguraram um trabalho de cartografia inédito, registrando em mapas a paisagem geográfica e oferecendo a localização das diversas etnias que habitavam no território.

Esse estudo utiliza dois mapas elaborados por jesuítas no século XVII representando a Província Jesuítica do Paraguai, com as missões jesuíticas fundadas no território do Tape, produzidos por Carrafa (Figura 3) e Louis Ernot, publicados na obra cartografia Jesuítica, de Guilhermo Furlong (Furlong 1936). Utilizamos também um estudo realizado no século XX por Jônatas da Costa Monteiro que teve acesso aos dois originais de onde deduziu suas coordenadas. Ao contrário de Azara, as coordenadas adotadas por Monteiro são originadas nos Meridianos do Rio de Janeiro e de Recife.

Nosso trabalho consistiu em transformar as coordenadas fornecidas por Monteiro em coordenadas geográficas com a origem na intersecção do Meridiano de Greenwich com a Linha do Equador. Com essas coordenadas geramos uma estrutura temática das localizações georeferenciadas que foi sobreposta à camada de sistema de águas retirado do Fundo Mundial ESRI oferecido pelo programa ARC-INFO. Assim, a camada temática com as informações provenientes do estudo de Monteiro, baseado nas fontes cartográficas dos dois jesuítas foi visualizada em sobreposição às várias camadas oferecidas pelo programa ARC-INFO: uma camada para o sistema viário, outra camada para a topografia, outra camada para a hidrografia. Dessa forma foi possível georeferenciar e localizar as fundações das missões relacionando-as com as cidades atuais, com os rios, com o relevo e com a rede de estradas, facilitando sua localização *in situ*. Esse estudo tornou possível georeferenciar a posição das antigas Missões do Tape que eram indicadas nos documentos históricos somente em relação à suas proximidades com acidentes geográficos ou com a rede hidrográfica, mas sem precisão suficiente que tornasse possível sua localização. Das dezoito reduções apenas quatro tinham suas localizações conhecidas através de relatos dos jesuítas, mas em relação aos pontos geográficos aproximados. Como tratava-se de missões, e não de reduções, eram estabelecidas nas prórprias aldeias indígenas, não possuíndo construções que deixassem vestígios monumentais pelo tipo de sistema construtivo e materiais utilizados. O trabalho de localização e georeferenciamento *in sito* não foi realizado até o momento.

Estudo 3 - As reduções de Santo Ângelo, São Miguel e São João: patrimônio cultural

A partir da década de 1680, com a fundação portuguesa da Colônia de Sacramento em território pertencente à Coroa espanhola, as reduções jesuíticas começaram a reocupar as terras da margem oriental do Rio Uruguai onde situa-se atualmente o estado do Rio Grande do Sul, estabelecendo, a partir de 1684, inicialmente três das antigas missões do Tape que haviam migrado para a outra margem do Rio Uruguai quarenta anos antes: São Nicolau (1627), São Miguel (1632) e São Luis (1632). Quatro novas reduções foram fundadas com o excedente populacional de antigas reduções: São Borja, São Lourenço, São João Batista e Santo Ângelo. Essas reduções, conhecidas como os Sete Povos das Missões ocuparam o atual estado do Rio Grande do Sul expandiram-se, durante a primeira metade do século XVIII, criando estâncias de gados.

O terceiro estudo trata de uma análise espacial na área de três reduções situadas no território brasileiro: São Miguel, São João e Santo Ângelo (Figura 4). A área dessas três reduções foi escolhida por serem representativas de processos históricos diferenciados, o que reflete nos seus procesos deposicionais.

Nesse estudo utilizamos as cartas Santo Ângelo (MI-2914/3), Catuípe (MI-2814/4), Carajazinho (MI-2930/1) e (MI-2929/2), projeção UTM em uma escala de 1:50,000 produzidas pelo Exército Brasileiro. Cada carta foi tratada separadamente como um documento individual. Os temas representados em cada uma das cartas foram digitalizados em modo vetor e separado em oito camadas distintas:

- camada topográfica para as curvas de nível de 20m;
- camada para o sistema hidrográfico vetorizado como objetos geométricos em linhas (rios);
- camada para o sistema hidrográfico vetorizado como objetos geométricos em supefície (lagos e fontes);
- camada para o traçado urbano de Santo Angelo, como objetos geométricos em linhas
- camada para o traçado urbano de São Miguel,
- camada para o traçado do perímetro de São João;
- camada da atual rede rodoviária;
- camada para as referências dos principais rios da região.

O Modelo Digital de Terreno foi tratado matematicamente com interpolação polinomial de grau 5, criado a partir da camada de curvas de nivel de 20m, como observa-se na figura 4.

Dessa forma, a figura 4 foi criada a partir de quatro documentos diferentes, com oito camandas para cada documento, totalizando trinta e duas camadas diferenciadas.

A redução de Santo Ângelo (representada no canto direito superior da figura 4 depois da Guerra Guarani foi escolhida como quartel general das tropas portuguesas, que chegaram à redução antes que os Guarani conseguissem queimar seus prédios. Sua ocupação por parte das tropas portuguesas durou seis anos, sendo depois devolvida à Coroa Espanhola, com a suspensão do Tratado de Madrid e a assinatura do Tratado de El Pardo, em 1761. Os prédios do povoado foram se transformando em ruínas, sendo que no século XIX a igreja não podia ser localizada, pois à vegetação havia crescido e a encoberto totalmente, conforme afirma Hemetério da Silveira (1979). Na última década do século XIX iniciou-se um processo de ocupação da região, com a migração interna de colonos alemães e italianos, influenciados pelas políticas de imigração do Estado Nacional brasileiro.

O sítio arqueológico da redução de Santo Ângelo está encoberto pela cidade de Santo Ângelo, tornando qualquer intervenção arqueológica mais dificil. A própria catedral angelopolitana foi construída sobre parte do terreno da antiga igreja da redução. Entretanto, pode-se localizar no seu atual traçado urbano os traçados de algumas das antigas ruas missioneiras e escavações pontuais quando realizadas, resgatam materiais da antiga redução. Com a utilização do Sistema de Informação Geográfica da Província Jesuítica do Paraguai os vestígios resgatados podem ser incorporados ao sistema, se devidamente georeferenciados, permitindo a visualização de suas localizações e a análise espacial da redução.

A figura 5, uma aproximação da Figura 4, mostra o traçado da cidade de Santo Ângelo, no ano de 1979, quando foi produzida a carta do Exército que serviu de base para esse estudo. Essa imagem evidencia também a zona da olaria, provavelmente a mesma zona da antiga redução.

O povoado de São Miguel (representado no canto inferior esquerdo da figura 4 foi um dos maiores e mais numerosos do lado oriental do Rio Uruguai. O crescimento acelerado da população obrigou sua divisão, dando origem ao povoado de São João Batista. São Miguel teve a sua igreja construída com técnicas construtivas diferenciadas, que a tornou mais sólida que as restantes igrejas da região. Seu templo permaneceu imponente, apesar da guerras, dos incêndios, dos saques ocorridos ao longo dos séculos XVIII e XIX. A imagem oferece o traçado urbano da atual cidade de São Miguel das Missões em 1977. Atualmente, depois de ter sido considerada Parimônio daHumanidade, esse sítio arqueológico impulsionou o desenvolveimtno urbano da região, o que pode ser verificado pela expansão da malha urbana.

O sítio arqueológico de São João Batista, no centro da figura 4 será tratado com mais profundidade a seguir.

Como vimos, os processos deposicionais diferenciados a que foram submetidas essas reduções transformaram-nas em sítios arqueológicos diferenciados, principalmente no que diz respeito à conservação dos documentos de seus arquivos materiais. Atualmente esses sítios arqueológicos necessitam de diferentes estratégias de preservação, de acordo com seus atuais estados de conservação. Entender os processos deposicionais e suas localizações na paisagem ajuda a traçar medidas mitigatórias de preservação e conservação dessa parte do patrimônio cultural brasileiro. O sistema de informação apresenta também a possibilidade de plotar os vestígios arqueológicos encontrados em toda a região, e não apenas dentro dos perímetros específicos dos sítios arqueológicos, possibilitando uma visão global da distribuição dos vestígios, pois, como vimos, as reduções faziam parte de uma complexa rede de estradas e interligações que extrapolam os limites estabelecidos nos sítios arqueológicos.

Estudo 4 - Redução de São João Batista: um estudo de arqueologia espacial

São João (representada no centro da figura 4) foi fundada com um excedente populacional da redução de São Miguel, quando esta atingiu seis mil habitantes, o número limite permitido para esses povoados.

O estudo de São João Batista que apresentamos, foi elaborado a partir dos seguintes documentos:

- relatos do Padre Sepp, criador da redução;
- plano da redução da BNP (Figura 2)
- fotografias aéreas do sítios arqueológico (Figura 6);
- plano topográfico produzido pelo IPHAN pertencente ao arquivo da 12 Região do IPHAN;
- relatórios de trabalhos aqueológicos realizados no sítio arqueológico
- cartas do Exército Brasileiro.

Esta maior variedade de documentos permite seguir o processo deposicional do sítio arqueológico, desde a criação da redução até os dias de hoje quando o sítio arqueológico está sendo escavado. A variedade de fontes nos oferece uma percepção do povoado e a possibilidade de visão geral e seu processo de deposicional.

A fundação da redução foi minuciosamente documentada através do relato do jesuíta Antônio Sepp na obra *Viagem às Missões Jesuíticas e Trabalhos Apostólicos*. Nessa obra o jesuíta narra a fundação da redução, desde a reunião dos caciques, a busca de terras e os critérios utilizados para a fundação, os procedimentos para estabelecer o traçado urbanístico, a construção dos principais prédios, como

Figura 6

suas medidas, a demarcação das áreas para as principais culturas agrícolas.

Além desse documento, trabalhamos com um plano do século XVIII (Figura 2) provavelmente elaborado por um soldado espanhol, no período entre a Guerra Guarani e a expulsão dos jesuítas, encontrado por nós na Bibliothèque National de Paris (BNP). Nesse plano estão representados detalhes urbanísticos, arquitetônicos, como também uma festa realizada na redução. Nele podemos conhecer São João, uma das reduções mais importantes economicamente, entre os Trinta Povos, pois nela foi instalada a primeira fundição de ferro da região. Na figura 7 podemos observar a imagem da fachada da igreja, retirada do referido plano. Essa fachada apresenta um estilo diferenciado em relação à igreja de São Miguel, tendo motivos florais e uma decoração muito próxima às igrejas ainda hoje encontradas nas missões de Chiquitos, na Bolívia.

A redução de São João teve um destino diferente de São Miguel e de Santo Ângelo. Sua igreja, construída com a mesma técnica construtiva das demais 27 igrejas dos Trinta Povos, cujo peso repousava sob uma estrutura de madeira, não resistiu ao violento processo de degradação. Atualmente, o templo apresenta somente partes de algumas paredes (Figura 7).

Um terceiro tipo de documento utilizado para o estudo foi uma série de fotografias aéreas que nos oferecem uma visão geral do sítio arqueológico (Figura 6). Esse tipo de prospecção aérea oferece a posibilidade de visualização dos volumes a partir da projeção das sombras solares. Conforme pode ser visto na foto aérea do sítos arqueológico. Essa fotografia aérea apresenta partes das paredes laterais da igreja. Nota-se que a fachada foi totalemente destruída.

A quarta fonte é o plano topográfico produzido pelo Serviço de Topografia do IPHAN em 1974. Nesse plano, com escala de 1:500 foram traçadas as estruturas visíveis e as prováveis localizações de estruturas não verificáveis a olho nu. O estudo topográfico foi produzido a partir do traçado de seis linhas retas sob os quais foram marcados 72 pontos de altitude relativa. O ponto (0;0;0) zero de latitude, zero de longitude e zero de altitude foi fixado sobre a primeira linha no local da entrada esquerda da estrutura da igreja (Figura 8).

Figura 7

Na figura 8 visualiza-se o MDT criado a partir das informações oferecidas pelo plano topográfico produzido pelo Serviço de Topografia do IPHAN. Para o georeferenciamento da imagem, as coordenadas relativas foram amarradas ao sistema de coordenadas geográficas, oferecendo a localização georeferenciada. Na figura 8 observa-se o MDT gerado a partir dos 72 pontos do plano do IPHAN, sobreposto a duas camadas diferenciadas: uma com os pontos de altitudes e outra com o traçado dos vestígios.

Da esquerda para a direita observa-se o cemitério, a igreja, o pátio da residência dos jesuítas, o pátio das oficinas, um prédio não identificado, ao lado das oficinas e, em primeiro plano, a horta.

O Modelo Digital de Terreno criado para toda a região (Figura 4) possibilita uma escolha de escalas que permite a recuperação de detalhes que não estão evidentes sobre os mapas ou cartas. Assim, uma aproximação desse MTD realizados com base na carta do Exército Brasileiro (figura 8) oferece a possibilidade de visualização do entorno do sítio arqueológico, com a definição do relevo e de vários pontos de geografia da região.

Comparando-se o plano de São João da Biblioteca Nacional de Paris (Figura 2), o relato do Padre Sepp, o Modelo Digital de Terreno gerado a partir dos dados oferecidos pelas cartas 1:50.000 da Divisão de Levantamento do Exército Brasileiro (Figura 2), as fotografias aéreas (Figura 6) e o MDT gerado a partir do plano do IPHAN (Figura 8) podemos constatar que:
1) As **fontes de água** às quais o Padre Sepp faz referências em seu relato são representadas no plano da BNP (Figura 2) e encontram-se atualmente sobre o terreno. Essas fontes e a rede hidrográfica foram representadas no MDT através das superfícies, assim como o lago, situado próximo ao Lageado do Moinho (Figura 9).
2) Os **rios** representados no Plano da BNP (Figura 2) são provavelmente os rios Ijuí e o Ijuizinho, localizados no MDT (Figura 4).
3) As **pontes** indicadas no Plano da Biblioteca Nacional (Figura 2) conduzem a três importantes destinos e os caminhos indicados deveriam ser seguidos cotidianamente pelos habitantes da redução. A primeira, no canto inferior esquerdo leva à redução de São Miguel, outra em direção à direita aos campos onde era guardado o gado da redução e a outra à redução de Santo Ângelo.
4) No Modelo Digital de Terreno as **estradas** atuais apresentam alguns trechos das atuais estradas e alguns correspondem ao traçado das antigas estradas utilizadas pelos habitantes das reduções e são, provavelmente, as mesmas estradas utilizadas desde os tempos pré-históricos.
5) O alinhamento entre o **cemitério, a igreja e a residência** dos jesuítas apresenta uma divergência entre os documentos. Enquanto são alinhados plano do IPHAN (Figura 8), no plano da BNP (Figura 2) e nas fotografias aéreas (Figura 6)

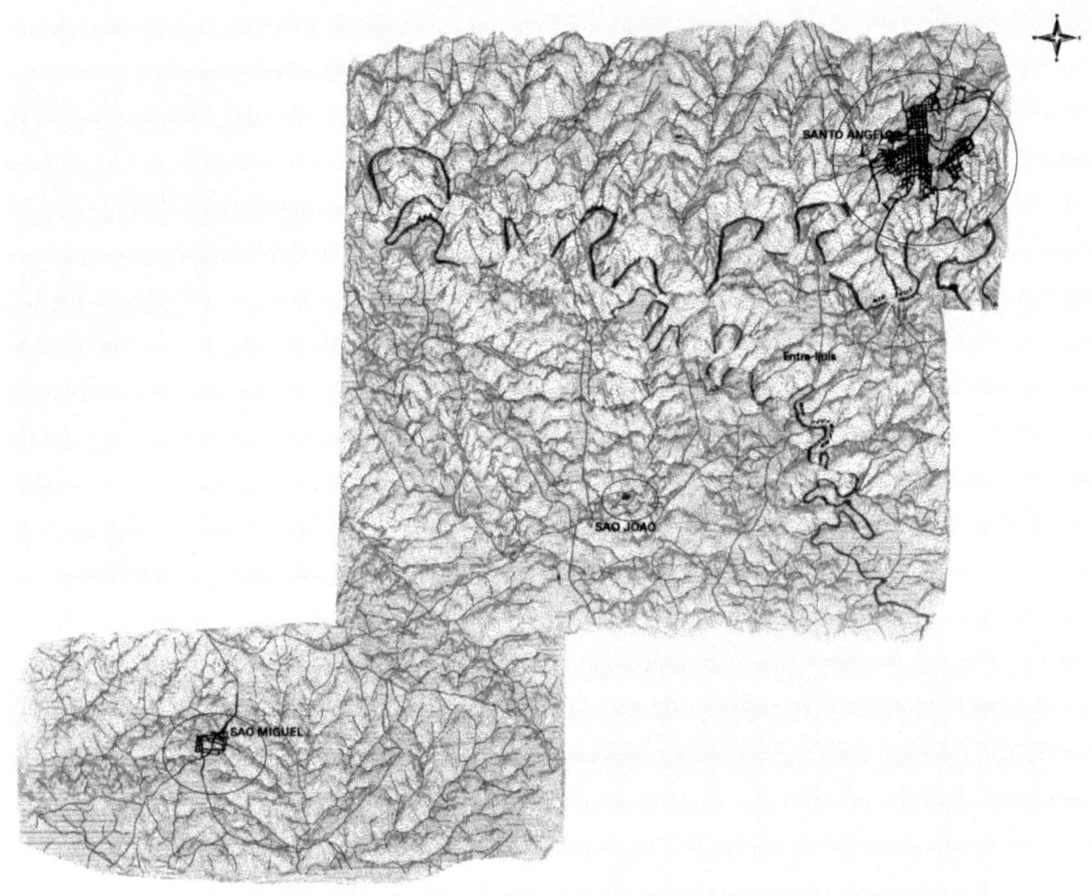

Figura 8

6) As **oficinas** não seguiam este alinhamento e se apresentam ligeiramente deslocadas em direção ao norte, em relação ao alinhamento da residência dos jesuítas, o que não se evidencia no plano do século XVIII da BPN (Figura 2), mas confirma o MDT traçado a partir do plano do IPHAN (Figura 8) e as fotografias aéreas (Figura 6) terreno.
7) O setor da **quinta**, situado atrás da igreja corresponde ao plano do BNP (Figura 2) ao plano do IPHAN (Figura 7) e pode ser observado nas fotografias áereas pelo crescimento dos Umbús, árvores características da região por crescerem sobre estruturas em pedra. Como pode-se observar essas árvores representam um importante indicativo para o tabalho do arqueólogo (Figura6).
8) O grande declive nos fundos da igreja, que nota-se sobre o MDT (Figura 8) está representado no plano da BNP (Figura 2) e no terreno confirma-se a existência do antigo lago através do declive do terreno.
9) A localização do ***cotiguazú*** (a casa das órfãos e das viúvas da redução) sugerida pelo plano topográfico não apresenta suas estruturas visíveis na superfície. A partir da representação produzida pelo MDT (Figura 7)

A falta de precisão dos dados relativos a localização dos prédios leva-nos a refletir sobre a importância da qualidade dos dados utilizados nas pesquisas, pois eles se refletem diretamente na qualidade da informação gerada, provocando problemas de interpretação. Um erro em um modelo de terreno, por exemplo, pode levar a realizar escavações em locais inexatos, prejudicando o trabalho em campo.

A partir deste sistema de informação é possível incorporar dados em escala global ou em centímetros e produzir informações, com uma precisão que só depende da qualidade dos dados incorporados. Desta forma é possível incorporar os dados provenientes das pesquisas arqueológicas em três dimensões. Queremos insistir na importância da precisão na coleta, o que influi imensamente na qualidade das informações produzidas.

## CONSIDERAÇÕES FINAIS

Os 160 anos de história da Província Jesuítica do Paraguai foram marcados por grandes transformações. Os antigos habitantes da região da Bacia do Rio da Prata foram violentamente colocados diante de uma nova realidade, tanto material como espiritual, que provocou modificações brutais no seu modo de vida.

Para estudar esse processo histórico concebemos um sistema de informação onde foram incorporados dados provenientes de documentos históricos, arqueológicos, arquitetônicos, etnográficos, etc.. Este sistema foi concebido tendo a interatividade como principal preocupação, buscando possibilitar a incorporação de dados resultantes de pesquisas já realizadas e todas aquelas que ainda pudessem ser feitas.

Entre as diversas aplicações possíveis do SIG, expusemos quatro estudos baseados em fontes documentais diferentes. Evidentemente que as imagens aqui apresentadas são apenas visualizações a partir dos recortes propostos. Os dados oferecidos por Félix de Azara sobre a região da Província do Paraguai, por exemplo, oferecem imensas possibilidades de cruzamento. Na sua obra, estão contemplados dados a respeito das fundações, como seus tipos, data de fundação, nomes, etc.. Com essa riqueza de detalhes, esse documento, produzido no século XVIII, oferece a possibilidade de uma leitura diacrônica e/ou sincrônica do processo de fundação de centros populacionais em toda a região. Poderíamos ter explorado esse manancial de dados de diversas formas, isolando as variáveis de acordo com o foco escolhido. No presente estudo, apenas utilizamos a localização das fundações, sem escolher outras das possíveis variáveis.

Um segundo exemplo de aplicação do SIG foi um estudo de prospecção cujo objetivo foi localizar as primeiras fundações espanholas no território gaúcho, conhecidas como as missões do Tape, realizado a partir de documentos cartográficos do século XVII e de um estudo posterior realizado no século XX. Esse estudo determinou as coordenadas geográficas dessas missões, que não deixaram vestígios visíveis sobre o solo, devido a própria natureza do material utilizado nas edificações e tecnologia de construção indígena. Essas missões eram aldeias indígenas com a presença de missionários sendo apenas eventual, sem modificações nos métodos de edificações e na cultura material dos "recém-convertidos".

Um terceiro estudo focalizou a área geográfica de três das "Sete Missões" situadas em território brasileiro. Sua importância situa-se na possibilidade de plotagem do material arqueológico de toda a região, não restringindo-se apenas às áreas dos sítios arqueológicos tombados pois nas reduções o território ocupado pelas atividades cotidianas era muito maior que o próprio cento populacional. Haviam estradas que as interligavam, haviam as diversas plantações, os currais, olarias e toda uma gama de atividades que extrapolavam a área "urbana" específica da redução.

No final da década de 90 do século passado, o SIG da Província Jesuítica do Paraguai previu a possibilidade de plotagem da cultura material em uma área muito maior que do próprio povoado. Atualmente isso é facilmente possível pois grande parte do território do Rio Grande do Sul foi digitalizado pelo Exército Brasileiro, e sem considerarmos as possibilidades ilimitadas oferecidas por ferramentas mais modernas que facilitam enormemente esse trabalho de plotagem.

Finalmente concentramos o foco na redução de São João Batista, a mais bem documentada fundação de reduções de que se tem notícia. Seu fundador, o Padre Antonio Sepp, narrou em detalhes, em vários documentos, a criação do que dizia ser sua obra magistral: a redução de São João Batista, em 1698. Para estudarmos esse sítio arqueológico fizemos a leitura em quatro documentos, do inúmeros que estão a disposição: um plano da redução produzido no século XVIII, croquis do sítio e fotografias aéreas produzidos no século XX, além do próprio MDT gerado pela pesquisa. Descobrimos no ano de 1994, este plano de São João Batista que pertencente a Bibliothèque Nationale de France, onde está representada uma festa na redução, assim como detalhes sobre a fachada da igreja, e de diversos edifícios, bem como do entorno do povoado. Utilizamos também o MDT realizado para toda a região das três reduções, que oferece a possibilidade de aproximação em uma escala muito reduzida. do registro cartográfico do Exército Brasileiro (1974) e, finalmente, do registro de fotografias aéreas (1994).

Apesar da visibilidade oferecida pelas cartas e modelos digitais de terreno representarem uma parte importante nesse estudo, o objetivo principal era a estrutura e a armazenagem dos dados provenientes de pesquisas e a geração das informações a partir de diferentes documentos. É nessa possibilidade de uma base geográfica georeferenciada que repousou toda a virtude desse trabalho, preparando a base para a plotagem de vários dados que por ventura poderiam ser incorporados a partir das diversas pesquisas arqueológicas realizadas na região.

Finalmente, gostaríamos de sublinhar a importância do correto armazenamento e preservação de dados que, se tivessem sido vistos com mais atenção, teriam evitado a corrupção de vários arquivos da base de dados, como aconteceu no final do trabalho, provocando o abandono do projeto. Nesse sentido, essa experiência serve mais como aviso do que como exemplo, sobre a importância da proteção de arquivos digitais e sua fragilidade intrínseca. Como afirmamos anteriormente, o SIG da Província Jesuítica do Paraguai é um trabalho datado que, no nosso entender, mereceu ser explicitado, não pela atualidade de sua metodologia, atualmente considerada ultrapassada, mas por trata-se de um exemplo de utilização de um dos primeiros estudos nessa área, realizados no século passado.

*Agradecimentos*
Os trabalhos de análise espacial foram produzidos CCT-SIS-CEIAS/CNRS, Paris – França. Os planos e modelos numéricos foram realizados com os programas ARC-INFO e SAS-GRAPH, em uma estação UNIX. Agradecemos especialmente a senhora Françoise Pirot e ao senhor Maurice Legrand que tornaram possível a realização desse estudo. Agradeço a Maria Denise Bortolini pelas fotografias aéreas e a Márjory Miranda pela paciência em ler os originais.

## BIBLIOGRAFIA

Cardiel, J.
1984 *Compendio de la História del Paraguay (1780).* Fecic, Buenos Aires.

Cardiel, J.
1994 *Breve relación de las Misiones del Paraguay.* Prólogo de Ernesto J. A. Maeder. Theoría, Buenos Aires.

Charlevoix, P.
1910-1916. *História del Paraguay*, 6 vols. Victoriano Suarez, Madrid.

Cortesão, J.
1951, 1952, 1969 *Manuscritos da Coleção de Angelis (jesuítas e bandeirantes...)*, 3 vols. Biblioteca Nacional, Rio de Janeiro.

Denègre, J. e F. Salgé
1996 *Les systhèmes d'Information Géographique*. Presses Universitaires, Paris.

Dijindjan, F.
1991 *Méthodes pour l'archéologie.* Armand Colin, Paris.

Furlong, G.
1936 *Cartografia Jesuítica del Rio de la Plata.* Peusser, Buenos Aires.

Hernandéz, P.
1913 *Organización social de las doctrinas guaraníes de la Compañía de Jesús*, 2 vols. Gustavo Gili Editor, Barcelona.

Leonhardt, C.
1927-1929. *Cartas Anuas de la Província del Paraguay, Chile y Tucumán*, 2 vols. Jacobo Peuser, Buenos Aires.

Lozano, P.
1967 *História de la compañía de Jesús en la Provincia del Paraguay*, 2 vols. Gregg Press, Ridgewood.

Lozano, P.
1873-1874 *História de la conquista del Paraguay, Río de La Plata y Tucumán*, 5 vols. Imprenta Popular, Buenos Aires.

Maeder, E.
1984 *Cartas Anuas de la Província del Paraguay (1637-1639).* Fecic, Buenos Aires.

Maeder, E.
1990 *Cartas Anuas de la Província Jesuítica del Paraguay (1632-1634).* Academia Nacional de la História, Buenos Aires.

Mateos, F.
1912-1933 *História de la compañía de Jesús en la Provincia del Paraguay,* 5 vols. Victoriano Suárez, Madrid.

Melià, B et al.
1987 *O Guarani. uma bibliografia etnológica.* Pró-Memória/Fundames, Santo Ângelo.

Melià, B e Nagel, L.
1995 *Guaraníes y jesuítas en tiempo de Misiones.* Cepag/URI, Asunción.

Montoya, A.
1989 *La Conquista Espiritual*, 3ed. Introdução e notas por Ernesto J. A. Maeder. Equipo Difusor de Estudíos de História Ibero-Americana, Rosario.

Montoya, A.
1993. *Arte de la lengua guaraní (1640)*. Edição fac-similar. Transcrição por Antonio Caballos. Introdução por Bartomeu Melià. Asunción: CEPAG.
Montoya, A.

Montoya, A.
2002. *Vocabulario de la lengua guaraní (1640)*. Transcrição e transliteração por Antonio Caballos. Introdução por Bartomeu Melià. Asunción: CEPAG.

Oliveira, L. D.
1997 *Les Réductions Guarani de la Province Jésuite du Paraguai – étude historique et sémiotique.* Presses Universitaires du Septentrion, Lille.

Pastells, P.
1912-1933 *História de la compañía de Jesús en la Provincia del Paraguay,* 5 vols. Victoriano Suárez, Madrid.

Peirce, C.
1987 *Obra Lógico Semiótica.* Taurus Ediciones, Madrid.

Sepp. Antonio.
1984 *Viagem às Missões Jesuíticas e Trabalhos Apostólicos.* Editora Itatiaia, Belo Horizonte.

Silveira, H.J.V.
1979. *As Missões Orientais e seus antigos domínios.* Erus, Porto Alegre.

Techo, N.
1897 *História de la Provincia del Paraguay de la Compañía de Jesús,* 5 vols. Librería y Casa Editorial A. de Uribe, Madrid.

Teschauer, C.
1918-1921 *História do Rio Grande do Sul,* 2 vols. Selbach, Porto Alegre .

Viana, H.
1970 *Manuscritos da coleção de Angelis (jesuítas e bandeirantes...).* Biblioteca Nacional, Rio de Janeiro.

# PERFIL DE FRAGMENTACION OSEA: UNA APROXIMACION BASADA EN EL ANALISIS DE IMÁGENES GENERADAS POR SISTEMAS DE INFORMACIÓN GEOGRÁFICA (SIG)

Andrés D. Izeta*

* CONICET - Museo de Antropología - Universidad Nacional de Córdoba, Av. Hipólito Yrigoyen 174, (5000), Córdoba, Argentina. E-mail: andresizeta@gmail.comcom.ar

## RESUMEN

El uso de Sistemas de Información Geográfica (SIG) en estudios arqueológicos es relativamente nuevo. En general ha sido dirigido hacia cuestiones relacionadas con el análisis del espacio a nivel territorial. Basado en la utilización de los mismos programas informáticos es que en los últimos años se ha adaptado el uso de este tipo de software a la problemática zooarqueológica cambiando la escala en este tipo de estudios. Esta vez, en lugar de analizar cuestiones espaciales territoriales la entidad a estudiar fueron unidades espaciales correspondientes a elementos óseos. Al igual que en otras áreas la aplicación de este tipo de tecnología es escasa, pero hasta el momento ha demostrado ser eficiente en cuestiones relacionadas con la cuantificación de elementos óseos como el cálculo del número mínimo de elementos (MNE) o marcas de corte.
Avanzando en la aplicación de esta metodología se presenta un nuevo análisis derivado del examen de las imágenes generadas por los programas de SIG: el perfil de fragmentación SIG.
Como ejemplo de aplicación se utiliza el conjunto de camélidos adultos correspondiente a dos sitios del sur de los valles Calchaquíes (Catamarca, Argentina): Yutopián Estructura 1 y Loma Alta Núcleo E.

## ABSTRACT

Geographical Information Systems (GIS) has been implemented in archaeological studies for relatively short time. In general these studies are related to the analysis of the space at a territorial level.
Nevertheless, , in the last years the use of this type of systems has been adapted to zooarchaeological analysis changing the scale. Like in other areas the application of this type of technology is scarce, but it has proven to be efficient in addressing questions regarding bone quantification like the calculation of the minimum number of elements (MNE) or cut marks.
This paper presents a further development by applying this methodology to the evaluation of GIS generated images of bone fragment in order to generate a GIS fragmentation profile.
Yutopián Structure 1 and Loma Alta Nucleus E (southern Calchaquíes valleys, Catamarca, Argentina) adult camelid remains are used as an application example.

Los huesos están sujetos a distintas fuerzas y presiones que pueden producir que estos se rompan. Esto puede ocurrir cuando el animal está vivo, pero en general la tendencia es que los huesos mantengan su unidad hasta que el animal muere (Lyman 1994)

Partiendo de esta idea de que los huesos de los animales están completos mientras están con vida, la presencia de huesos fragmentados en contextos arqueológicos pueden permitirnos interpretar la acción de distintos factores o procesos externos (naturales o culturales) que termina por configurar patrones particulares en los conjuntos arqueofaunísticos.

Asimismo la fragmentación de los huesos puede asociarse con la intensidad con que estos distintos factores afectaron al conjunto óseo. En general cuando mas fragmentados estén los huesos mayor será la intensidad de afectación. Entonces, dependiendo de lo anterior los conjuntos arqueofaunísticos pueden presentar huesos enteros o fragmentados, estos últimos con distintos grados desde poco fragmentado hasta muy fragmentado.

Pero, ¿por qué es importante si los huesos de determinado conjunto están enteros o más o menos fragmentados? Para contestar a esta pregunta debemos remontarnos a los origines de la subdisciplina ya que el origen de los fragmentos óseos en determinados conjuntos y su interpretación contextual es un tema que se viene discutiendo desde hace mas de cien años. De hecho, tanto en Europa como en Norteamérica, Sudáfrica y aun en Sudamérica se pueden encontrar ejemplos de este tipo de investigaciones (ver referencias en Lyman 1994, Miotti 1990-1992, Reitz y Wing 1999).

En todo este tiempo se propusieron distintas aproximaciones metodológicas con el fin de inferir, entre otros temas, que huellas dejaban en los conjuntos óseos o qué tipo de fragmentos y patrones de fragementación surgían de los procesos y agentes tafonómicos o el comportamiento de animales y humanos (e.g. Bartram y Marean 1999, Haynes 1983, Hill 2001, Izeta 2004, Marean 1991, Marean y Spencer 1991, Klein *et al.* 1999, Mengoni 1999, Mondini 2002, Morlan 1994, Outram 2001, Outram *et al.* 2005, Todd y Rapson 1988). Relacionado específicamente con los patrones de fragmentación una seria de metodología e índices fueron propuestos con el fin de estimar el grado y tipo de fragmentación de distintos conjuntos arqueofaunísticos. Estos pueden agruparse en tres grandes categorías:

- Distribución de la abundancia de elementos
- Clases de tamaño basadas en largo de los fragmentos
- Frecuencias de preservación de huesos completos o partes discretas de fragmentos

Dentro de la primera categoría se encuentra los intentos iniciales en cuanto a la descripción de la fragmentación ósea así también como la frecuencia con que cada conjunto había sido fragmentado. La relación NIS/MNE fue uno de los primeros índices utilizados en este tipo de análisis de los huesos de sitios arqueológicos (Richardson 1980). Este índice de índice de fragmentación se basa en la cantidad de fragmentos de una especie determinada en relación con el mínimo número de elementos calculados para la misma. En este caso el índice es calculado teniendo en cuenta solo los fragmentos sin considerar los huesos completos.

Otro de los índices utilizados fue el propuesto por Klein y Cruz Uribe (1984) en el cual se tomaba en cuenta el número de especímenes identificados relacionándolo con el número mínimo de individuos. Este MNI es calculado para cada elemento a partir del cual se lo utiliza para estimar el NISP/MNI.

Otra forma de evaluar la fragmentación ósea es la de estimar la cantidad de elementos completes presentes en una colección a través del cálculo del %NISP de los huesos completos (sin fragmentar) (Dodson y Wexlar 1979).

Una última manera de identificar la fragmentación dentro de esta categoría es la propuesta por Gifford González (1989) denominada Índice de Identificación Porcentual y que no es más que la relación existente entre el total de numero de especímenes y el numero de especímenes identificados taxonómicamente (NSP/NISP)

En la segunda categoría se incluyen aproximaciones basadas en la medición de los largos de los fragmentos. Villa y Mahieu (1991) propusieron una metodología que se sustenta en el cálculo del largo máximo para cada fragmento, siempre temiendo en cuenta que este largo máximo corresponde a aquel dado por el eje axial de cada hueso. Con esos valores se construyen clases de tamaño mediante las cuales se describe la fragmentación de un conjunto óseo.

Todd y Rapson (1988) presentan un índice de longitud de diáfisis, centrando su ejemplo en dos variables métricas (HM1 y HM7) del húmero. Transformar los valores crudos en un índice permite a través de esta estandarización de los datos estimar la fragmentación de elementos en especies con dimorfismo sexual acentuado.

Un último ejemplo de esta categoría es la síntesis que utiliza Outram (2001) quien presenta una combinación de clases de tamaño, tipos de hueso (con tejido compacto o esponjoso) y un Índice de Frescura de la Fractura.

En la tercera categoría incluimos los modelos propuestaos por Marean (1991) y Morlan (1994).

El primero presenta una aproximación denomina Índice de Completitud el cual se obtiene mediante el registro de las fracciones que se preservan de determinados huesos. Este índice se basa en la frecuencia de preservación de huesos más duros (huesos con valores de densidad ósea altos) y su mayor posibilidad de supervivencia. Por ello Marean sugiere utilizar este índice en aquellos huesos con mayor capacidad de supervivencia como los carpianos o los tarsianos.

Por último Morlan (1994) presenta otro índice de completitud basado en el cálculo de rasgos o de zonas diagnosticas preservadas. En este caso el porcentaje de supervivencia de cada rasgo (landmark) es calculado lográndose obtener un índice de fragmentación para cada elemento. Esto es una gran diferencia respecto del resto de los modos de calcular ya que no toma al conjunto global sino a cada elemento en particular. Algo similar a lo sugerido por Todd y Rapson (1988). El cálculo del Índice de Completitud de Morlan se basa en la fórmula $\%CN = (\Sigma\ PP/NISP)/PD$ donde PP es la suma del MNE de cada rasgo identificado para cada elemento y PD son las porciones definidas para cada elemento completo. Con este cálculo se puede obtener una estimación de las zonas diagnosticas representadas.

Aunque esta aproximación ofrece una idea general de la fragmentación del conjunto no considera el tamaño de los elementos que presentan algún rasgo o zona diagnostica y grandes áreas de diáfisis adjuntas que no presentan ninguno de los rasgos anteriores, como por ejemplo si lo hace la propuesta de Todd y Rapson (1988).

En definitiva, durante los últimos años se ha intentado mediante distintas aproximaciones un modo de cuantificar e interpretar a los conjuntos arqueofaunísticos fragmentados y los patrones de esta fragmentación. Esto trae aparejado asignarle una mayor importancia en la cuantificación de los fragmentos, especialmente de aquellos de la diáfisis, tema que ya ha sido discutido en otros trabajos (e.g. Marean y Frey, 1997; Todd y Rapson, 1988; Morlan, 1994; Binford, 1981; Pickering *et al.*, 2003).

En vista de la complejidad de este asunto, el interés del presente trabajo es el de indagar en el estudio de los fragmentos y los patrones de fragmentación de conjuntos arqueológicos tratando de utilizar una metodología que permita acercarse a un grana más fino de resolución. Para ello, y siguiendo algunas de las propuestas nombradas anteriormente, es que se utilizó la potencialidad que ofrecen los Sistemas de Información Geográfica (SIG) para el análisis de imágenes.

Estos Sistemas de Información Geográfica están siendo implementados en zooarqueologia muy escasamente y desde hace relativamente poco tiempo. Aunque en general esta metodología se ha aplicado a la resolución de variados problemas arqueológicos alejados del análisis de restos óseos de sitios arqueológicos (e.g. Journal of GIS in

Archaeology, capítulos en este libro).

Desde 2001 se ha utilizado esporádicamente a los SIG con el fin de cuantificar diversos atributos de colecciones faunísticas, ya sea de material completo o fragmentario (Abe y Marean 2001, Abe *et al.* 2002, Izeta 2004, 2005, Marean *et al.* 2001).

Marean *et al.* (2001) propusieron el uso de SIG para analizar la representación de diferentes huesos en conjuntos faunísticos basándose en el hecho de que estos sistemas pueden utilizarse para cuantificar diversos aspectos de una imagen. Entonces, la metodología propuesta por estos autores se basa en la digitalización de huesos arqueológicos y mediante su informatización el cálculo de diversas variables asociadas. En particular los esfuerzos fueron dirigidos a la estimación del MNE y de las huellas de corte.

En este trabajo se utilizara la misma metodología pero con el fin de estimar la cantidad de superficie ósea preservada en cada elemento (desde completos hasta fragmentados) con el fin de elaborar Perfiles de Fragmentación.

Dos de estos se presentan como ejemplos correspondiendo al análisis efectuado en dos conjuntos de sitios arqueológicos del sur de los valles Calchaquíes. Los conjuntos pertenecen a los sitios Yutopián (Estructura 1) y Loma Alta Núcleo E. Ambos conjuntos presentan características cronológicas y culturales semejantes.

## LOS CONJUNTOS ARQUEOFAUNISTICOS

Como anticipamos los conjuntos que utilizaremos en este trabajo provienen del sur de los valles Calchaquíes (Figura 1). Esta región incluye a dos valles (Santa María y El

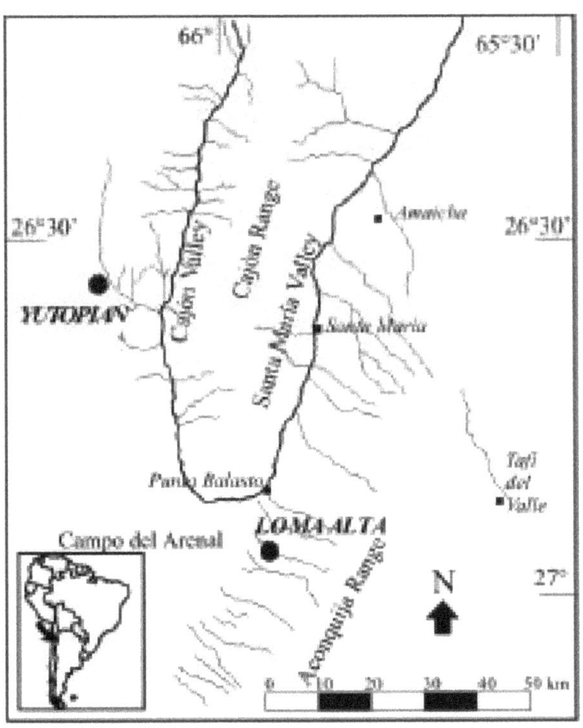


Figura 1. Mapa de la región que muestra la ubicación los sitios arqueológicos.

Cajón), una depresión tectónica y al menos dos cordones montañosos con alturas que alcanzan los 5000 msnm. Loma Alta se localiza en la falda occidental de la Sierra del Aconquija a unos 3000 msnm en tanto que Yutopián se ubica en la porción occidental del valle del Cajón, también a unos 3000 msnm. Ambos sitios poseen fechados que los ubican en el Periodo Formativo del Noroeste argentino (Scattolin 2001, Scattolin y Gero 1999).

Yutopián

Este sitio arqueológico ha sido excavado en sucesivos trabajos de campo por el equipo conformado por M. Cristina Scattolin y Joan Gero. Desde 1994 a la fecha se han realizado distintas excavaciones en estructuras completas y aproximadamente unos veinte pozos de prueba (Scattolin y Gero 1999). De este total de excavaciones realizadas sólo se toma para este trabajo la correspondiente a la estructura 1. Los fechados radiocarbónicos obtenidos para el sitio corresponden a las estructuras 1, 3, 4 y 11, ubicando la ocupación del sitio aproximadamente entre los años 19 - 548 AD (Scattolin y Gero 1999, Izeta 2005).

Las Estructuras 1, 2 y 3 del Núcleo 1 conforman una unidad en la porción norte del sitio. Los hallazgos realizados en la primera de ellas, particularmente el fogón, y los artefactos asociados, hacen suponer que aparte de las actividades domésticas culinarias allí están representadas etapas del proceso de producción de artefactos metálicos (Gero y Scattolin 1994, Scattolin y Gero 1999). La Estructura 1 es una de las mejor conservadas en el sitio. Posee un fechados radiocarbónico que lo ubica ~1800 ap. Anteriormente, por la estructuración del espacio, los conjuntos cerámicos y las proporciones de materiales líticos presentes se postula su contemporaneidad con la Estructura 4 fechada en 1630 ap, aunque la Estructura 3 tiene un fechado que se aproxima más al obtenido en la Estructura 1 (Gero y Scattolin 1999, 2002).

En cuanto a la fauna se pudo determinar que el total de especímenes y elementos recuperados fue igual a (NSP) 2241. De este total se clasificó a nivel taxonómico el 96,16%. Para este conjunto se calculó 120 (NISP) especímenes correspondían a camélidos y de ellos solo uno fue determinado a nivel específico asignándose a *Lama guanicoe*. Los camélidos adultos están representados por un NISP = 100 (Izeta 2004) lo que constituye el 83.34% del subconjunto de camélidos. En tanto el subconjunto de los subadultos está compuesto por un NISP = 20 (Izeta 2004).

Loma Alta

Este sitio se ubica a 3000 msnm en la localidad de Cerrillos. Posee estructuras subcirculares amplias (recintos agrícolas) y otras más pequeñas que han sido descriptas como unidades de habitación. Estas unidades o Núcleos se denominaron desde la A hasta la G. Hasta la fecha se han excavado cuatro de ellos pero aquí solo hablaremos de uno, el Núcleo E. Este al igual que el resto no tratado en este trabajo pose dataciones radiocarbónicas y cerámicas atribuibles a conjuntos formativos. Los fechados calibrados ubican al nivel de ocupación del cual proceden las muestras arqueofaunísticas aproximadamente entre los años 100-750 AD (Scattolin 2001). En el caso del Núcleo E tomaremos el denominado Recinto 47 que dado su gran tamaño fue descripto como un patio de actividades múltiples dentro de las cuales se deben haber llevado a cabo tareas culinarias como lo sugieren los fogones y otros materiales asociados a este tipo de actividades.

En cuanto a la muestra faunística para todo el nivel de ocupación del Núcleo E se registraron 3892 (NSP) especímenes y fragmentos, en tanto que 2033 (NISP) fueron identificados a un nivel taxonómico más ajustado. Para este Núcleo el subconjunto de camélidos está compuesto por 445 (NISP), correspondiendo 386 a *Lama* sp., 34 a *Lama glama*, 13 a *Lama guanicoe* y 12 a *Lama (V.) vicugna* (Izeta 2004: Tabla 7.7). Los camélidos adultos están representados por un NISP = 340, en tanto que el subconjunto subadulto está compuesto por un NISP = 105 (Izeta 2004).

## PERFIL DE FRAGMENTACIÓN

Como se dijo más arriba, los conjuntos arqueofaunísticos fueron sujetos a distintos agentes y procesos tafonómicos responsables en la transformación desde un estado inicial, en el cual estaban completos, a un estado final en donde se produjo algún grado de fragmentación. Con esto se debe enfrentar el analista a la hora de interpretar contextualmente estos restos.

Para el estudio de este proceso y con el propósito de determinar su posible origen se utilizan diversas aproximaciones. Una de estas, y que es la que usaremos en este trabajo, es el análisis de la fragmentación de los conjuntos. A los fines de estudiar los fragmentos utilizaremos dos de sus propiedades: la forma y la posición anatómica. La primera de ellas se basa en la estimación del largo máximo y el cálculo de la superficie preservada para cada espécimen. La segunda toma en cuenta la localización espacial-anatómica que le corresponde a cada fragmento respecto de la posición anatómica normal. Esto se relaciona directamente con la identificación de rasgos y zonas diagnósticas de cada elemento (e. g. Dobney y Reilley 1988, Morlan 1994).

## CONSTRUYENDO EL PERFIL

Diversos pasos se implementaron con el fin de cuantificar el grado de fragmentación de las colecciones arqueofaunísticos. Esto incluye la digitalización de elementos, fragmentos, cálculo relativo de la superficie preservada y la construcción del perfil propiamente dicho utilizando SIG.

### Digitalización de elementos

El primer paso fue el de digitalizar distintos elementos de un individuo moderno de *Lama glama* (llama) y con ello construir plantillas digitales a partir de los cuales trabajar en la informatización de los fragmentos. Este ejemplar de llama procede de la colección de referencia del Proyecto Arqueológico del sur de los Valles Calchaquíes y se encuentra alojado en el Museo de Antropología de la Facultad de Filosofía y Humanidades de la Universidad Nacional de Córdoba (Número de inventario 148). Procede de una individuo adulto (9 años de edad), hembra, con una altura a los hombros de 1,17 m. Esto ubica al ejemplar en el rango normal para esta especie (Bonavia 1996: 65).

Los elementos utilizados para la digitalización corresponden a:
Cabeza: cráneo, mandíbula, hioides.
Cuello: atlas, axis, vértebra cervical 3, 5 y 7.
Pata delantera: escapula, húmero, radioulna, metacarpo, falange proximal.
Pata trasera: innominado, fémur, tibia, metatarso, falange proximal.

Cada uno de estos elementos fue fotografiado en cuatro normas: (*norma dorsalis, norma plantaris, norma lateralis* y *norma medialis*). Una vez realizado esto las imágenes fueron sometidas a diversas mejoras a los fines de lograr un buen contraste entre el elemento y el fondo. Asimismo las cuatro vistas se agruparon en una sola imagen. Con esto se obtuvo como producto final una imagen en escala de grises y otra con sólo dos colores (blanco y rojo en nuestro caso). Ambas fueron referenciadas utilizando un software dedicado con el fin de establecer un sistema de coordenadas artificial (proyección polinómica) en cada una de las imágenes correspondientes a cada uno de los elementos. Por último se transformó a una de las imágenes al formato *shape file* de ESRI. Mas detalles acerca de este procedimiento puede hallarse en Abe y Marean (2001).

Con lo anterior se obtuvo una plantilla digital para cada elemento correspondiente a una de las especies de camélidos sudamericanos (Figura 2a).

### Digitalización de fragmentos

Cada fragmento identificado anatómica y taxonómicamente fue ingresado al SIG. Abe y Marean (2001) hicieron notar que la digitalización puede realizarse dedos modos: con una placa digitalizadora o utilizando las herramientas de mano libre que ofrece cada programa. Ambo modos poseen ventajas y desventajas y la decisión de cuál de los modos usara cada analista recae en su propia decisión. En nuestro caso decidimos utilizar el modo mano libre digitalizando los fragmentos mediante el uso de herramientas sencilla como la de dibujar polígono y dividir polígono, presentes en una amplia variedad de programas. Durante este proceso se generan las plantillas de cada uno de los fragmentos (Figura 2b).

### Cálculo de la superficie relativa preservada

El cálculo de la superficie de cada fragmento es realizado mediante el conteo simple de la cantidad de pixeles que ocupa cada plantilla de cada fragmento digitalizado. Esto puede realizarse con distintas herramientas, dependiendo del software utilizado. Pero en todos los casos lo que se obtendrá es el porcentaje que preserva cada fragmento de la superficie total y original de cada hueso. Esto se debe a que

a)

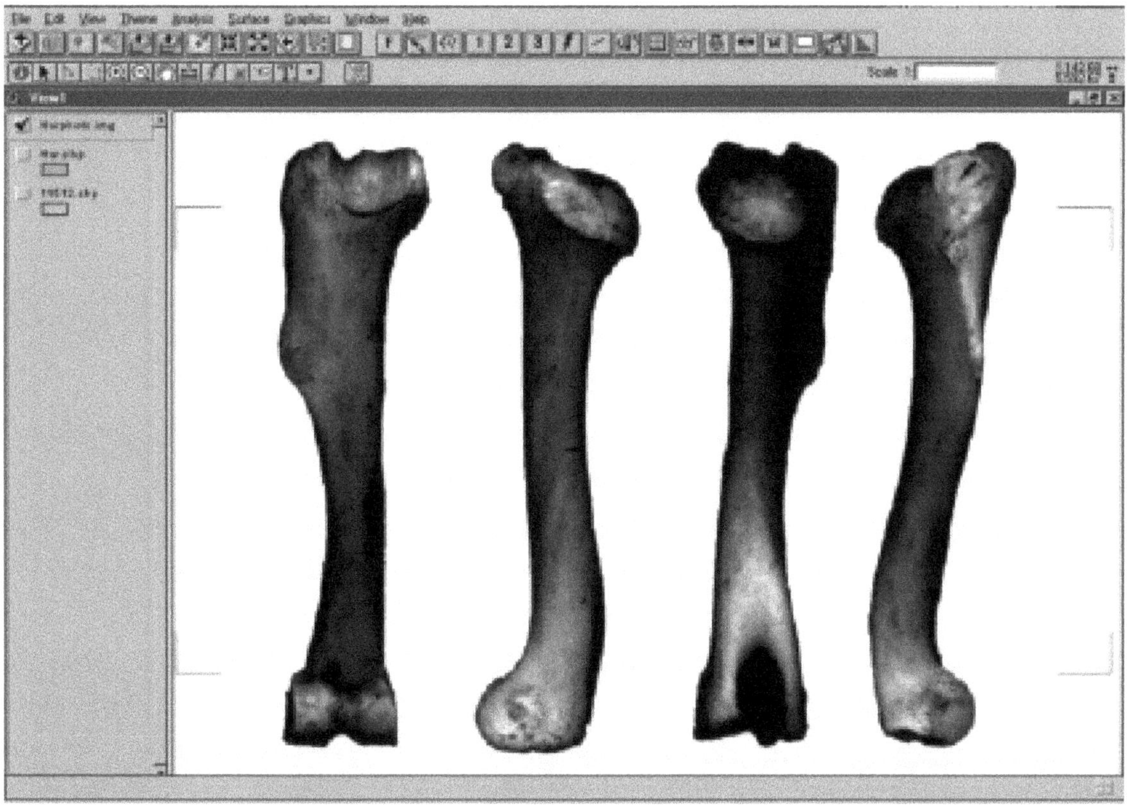

b)

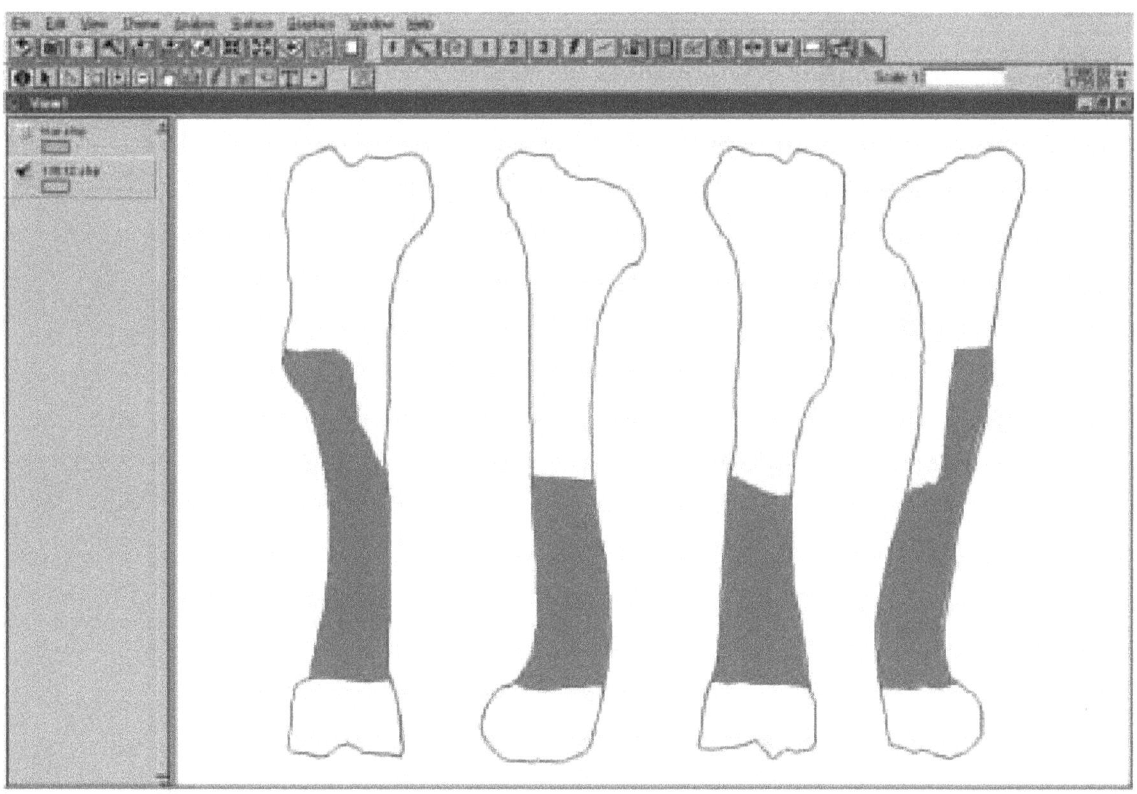

Figura 2. a) ejemplo de plantilla: Llama (húmero derecho). b) Ejemplo de fragmento de húmero derecho Loma Alta es # 11512 ingresada en el SIG.

aunque estamos obteniendo un valor cuantitativo (cantidad de pixeles) no poseemos la información del tamaño real del elemento real. Esto es de hecho un problema de escala difícil de controlar pero que puede resolverse con la estandarización de las superficies del elemento completo y de los fragmentos expresándolos en porcentaje de superficie preservada. Esto fue anticipado por Abe *et al.* (2002). Asimismo al utilizar cuatro vistas planas (en 2 dimensiones) de un objeto que es tridimensional tendremos partes de cada una de las vistas que se solapan. En el caso de Abe y colegas trataron de minimizar este problema asignando a cada vista el 100% de la superficie. Por ende cada elemento completo tendrá

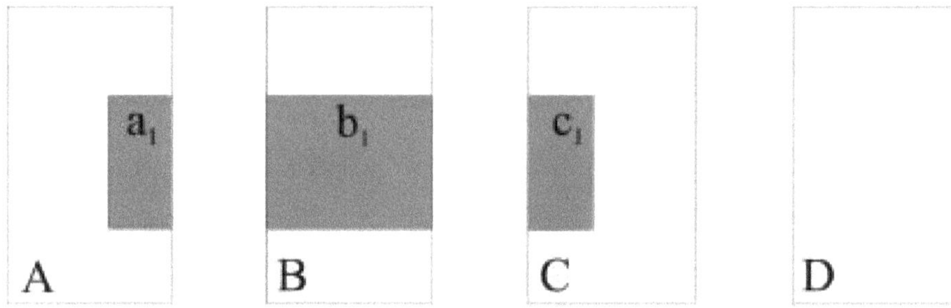


$$A + B + C + D = 100\%$$

$$a_1 + b_1 + c_1 = x\,\%$$

Figura 3. Modelo de cálculo de la relación de superficie conservada. A, B, C y D corresponde a cuatro normas estándar de un elemento completo (Norma anterior, lateral, posterior y externa); A1, B1 y C1 son los puntos de vista en las mismas normas de un fragmento.

un superficie de 400%. En la Figura 3 podemos observar un esquema de las cuatro vistas de un elemento completo en donde distintas porciones de cada una de las vistas se repite en cada imagen. Allí se encuentra esquematizada esta superposición, por lo tanto habrá porciones de "A" que se repiten en "B", partes de "B" que se repiten en "C", etc. Teniendo en cuenta esta repetición de partes de la superficie que se repite creemos más conveniente estandarizar como un todo a la superficie total de hueso, es decir que el 100% de la superficie está representada por la suma de las cuatro vistas (cada vista ofrece de este modo un 25% de la superficie total del hueso) en vez de utilizar lo sugerido por Abe et al (2002)

El perfil de fragmentación

Los resultados del cálculo de la superficie preservada se resumieron en un diagrama de caja (Tukey, 1977). Las figuras 4 y 5 muestran la distribución de valores de la superficie relativa de los fragmentos. Además, el promedio de la longitud máxima de los fragmentos se integró como una referencia para tener una idea de la fragmentación relacionada con el tamaño. Esto también es un control ya que generalmente los elementos más pequeños (huesos del carpo y tarsianos) debido a su tamaño y de bajo índice de utilidad son menos propensos a ser fragmentados y, en consecuencia, presentan valores altos de la superficie conservada (Marean 1991). Por último se presenta un promedio de la superficie conservada. De esta manera es posible representar en una figura dos de las propiedades de los conjuntos: la superficie conservada y la longitud máxima. El último expresado como un promedio.

## ANALISIS DEL PERFIL DE FRAGMENTACION MEDIANTE EL SIG

Camélidos Adultos - Yutopián Estructura 1.

Esqueleto axial

Para el esqueleto axial (Figura 4) los elementos están en su mayoría fragmentados. En cuanto a la cantidad de superficie ninguno de los ejemplares conservados muestra más de un 10% de la superficie de un elemento entero.

En el análisis de cada elemento se puede notar que el cráneo presenta superficies que no superan el 2% de la superficie total y con una longitud máxima de entre 11 a 36 mm. Las superficies relativas de la mandíbula varían entre el 2% y 5% (19-55 mm). El atlas muestra una mayor cantidad de superficie conservada relativa, pero en términos de longitudes máximas los valores varían desde 11 hasta 20 mm. Por último las vértebras (en este caso cervicales) están representadas por aproximadamente un 2% de la superficie total correspondiente a los elementos y su ronda longitud máxima de 20 mm.

Esqueleto apendicular delantero

En el caso de la extremidad delantera izquierda se puede observar que salvo los huesos del carpo el resto presenta superficies conservado con valores que varían entre el 2% ~ 30%. Esto en términos de longitud máxima corresponde a 132 mm para la escápula, 30-31 mm para el húmero y 26-35 mm para el radio cúbito. La extremidad delantera derecha muestra valores similares para radioulna (30-89 mm), mientras que en el caso de la escápula la longitud máxima corresponde a 75 mm. Para ambos lados los carpianos se presentan fragmentados.

Esqueleto apendicular posterior

Para la extremidad posterior izquierda los huesos largos presentan pequeñas porciones conservadas. Por ejemplo, las superficies conservadas del metatarsiano no supera el 10% de la superficie del elemento entero. En términos de la longitud máxima de los especímenes las medidas del fragmento de hueso coxal es de 37 mm, 82 mm para el fémur, para la tibia 32 mm, 23 mm para el calcáneo y para el metatarsiano 38 mm. La extremidad posterior derecha está representada por dos fragmentos, uno perteneciente al innominado, con valores entre 24 y 46 mm y el metatarso (46-48 mm).

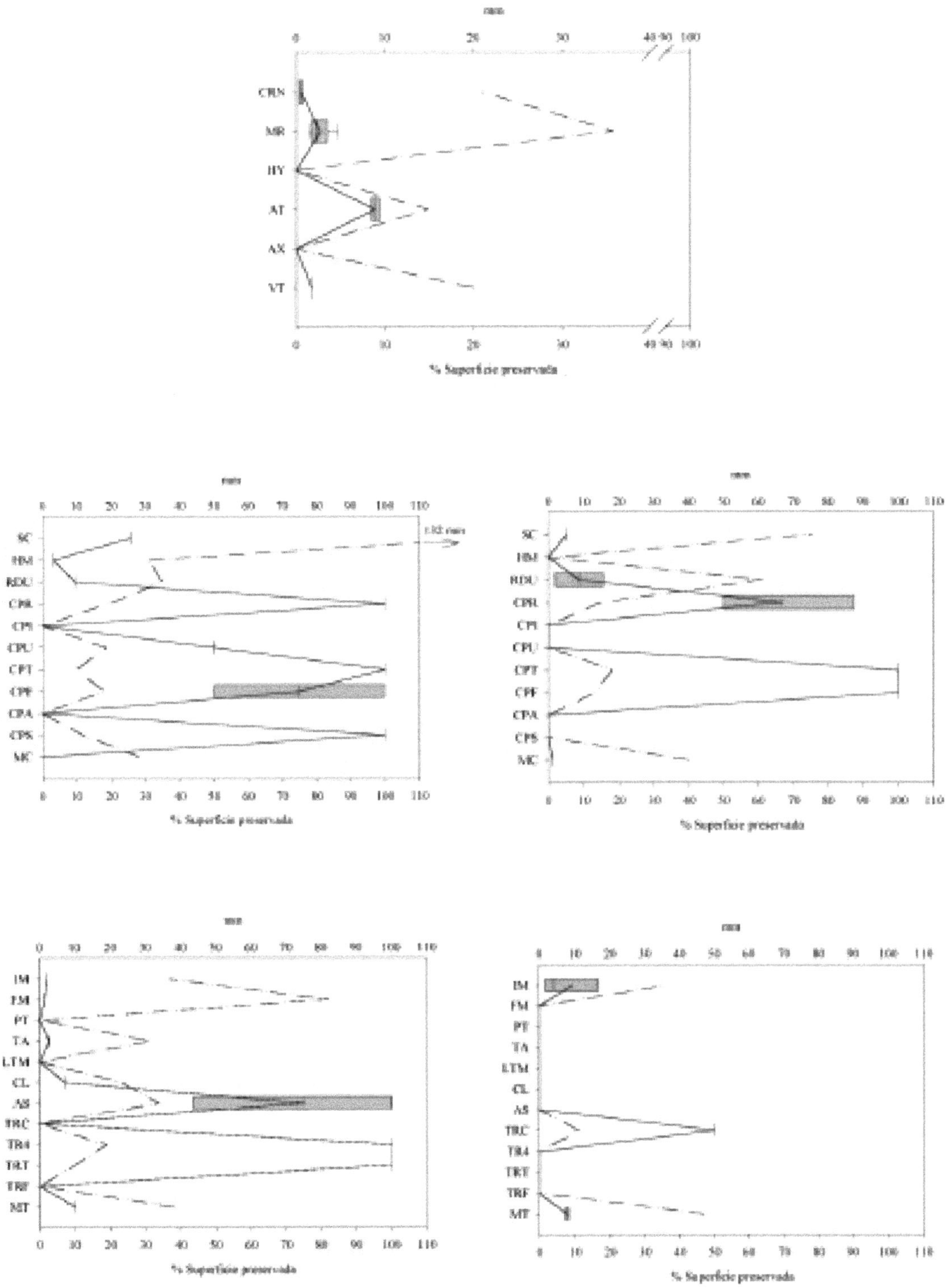

Figura 4. Perfil de fragmentación de Yutopián Estructura 1. La línea continua representa la media de los valores de la superficie preservada para cada categoría de elementos. La línea de puntos corresponde al valor promedio de la longitud máxima de fragmentos.

<u>Camélidos Adultos– Loma Alta Núcleo E</u>

Esqueleto axial
Los elementos analizados muestran una gran cantidad de pequeños fragmentos. De esta parte del esqueleto sólo dos elementos (hioides y atlas) presentan fragmentos con más del 50% de la superficie conservada (respecto de la superficie total del elemento). Sin embargo, estos valores relativos expresados como la longitud máxima (para cada muestra) no excede de 60 mm.

Esqueleto apendicular delantero
Como puede observarse en la figura 5 existe un patrón de fragmentación sobre la base de la cantidad de superficie conservada total de cada elemento y que se repite para ambos lados.

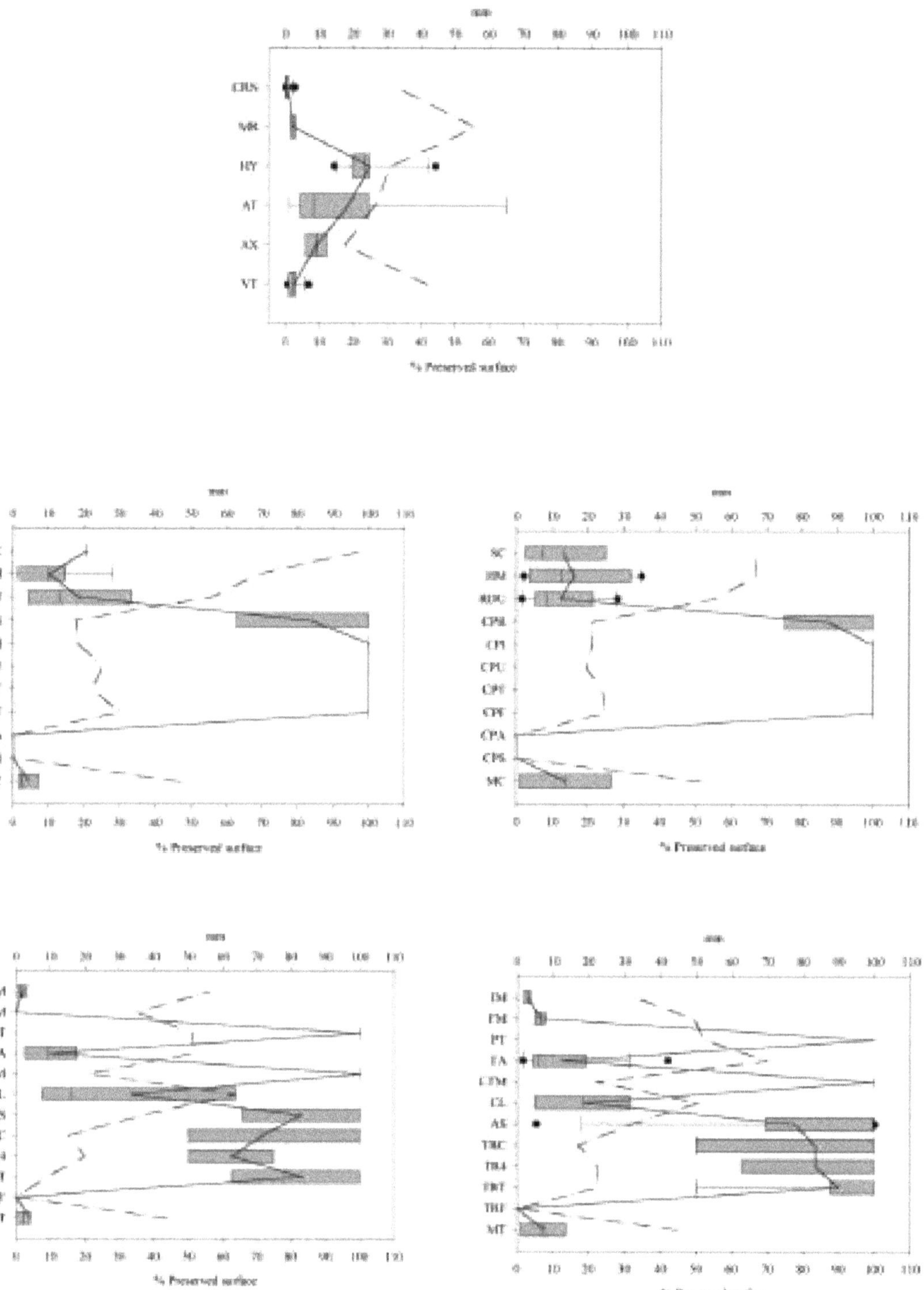

Figura 5. Perfil de fragmentación de Loma Alta Núcleo E. La línea continua representa la media de los valores de la superficie preservada para cada categoría de elementos. La línea de puntos corresponde al valor promedio de la longitud máxima de fragmentos.

Esqueleto apendicular posterior
En este caso, puede observarse un patrón que se repite para ambos lados, aunque presentan pequeñas variaciones en dos de los elementos. Algunas de estas diferencias corresponden a la fragmentación del calcáneo, que muestran menos de 25% de la superficie total para el elemento de la derecha, mientras que para el lado izquierdo los son valores superiores a 60%. El segundo caso es el fémur que presenta 7,88% de la superficie total del elemento en el lado derecho, mientras que el elemento de la izquierda no está presente en el conjunto.

## DISCUSION

Como dijimos anteriormente ell propósito de este trabajo no es sólo presentar esta metodología, sino comparar conjuntos arqueofaunísticos que comparten algunas características similares. Por esa razón, tras analizar cada parte del esqueleto realizaremos una comparación entre ambos.

Esqueleto axial: Yutopián Estructura 1 presenta fragmentos de cráneo, mandíbula, atlas y vértebras, mientras que para LANE se agregan el hioides y el axis. Por lo general, los tamaños de los fragmentos de LANE son mayores que los de Yutopián Estructura 1, no sólo en la proporción de la superficie conservada, sino también de acuerdo a la longitud máxima. En los elementos representados en ambos grupos se observa que los fragmentos LANE en la mayoría de los casos son un 10% mayor que las de Yutopián la Estructura 1.

Esqueleto apendicular delantero: la extremidad izquierda no presenta grandes diferencias en la preservación para ambos conjuntos, siendo estos muy similares. La Escápula presenta grandes superficies conservadas y grandes longitudes máximas en ambos casos. La misma situación se observa para el húmero y el radio cúbito. En ambos grupos los elementos de la extremidad derecha son similares, difieren básicamente en la falta del carpo, húmero, carpo accesorio y el carpo segundo para el conjunto de Yutopián la Estructura 1.

Esqueleto apendicular posterior: no puede observarse mucha variabilidad para el lado izquierdo. El hueso coxal es uno de los pocos que presentan valores similares en ambos conjuntos, junto con el fémur, la tibia y el astrágalo. Por otra parte, los tamaños de los fragmentos del calcáneo representados en LANE son mayores que los de Yutopián Estructura 1. Para ambos conjuntos se puede notar para los tarsianos que el tarso primero no fue identificado en ninguno de los conjuntos, mientras que en la Estructura 1 de Yutopián carece del tarso central. El resto de los elementos de esta región son en parte fragmentados en el conjunto de LANE y aparecen totalmente completos para Yutopián Estructura 1.

Por último, se encuentra en el lado derecho, donde los conjuntos difieren más, sobre todo debido a la baja frecuencia de los elementos identificados para Yutopián Estructura 1. A pesar de las diferencias específicas notadas en esta descripción cuando observamos la generalidad de ambos conjuntos podemos interpretar que este análisis muestra que los elementos correspondientes a diferentes partes del esqueleto se comportan de manera similar en términos generales y con independencia del tamaño de la muestra y la función de la estructura del sitio así.

Por último, y con esto presente es que se puede apreciar que ambos conjuntos presentan un alto grado de fragmentación, expresada en los tamaños de la longitud máxima o de la proporción de la superficie preservada. Sin embargo, esta aparente normalización de los fragmentos no es el mismo para ambos conjuntos, como por caso podemos ver que LANE da cuenta de una representación de huesos un poco más completos y fragmentos más grandes que los de Yutopián Estructura 1. De todas formas y a pesar de lo anterior, el perfil de la fragmentación de los conjuntos puede ser interpretado como el producto de una regularidad posible en la forma en que se establece fragmentada (Izeta 2004).

Esto es de importancia ya que es posible realizar una aproximación a la manera en la que se presentan los conjuntos. En este sentido es un hecho que LANE y Yutopián Estructura 1 poseen diferencias sutiles en la representación de elementos que quizás estén enmascaradas en la dificultad de identificar anatómica y taxonómicamente aquellos fragmentos que no poseen rasgos o zonas diagnósticas.

## CONCLUSIONES

Por lo visto anteriormente, el perfil de fragmentación ósea mostró aquí algunas propiedades interesantes en comparación con otros métodos. En primer lugar permite un análisis de grano fino de los resultados en conjunto ya que puede ser obtenida la fragmentación por elemento. Especialmente si tenemos en cuenta que en este caso estamos tomando la superficie preservada para cada fragmento introducido en el sistema lo que nos permite trabajar al nivel que sea útil a nuestra investigación.

No debemos olvidar que este perfil también nos brinda la posibilidad de trabajar no sólo con fragmentos de huesos, sino con elementos completos. Esto hace que el método nos permita mostrar los resultados independientemente de la cantidad de fragmentos o de los huesos enteros presentes en los conjuntos (no es MNI o MNE dependiente).

Asimismo permite observar el patrón de fragmentación por elemento y por lado, llegando a una definición de grano fino permitiendo al mismo tiempo la comparabilidad entre conjuntos.

Todo esto hace que este perfil de fragmentación sea útil a la hora de observar que está sucediendo al interior de cada conjunto arqueofaunísticos. En nuestros ejemplos podemos notar que si bien existen diferencias entre ambos sitios, los resultados internos de cada uno de ellos son altamente coherentes. Es decir que cada conjunto presenta patrones de fragmentación típicas que se repiten en cada uno de los elementos y que quizás pueda corresponder a modos de hacer, procesar y descartar los fragmentos de huesos. Por supuesto además de esta interpretación podríamos pensar que el patrón de fragmentación obtenido en cada caso puede responder a una cuestión estructural de los huesos relacionados con la arquitectura interna y que por ello los tamaños (longitudes máximas y tamaño de las superficies preservadas) son muy similares.

De todos modos creemos que por otros indicios obtenidos de los contextos de donde se recuperaron estos conjuntos nos permiten acercarnos más a la primera interpretación. Especialmente teniendo en cuenta la asociación clara de los huesos con espacios netamente culinarios en donde sin duda se implementaba un saber hacer compartido en el área que involucraba no solo como fragmentar los huesos sino también distintas tecnologías culinarias que propiciaban esa fragmentación como es el caso de las vasijas cerámicas de las cuales se han hallado en ambos sitios.

Por lo anterior estimamos que la implementación de este tipo de estudios en otras muestras puede ayudarnos a dilucidar si los patrones observados en estos dos contextos forman parte de un modo compartido a un nivel espacial mucho más amplio y que excede el mero ejercicio de observar fragmentos de huesos

*Agradecimientos*
Este trabajo se realizó con el apoyo financiero del CONICET y la Fundación Antorchas. Estoy especialmente agradecido a Curtis W. Marean por introducirme en el conocimiento de la utilización de los SIG en zooarqueología. El autor es el responsable de cualquier error u omisión.

## REFERENCIAS CITADAS

Abe, Y. y C.W. Marean. 2001. *Bone Entry GIS and Bone Sorter Manual: for recording, sorting, and analyzing bones using GIS*. CD rom.

Abe, Y., C.W. Marean, P. Nilssen, Z. Assefa y E. Stone. 2002. The analysis of cutmarks from archaeological sites: a review and a new GIS image-analysis approach. *American Antiquity* 66(3): 333-348.

Bartram, L. E., Jr. y C.W. Marean. 1999. Explaining the "Klasies Pattern": Kua Ethnoarchaeology, the Die Kelders Middle Stone Age Archaeofauna, Long Bone Fragmentation and Carnivore Ravaging. *Journal of Archaeological Science*, 26(1): 9-29.

Binford, L.R. 1981. *Bones: Ancient men and Modern Myths*. Academic Press. New York

Bonavia D. 1996. *Los Camélidos Sudamericanos (Una introducción a su estudio)*. Univ. Peruana Cayetano Heredia, Instituto Francés de Estudios Andinos. Lima, Perú. 843pp.

Dobney, K. y K. Reilly. 1988. A method for recording archaeological animal bones: the use of diagnostic zones. *Circaea* 5: 79-96.

Dodson, P. y D. Wexlar. 1979. Taphonomic investigations of owl pellets. *Paleobiology* 5(3): 275-284.

Gero, J. y M.C. Scattolin. 2002. Beyond Complementarity and Hierarchy: New Definitions for Archaeological Gender Relations, In *In Pursuit of Gender. Worldwide Archaeological Approaches* (Nelson, S. M. y M. Rosen-Ayalon, eds). Altamira Press, pp.155-171.

Gifford-Gonzalez, D. (1989). Ethnographic Analogues for Interpreting Modified Bones: Some Cases from East Africa. In *Bone Modification* (R. Bonnichsen y M. H. Sorg, eds). Orono. University of Maine, Center for the Study of the First Americans, pp. 179–246.

Haynes, G. 1983. A Guide for Differentiating Mammalian Carnivore Taxa Responsible for Gnaw Damage to Herbivore Limb Bones. *Paleobiology* 9:164-172.

Hill, M. G. 2001. *Paleoindian Subsistence Strategies on the Northwestern Great Plains of North America*. Unpublished Ph. D. dissertation, Department of Anthropology, University of Wisconsin, Madison.

Izeta, A. D. 2004. *Zooarqueología del sur de los valles Calchaquíes. Estudio de conjuntos faunísticos del Período Formativo*. Unpublished Ph. D. dissertation. Facultad de Ciencias Naturales y Museo, Universidad Nacional de La Plata, Argentina.

Izeta, A. D. 2005. South American camelids bone structural density: what are we measuring? Comments on datasets values, their use and interpretation. *Journal of Archaeological Science* 32 (8): 1159-1168.

Journal of GIS in Archaeology [online]. Vol.1 [cited May, 30th, 2010], World Wide Web: <http://www.esri.com/library/journals/archaeology/>

Klein, R.G. y K. Cruz-Uribe. 1984. *The Analysis of Animal Bones from Archaeological Sites*. University of Chicago Press, Chicago.

Klein R.G., K. Cruz-Uribe y R. G. Milo. 1999. Skeletal Part Representation in Archaeofaunas: Comments on "Explaining the 'Klasies Pattern': Kua Ethnoarchaeology, the Die Kelders Middle Stone Age Archaeofauna, Long Bone Fragmentation and Carnivore Ravaging" by Bartram & Marean. *Journal of Archaeological Science*, 26 (9): 1225-1234

Lyman, R. L. 1994. *Vertebrate Taphonomy*. Cambridge Manuals in Archaeology, Cambridge University Press.

Marean, C.W.1991. Measuring the postdepositional destruction of bone in archaeological assemblages. *Journal of Archaeological Science* 18: 677-694.

Marean, C.W. y C.J. Frey. 1997. The animal bones from caves to cities: reverse utility curves as methodological artifacts. *American Antiquity* 62: 698–711.

Marean, C.W. y L.M. Spencer. 1991. Impact of carnivore ravaging on zooarchaeological measures of element abundance. *American Antiquity* 56: 645–658.

Marean, C.W., Y. Abe, P. Nilssen y E. Stone. 2001. Estimating the Minimum Number of Skeletal Elements (MNE) in Zooarchaeology: a Review and a New Image-analysis GIS Approach. *American Antiquity* 66(2): 333-348.

Mengoni Goñalons, G. L. 1999. *Cazadores de Guanacos de la estepa patagónica*, Sociedad Argentina de Antropología, Colección Tesis Doctorales, Buenos Aires.

Miotti, L. 1990-1992. La experimentación simulativa de fracturas y marcas óseas y sus implicancias arqueológicas. *Arqueología Contemporánea* 3: 39-64.

Mondini, N. M. 2002. Carnivore Taphonomy and the Early Human Occupations in the Andes. *Journal of Archaeological*

*Science* 29: 791–801.

Morlan, R.E. 1994. Bison Bone Fragmentation and Survivorship: a Comparative Method. *Journal of Archaeological Science* 21: 797-807.

Outram A. K. 2001. A New Approach to Identifying Bone Marrow and Grease Exploitation: Why the "Indeterminate" Fragments should not be Ignored. *Journal of Archaeological Science* 28: 401–410.

Outram A. K., C. J. Knüsel, S. Knight y A. F. Harding. 2005. Understanding complex fragmented assemblages of human and animal remains: a fully integrated approach *Journal of Archaeological Science* 32 (12): 1699-1710.

Pickering, T. R., C. W. Marean y M. Domínguez-Rodrigo. 2003. Importance of limb bone shaft fragments in zooarchaeology: a response to "On in situ attrition and vertebrate body part profiles" (2002), by M. C. Stiner. *Journal of Archaeological Science* 30: 1469–1482.

Rapson, D.R., y L.C. Todd. 1999. Linking Trajectories of intra-site faunal use with food management strategies at the Bugas-Holding site: Attribute based spatial analysis of a high altitude winter habitation, Wyoming, USA. In *Le Bison: Gibier et Moyen de Subsistance des hommes du Paléolithiique aux Paléoindiens des Grandes Plains* (Brugal, J.P., F. David, J.G. Enloe, y J. Jaubert, eds) pp. 455-478. Association pour la promotion et la diffusion des Connaissance Archéologiques, Antibes, France.

Reitz, E.J. y E.S. Wing. 1999. *Zooarchaeology*. Cambridge University Press, Cambridge.

Richardson, P.R.K. 1980. Carnivore damage to antelope bones and its archaeological implications. *Paleontologia Africana* 23: 109-125.

Scattolin, M.C. 1990. Dos asentamientos formativos al pie del Aconquija. El sitio Loma Alta. (Catamarca, Argentina), *Gaceta Arqueológica Andina* 5 (17): 85-100.

Scattolin, M.C. 2001. Organización Residencial y Arquitectura en el Aconquija durante el Primer Milenio A. D., *Actas del XIII Congreso Nacional de Arqueología Argentina*, Tomo 1: 439-449.

Scattolin, M.C. y J. Gero. 1999. Consideraciones sobre fechados radiocarbónicos de Yutopián (Catamarca, Argentina), *Actas del XII Congreso Nacional de Arqueología Argentina*, Tomo 3: 352-357.

Todd, L.C. y D.J. Rapson. 1988. Long bone fragmentation and interpretation of faunal assemblages: approaches to comparative analysis. *Journal of Archaeological Science* 15: 307-25.

Tukey, J. W. 1977. *Exploratory Data Analysis*. Addison-Wesley, Reading, MA.

Villa, P. y E. Mahieu. 1991. Breakage patterns of human long bones. *Journal of Human Evolution* 21: 27–48.

El uso de Sistemas de Información Geográfica en arqueología sudamericana.
Figuerero Torres e Izeta (Ed.) 2012: 185-200

# MÉTODOS DE EXCAVACIÓN, ESTRATIGRAFÍA Y SIG: RECONSTRUCCIÓN DE CONTEXTOS DEPOSITACIONALES EN EL SITIO PIEDRAS BLANCAS, VALLE DE AMBATO, PROVINCIA DE CATAMARCA,ARGENTINA.

Marcos Román Gastaldi*

*CONICET- Museo de Antropología, Facultad de Filosofía y Humanidades, Universidad Nacional de Córdoba. E-mail: mrgastaldi@yahoo.com.ar

RESUMEN

Los métodos de excavación en arqueología requieren determinados procedimientos para excavar los depósitos arqueológicos que no sólo establecen parámetros técnicos a seguir, sino que también implican ciertos presupuestos acerca de su estructuración interna. Al momento de aplicar una determinada técnica, también suponemos acerca de la naturaleza de los que vamos a excavar. Es decir, que la disgregación y agrupación de los depósitos conforman una especie de armazón estructural donde ubicamos a las interpretaciones posteriores. En este trabajo mostramos las potencialidades que nos brinda la tecnología SIG para re-disgregar y re-agrupar los depósitos que ya fueron excavados en función de interrogantes que no fueron contemplados al momento de seguir determinados procedimiento de excavación. El caso de estudio son las excavaciones en el Recinto H del sitio Piedras Blancas -Valle de Ambato, Provincia de Catamarca, República Argentina. Allí los métodos aplicados fueron cambiando durante los 5 años que duraron las excavaciones –método de decapage y una variante ad hoc del mismo-, y también los interrogantes acerca de los significados que los objetos hallados en relación con las prácticas sociales en que intervinieron. Esto requirió una nueva disgregación y reagrupación de los depósitos (plantas, secciones, estructuras positivas y negativas, etc.) que contemplara la historia de formación de los depósitos excavados, lo que implicó reconstruir las unidades estratigráficas y sus mutuas vinculaciones

ABSTRACT

This paper presents a GIS application in disaggregating and regrouping of previously excavated archaeological deposits in order to respond to new research queries. The case study is from Recinto H in the Piedras Blancas site -Valle de Ambato, Provincia de Catamarca, República Argentina. Digging techniques changed over a 5 year period and new research questions about recovered objects need to address the the history of formation of the deposits and identify stratigraphic units and relationships.

## INTRODUCCIÓN

La reconstrucción de la estratigrafía arqueológica depende fundamentalmente de los métodos de excavación utilizados (Carandini 1997, Harris 1991, Roskam 2003). Estos métodos, lejos de ser sólo un procedimiento técnico-mecánico dentro de la planificación de un diseño de investigación arqueológica, implican decisiones epistemológicas, teóricas y metodológicas de la naturaleza de aquello que se excava. Los métodos de excavación suponen seguir determinados procedimientos para disgregar aquello que se nos presenta homogéneo ante nuestros ojos, la tierra antes de excavar (Carandini 1997). El proceso de disgregación involucra a su vez otro proceso unido a éste, el de agrupación. Las decisiones de por qué, cómo y dónde disgregar/ agrupar constituyen desde ese instante una especie de armazón estructural donde la interpretación posterior de los depósitos puede ser ubicada. Pero este armazón estructural producido por los métodos de excavación aplicados en función de determinadas preguntas de investigación ¿es inamovible, o permite, por el contrario, que sus elementos puedan ser disgregados y reagrupados cuando surgen nuevos interrogantes en torno a los cuales construir nuevas narrativas acerca de los depósitos excavados?

En este trabajo planteamos como objetivo general mostrar la potencialidad que posee la tecnología SIG (Sistema de Información Geográfico) para trascender las limitaciones que imponen los métodos de excavación utilizados en un determinado momento, a la hora de enfrentar nuevos interrogantes que no fueron contemplados al momento de decidir aplicar un determinado método.

El caso de estudio a través del cual alcanzamos nuestro objetivo, lo conforman las excavaciones realizadas durante un período de 5 años en el denominado Recinto H del sitio Piedras Blancas -Valle de Ambato, Provincia de Catamarca, Argentina-[1] (Figura 1). La elección de este recinto respondió a dos problemas fundamentales, en los que el interrogante planteado, cobra relevancia.

**El primer problema** se debe a que durante el lapso de tiempo que duraron las excavaciones, se utilizaron métodos de excavación diferentes –método de decapage (Zaburlin 2001) y una variante ad hoc del mismo (Cruz 2005)- [2] produciendo que los datos obtenidos de la aplicación de cada uno de ellos fueran difíciles de relacionar y comparar, por lo que el conjunto de acciones naturales y culturales que dieron origen a la estratificación arqueológica[3] del depósito quedaron en una nebulosa. Principalmente de estas excavaciones surge el interrogante de la existencia o no de dos ocupaciones. Resolver esta incógnita es muy relevante si ubicamos al sitio Piedras Blancas en el marco de la problemática mayor en la que esta investigación toma parte. Como problema principal, el Proyecto Ambato se interesa por la reconstrucción de los procesos sociales y simbólicos que conllevan a la aparición en el Valle de Ambato en particular y en el Noroeste Argentino en general,

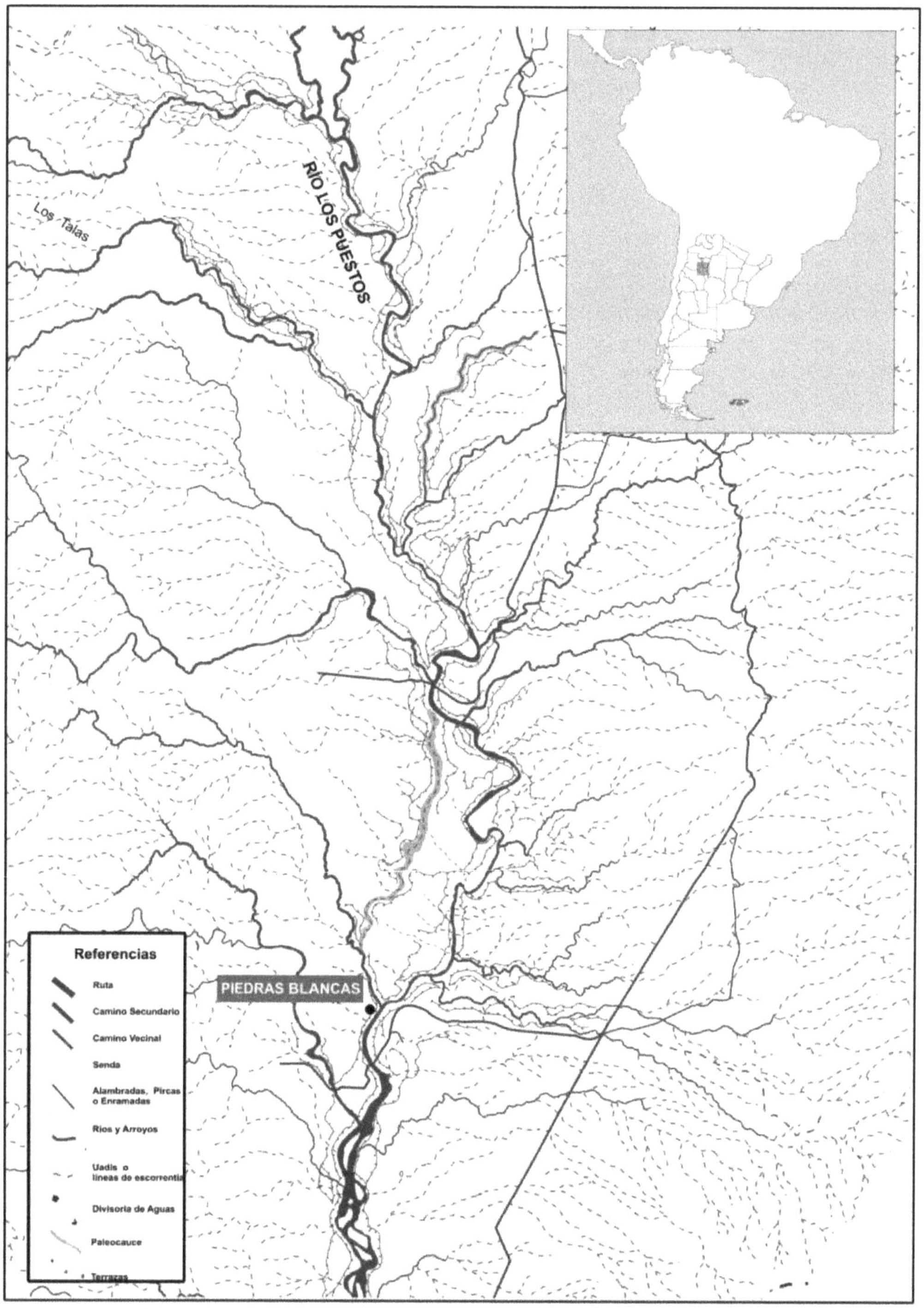


**Carta realizada mediante fotografías aéreas sin restitución ortogonal (Escala Aproximada 1:27500)**

Figura 1: Mapa con la ubicación del Valle de Ambato y el Sitio Piedras Blancas.

alrededor del siglo V o VI de la era cristiana, de sociedades con relaciones sociales con mayor grado de exclusión que las formas organizativas anteriores de corte más igualitario (Assandri et al 1991; Heredia 1998; Laguens 2002, 2006, 2007; Laguens y Bonnin 1996, 2005; Pérez 1986, 1992, 1994, 2000a, 2000b; Pérez et al. 1995; Pérez et al. 2000)[4]. El Sito Piedras Blancas por sus características arquitectónicas, de estructuración espacial, tamaño y materiales hallados, fue caracterizado como un sitio de elite (Caro 2002; Laguens 2002, 2006). A su vez, el recinto H, dentro de los otros dos recintos excavados –recinto C y F, ver figura 2- es en el único en que se ha presentado la posibilidad de la existencia de dos ocupaciones, en tanto que en los otros sólo se observó la existencia de una sola ocupación. Determinar la presencia o no de estas ocupaciones diferentes, y el análisis de las particularidades de cada una de ellas, se transforma en un problema altamente relevante para comprender mejor los procesos de surgimiento de esta clase de sitios habitados por sectores sociales con mayor poder que otros, permitiéndonos conocer más profundamente el proceso de surgimiento y consolidación en el valle de las elites locales.

**El segundo problema** surge de un cambio en los interrogantes sobre los materiales hallados en el lugar respecto de los que se tenían cuando se realizaron las excavaciones en dicho recinto entre los años 1996 y 2000. Hoy nos preguntamos sobre los significados que los mismos tuvieron en relación a las prácticas sociales en

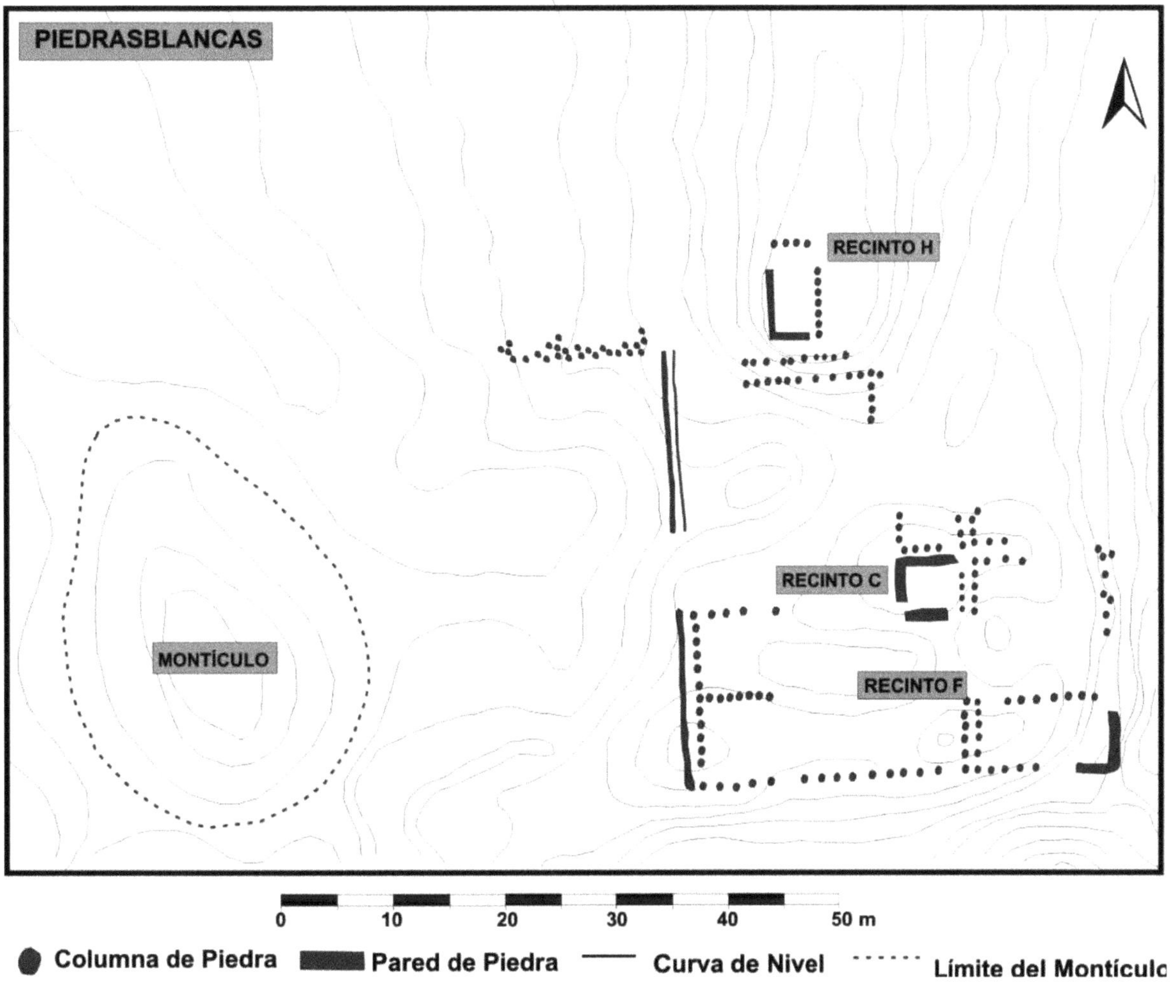


Figura 2: Plano del Sitio Piedras Blancas.

las que intervinieron, tratando de reconstruir los procesos ideológicos y simbólicos que permitieron la consolidación, legitimación y reproducción de una nueva formación social menos igualitaria (Gastaldi 2007a; Laguens et al 2007). Para poder acceder a los significados sociales de los objetos, no sólo debíamos analizar a los objetos en sí -propiedades físicas, posibles funciones, rastros de uso, etc.- sino que también debíamos acercarnos a las prácticas sociales y contextos donde entraban en relación con otros objetos y personas, y en cuyo marco adquirieron significados (Dobres 2000; Dobres y Hoffman 1994, 1999; Gastaldi 2007b; Haber y Gastaldi 2006; Ingold 1999; Laguens 2007; Laguens y Pazzarelli 2007). Estos nuevos interrogantes requirieron una nueva disgregación y reagrupación en otras dimensiones de los depósitos excavados, no contempladas por los métodos de excavación aplicados[5], ni por las preguntas que sustentaron dicha aplicación.

Los interrogantes y los métodos utilizados en aquel momento apuntaron a reconstruir áreas de actividad diferenciales a nivel intrasitio e intersitio que permitieran realizar un análisis comparativo de las actividades realizadas en distintos contextos del sitio Piedras Blancas con el objetivo de identificar grupos socialmente diferenciados (Zaburlín 2001:1). Esta idea se sustentó en que «la complejización en las estructuras sociales también implica una diferenciación en el uso de los espacios dentro del asentamiento. En consecuencia es de esperar que el registro material de los contextos habitacionales reflejen un rango de actividades variadas: tareas cotidianas de elaboración de alimentos, actividades productivas, como así también actividades rituales. A la vez que la segregación espacial de dichas actividades permitiría diferenciar las áreas de vivienda de los grupos de elite y las áreas de vivienda de las unidades domésticas bajo su control, y también las de posibles actividades rituales y de especialistas» (Zaburlín 2001:1). Las áreas de actividad como concepto operativo hacen referencia a «la concentración y asociación de materias primas, instrumentos o desechos en superficies o volúmenes específicos que reflejen actividades particulares (Manzanilla 1986:11). Y si bien, el área de actividad como «...unidad básica de análisis del registro arqueológico, (...) es reflejo de acciones particulares repetidas, de carácter social, con un trasfondo social específico...» (Manzanilla 1986:11), sólo limitadamente permite acercarse a las prácticas sociales tal cual se conciben desde la teoría social contemporánea (Bourdieu 1977, 1988; Giddens 1995). En este sentido, la definición de las áreas de actividad nos habla más de espacios de configuración de actividades específicas tal cual Zaburlín (2001) pretende discernir en el sitio Piedras Blancas, o las cuatro variedades generales de áreas que define Manzanilla (1986:11): «pueden dividirse en varios tipos, según pertenezcan a cuatro grandes categorías susceptibles de análisis arqueológico: la producción, el uso o consumo, el almacenamiento y la evacuación». En busca de un concepto teórico-metodológico que nos permitiera acercarnos más a la idea de práctica social, dimos con el de unidad estratigráfica (D'Amore 2002,

2007; Haber 1996; Roskams 2003). Uno de los primeros y más influyentes arqueólogos que define este concepto fue Harris (1991:73). Sin embargo, lo hace desde una posición desde la que no le interesa necesariamente reconstruir dichas prácticas sociales: para este autor «tres factores principales determinan la acumulación de restos culturales durante el proceso de estratificación arqueológica: la superficie del terreno ya existente, las fuerzas de la naturaleza y la actividad humana» (Harris 1991:73). En relación a la actividad humana señala que: «a diferencia de las fuerzas de la naturaleza como la gravedad que hace que los depósitos tiendan a la horizontalidad, o a depositarse uno sobre otro respetando lo límites impuestos por la superficie anterior, los estratos antrópicos se derivan de una selección cultural: el hombre puede crear estratos a voluntad que respondan a un plan abstracto y no al devenir de la naturaleza» (Harris 1991: 73).En este sentido, la unidad estratigráfica es el resultado de acciones naturales y culturales. Es en este punto donde se puede trazar una vinculación entre la noción de acción[6], más específicamente «actividad humana» que propone Harris, y la noción de práctica social. La noción de práctica social refiere a la multiplicidad de actividades prácticas (Giddens 1995) que los agentes de un grupo social determinado realizan cotidianamente en el curso de sus vidas. Estas prácticas se realizan en el marco que las posibilita; esto es, deben ser entendidas en relación a las estructuras encarnadas en tradiciones y reglas sociales, que son no sólo el medio sino también el resultado de tales prácticas. Así, la unidad estratigráfica, producto de acciones realizadas por individuos situados en relación a determinadas estrategias y estructuras sociales, nos permitiría tomar a la secuencia estratigráfica «reconstruida» como marco interpretativo a través del cual podríamos caracterizar a los objetos en las prácticas sociales concretas donde estaban involucrados y a través de ellas acercarnos a los significados que estos tuvieron en un determinado momento.

Con esto en mente nos surgió el interrogante de si podríamos reconstruir esta secuencia en aquellos lugares que fueron excavados con métodos que no contemplaron aquellas preguntas de investigación. Y de esta manera comenzamos a pensar en la posibilidad de que utilizando las herramientas que brinda la tecnología SIG -específicamente el Arcview 8.3, y sus módulos de análisis geoestadístico y espacial- podríamos vincular los datos de las dos formas de excavaciones diferentes utilizadas y de esta manera, quizás, poder trascender los dos problemas planteados.

## LOS MÉTODOS DE EXCAVACIÓN ARQUEOLÓGICA Y SUS IMPLICANCIAS EN LA RECONSTRUCCIÓN ESTRATIGRÁFICA

Empezaremos exponiendo y comparando los diferentes métodos de excavación e interpretación de la estratigrafía arqueológica para observar, luego, en forma particular, las implicancias de los métodos utilizados en las excavaciones realizadas en el Recinto H del sitio Piedras Blancas. Tres posiciones pueden ser resumidas al respecto (Carandini 1997; Harris 1991; Ravines 1989; Renfrew y Bahn 1993; Roskams 2003). En la primera, el método de excavación por niveles arbitrario, la unidad elemental de análisis e interpretación es el artefacto. En esta perspectiva se privilegia la recuperación de las inclusiones sin tener en cuanta la matriz que las contiene, y en donde se fijan niveles arbitrarios de excavación. Como señala Carandini (1997) esto produce una simplificación de la complejidad estratigráfica del depósito[7]. En una segunda perspectiva, el método de excavación por unidad estratigráfica (Bibby 1993; Carandini 1997; D'Amore 2002, 2007; Harris 1991; Roskams 2003), las unidades fundamentales son las matrices donde se hallan las inclusiones, recuperándose las unidades estratigráficas, las que son consideradas eventos únicos de depositación que representan una acción o un conjunto de ellas (Carandini 1997:56-57). Según este punto de vista, cada unidad estratigráfica adquiere significado no sólo por sus propias características, sino por las relaciones estratigráficas que mantiene con el resto de las unidades, a la vez que el significado de las inclusiones se da principalmente en relación a la matriz que las contiene. Así, se intenta reconstruir una secuencia de estratigrafía arqueológica, interpretándose las unidades al momento de su recuperación durante la excavación (Carandini 1997; D'Amore 2002; 2007; Gastaldi 2007c; Haber 1996; Harris 1991; Roskams 2003). La tercera posición intenta acceder a una visión etnográfica del registro arqueológico, a partir de la búsqueda de las huellas materiales dejadas por las actividades cotidianas realizadas en el pasado, método denominado decapage (Leroi-Gourhan 1984). Este método consiste en seguir ciertas características físicas de composición, coloración, compactación, etc. del sustrato arqueológico respetando cuidadosamente los vestigios en el lugar que cada uno ocupa. Se privilegia la relación topográfica en planos, cortando la superficie en planos superpuestos. Las unidades de análisis son los vestigios, entre ellos las inclusiones culturales, y no las unidades estratigráficas, persiguiéndose como objetivo la búsqueda de pisos en los cuales la abundancia y la organización de los restos justificaran la existencia de áreas de actividades específicas. La reconstrucción de estas actividades se realiza principalmente en el laboratorio, a través de relacionar los distintos registros de inclusiones o hallazgos y los rasgos identificados en dibujos de plantas. Con este método se logran reconstruir grandes acontecimientos arqueológicos, como pueden ser la identificación y caracterización de pisos y niveles de ocupación. Sin embargo, al no registrarse la sucesión de acciones que produjeron estos depósitos, es decir, las unidades estratigráficas y sus mutuas relaciones, este método permite observar limitadamente el proceso de formación de los mismos (D'Amore 2002, 2007; Haber 1996, 1999). Describamos ahora los métodos de excavación utilizados en Piedras Blancas.

## LAS EXCAVACIONES EN EL RECINTO H: IDENTIFICANDO Y CARACTERIZANDO PISOS DE OCUPACIÓN

Las excavaciones en el Recinto H del sitio Piedras Blancas (Figura 2), se realizaron a través de cuatro intervenciones, en un lapso temporal de 5 años (noviembre 1996; mayo y octubre de 1999; noviembre 2000). Durante las primeras tres intervenciones, los interrogantes que guiaron las excavaciones, como mencionáramos más arriba, se vincularon a establecer cómo era el uso del espacio a nivel intrasitio, tratando de observar si poseían sectores diferenciados a nivel no sólo formal, sino también funcional (Zaburlín 2001:1). La búsqueda de áreas de actividades diferenciadas fue uno de los principales factores por los cuales se decidió excavar utilizando el método de decapage, registrándose la posición tridimensional de los hallazgos, y relevándose en planta la superficie expuesta en cada extracción de sedimento (Zaburlín 2001:8).

En las primeras reconstrucciones estratigráficas realizadas de las excavaciones de los años 1996 y 1999, se utilizó como herramienta fundamental de análisis el programa de mapeo Surfer 6.0. (Zaburlin 2001). Con los datos obtenidos en este primer acercamiento a la estratigrafía del recinto, la autora pudo interpretar a los depósitos excavados como formando **un solo nivel de ocupación** (Zaburlín 2001). Según esta investigadora el piso de dicho nivel no estaba diferenciado estructuralmente, ni por un material ni por un tratamiento especial, por lo que se lo identificó por la cantidad y disposición de los materiales y por su asociación a rasgos constructivos (asientos de muros, topes de rasgos, etc.), observándose que el piso no era homogéneo en todo el recinto (Zaburlín 2001:33).

Cuando Zaburlín (2001) analizó las tasas de depositación de inclusiones[8] en profundidad y la relación de estas tasas con los ensamblajes cerámicos, le fue posible vislumbrar un buzamiento en el piso de ocupación. Según estos datos, el mismo es más alto en la esquina SE del recinto donde se ubica a 0,95 m de profundidad, manteniéndose junto a la pared sur y sudoeste a 1 m de profundidad, descendiendo levemente en el centro del recinto a 1,05-1,10 m de profundidad y bajando a 1,10 a 1,20 m hacia el norte del mismo. En cuanto a la tasa de depositación de fragmentos en profundidad, la autora observó que las mayores acumulaciones de materiales se registraban entre los 0,90 y 1,20 m de profundidad, descendiendo hasta casi desaparecer alrededor de los 1,30 m de profundidad, en lo que se caracterizó como un sedimento estéril (Figura 3).

Al nivel de piso se detectaron numerosas estructuras (pozos de poste, estructuras de contención, fogones). Con respecto a la distribución de los materiales arqueológicos, se observó

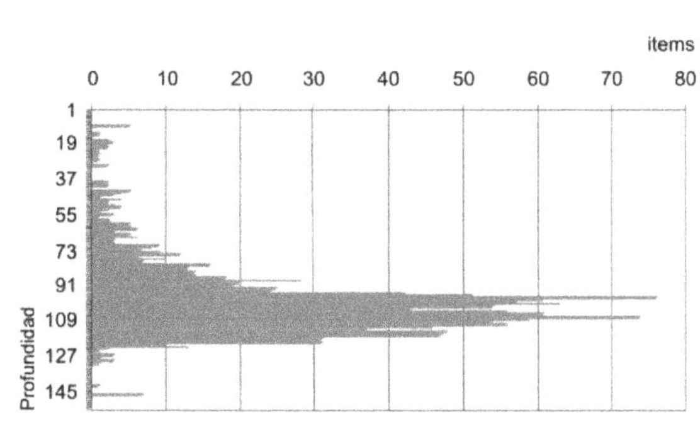


Figura 3: Histograma que muestra la frecuencia de depositación de los hallazgos en profundidad de la excavaciones de 1996 y 1999. Extraído de Zaburlín (2001)

una tendencia que diferencia los sectores norte y sur del recinto: los restos cerámicos, óseos y de mica se distribuyen de manera similar, presentando una mayor densidad en el sector sur y menor presencia en el norte; los restos de pigmentos se concentran en cercanías de la pared este; los restos líticos presentan una distribución homogénea en todo el recinto (Zaburlín 2001:68-69). En cuanto al material cerámico, se puede agregar que el decorado[9] se concentra en el sector sur del recinto; mientras que la cerámica no decorada se distribuye en todo el recinto, particularmente en el sector norte (Zaburlin 2001:65-66). Esta autora menciona además que son significativos cuatro entierros de individuos infantiles de diferentes edades, en distintos sectores del recinto por debajo de lo que se identificó como el piso de ocupación[10].

Durante los trabajos de campo del año 2000 se quiso corroborar la efectiva aparición del estrato estéril que había sido observado tanto en el campo como en las gráficas de tasa de distribución en profundidad de los hallazgos (Cruz 2005:193). Para ello se limpió la superficie que había quedado expuesta en noviembre de 1999, observándose así la reaparición de material arqueológico. Esto ocasionó ciertos interrogantes acerca de la presencia de una o dos ocupaciones en el lugar, puesto que, aunque aparecía ahora material arqueológico, se había observado una disminución notable del mismo, situación que, junto a esta reaparición de material, podría estar significando un hiatus entre dos ocupaciones.

Se decidió así excavar hasta llegar al sedimento efectivamente estéril, utilizando una combinación de metodologías (Cruz 2005:193). Además de seguir utilizando el método de decapage, se implementó una técnica tendiente a la identificación de estructuras (positivas y negativas), a través de la retención diferencial de humedad, las que fueron excavadas como unidades independientes, produciendo una variante del mismo método (Cruz 2005:194). Las áreas que presentaban mayor retención fueron descriptas como posibles estructuras en negativo –por ejemplo pozos-, y se las excavó por separado, mientras que las áreas intersticiales entre estructuras se siguieron excavando con el método de decapage (Cruz 2005:194). Según el autor, la variación de la metodología se debía al interés en reconstruir eventos de depositación que formaban este supuesto segundo nivel de ocupación. Se terminó de excavar el depósito llegando hasta los 1,60 m de profundidad, donde apareció la capa estéril.

En la Figura 4 se pueden observar las estructuras excavadas en este recinto, que corresponden a lo que parecía ser el segundo piso detectado (Cruz 2005; Marconetto 2005). Se pudieron identificar cuatro fogones, evidenciados en el campo por la tierra quemada y la abundancia de cenizas, y nueve estructuras negativas (Marconetto 2005:152-152). De las mismas, cuatro de ellas (estructuras 8, 2, 5 y 4) se interpretaron como depósitos de basura (Cruz 2005:195-196), tres (estructuras 6, 9 y 7) habrían conformado el sostén de grandes ollas globulares, una se interpretó como un gran depósito de carbón de algarrobo -Prosopis sp.- (Marconetto 2004), y la última (estructura 1) consistía en un pozo con evidencias de haber sido quemado a altas temperaturas, presentando un alto nivel de rubefacción. Por debajo del nivel de tierra quemada de esta estructura, se encontró el entierro de un camélido juvenil, colocado allí probablemente como ofrenda (Cruz 2005:194). En este último caso, este aparente segundo piso de ocupación, al igual que el anterior, no poseía un tratamiento diferencial por lo que no pudo identificarse a nivel estructural (Cruz 2005:193). La interpretación de su presencia se realizó en función del emplazamiento y asociación de las estructuras identificadas, no considerándose la tasa de depositación en profundidad de las inclusiones, como sí fue contemplado en la primera reconstrucción estratigráfica realizada por Zaburlin (2001).

La variante realizada sobre el método anteriormente utilizado, se acerca a la excavación por unidades estratigráficas, pero a diferencia de éste, no permite reconstruir las secuencias estratigráficas, en tanto que no se pueden establecer las relaciones estratigráficas existentes tanto entre las estructuras identificadas y excavadas de forma separada, como entre éstas y los rasgos registrados en las diferentes plantas de los distintos cortes horizontales del decapage. Esto produce que los datos obtenidos con este método sean muy difíciles de vincular, no sólo a nivel de las dos excavaciones realizadas en el recinto, sino dentro de la misma excavación.

¿Que panorama podemos obtener de la aplicación e interpretación de ambas formas de excavación? De lo expuesto hasta aquí podemos decir lo siguiente: se plantea la presencia de **dos pisos de ocupación en el Recinto H del sitio Piedras Blancas**. Uno se encontraría alrededor de los 0,90 m de profundidad en el sector sudeste del recinto descendiendo en el norte hasta los 1,20 m de profundidad.

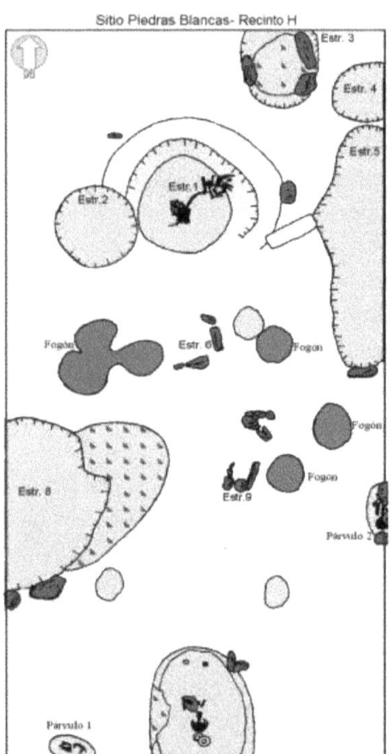


Figura 4: Planta de estructuras halladas durante las excavaciones realizadas en el año 2000. Extraída de Cruz (2005).

Desde este piso se habrían excavado tres fosas que contenían tres entierros, algunos con ajuar asociado. Las actividades llevadas a cabo dentro del recinto marcarían una diferencia entre el sector norte respecto del sector sur. El segundo piso de ocupación marcaría diferencias, al igual que primer piso, entre el sector norte del recinto respecto del sector sur. En el sector norte se halló una serie de estructuras en negativo que indican actividades vinculadas a la producción de altas temperaturas para la fabricación de objetos de metal (Espósito y Marconetto 2004). Este sector conformaría un área abierta, a diferencia del sector sur, que habría estado techado.

Ahora bien, si tenemos en cuenta lo observado por Zaburlín (2001) respecto a la aparición de un nivel estéril por debajo del piso identificado por ella y la confirmación en la excavación posterior de la continuidad de la aparición de hallazgos en toda la superficie del recinto: ¿estamos hablando de un hiatus ocupacional? Suponiendo que no exista este hiatus, sigue aún existiendo la posibilidad de que se trate de dos ocupaciones; aunque, teniendo en cuenta que se aplicó una variante al método utilizado originalmente: ¿se trata realmente de dos ocupaciones diferentes o es una confusión producto de la aplicación de dos metodologías de excavación distintas?

## DISGREGANDO NIVELES DE OCUPACIÓN: HACIA EL ESTABLECIMIENTO DE SECUENCIAS ESTRATIGRÁFICAS PARCIALES

Atendiendo a los interrogantes irresueltos señalados en el acápite anterior, a nuestro objetivo de reconstruir las secuencias de formación de los depósitos estudiados, y, teniendo presente las limitaciones que poseen los métodos de excavación utilizados para la reconstrucción de las matrices estratigráficas completas, la utilización de tecnología SIG se convirtió en una importante herramienta para dar un posible respuesta a dichas preguntas y cumplir con el objetivo propuesto, puesto que no sólo nos permitió vincular los datos procedentes de las dos formas de excavación utilizadas, sino también trascender las limitaciones de dichos métodos, permitiéndonos establecer el origen de los depósitos que conforman la estratigrafía del Recinto H.

Sobre las bases de datos preexistentes confeccionadas por Zaburlin (2001) para la reconstrucción estratigráfica de las primeras tres intervenciones, confeccionamos una nueva base de datos sumándole la información espacial de la excavación realizada en el año 2000: además de los datos tridimensionales de los hallazgos –coordenadas cartesianas X, Y, Z-, variables tomadas también por Zaburlín (2001), se incorporaron las plantas y secciones de las estructuras (positivas y negativas) excavadas en la campaña del año 2000. Con estos nuevos datos, utilizamos la tecnología SIG para observar, en primer lugar, las tendencias generales de depositación y distribución de los hallazgos, tratando de inferir si, al insertar en el análisis la información tridimensional de los hallazgos extraídos en la campaña del año 2000, las observaciones realizadas por Zaburlin (2001) en el campo, y la tasa de depositación en profundidad de las inclusiones, podían mantenerse indicando un hiatus en la ocupación corroborando la presencia de dos pisos de ocupación. En segundo lugar, atendiendo a que en los análisis de tendencia de depositación en profundidad y distribución de hallazgos, el espacio donde se hallan incluidos los mismos se toma como homogéneo[11], en tanto no intervienen las matrices donde estos se hallan contenidos –unidades estratigráficas y sus relaciones-, realizamos un segundo análisis en el que entrecruzamos los datos obtenidos de los análisis de tendencias con la información espacial –planta y secciones- de las estructuras relevadas e identificadas durante la excavación del año 2000. Este entrecruzamiento nos permitió observar si las tendencias en dichos sectores pueden ser corroboradas, o esconden, al no contemplar las matrices donde las inclusiones se hallan contenidas, la diversidad de formas de depositación de las mismas en la estratigrafía del recinto H.

Análisis de Tendencia en la depositación de Inclusiones

Las bases de datos se diseñaron en Microsoft Excel (versión 2000). Las mismas poseen cuatro campos: un campo de texto que contenía el número de hallazgo de la inclusión, y tres campos numéricos que contenían la información espacial de la inclusión –coordenadas cartesianas X, Y, Z-. Desde Microsoft Excel, los datos se guardaron en formato DBF IV, los que luego se incorporaron al SIG como tabla.

Para inferir las tendencias, se realizaron primero análisis de frecuencia de depositación de hallazgos en X, Y y Z a través de gráficos de histogramas de frecuencias. Para esto se utilizó el análisis estadístico exploratorio que brinda la extensión Geostatistical Analyst de Arcview 8.3. Estos histogramas permiten observar que:

1-Cuando realizamos un histograma de frecuencia tomando como variable el eje Y (dirección sur-norte del recinto) las tendencias de depositación de inclusiones son más abundantes en el sector sur del recinto disminuyendo fuertemente hacia el norte como se observa en la Figura 5. Esto también había sido observado en las primeras reconstrucciones estratigráficas realizadas por Zaburlin (2001).

2- Al realizar el histograma tomando como variable el eje X (dirección este-oeste del recinto) no existe una tendencia en la depositación, manteniéndose constante en todo el ancho del mismo (Figura 6).

3- Con respecto a la tasa de depositación de inclusiones tomando como variable Z (profundidad) en los gráficos de histogramas se observa claramente una distribución diferencial, bimodal (Shennan 1992:53). Posee una curva con dos modas, una principal y otra subsidiaria. Se percibe una baja en la depositación de hallazgos hacia los 1,23 m de profundidad, lugar que marca la divisoria entre las modas (Figura 7).

Hasta aquí los datos arrojados por los histogramas no marcan un hiatus ocupacional, aunque sí se observa una merma en la depositación de inclusiones alrededor de los 1,23 m de profundidad. Veamos ahora, si a través de otro tipo de análisis en donde la representación no sea un gráfico de frecuencias, sino una imagen raster que nos permita observar la distribución espacial de los hallazgos, la merma en la depositación de los mismos puede ser mantenida. Un análisis que nos permite realizar esto es el Density Analyst que provee la extensión Spatial Analyst del programa utilizado. Este tipo de análisis permite crear una imagen raster de la distribución de hallazgos, obteniendo una superficie continua que muestra a través de distintas coloraciones, las concentraciones de hallazgos[12].

Las tendencias en la frecuencia de depositación de inclusiones en X e Y, son reforzadas cuando aplicamos el Density Analyst, para comparar las densidades y distribución de los hallazgos entre los sectores norte y sur. No ocurre lo mismo con las frecuencias de depositaciones en profundidad al aplicar el mismo método. En el norte del recinto existe menor concentración de hallazgos que en el sur del mismo (Figura 8).

En cuanto a la diferencia en la tasa de depositación respecto a la profundidad a través de los análisis espaciales de densidad, se observa una disminución de la tasa, aunque menos representada. Si comparamos las imágenes raster obtenidas se observa que:

1-Cuando aplicamos el análisis a la distribución de hallazgos en Y y Z, la baja de depositación de inclusiones aparece apenas marcada, y se observa más en la mitad sur que en la mitad norte (Figura 9).

2-Cuando aplicamos la técnica a las distribuciones de hallazgos en Z y X aparece dicha diferencia un poco más marcada, aunque no tanto como en el gráfico de frecuencias observado (Figura 10).

Estas observaciones nos informan que la probabilidad

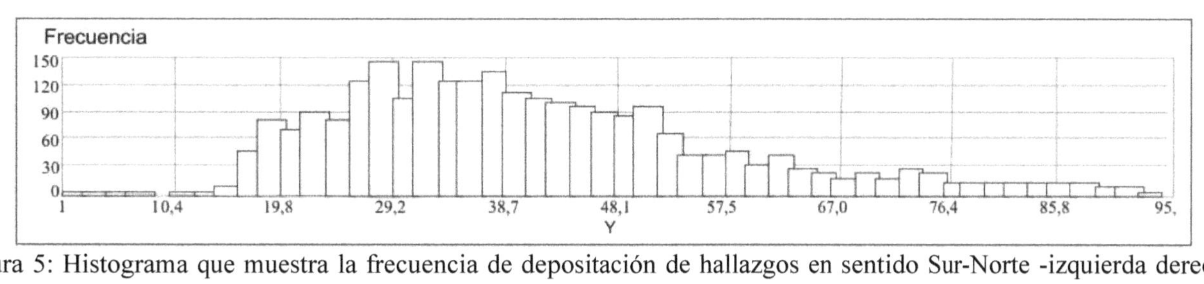


Figura 5: Histograma que muestra la frecuencia de depositación de hallazgos en sentido Sur-Norte -izquierda derecha respectivamente- (eje Y) del recinto, generado a través del análisis estadístico exploratorio que brinda la extensión *Geostatistical Analyst* de *Arcview 8.3*.

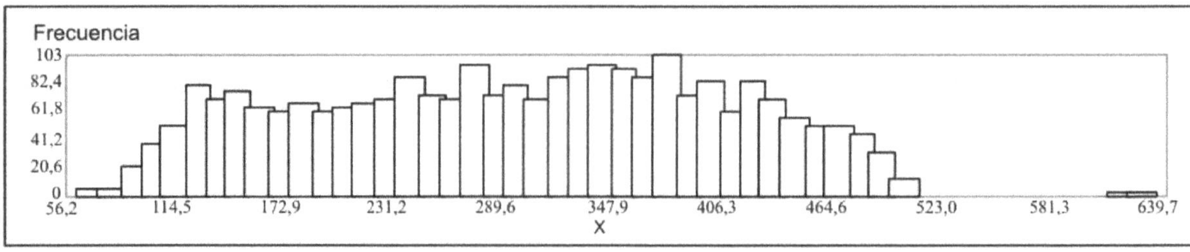


Figura 6: Histograma que muestra la frecuencia de depositación de hallazgos en sentido Este-Oeste (eje X) del recinto, generado a través del análisis estadístico exploratorio que brinda la extensión *Geostatistical Analyst* de *Arcview 8.3*.

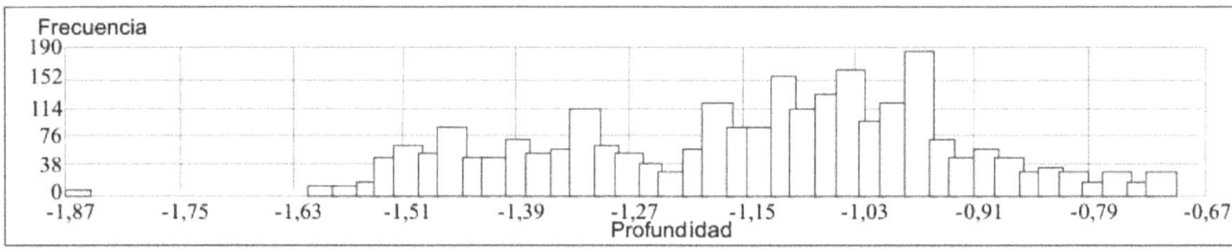


Figura 7: Histograma que muestra la frecuencia de depositación de hallazgos en profundidad sumando todas la excavaciones, generado a través del análisis estadístico exploratorio que brinda la extensión *Geostatistical Analyst* de *Arcview 8.3*.

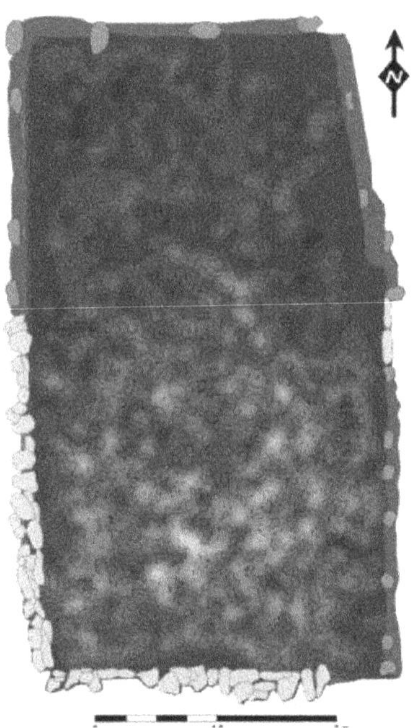


Figura 8: Cobertura raster en la que se observan las densidades de hallazgos en el Recinto H, generada aplicando el *Density Analyst* que provee la extensión *Spatial Analyst* de *Arcview 8.3*. Obsérvese la mayor densidad en el sector Sur del recinto que en el sector Norte.

de que exista un hiatus en la depositación de objetos es bastante baja. Y que esa tendencia, que muestra el histograma de frecuencias de la figura 7, esconde, tal como se observa en las imágenes raster, la variabilidad de dicha depositación en el espacio. Es decir, hay sectores donde se observa una concentración de las inclusiones en relación a la profundidad, tal cual lo marca la cobertura raster del análisis de densidad. Ahora bien, el que no exista un hiatus, no implica que no puedan existir dos ocupaciones. Muchas veces éstas se hallan evidenciadas a nivel estratigráfico sólo por un elemento interfacial horizontal, que como señala Harris (1991), no posee una materialidad en sí, sino que es una interfacie de corte horizontal, por ejemplo cuando se aplana una superficie para construir un casa por encima de ella, ese aplanamiento del terreno genera una de estas interfacies. Dado que el método de excavación por decapage y la variante ad hoc aplicada en el recinto H no han focalizado en la identificación de este tipo de unidad estratigráfica, trataremos de observar diferencias en las tendencias de distribución de hallazgos en X, Y y Z -coordenadas cartesianas- al interior de cada presunta ocupación, que nos acerque a poder discernir la presencia o no de este elemento.

Si tenemos en cuenta el leve descenso en la tasa de depositación de material marcado por el histograma, las observaciones realizadas en el campo sobre la disminución de la aparición de hallazgos y las interpretaciones de la aparente existencia de dos pisos de ocupación, los depósitos, **analíticamente**, pueden ser divididos en dos grupos. El grupo A se compondría de todos los hallazgos registrados y recuperados de las campañas anteriores al año 2000, puesto que coincide con la merma en la aparición de las inclusiones –primer piso de ocupación- mientras el grupo B, estaría compuesto por el resto de los hallazgos - segundo piso de ocupación-. Estos grupos arrojan diferencias notables si se interpolan las profundidades de los hallazgos utilizando el IDW (Inverse Distance Weighted) para generar un modelo de la superficie de los depósitos.[13]

El raster obtenido del análisis del grupo A permite observar que en relación a la profundidad, el modelo de la superficie para este grupo es menos variable. Se observan tres coloraciones distintas que dominan toda la superficie, observándose una tendencia hacia intervalos más profundos en el sector norte del recinto y menos profundos hacia el sector sureste del mismo (Figura 11).

El raster del grupo B muestra, a diferencia del anterior, mucha más variedad de coloraciones, lo que indicaría una distribución mucho menos homogénea de los hallazgos en relación a sus profundidades (Figura 12). Esto se confirma si recordamos que en el campo, durante las excavaciones

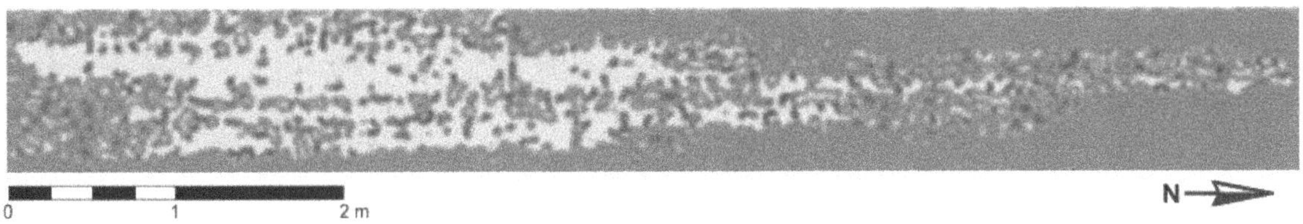


Figura 9: Cobertura raster en la que se observan las densidades de hallazgos en sección Sur-Norte del Recinto H, generadas aplicando el *Density Analyst* que provee la extensión *Spatial Analyst* de *Arcview 8.3.* Obsérvese que no existen hiatus continuos en la depositación de los hallazgos, sólo se observan en sectores discretos. Un poco más en el sector sur que en el norte.

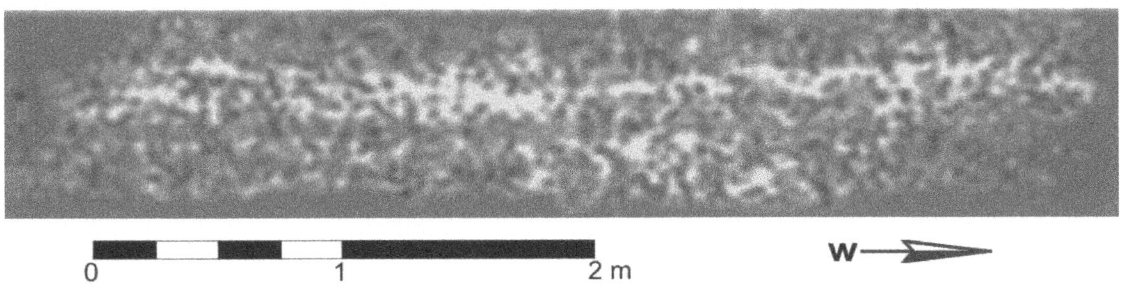


Figura 10: Cobertura raster en la que se observan las densidades de hallazgos en sección Este-Oeste del Recinto H, generadas aplicando el *Density Analyst* que provee la extensión *Spatial Analyst* de *Arcview 8.3.* Obsérvese que no existen hiatus continuos en la depositación de los hallazgos, al igual que en la sección de la figura 9, sólo se observan en sectores discretos.

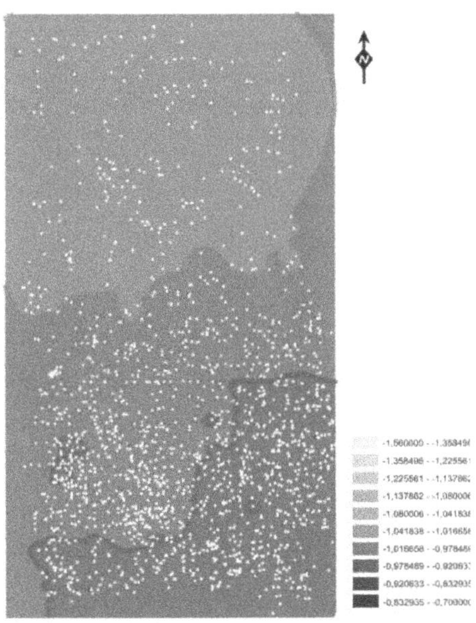

Figura 11: Modelo de la superficie del «primer nivel de ocupación» correspondiente a las intervenciones realizadas durante 1996 y 1999, generado aplicando el análisis IDW (Inverse Distance Weighted) del módulo *Spatial Analyst* del *Arcview* 8.3. Obsérvese la homogeneidad en las tonalidades.

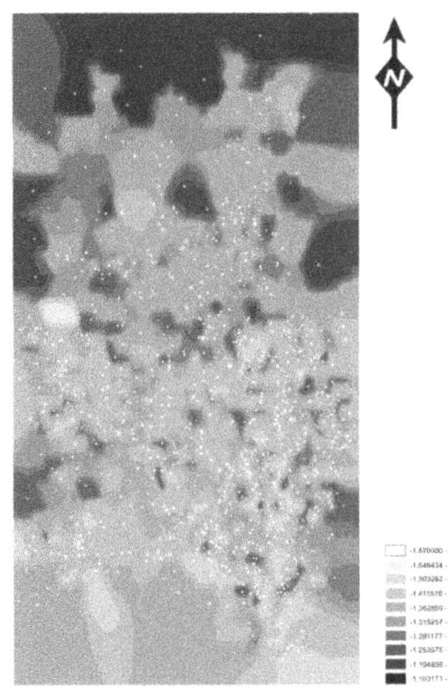

Figura 12: Modelo de la superficie del «segundo nivel de ocupación» correspondiente a la intervención realizadas durante el año 2000, generado aplicando el análisis IDW (Inverse Distance Weighted) del módulo *Spatial Analyst* del *Arcview* 8.3. Obsérvese la heterogeneidad en las tonalidades.

en el año 2000, fue identificado un conjunto de estructuras negativas que marcan una depositación no homogénea del material arqueológico, marcando así una diferencia entre los dos grupos.

Hasta este punto confirmamos las diferencias entre los sectores norte y sur del recinto ya observadas en anteriores reconstrucciones. Pudimos observar que el hiatus de ocupación no puede ser confirmado en relación a la tasa de depositación de los hallazgos en profundidad. Por otro lado, observamos diferencias en las relaciones entre los hallazgos del grupo A y el grupo B, mucho más variables en este último grupo. Pero si bien ambos raster muestran diferencias marcadas que nos informan quizás de diferentes tipos de relaciones de similaridad[14] entre los hallazgos en cada uno de ellos (lo que nos puede estar informando, de manera indirecta, de la presencia de dos ocupaciones distintas y de esa interfacie horizontal) no podemos afirmarlo completamente. Pasemos ahora a comparar estos análisis de tendencias en las distribuciones de inclusiones, con otros datos espaciales: secciones y plantas de las estructuras –positivas y negativas- registradas durante las excavaciones, que nos permitirán salirnos del espacio homogéneo en el que nos movimos hasta ahora hacia uno donde se contemplan los diferentes eventos de depositación en los que las inclusiones se hallan contenidas.

Reconstrucción de Secuencias Estratigráficas Parciales

Hasta aquí tomamos el espacio como si fuese un elemento homogéneo, caracterizando a los depósitos a partir del análisis de las distribuciones de las inclusiones. Trataremos ahora de ver, a través del análisis de una de las estructuras registradas en el sector norte del recinto durante la campaña del 2000, si las diferencias observadas en relación a las tasas de depositación de objetos en profundidad pueden sostenerse en este sector, lugar donde se observa una diferencia notable entre el grupo A y el grupo B. Este análisis fue posible puesto que el SIG nos permitió relacionar la estructura identificada (estructura 1 de la Figura 4) con los hallazgos que se encontraban inmediatamente por encima de la estructura, y que podrían haber llegado a formar parte del relleno de la misma al proyectar el corte del pozo hacia arriba (Figuras 13 y 14).

La vinculación se realizó superponiendo en planta y secciones el límite de la estructura y las inclusiones que contenía, con las distribuciones en planta y secciones de los hallazgos que, si bien no estaban vinculados contextualmente con ella, se ubicaban inmediatamente por encima de la misma. Observando la distribución espacial de los hallazgos en relación a su concentración por encima del corte en planta, se pudo determinar el quiebre de pendiente de la estructura. Este quiebre de pendiente conforma la superficie desde la cual dicha estructura se habría cortado, y se determinó observando el lugar desde donde los hallazgos comienzan a distribuirse espacialmente de forma dispersa sin concentrarse sobre el corte de la estructura[15]. Así, observamos que por encima de la estructura se hallaron veintidós artefactos pertenecientes al grupo A.

La estructura 1 [5] –pozo- poseía cuatro estratos horizontales diferentes, el primero de ellos un sedimento arcilloso donde se encontró un esqueleto de camélido joven totalmente articulado [4]. Se hallaba en contacto con tres estratos: uno con cenizas que sólo contenía espículas de carbón y astillas de material óseo [3], otro conformado por un sedimento con carbón [2]. El último estrato consiste en un depósito de tierra altamente rubefaccionada [4] (Figuras 13 -corte A y corte B-). Al superponer la cobertura de distribución de hallazgos en Y y Z encontrados en la estructura con los hallazgos que se encuentran por encima de ella pertenecientes al grupo A, observamos que parte de los veintidós hallazgos se encuentran en directa vinculación topográfica con la estructura, y podrían estar relacionados con el último estrato descripto, el sedimento rubefaccionado (Figura 14 sección B). Lo mismo sucede en la sección Y y Z de la estructura. Esto se observa más claramente si a la cobertura anterior

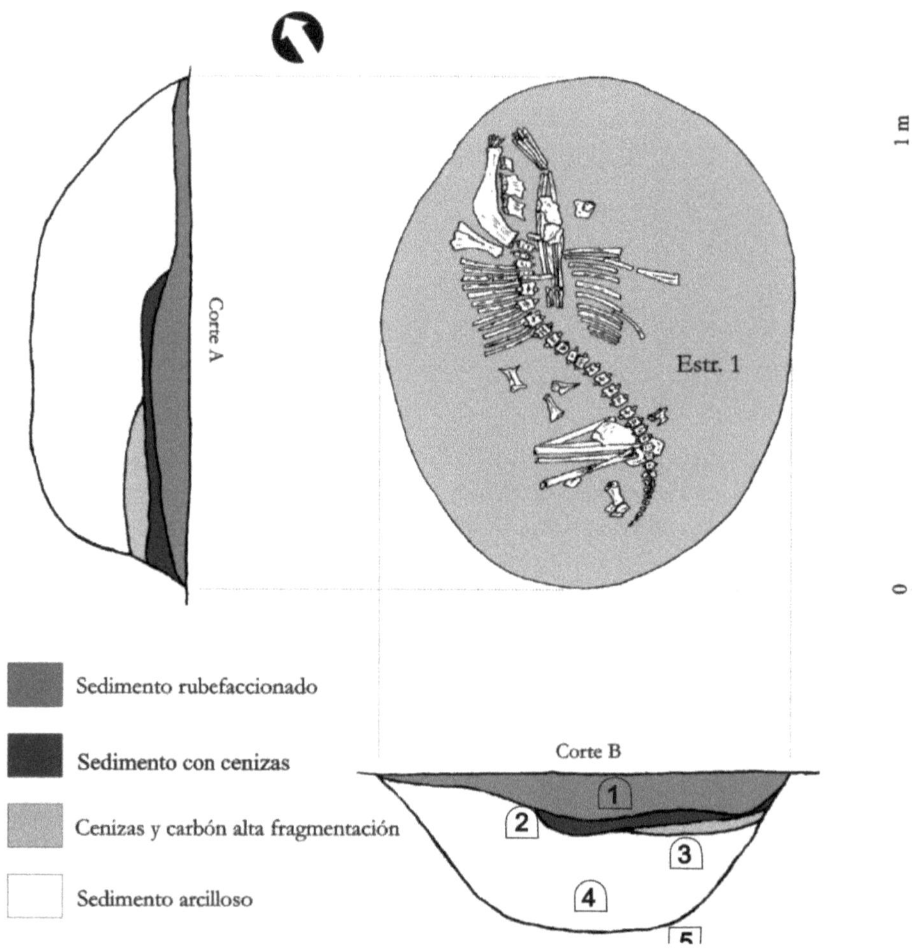


Figura 13: Estratigrafía de la estructura 1. Reelaborada de Cruz (2005:525).

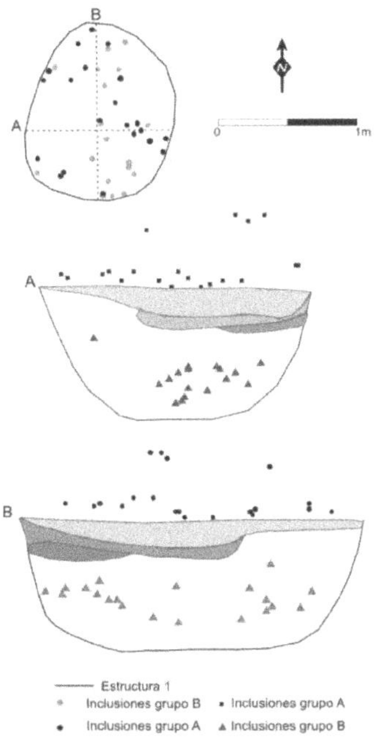


Figura 14: Secciones de la estructura 1 donde se observan la superposición y vinculación topográfica entre el estrato superior que rellena la misma y 15 de los hallazgos recuperados en las intervenciones realizadas en 1996 y 1999.

le sumamos la cobertura de densidad de depositación y distribución de hallazgos en Y y Z (Figura 15). Vemos así la densidad de hallazgos en directa relación topográfica –15 de los 22 objetos- sobre el corte de la estructura, y los siete objetos restantes, por encima de este sector de mayor densidad. El corte [5] del pozo de la estructura 1, entonces, se habría realizado desde más arriba desde donde fue identificada en el año 2000. Los siete hallazgos que no se encuentran vinculados a ella pertenecerían a estratos superiores, que en ese sector del recinto corresponderían a los derrumbes de muros observados por Zaburlin (2001) en los niveles superiores de la excavación. De lo anterior obtenemos la matriz estratigráfica parcial de la figura 16. Si analizamos esta matriz vemos que lo que antes se asociaba a una primera ocupación, invirtió su posición en tanto que se observó que el piso identificado por Zaburlin (2001) era la superficie desde la cual se cortó para realizar el pozo [5] que luego fue rellenado con [4], [3], [2] y [1]. Esto nos permite plantear que las tendencias de distribución de hallazgos observadas, sin tener en cuenta la heterogeneidad de la matriz que los contiene, y las relaciones que se establecen entre los distintos estratos que la conforman, esconden la diversidad de formas de depositación que implica la estratificación arqueológica del recinto. Donde se ubica la estructura en negativo que analizamos, las tendencias observadas en la tasa de depositación en profundidad de los hallazgos representadas a través de histogramas, no pueden ser mantenidas. En este sentido cada uno de los grupos analizados (el grupo A y el grupo B) no conforman un conjunto homogéneo sino que es un agregado de diferentes acciones culturales y naturales que deben ser identificadas y disgregadas. Todo parece indicar que aquello que en un primer momento se interpretó como un hiatus ocupacional y que nos hacía pensar en dos posibles niveles de ocupación, no se puede sostener, al menos, en el sector norte del recinto. Por otro lado, a nivel de secuencia estratigráfica nos permitió acercarnos a matrices parciales que nos permitan en momentos posteriores de análisis comprender las prácticas sociales en las que los objetos analizados estuvieron involucrados.

A modo de conclusión podemos decir que la utilización de la tecnología SIG nos permitió no sólo poder integrar los datos espaciales obtenidos de las diferentes excavaciones y metodologías utilizadas, sino también reagrupar los datos e interpretaciones estratigráficas realizadas, en nuevas dimensiones que contemplasen la historia de formación del depósito, reconstrucción histórica que, a la hora de interpretar los significados sociales que tuvieron los objetos del pasado que analizamos, se torna fundamental. Por otro lado nos permitió observar las limitaciones de quedarse sólo con los datos que arrojan los análisis de las tendencias en las distribución de artefactos, sin vincularlos y compararlos con otros tipos de información espacial, en donde el espacio inter-hallazgo –es decir el espacio que separa a cada hallazgo de otro- no sea considerado homogéneo, sino un espacio configurado por variedad de acciones –naturales y culturales- que le van dando la forma al depósito que luego intentamos reconstruir arqueológicamente. De esta manera, el SIG se nos presentó como una herramienta de análisis muy útil para la reconstrucción de contextos significativos de asociación y apatronamiento de la cultura material.

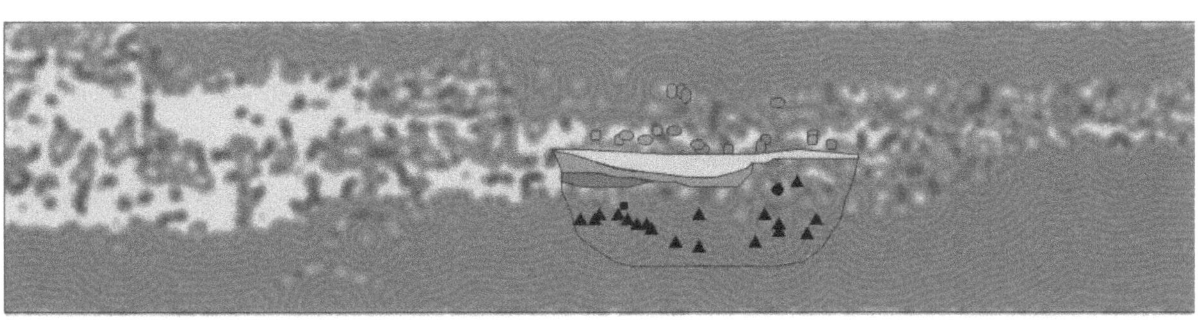

Figura 15: Superposición de una de las secciones de la estructura 1 con la cobertura raster de las densidades de hallazgos en sección Sur-Norte del Recinto H. Obsérvese la superposición de 15 objetos, hallados en las intervenciones anteriores al año 2000 por encima de la estructura, con sectores de mayor densidad (sectores de coloración gris clara de la cobertura), separados por sectores de menor densidad (sectores de coloración gris oscuro de la cobertura) de los 7 hallazgos restantes encontrados.

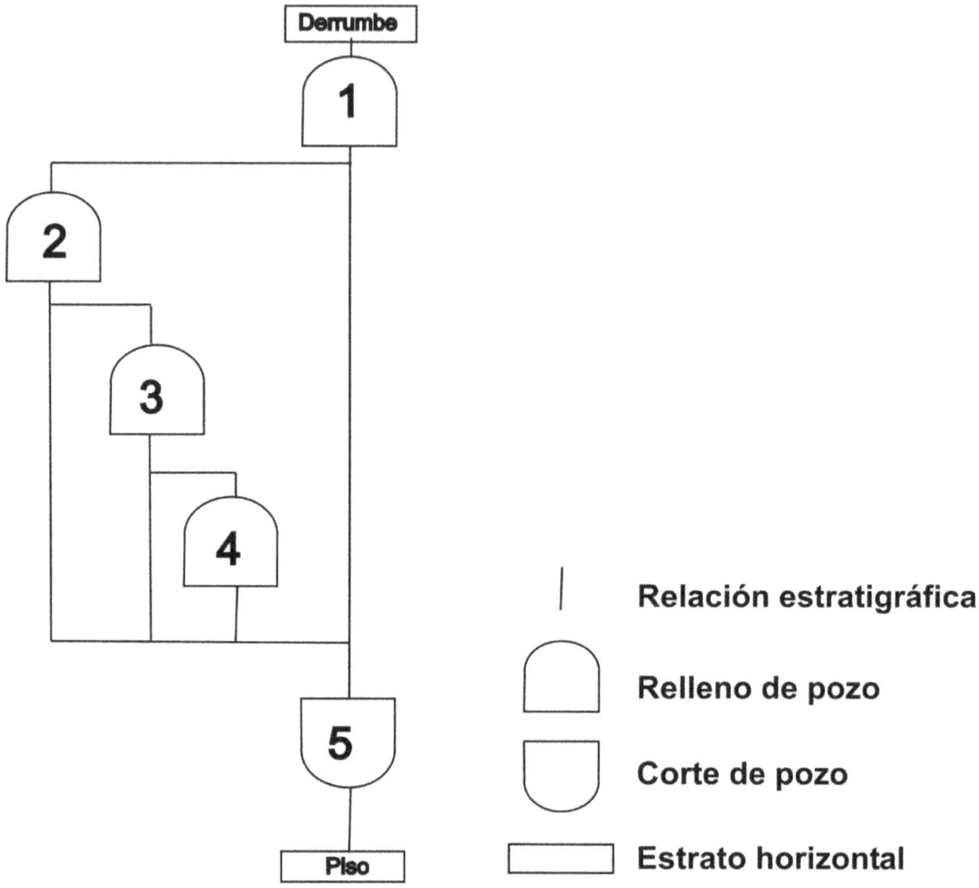


Figura 16: Matriz estratigráfica parcial de la estructura 1 en el sector norte del recinto.

**Agradecimientos**
Quiero agradecer en primera instancia a Andrés Izeta y María José Figuerero por brindarme la posibilidad de participar en esta publicación. Los comentarios realizados por Andrés Laguens a las primeras versiones de este trabajo fueron de gran utilidad. Las discusiones con Leandro D´Amore sobre estratigrafía fueron de gran ayuda en la elaboración metodológica del trabajo. Marcos Quesada me ayudó en la solución de problemas técnicos topográficos. Agradezco también a los evaluadores por sus fructíferos y críticos comentarios. Sonia Lanzelotti me facilitó material bibliográfico sobre SIG. Las conversaciones con Bernarda Marconetto sobre las excavaciones del año 2000 fueron una guía esclarecedora. Guillermina Espósito leyó y corrigió paciente y atinadamente el manuscrito de este trabajo. Todo lo expresado es de mi exclusiva responsabilidad.

BIBLIOGRAFIA

Assandri S.
2007 Procesos de Complejización Social y Organización Espacial en el Valle de Ambato, Catamarca. Publicaciones Tesis. Formato Digital. Universidad Internacional de Andalucía, España.

Assandri S., A. Ávila, R. Herrero y S. Juez
1991 Introducción a la biogeografía y arqueología del Valle de Ambato (Provincia de Catamarca, Argentina). *Publicaciones del CIFFYH Arqueología* Vol. 46.

Bibby, D. V.
1993 Building stratigraphic sequences on excavations: an example from Konstanz, Germany. En P*ractices of Archaeological Stratigraphy,* editado por Edward C. Harris, Marley R. Brown III, and Gregory J. Brown: 104-121. Academic Press, London.

Bourdieu, P.
1977 [1972] *Outline of a Theory of Practice.* Traducido por R. Nice. Cambridge University Press, Cambridge.

1988 [1987] *Cosas dichas.* Traducción de M. Mizraji. Gedisa, Barcelona

Carandini, A.
1997 *Historias en la tierra. Manual de excavación arqueológica.* Traducido por X. Dupré Raventós. Editorial Crítica (Grijalbo Mondadori), Barcelona.

Caro M.
2002 *Desigualdad social y su registro arquitectónico en el sitio arqueológico Piedras Blancas.* Publicación digital. http://www.ffyh.unc.edu.ar/ secretarias/cyt/jor2002/IIIjor. htm en Marginalidad social y vulnerabilidad: diversidad, desigualdad y pobreza. UNC. Córdoba.

Cruz P.
2005 Archéologie de la mort dans la Vallée d'Ambato. Homme et milieu dans le Bassin de Los Puestos (Catamarca-Argentine) durant la Période d'Intégration Régionale

(IVe-Xe siècles après J.-C.). Tesis Doctoral no publicada, La Sorbona, Francia.

D´Amore, L.
2002 Secuencia de Estratigrafía Arqueológica y Prácticas Sociales. Historia de una Unidad Doméstica del Oasis de Tebenquiche Chico. Tesis de Licenciatura en Arqueología no publicada, Escuela de Arqueología, Universidad Nacional de Catamarca, Catamarca.

2007 Narrar las prácticas del pasado: el potencial de la estratigrafía arqueológica como representativa de prácticas sociales. *Intersecciones en Antropología* 8: 101-119.

Dobres, M. A
2000 *Technology and Social Agency.* Blackwell Publishers: Oxford y Masachusetts

Dobres, M y C. R. Hoffman
1994 Social Agency and the Dynamics of Prehistoric Technology. *Journal of Archaeological Method and Theory* 1(3):211-258.

1999 *The Social Dynamics of Technology. Practice, Politics, and World Views.* Smithsonian Institutions Press: Washington and London.

Espósito G., y M.B. Marconetto
2004 Metalurgia y Recursos Forestales en el Valle de Ambato, Catamarca. *Actas resumen del XV Congreso Nacional de Arqueología Argentina.* UNRC. Río Cuarto, Córdoba.

Gastaldi, M. R.
2007a Intersectando biografías: Prácticas de almacenamiento, vasijas y personas en el Valle de Ambato. I milenio AD. Expuesto en el IV Taller Internacional de Teoría Arqueológica Sudamericana Inter WAC (World Archaeological Congreso). Catamarca, Argentina.

2007b *Tecnología y Sociedad: Biografía e Historia Social de Las Palas del Oasis de Tebenquiche Chico.* Bar. Internacional Serie. Oxford, Inglaterra.

2007c El lugar de los objetos en la teoría estratigráfica de Edward C. Harris: Reflexiones desde una habitación del Valle de Ambato, Argentina. Expuesto en el IV Taller Internacional de Teoría Arqueológica Sudamericana Inter WAC (World Archaeological Congreso). Catamarca, Argentina

Giddens, A.
1995 *La constitución de la sociedad.* Amorrourtu. Buenos Aires

González A. R.
1998 *Cultura La Aguada. Arqueología y diseños.* Filmediciones Valero, Buenos Aires.

Gordillo, I
1990 Ambato: Entre Pirámides y Jaguares. *Revista Ciencia Hoy* 2(8): 19-24. Buenos Aires

1995 Arquitectura y Religión En Ambato. Organización Socio Espacial del Ceremonialismo. *Publicaciones del CIFFyH* 47:55-110. Córdoba.

2003 Organización Socio Espacial y Religión en el Valle de Ambato, Catamarca: El Sitio Ceremonial de la Rinconada. Tesis doctoral no publicada. Universidad Nacional de Buenos Aires, Buenos Aires, Argentina.

2006 Espacio y Rito. Aproximaciones a la Construcción del Paisaje Aguada. Actas de la IV mesa Redonda de la Cultura de la Aguada y Su dispersión. Universidad Católica del Norte. Instituto de Investigaciones Arqueológicas y Museo San Pedro de Atacamas. Chile

Heredia O.
1998 Proyecto: investigaciones arqueológicas en la región del Valle de Ambato (dto. Ambato, provincia de Catamarca), *Estudios*, N° 10.

Haber, A. F.
1996 La estrategia y la construcción del tiempo en arqueología. Comentarios sobre la teoría de Harris. *Shincal* 5: 27-34.

1999 Una arqueología de los oasis puneños. Domesticidad, interacción e identidad en Antofalla, primer y segundo milenios d.C. Tesis Doctoral no publicada. Facultad de Filosofía y Letras, Universidad de Buenos Aires. Buenos Aires.

Haber A. F. y M. R. Gastaldi
2006 Vida con Palas. *Antípodas. Revista de Antropología y Arqueología* 2: 275-302.

Harris, E. C.
1991 [1989] *Principios de Estratigrafía Arqueológica.* Traducido por E. Junyent. Editorial Crítica, Barcelona.

Hodder y Orton
1997 *Análisis Espacial en Arqueología.* Editorial Crítica, Barcelona.

Ingold, T.
1999 Foreword. En *The Social Dynamics of Technology. Practice, Politics and World Views.* Editado por Marcia-Anne Dobres y Christopher R. Hoffman. Smithsonian Institution Press. Washington and London.

Laguens, A. G.
2002 Desigualdad social y cultura material en contextos arqueológicos. El caso del Valle de Ambato, Catamarca. Publicación digital. http://www.ffyh.unc.edu.ar/secretarias /cyt/jor2002/IIIjor.htm en Marginalidad social y vulnerabilidad: diversidad, desigualdad y pobreza. Universidad Nacional de Córdoba, Córdoba, Argentina.

2007 Contextos materiales de desigualdad social en el Valle de Ambato, Catamarca, Argentina, entre el S. VII y X d.C.,

*Revista Española de Antropología Americana* 37 (1): 27-49.

2006 Campo y espacio social en el estudio arqueológico de la desigualdad. En Contra la Tiranía Tipológica en Arqueología: Una Visión desde Suramérica. Editado por Cristóbal Gnecco y Carl Henrick Langebaek. Facultad de Ciencias Sociales, CESO, Universidad de los Andes. Ediciones Uniandes.

2007 Objetos en Objetos: Hacia un enfoque relacional de lo estético en Arqueología. Expuesto en el IV Taller Internacional de Teoría Arqueológica Sudamericana Inter WAC (World Archaeological Congreso), Catamarca.

Laguens A. G. y Bonnin M.
1996 Evaluación de series de fechados radiocarbónicos del valle de Ambato, Catamarca. *Publicaciones del C.I.F.F y H Arqueología* 48:65-101.

2005 Recursos materiales y desigualdad social en la arqueología de Ambato–Catamarca. En L*a cultura de la Aguada y sus expresiones regionales.* Editado por Sergio Martín, María E. Gonaldi, Silvia R. Ferraris y Amanda R. Giordano. EUDELAR: 23 a 33. La Rioja.

Laguens A.. Dantas M., Figueroa G., Gastaldi M. R., Juez S. y Pazzarelli F.
2007 Vasijas + pucos con huesos + agua no son solo sopa: la cerámica de uso doméstico en el siglo IX d. C. en el Valle de Ambato, Catamarca y sus relaciones con otros entramados sociales y materiales. En Número Especial de *Pacarina*: Revista de Arqueología y Etnografía Americana, FHyCS, UNJu. IV Congresos Nacional de Arqueología Argentina.

Laguens A. G. y F. Pazzarelli
2007 ¿Manufactura, uso y descarte? o acerca del entramado social de los objetos cerámicos». Expuesto en el IV Taller Internacional de Teoría Arqueológica Sudamericana Inter WAC (World Archaeological Congress), Catamarca.

Leroi-Gourhan, A.
1984 *Las Raíces del Mundo.* Traducido por M. Vassallo. Ediciones Juan Granica, Barcelona.

Manzanilla, L. (editora)
1986 *Unidades habitacionales mesoamericanas y sus áreas de actividad,* UNAM, Imprenta Universitaria, México

Marconetto, M.B.
2005 Recursos Forestales y el Proceso de Diferenciación Social en Tiempos Prehispánicos en el Valle de Ambato, Catamarca. Tesis Doctoral no publicada. Faculta de Ciencias Naturales y Museo, Universidad Nacional de La Plata.

Pérez Gollán, J. A.
1986 Iconografía religiosa andina en el noroeste argentino. *Boletín del Instituto Francés de Estudios Andinos* XV(3-4):61-72.

1992 La cultura de La Aguada vista desde el Valle de Ambato. *Publicaciones del CIFFYH. Arqueología* 46:157-173.

1994 El proceso de integración en el valle de Ambato: complejidad social y sistemas simbólicos. *Rumitacana* 1(1):33-41.

2000a El Jaguar en llamas (La religión en el antiguo Noroeste Argentino). En *Nueva Historia Argentina* Tomo I, Los Pueblos Originarios y La Conquista. Compilado por Miriam Tarragó. Editorial Sudamericana, pp 229-256, Buenos Aires.

2000b Los suplicantes una cartografía social. En A*rte Prehispánico Creación, Desarrollo y Persistencia. Temas de la Academia.* Academia Nacional de Bellas Artes. Buenos Aires.

Pérez Gollán, J. A., M. Bonnin, A. Laguens, S. Assandri, L Frederich, M Gudemos, J Hierling, S. Juez.
1996-1997. Proyecto Arqueológico Ambato: un estado de la cuestión. S*hincal. Revista de la Escuela de Arqueología de la Universidad Nacional de Catamarca* N°6.

Pérez Gollán, J. A., S. Assandri, M. Bonnin, M. Caro, P. Cruz, M. Fabra, J. Hierling, S. Juez, A. Laguens y M. A. Zaburlin
2000 Proyecto Arqueológico Ambato: Excavaciones en el Sitio Piedras Blancas, Valle de Ambato, Catamarca. Informe Final, Agencia Nacional de Promoción Científica y Tecnológica de la Nación, Buenos Aires, Argentina.

Ravines, R.
1989 *Arqueología práctica.* Los Pinos, Lima.

Renfrew, C y P. Bahn
1993 [1991] *Arqueología. Teorías, métodos y práctica.* Traducción de M. J. Mosquera Rial. Akal, Madrid.

Roskams, S. 2003 *Teoría y Práctica de la Excavación.* Traducido por María Ruiz del Árbol. Editorial Crítica. Barcelona.

Shennan, S.
1992 *Arqueología cuantitativa.* Traducido por J. A. Barceló. Editorial Crítica, Barcelona.

Zaburlin, M. A.
2001 Informe Final. Análisis de Áreas de Actividad en el Sitio Piedras Blancas. Valle de Ambato. Informe Final de Beca de Iniciación, Fondo Nacional para la Ciencia y la Tecnología, Buenos Aires, Argentina.

**Notas**

[1] Las investigaciones arqueológicas en el Valle de Ambato comienzan en el año 1973, cuando Osvaldo Heredia y José Antonio Pérez Gollán realizan una primera prospección del área de Los Castillos. Desde esa fecha y hasta 1976 se realizaron cuatro campañas arqueológicas con apoyo

financiero del CONICET. La dictadura militar del año 1976 interrumpe abruptamente las investigaciones, y provoca persecuciones académicas, el asesinato y desaparición de tres miembros del grupo, y el exilio obligado de la mayoría de los miembros del equipo de investigación. Hacia 1986 y, según lo manifiestan los propios miembros del equipo, gracias al decidido apoyo del Dr. Alberto Rex González, se reanudan las investigaciones en el Valle de Ambato, ya en el año 1987 bajo la dirección de Heredia y Pérez Gollán. La muerte de Heredia en 1989 hace que Pérez Gollán continúe con la dirección del equipo. Las investigaciones adquieren un nuevo empuje en la década del '90, cuando Andrés Laguens y Mirta Bonnin se suman al Proyecto Arqueológico Ambato, bajo cuya dirección, junto con José Pérez Gollán, se continúan hasta la fecha las investigaciones en el valle, correspondiendo a esta etapa las excavaciones realizadas en el sitio Piedras Blancas durante los años 1996, 1999, 2000, 2002 y 2004.

[2] Ver implicancias de los métodos de excavación para la reconstrucción estratigráfica en acápite siguiente.

[3] Ver la distinción que realiza Harris (1991) entre Estratificación y Estratigrafía Arqueológica. La última refiere a la estratigrafía narrada por el arqueólogo en la matriz estratigráfica, mientras la primera hace referencia a la estructura del depósito excavado antes de la excavación y proceso de narración.

[4] Para ver otras referencias referidas al tema consultar González (1998); Gordillo (1990, 1995, 2003, 2006)

[5] Ver acápite siguiente para las limitaciones observadas por nosotros de los métodos utilizados en el recinto H.

[6] Definir a la unidad estratigráfica como acción, nos acerca a las propuestas de Carandini (1997: 56), en tanto éste concibe a las unidades estratigráficas como las acciones mínimas identificables. Para Carandini (1997:137) actividad hace referencia a grupos de unidades estratigráficas, a acciones insistentes o a un grupo secuencial de acciones que tienen el mismo fin.

[7] Ver las siete críticas realizadas por Carandini (1997: 50-52) al método Wheeler (1954).

[8] En este trabajo utilizamos hallazgos e inclusiones como sinónimos.

[9] Específicamente cerámica Negro Pulido con incisiones en motivos Ciénaga-Ambato y Aguada Ambato, y cerámica pintada con los mismos motivos, incluyendo Ambato Tricolor.

[10] El primero de ellos se encontró junto a la pared sur del recinto, a una distancia de 0,48 m de la esquina oeste, a una profundidad de 1 m por debajo del nivel actual. Consiste en los restos de un individuo infantil, en posición genuflexa con apoyo latero dorsal izquierdo, con la cabeza orientada hacia el sudeste, sin ajuar asociado directamente (Pérez Gollán *et al.* 2000). Un segundo enterratorio se halló junto a la base de la sexta columna de la pared este, a una profundidad de 1 m, y consiste en los restos de un individuo infantil, en buenas condiciones de conservación, en posición genuflexa con apoyo latero dorsal derecho, con la cabeza orientada hacia el sur y la espalda hacia el este, es decir, hacia fuera del recinto. Como elementos asociados al individuo se pueden mencionar fragmentos de cerámica, uno de ellos apoyado bajo la nuca, una astilla de hueso ubicada a la altura del cuello, cuatro falanges ungueales de felino con huellas de desgaste junto a la superficie de articulación proximal, un anillo de metal, una hoja de mica, una estatuilla zoomorfa de cerámica representando un camélido y una cuchara de hueso (Pérez Gollán *et al.* 2000). El tercer enterratorio se encontró por debajo del piso de ocupación, en el sector Sur del recinto. Consiste en un entierro directo y primario en fosa simple adosada al muro sur, de 1,10 m de ancho por 1,28 m de largo, y una profundidad de 0,44 m, de un niño entre 4 y 6 años, en posición dorsal extendida, en sentido norte-sur, con la cabeza orientada al sur, incompleto, sin las extremidades inferiores, y descansando sobre una laja pintada con ocre rojo. Como elementos pertenecientes al ajuar, se encontraron a) una vasija globular pequeña de clase Negro Pulido, con incisiones geométricas, y restos de pigmento ocre-rojo y blanco en su interior; b) una vasija asimétrica, de pequeñas dimensiones; c) una vasija modelada sobre borde y cuerpo, dándole aspecto zoomorfo; d) una mano de conana; e) cuentas de turquesa; f) un perforador en cuarzo roto; g) la parte inferior de una estatuilla antropomorfa en cerámica que presenta atributos sexuales femeninos y masculinos (Pérez Gollán *et al.* 2000).

[11] Para una discusión de cómo trascender algunos de los supuestos en los que se basa esta concepción de espacio homogéneo, y una propuesta metodológica para acercarse a un espacio diverso socialmente determinado utilizando las potencialidad de la herramientas técnicas de análisis espacial que brinda la tecnología SIG ver Barceló y Pallares (1996), Barceló y Maximiano (2006).

[12] Para la aplicación del *DensityAnalyst,* primero se calculó el índice I de Moran, con el objetivo de observar si las distribuciones espaciales de las inclusiones no son aleatorias, en tanto que si lo fueran no podría aplicarse dicho análisis. El índice I de Morán se aplica a variables con intervalo u ordinales como es nuestro caso (Hodder y Orton 1997:197). Si I=1 no hay autocorrelación espacial positiva, mientras que los valores de I menores a 1 muestran una correlación positiva, y aquellos valores mayores de 1 una autocorelación espacial negativa (Hodder y Orton 1997:197). En el caso analizado la I arrojó valores por debajo de uno por lo que se trata de una distribución no aleatoria. Para el *Density Analyst* se realizó un análisis por *Kernel* en el que los valores del radio y el tamaño de la celda utilizados

, fueron los que por defecto arrojó el programa. Cuando no se da un parámetro específico, el tamaño de la celda que otorga el programa es la extensión más corta en ancho y alto de los puntos ingresados para producir el *raster,* dividido 250 (Manual de Ayuda de Arcview 8.3). En cuanto los parámetros del vecino más cercano (*Neighborhood*), la forma del área que utilizó para calcular la densidad fue circular, donde el *radius* utilizado fue el que el programa arrojó por defecto que consiste en la extensión más corta en ancho y alto de los puntos ingresados para producir el *raster,* dividido 30 (Manual de Ayuda de Arcview 8.3).

[13]La interpolación IDW –técnica de interpolación determinística que crea superficies desde puntos medidos, basadas en la extensión de similaridad- explícitamente implementa el supuesto que las cosas que están más cercanas unas a otras están más relacionadas que aquellas que están más lejanas (Manual de Ayuda de Arcview 8.3.). El valor predictivo para cualquier locación no medida, IDW usará los valores medidos alrededor de la locación de la predicción. IDW asume que cada punto medido tiene una influencia local que disminuye con la distancia. El peso del punto cercano a la locación de la predicción es mayor que aquellos más lejanos, de ahí el nombre de *invers distance weighted* (Manual de Ayuda de Arcview 8.3). Los parámetros usados para este análisis fueron los siguientes: en ambos casos se utilizó la función del programa para optimizar el valor p (*Power)* –minimizando la raíz cuadrada de la media del error de predicción –RMSPE- (Manual de Ayuda de Arcview 8.3.). En relación a los parámetros dados para calcular el vecino mas cercano (*Neighborhood)*, fueron los siguientes:

Grupo A:
*Method Parameter(s):*
*Power: 1*
*Searching Neighborhood:*
*Neighbors to Include: 1659 (include at least 1659 )*
*Searching Ellipse:*
*Angle: 0*
*Major Semiaxis: 2,5843*
*Minor Semiaxis: 2,5843*
*Sector Mode: 3*

Grupo B:
*Method Parameter(s):*
*Power: 1,0349*
*Searching Neighborhood:*
*Neighbors to Include: 856 (include at least 856 )*
*Searching Ellipse:*
*Angle: 0*
*Major Semiaxis: 2,5393*
*Minor Semiaxis: 2,5393*
*Sector Mode*: 3

[14] Ver nota 13.

[15] Metodología propuesta por D'Amore (2002) para determinar, por un lado, el quiebre de pendiente de una serie de pozos hallados en el Oasis de Tebenquiche Chico, en la Puna de Atacama, y por otro, para poder realizar la reconstrucción de la secuencia estratigráfica del recinto. Este autor no utiliza la tecnología SIG para la reconstrucción estratigráfica.

# DESDE LA SUPERFICIE DE LOS AMARILLOS: SECUENCIA DE OCUPACIÓN A PARTIR DE LA EVIDENCIA SUPERFICIAL Y SIG

Maximiliano H. Berardi *

* Proyecto Arqueológico Altiplano Sur (PAAS), INAPL, 3 de Febrero 1370, Buenos Aires, Argentina. E-mail: maximiliano@berardisilva.com.ar

## RESUMEN

El objetivo general del presente estudio fue establecer la secuencia de ocupación del asentamiento prehispánico de Los Amarillos, ubicado sobre una meseta sobreelevada de la Quebrada de Yacoraite, tributaria de la Quebrada de Humahuaca (Prov. de Jujuy – Argentina), Para ello se utilizó el material arqueológico en superficie analizando su distribución a lo largo del sitio mediante los Sistemas de Información Geográfica (SIG). Los resultados alcanzados fueron contrastados con aquellos obtenidos en investigaciones previas basadas en excavaciones.

La evidencia arqueológica en superficie, aunque abundante en la Quebrada de Humahuaca, normalmente ha sido subutilizada. La mayoría de las investigaciones sobre historia ocupacional de los asentamientos de la región fundamentaron sus inferencias a partir de lo extraído en las excavaciones. De esta manera se extrapolaba a todo el sitio las inferencias obtenidas a partir de pequeñas áreas de investigación.

En este artículo se estimaron las superficies de ocupación en los diversos períodos del asentamiento - momentos de ocupación - sobre la base de la cerámica cronológicamente diagnóstica. La identificación y delimitación de estas áreas se concretó mediante la construcción de mapas de densidades en SIG. El control de dichas estimaciones se realizó considerando aquellos procesos de formación que afectaran la distribución, preservación y frecuencia del material superficial recolectado. Se observa que la acción antrópica (tanto depositacional como post-depositacional) incide con mayor fuerza en la distribución y frecuencia del material en superficie con mayor fuerza sobre cualquier otro de los agentes de formación considerado, lo que invita a ser precavidos con algunas estimaciones. Sin embargo pareciera que estos agentes afectan sobre todo en la intensidad de la frecuencia registrada, mas que la presencia/ausencia del registro de superficie.

Dada la escasa experiencia previa de este tipo de abordajes en la región, se testearon nuevas técnicas de análisis, recolección y registro, capaces de analizar grandes superficies en acotados lapsos de investigación.

En suma, corroborando las resultados de investigaciones previas, los mapas de densidad muestran que la secuencia de ocupación tres fases o momentos de ocupación en Los Amarillos: una primer fase o momento de ocupación donde se ocupa la parte central de la meseta (siglos X al XII aproximadamente), una segunda etapa de expansión por todo la meseta (siglos XIII a XIV) y finalmente una posterior reducción a principios del tercero (momento de ocupación Inkaica) que pareciera acentuarse y culminar en un abandono casi completo al término de éste y comienzos de la colonización hispana (1536 d.C.)

## ABSTRACT

The occupation sequence of Los Amarillos was established analyzing the asurface archaeological record with a Geographic Information System (GIS). This kind of evidence, though abundant in the Quebrada de Humahuaca, has been normally underemployed.

GIS density maps were generated using chronologically diagnosed sherds. These estimations were controlled considering the formation processes that affected the distribution, preservation and frequency of the surface materials. The results show that depositional and post-depositional anthropic action has a greater influence than any other formation agent considered. Therefore, density maps can be used to corroborate the results of previous investigations and confirm the existence of three phases or moments of occupation in Los Amarillos: a first phase of settlement (from X to XII century), a second phase of expansion over the plateau (from XII to XIV) and finally a withdrawal in the third phase (XV century) ending in the almost complete abandonment of the area at the end of XV century and beginning of the Spanish colonization (1536 AD)

La Quebrada de Humahuaca (Provincia de Jujuy) se ubica en el extremo Noroeste de la República Argentina (Figura 1a). Se trata de un angosto valle con dirección predominante norte-sur el cual es eje de la cuenca hidrográfica del Río Grande. Altitudinalmente se ubica entre los 3600 m.s.n.m. en el sector norte y los 2000 m.s.n.m. en su límite sur. Limita el oeste y norte con la Puna (meseta sobreelevada con altura promedio de 4000 - 4100 m.s.n.m.). Hacia el este con la Cordillera Oriental de los Andes (que la separa de las zonas bajas de yungas). Y al sur con los valles intermedios que inician el descenso hacia la llanura chaco pampeana.

La región ha sido arqueológicamente estudiada desde los inicios de la disciplina en la Argentina debido a la envergadura y complejidad de sus asentamientos y a su característica cultura material. Numerosas investigaciones demuestran que ha estado poblada desde hace aproximadamente 10.000 años.

A pesar de este gran lapso temporal de ocupación la mayoría de las investigaciones se focalizaron en las centurias inmediatamente previas a la conquista hispana (aproximadamente entre los siglos VII a XV d.C.), influenciadas por la abundancia de material arqueológico en dicho período. Diversos estudios evidencian que, durante esta última época, la región albergó poblaciones con niveles de organización relativamente complejos y una intensa transformación del arreglo espacial interno en sus asentamientos (Nielsen 2001; Olivera y Palma 1986; Perez 1973; Raffino 1988).

Según nuestra postura (Nielsen 1996b; 2001) esto se debe a que la evolución social de los últimos siete siglos prehispánicos en la Quebrada de Humahuaca (900-1536 d.C.) pareciera estar signada por una creciente conflictividad entre grupos locales (quebradeños) y ciertos grupos alóctonos. Esto generó una circunscripción social que, entre otras cosas, activo rápidos cambios en la distribución y formas de los asentamientos, y el desarrollo de una elevada complejidad estructural interna de los mismos.

En la Quebrada de Humahuaca las investigaciones sobre las formas, extensión, lapsos de ocupación de los asentamientos residenciales han sido generalmente elaboradas a partir del dato arquitectónico y lo hallado en las excavaciones. A pesar de su numerosa presencia, pocos trabajos se basaron en el material en superficie y aquellos que lo hicieron contemplaron escasamente los procesos de formación que incidían en la preservación y agrupamiento del registro arqueológico en estudio (Cremonte 1992, 1995; Madrazo 1969; Nielsen 1996; Palma 1991; Raffino y Alvis 1993 entre otros). Por otro lado estos estudios no tomaron al sitio en su conjunto para realizar dichas estimaciones sino que se focalizaron sobre ciertas áreas para luego extrapolar los resultados a todo el sitio.

Dentro de los asentamientos residenciales mas grandes de la región y dada su complejidad, tamaño y tiempo de ocupación, Los Amarillos emerge como un interesante caso de estudio para mejorar la comprensión de la evolución social, y más específicamente habitacional de la Quebrada de Humahuaca entre los siglos X al XV d.C.

Ubicado sobre la quebrada de Yacoraite, lateral y tributaria de la Quebrada de Humahuaca, distante a unos 5,5km de esta (Figura 1a), cuenta con un intrincado trazado interno el cual ocupa casi 10 has de superficie. Según dataciones obtenidas (Tabla 1.) estuvo ocupado entre el siglo X y el XV d.C. (Angiorama 2003; Nielsen 1996b, 2001).

Este artículo resume el trabajo presentado en diciembre de 2004 como Tesis de Licenciatura en Antropología (Orientación Arqueología) en la Universidad de Buenos Aires. (Berardi 2004) El objetivo de la investigación fue analizar el desarrollo habitacional de Los Amarillos (Figura 1b) y definir la áreas de ocupación en los diversos períodos o momentos de ocupación. Las investigaciones previas indican que hubo por lo menos tres momentos de ocupación para el área nuclear del sitio (Nielsen 1997; Nielsen y Walker 1999). Sin embargo, estas conclusiones se basan sobre excavaciones en acotados espacios, por lo que quedaban grandes zonas del mismo sin investigar. Se utilizó entonces el registro artefactual en superficie, estrictamente el material cerámico, para abordarlo de manera integral.

La extensión de los momentos de ocupación fue inferida mediante la construcción en SIG de mapas de densidades basados en la cerámica cronológicamente diagnóstica identificada en los diversos sectores. Estas estimaciones fueron controladas mediante el análisis de los procesos de formación que afectaron la configuración espacial y preservación del registro en análisis (Butzer 1974; Kirkby y Kirkby 1976; Schiffer 1976; 1987; Waters y Kuehn, 1995).

El examen mediante SIG (ArcView 3.2a ESRI) posibilitó estimar los momentos de ocupación mediante mapas de densidad, al tiempo que permitió observar la magnitud y la variabilidad de los procesos de formación a nivel de sitio. Esta perspectiva mejora la comprensión global del asentamiento, visión que las excavaciones no permitirían desarrollar.

Asimismo, dada las dimensiones de varios de los asentamientos residenciales (entre 10000 m$^2$ hasta 95000 m$^2$ en el caso de Los Amarillos) las estrategias de recolección y registro implementadas fueron diseñadas para llevarse a cabo en pocas semanas de trabajo de campo. Por ello, la investigación fue una prueba piloto para la construcción de un modelo metodológico que permita la reconstrucción de las historias ocupacionales de los asentamientos de la región en breve lapsos de investigación.

Finalmente, el Plan de Protección y la Puesta en Valor de Los Amarillos [1], disparador del presente estudio, prevé la apertura al público general del sitio para su aprovechamiento turístico. En consecuencia, esta investigación no solo trato de salvar la evidencia arqueológica que sufriría el primer impacto, sino que pretendió monitorear el grado de preservación del registro arqueológico en superficie al inicio de su apertura al turismo cultural.

## RESEÑA DE INVESTIGACIONES PREVIAS

Los grandes asentamientos residenciales de la Quebrada (desarrollados principalmente entre el siglo XIII y XV d.C.) han sido objeto de investigación arqueológica desde los primeros decenios del siglo XX. A pesar de ello, y conforme al paradigma de esa época (Ambrosetti 1912; Casanova 1934, 1937; Debenedetti 1910, 1912, 1918, 1930), la sobrevaluación de los artefactos enterrados como objeto de estudio (en especial las piezas cerámicas funerarias) dejó en segundo plano el análisis de lo estrictamente habitacional y en superficie. Este sesgo oriento las excavaciones exclusivamente hacia los sectores de inhumación descuidando el dato contextual.

En consecuencia, las descripciones y análisis de los asentamientos se restringieron al nivel de distinciones básicas de sectores de cada asentamiento -necrópolis, zona residencial, sector defensivo, grupos de vecindades- (Casanova 1933, 1936, 1937; Debenedetti 1918; 1930). Estas interpretaciones se construyeron sobre analogías basadas en las fuentes históricas de la época colonial o en las construcciones edilicias de la zona en la actualidad (González 1985). En este período, el análisis del material de superficie fue utilizado para delimitar el área de excavación (Krapovickas 1969).

Recién a finales de la década del ´60 Madrazo (1969) incluyó al registro superficial como objeto de investigación en su estudio del Pukará de Tilcara (Figura 1a). Sobre la base del análisis del material en superficie y la revisión de las colecciones arqueológicas previas (Debenedetti 1930), Madrazo pudo establecer una cronología y funcionalidad tentativa del asentamiento estableciendo por lo menos dos ocupaciones del sitio. Para su recolección superficial eligió un sector del asentamiento todavía "limpio" de excavaciones previas, reconstrucciones o saqueo/recolección de "visitantes clandestinos". La recolección total estuvo segmentada en tres microáreas con el fin de ver la variabilidad interna de los estilos cerámicos (basada en la tipología de Bennet *et al.* 1948).

No obstante, esta pionera investigación constituyó un caso aislado hasta mediados de la década de los ´80. A partir de este momento, el dato arquitectónico comenzó a ser aceptado como un tipo de registro capaz de ofrecer nuevas perspectivas sobre los procesos la organización social (Albeck 1992; Nielsen 1996b; Rivolta y Albeck 1992; Palma 2000; Raffino 1978, 1988, 1991). Las investigaciones espaciales en los grandes asentamientos preinkaicos volvieron a utilizar el registro arqueológico en superficie. En el Pukará de Tilcara, Cremonte (1992) se valió de los fragmentos cerámicos en superficie para mejorar lo investigado por Madrazo (1969). Estableció la organización estructural (áreas de actividad) y poblacional del asentamiento mediante recolección sistemática en una transecta que recorría el diámetro mayor del sitio (de Este a Oeste). Para ello analizó la variabilidad de la cerámica recolectada (cronológicamente diagnosticada) observando el tipo de diseño y de pasta de la misma.

Palma (1991) en Peñas Blancas (Figura 1a) utilizó la

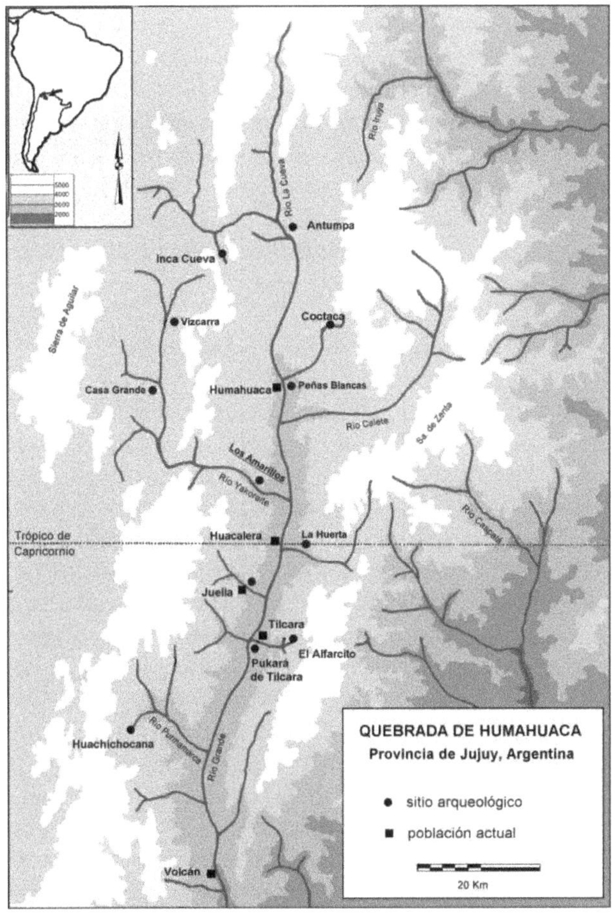

Figura 1. Mapa de la Quebrada de Humahuaca. Sitios arqueológicos y poblados actuales (modificado de Nielsen 2001).

cerámica en superficie para comprender su funcionalidad global. Para ello tomó la morfología arquitectónica de los recintos y el porcentaje de los diversos tipos cerámicos presentes en los recintos.

Un caso paradigmático de abordaje múltiple es el trabajo de Raffino y Alvis (1993) en La Huerta (Figura 1a), quienes utilizaron el registro arquitectónico, el artefactual de superficie y subsuperficie y las dataciones sobre basureros, con fines a establecer la historia ocupacional del poblado. Para el registro artefactual en superficie realizaron dos muestreos (tomando como unidades a los recintos), uno dirigido-estratificado y el otro al azar-estratificado de los cuales efectuaron análisis estadísticos sobre la estructuración interna del sitio.

En suma, estos y otros trabajos (Cremonte 1995; Nielsen 1988, 1996b) comenzaron a darle mayor uso al material de superficie. Sin embargo, los conjuntos artefactuales de superficie fueron analizados, en general, sin la consideración de los procesos de formación que afectaban su disposición espacial (sea horizontal o vertical). Los efectos que operan en la superficie durante y después de su consolidación como contexto arqueológico no fueron contemplados con demasiada precisión. Esto incluye los desplazamientos laterales y verticales producto de la gravedad, la incidencia de la remoción en masa de tierra húmeda ("bajada del volcán"), y los grados de preservación en superficie por influencia de los saqueos. Todos estos procesos fueron mencionados en los trabajos citados sin mayores detalles ni testeos precisos (Berardi 2004). A esto puede agregarse que el uso generalizado de recintos o cualquier otra estructura arquitectónica como unidades espaciales de muestreo imposibilitó una comparación estandarizada entre espacios intra-sitio o inter-sitios (Cremonte 1992, Madrazo, 1969, Morris 1973:116, Palma 1991). Por lo tanto, uno de los desafíos del presente trabajo fue sobrepasar estas deficiencias con el aporte de nuevas metodologías y técnicas de abordaje para este tipo de registro.

## EVOLUCIÓN SOCIAL EN LA QUEBRADA DE HUMAHUACA

Comprender los rápidos procesos de cambio demográfico, socio-político y económico ocurridos a partir del 1000 d.C. en la Quebrada de Humahuaca es el desafío propuesto por el Proyecto de Investigación Omaguaca (PIO).

A nivel de asentamientos se observa un acelerado aumento en tamaño y densidad constructiva de los sitios y cambios en la configuración espacial de la Quebrada (Nielsen 2001). El proceso muestra inicialmente un patrón más o menos regular (sitios Vizcarra, Casa Grande, Pueblo de Tilcara – Figura 1a) que cambia a una concentración sobre ciertos espacios sobreelevados del valle, más estables (Puerta de Juella, Pucará de Tilcara – Figura 1a). En una segunda etapa se evidencia el abandono de algunas quebradas tributarias del Rió Grande (o por lo menos de sus curso medios y superiores) aglutinándose sobre el espacio troncal de la Quebrada de Humahuaca. Varios de estos tienes características de "ocupación breve" (Nielsen y Rivolta 1997) que finalizan en una tercera etapa (abandono y relocalización) donde emergen los grandes conglomerados del "Periodo Tardío" ubicados preponderantemente en lugares con mayor valor estratégico geográfico-económico (e.g. Los Amarillos, Juella – Figura 1a). Finalmente, en momentos de ocupación inkaica, se abandonan algunos de los conglomerados residenciales, mientras existe una clara expansión hacia el norte y los valles orientales (La Huerta – Figura 1a).

El conocimiento de las transformaciones experimentadas por los asentamientos residenciales de la región, en cuanto a sus variaciones de ocupación, estructura, trazado, y el uso comunal y/o doméstico del espacio de habitación, forman un tipo de evidencia empírica de los procesos sociales, que muestra la evolución social de la Quebrada de Humahuaca.

Por evolución social (Nielsen 1996a) se entiende a aquellos procesos históricos de cambio que experimentan los modos de relación en el que ingresan las personas durante la producción y reproducción material y cultural de una sociedad. Estos procesos son caracterizados como "históricos" porque el cambio es continuo. Las trayectorias resultantes son infinitamente divergentes y conducen potencialmente a configuraciones sociales nuevas. Sin embargo, el hecho de entender a las situaciones históricas como únicas e irrepetibles, no inhabilita considerar a esta gran diversidad como el resultado de un número pequeño de tendencias, principios y mecanismos causales (Nielsen 1996a: 435). El principio activo del cambio se encuentra en la conducta estratégica de los actores sociales, quienes compiten por el control de los recursos materiales y culturales del grupo. En este caso, el término recurso alude a cualquier objeto, conducta o información necesaria en la reproducción biológica, material y cultural de una sociedad.

En el caso concreto de la Quebrada de Humahuaca, la evolución social en los últimos siete siglos prehispánicos (900-1536 d.C.) pareciera estar signada por una creciente conflictividad entre grupos de la quebrada y otros alóctonos, situación que tiene visos de carácter endémico. Esto genera una circunscripción social, que se traduciría en rápidos cambios en las formas de asentamiento (Nielsen 2001:245).

En consecuencia, si en el devenir quebradeño prehispánico, las condiciones estructurales promovieron una diversidad de respuestas (estrategias) y relaciones sociales que enquistaron la desigualdad social, se entiende que la diferenciación (especialización) de los espacios de habitación y uso productivo pudieron cambiar en el tiempo.

Una paulatina agrupación y concentración de la población local sobre una menor cantidad de poblados en sectores bien protegidos de la Quebrada de Humahuaca, obligó a desarrollar nuevas respuestas de convivencia y sociabilidad para solucionar problemáticas complejas, como el hacinamiento, hacia el interior de cada conglomerado residencial. Se torno necesario mejorar y/o reubicar las zonas de la carga y descarga de aprovisionamiento, los espacios de descarte de desechos y estructurar las redes de circulación interna. Al mismo tiempo surgieron espacios públicos claramente delimitados como una expresión de nuevas prácticas de relación comunitaria, y se intensificó la explotación de los recursos circundantes.

Por lo tanto, una investigación sobre la extensión y particularidades de los momentos de ocupación en Los Amarillos puede ofrecernos una primera aproximación desde donde escudriñar la evolución social de este complejo proceso.

La aplicación de esta perspectiva teórica, implica la generación de nuevas metodologías de abordaje que difieren de las que generalmente fueron empleadas en la región (Nielsen 1996a). En el presente estudio se planteó utilizar SIG para conocer la historia ocupacional del asentamiento y, a su vez, desarrollar un modelo metodológico pasible de replicarse en otros asentamientos de la región de acuerdo a una base estandarizada de abordaje. Para ello, en torno a SIG, se consideraron los modos de recolección superficial y el uso de herramientas cronométricas (los estados de atributo, es decir, el diseño y forma de fragmentos cerámicos y, en menor medida, la pas

Los Amarillos

Enlazado cultural y geográficamente a la región de la Quebrada de Humahuaca, Los Amarillos (Quebrada de Yacoraite) se asienta en una meseta sobre la margen izquierda del Río Yacoraite, a 150-180 m de altura del curso del mismo. Altitudinalmente se halla en los 3000 m.s.n.m, sin embargo presenta variaciones en diversos sectores que van 2990 m en su parte mas baja a unos 3070 m en los sectores habitacionales más elevados.

Posee una topografía de considerable irregularidad y heterogeneidad con de bruscos cortes (barrancas) y cambios de elevación (Figura 1b). Asimismo, cuenta con algunos sectores planos, generalmente nivelados por acción antrópica pretérita, que en parte regularizan la fisonomía del espacio. La superficie presenta un declive general en dirección noroeste-sureste segmentado por un profundo y extenso arroyo seco (o cárcava principal), que secciona en dos a la totalidad de la meseta.

Según dataciones obtenidas (Tabla 1), Los Amarillos fue ocupado por un rango aproximado de cuatro a seis siglos (entre los siglos X y XV d.C.) dependiendo del sector que se tome. Tomando la periodificación de Nielsen (2001) para la Quebrada de Humahuaca, Los Amarillos abarcaría los siguientes rangos temporales absolutos:

* Período de Desarrollos Regionales I (PDR I), desde 900 a 1200 d.C.
* Período de Desarrollos Regionales II (PDR II), desde 1200 a 1430 d.C.
* Periodo Inka (P.Inka), desde 1430 a 1536 d.C.

El asentamiento residencial ocupa una superficie aproximada de 95,000 m$^2$ de la cual prácticamente entre 80 a 90% está cubierta por un denso conglomerado de edificaciones. Los Amarillos pertenece a la categoría morfofuncional de asentamientos "multinucleares" que incluye a las aglomeraciones residenciales quebradeñas de mayor tamaño y complejidad espacio-arquitectónica (Nielsen, 1996b). Es decir, asentamientos con espacios bien definidos: a) públicos (primarios y secundarios), b) residenciales, c) redes de circulación primarias y secundarias, y, d) zonas de abastecimiento y descarte (basurales). Uno de los lugares que más se destaca es el área central del sitio (Sector 2 – Figura 3a) que posee grandes

| PROCEDENCIA | CÓDIGO | $^{14}$C AP | Cal AD 2 σ | REFERENCIA | PERÍODO |
|---|---|---|---|---|---|
| Sector 2, Complejo A, I | LP-659 | 920±50 | 1020-1220 | Nielsen 1996b | Medio - Desarrollos Regionales I (PDR I) |
| Sector 2, Basural 1 base | AA-12137* | 915±85 | 980-1280 | Nielsen 1996b | |
| Sector 2, Complejo B, I | AA-13670* | 891±50 | 1020-1250 | Nielsen 1996b | |
| Sector 2, Complejo B, I-II | LP-669 | 780±70 | 1030-1390 | Nielsen 1996b | Tardío - Desarrollos Regionales II (PDR II) |
| Sector 7, Complejo E base | A-9602 | 630±45 | 1280-1410 | Nielsen 2001 | |
| Sector 2, Complejo A, II | AA-16239* | 620±49 | 1280-1410 | Nielsen 1996b | |
| Sector 2, Complejo A, II | AA-12135* | 590±55 | 1290-1430 | Nielsen 1996b | |
| Sector 5, Complejo F | LP-1387 | 560±60 | 1300-1450 | Angiorama 2003 | |
| Sector 5, Complejo F | LP-1399 | 540±50 | 1300-1450 | Angiorama 2003 | |
| Sector 5, Complejo F | LP-1397 | 530±60 | 1290-1470 | Angiorama 2003 | |
| Sector 2, Complejo A, II | A-9600 | 505±50 | 1300-1480 | Nielsen 2001 | |
| Sector 7, Complejo E | A-9604 | 495±40 | 1320-1480 | Nielsen 2001 | |
| Sector 2, Complejo A, III | A-9603 | 520±40 | 1300-1450 | Nielsen 2001 | Inka (P.Inka) |
| Sector 2, Complejo A, III | AA-12136* | 450±50 | 1390-1630 | Nielsen 1996b | |
| Sector 2, Complejo A, III | A-9601 | 320±50 | 1450-1660 | Nielsen 2001 | |

Tabla 1. Dataciones radiocarbónicas

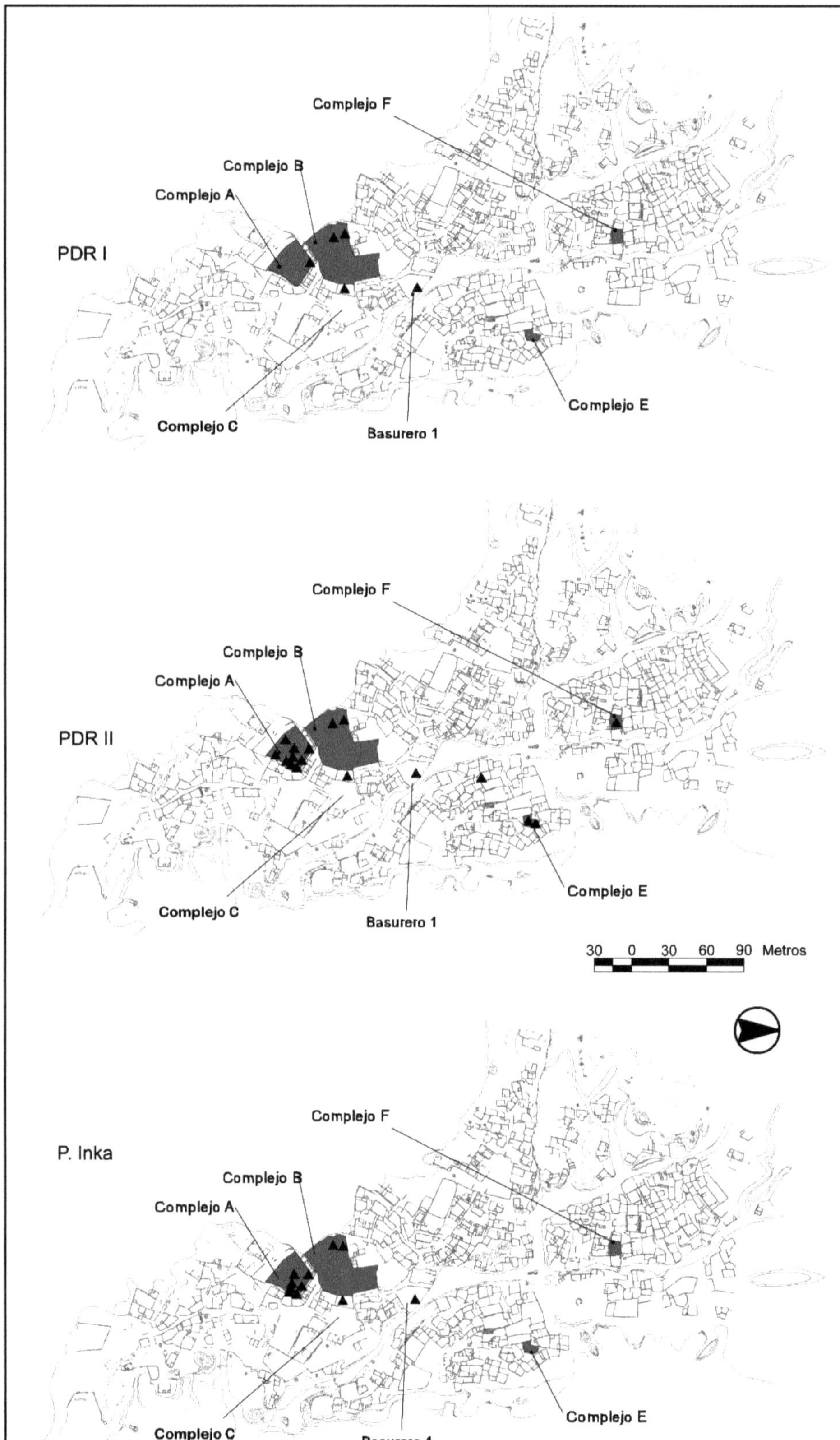


Figura 2. Excavaciones previas del PIO y ubicación del material cronológico

espacios abiertos con marcado dominio escenográfico, es decir la capacidad de visualizar y ser visualizado en el sitio.

Las excavaciones y dataciones radiocarbónicas obtenidas demuestran algunas diferencias cronológicas y funcionales de los diversos sectores (Nielsen 1997, 2001). Esto permitió establecer, por lo menos para el sector central, tres momentos claros de ocupación (Figura 2).

De acuerdo a estas investigaciones previas, en el presente estudio se hipotetizaron tres momentos de ocupación (MO) que se corresponden a los tres períodos más arriba mencionados. La intención fue estimar la ocupación areal de cada MO a través del material arqueológico en superficie.

## RECOLECCIÓN DE DATOS EN EL CAMPO

Se ejecutaron una serie de actividades de recolección y registro coordinados en dos estrategias de muestreo a fin de obtener los datos necesarios con qué estimar los momentos de ocupación (MO).

Para recolectar el material arqueológico en superficie se diseño un *muestreo probabilístico* que cubrió de manera homogénea la totalidad del asentamiento, minimizando la ausencia de áreas sin análisis y evitando sesgos por nociones apriorísticas (Blalock, 1992; Redman, 1974; Redman y Anzalone 1980; Redman y Watson 1970). El muestreo abarcó aproximadamente a un 5% del área total del sitio (unos 4,900m$^2$). Asimismo, se implemento un *muestreo dirigido* para registrar los procesos de formación que influyen sobre la distribución del material en superficie recolectado.

Para llevar a cabo cada uno de los muestreos, hubo primero que segmentar el área de investigación mediante un grillado sobre la totalidad del sitio. Esta tarea llevó una semana de trabajo coordinado entre seis personas debido a lo accidentado del terreno y la dimensión del asentamiento.

Desde el *datum* o punto cero (ubicado en una de las plazas más grandes del poblado – ver Figura 3b) fue instalándose el grillado. Se ubicaron 98 estaciones a una distancia regular de 30m en dirección a los cuatro puntos cardinales, abarcando todo el sitio. Esto conformó celdas de 30m por 30m. Las estaciones se establecieron mediante teodolito, mira y cinta métrica.

Dado el variado relieve de Los Amarillos (pendientes pronunciadas, zonas llanas, barrancas), adicionalmente se segmentó el asentamiento en diversos sectores (Figura 3a) capaces de expresar estas diferencias, pero que a la vez cuenten con cierta homogeneidad hacia su interior. Se obtuvieron siete espacios diferenciados.

La subdivisión se basó en dos atributos complementarios. Por un lado topográficos: direccionalidad general de las pendientes y su sistema de escurrimiento (microcuencas) y/o la presencia de cárcavas que interrumpan abruptamente la topografía presente. Por el otro, arquitectónicos: segmentación a partir de cúmulo de recintos de habitación que estén concentrados hacia algún sector abierto o separados por estos (p. ej., separación de los sectores 6 y 7). Al igual que muchas clasificaciones, la definición de un espacio homogéneo no necesito presentar todos los atributos ni necesariamente alguno en particular, sino sólo cierta cantidad de ellos (Carr, 1984: 120).

### Muestreo Dirigido

El análisis de los procesos de formación (Schiffer 1983; 1987) a nivel de sitio constituye la información de base para comprender la configuración actual de los conjuntos artefactuales recolectados. Las celdas generadas por el grillado, denominadas Unidades de Muestreo Dirigido (UMD – ver Figura 3b) posibilitaron registrar los diversos agentes de formación. La superficie de cada UMD permitió agrupar áreas lo suficientemente homogéneas como establecer similares historias formacionales.

tamaño fue decidido considerando los problemas de fracción y tamaño de muestra (Plog *et al.* 1978:395-397). De haber utilizado celdas más pequeñas se hubiese tenido problemas de logística (mayor tiempo en la instalación del grillado) e inconvenientes en el número de de material recolectado dada la innumerable presencia de restos arqueológicos en superficie. Esto aumentaría los plazos investigación y recursos humanos establecidos tanto para la campaña como para el laboratorio. Mientras que de tomar superficies mayores (e.g. 40m x 40m) se hubiese perdido resolución y las interpolaciones de lo recolectado (ver mas abajo Unidades de Muestreo Probabilístico) serían demasiado genéricas para definir con mediano detalle los momentos de ocupación y las incidencias de los agentes de formación a nivel de sitio.

A diferencia de otras investigaciones con registro superficial (Cremonte 1992; Madrazo, 1969; Morris 1973: 116; Raffino y Alvis 1993; 1983; Palma 1991) aquí la unidad de muestreo no es el recinto o cualquier otra estructura arquitectónica, sino un área arbitrariamente definida. Se entiende que la dinámica de los procesos de formación (Schiffer 1987) inhabilita el uso de los recintos como unidades de muestreo ya que la extensión y movilidad de los conjuntos artefactuales, a pesar de estar constreñida por los muros de recintos, excede muchas veces el espacio interno de cada estructura (Craig Morris 1973: 116-17).

En las UMD se registraron aquellos agentes de formación depositacionales y post-depositacionales que pudieran incidir directamente en la distribución espacial y preservación del material en superficie. Por un lado, post-depositacionales del tipo: a) físicos: superficies sedimentarias (contextos de erosión y acumulación), gravedad (pendiente), agua (sistema de avenamientos); b) biológicos: cobertura vegetal; y c) antrópicos: saqueos, excavaciones científicas, arquitectura presente (Baker 1978; Bintliff y Snodgrass 1988; Odell y Cowan 1987; Rick 1976; Stein y Teltser 1989; Teltser 1992) Por otro lado, ciertos depositacionales antrópicos como las conductas de descarte secundario, es decir los Basurales (Camilli y Ebert 1992; Schiffer 1987)

En cada UMD se observaron las características y variaciones de estos agentes como así también la presencia de cambios drásticos en la arquitectura (en relación a la planimetría realizada en 1989) que pudieran dar otro indicio de la acción de los agentes considerados (Johnson y Wilson 2003). Lo registrado fue pasado a SIG mediante dibujo con mouse sobre la planta del sitio (en ArcView 3.2a, E.S.R.I. ®) definiendo los diversos temas (*themes*) a partir de los cuales se analizó y relacionó el material recolectado.

Tipos de superficies sedimentarias

Clasificar las superficies sedimentarias permite saber, entre otras cosas, qué tipo de permeabilidad, conservación y

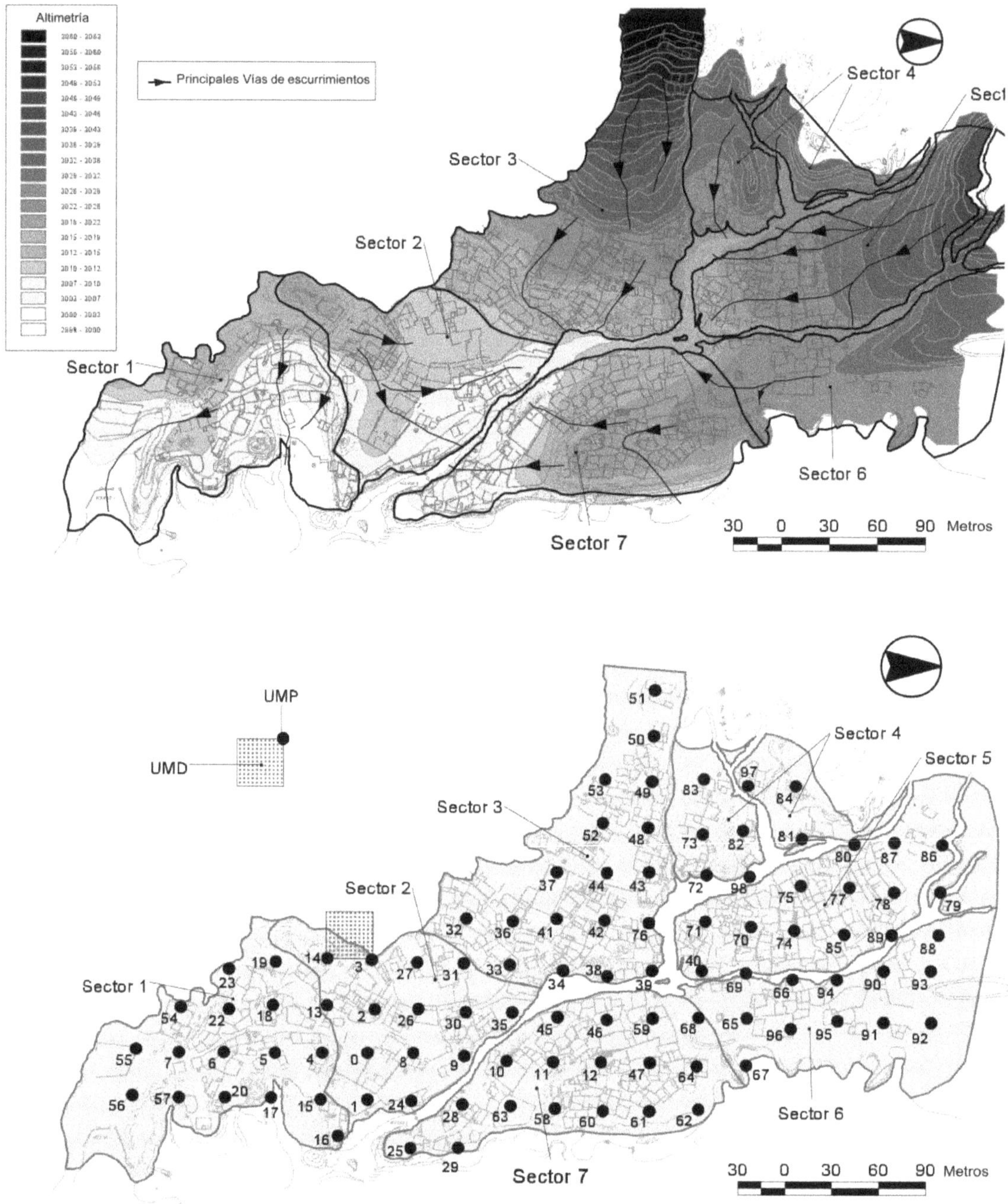


Figura 3. a) Segmentación del sitio en Sectores; b) Unidades de muestreo (UMD y UMP)

transporte (vertical u horizontal) afectan a los artefactos y a las estructuras en superficie.

El registro de las superficies sedimentarias y su posterior configuración en *contexto sedimentario* (Figura 4a), se estableció mediante textura al tacto (Barberis 1969). Esto permitió diferenciar la granulometría de los suelos y tipificarlos expeditivamente. Para registrar dicha relación se diseño una lista de superficies sedimentarias (Tabla 1) ordenada de contexto erosivo a contexto de acumulación (según granulometría descendente) caracterizando el contexto sedimentario y su dinámica pedogénica. [2]

Desde una visión geomorfológica, observando los ciclos de erosión y sedimentación es posible relacionar la abundancia de ciertos tipos de clastos a contextos pedogénicos específicos. La distribución de los clastos (diferenciados por tamaño) está directamente influido por dos grandes factores: la pendiente y el agua. En consecuencia es esperable que sobre contextos de erosión sólo permanezcan aquellos clastos más grandes (más resistentes a las acciones de gravedad y agua) mientras que en contextos de acumulación los clastos abundantes sean los de menor tamaño (arena, limo) más fáciles de ser transportados por ambos agentes (Camilli y Ebert 1992).

Los contextos sedimentarios, que agrupan los diversos tipos de superficie sedimentaria, fueron los que finalmente se utilizaron es el presente estudio para observar la incidencia del suelo en la distribución, arreglo y preservación del material artefactual en superficie.

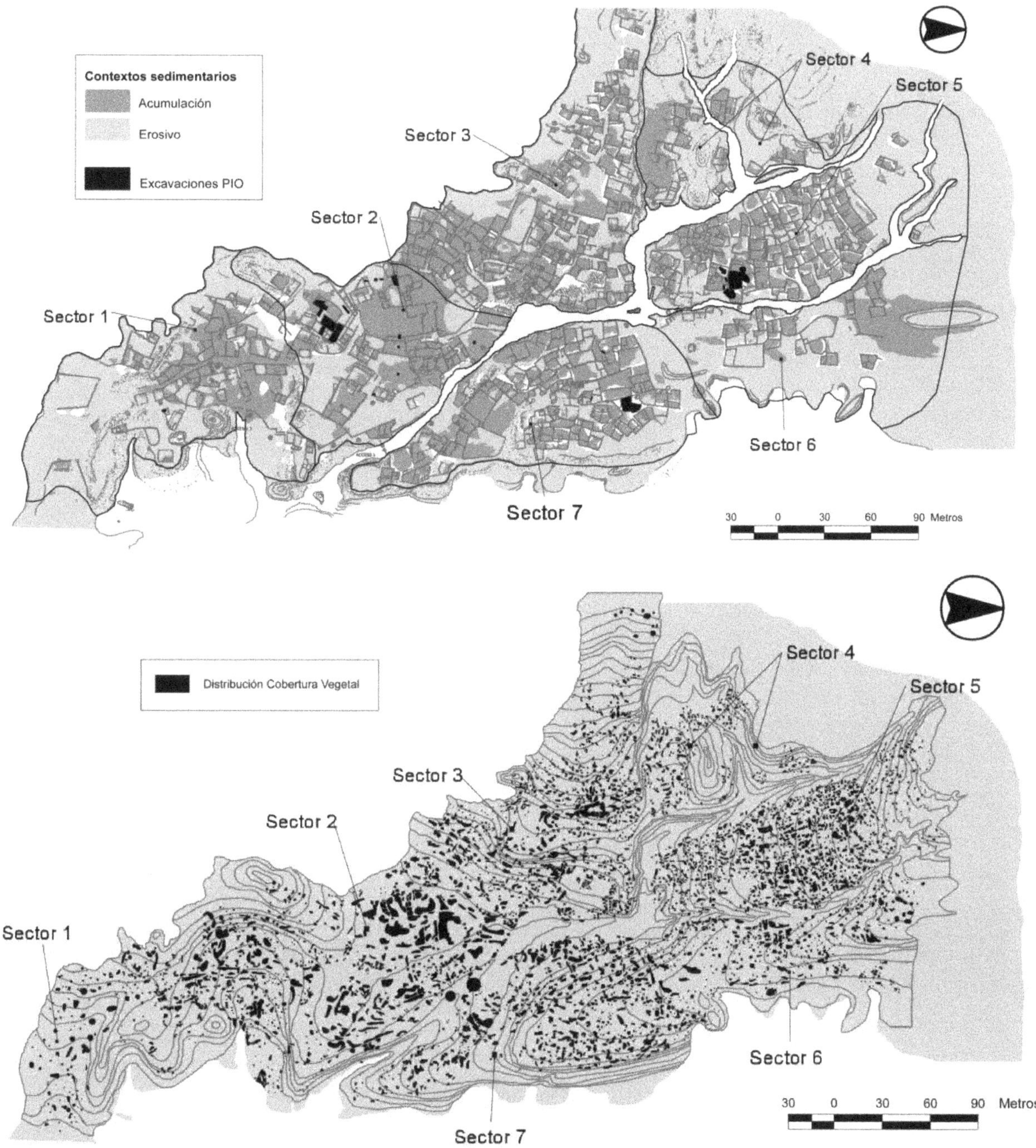


Figura 4. a) Distribución de los contextos de erosión y acumulación; b) Distribución de la cobertura vegetal.

Cobertura vegetal

La distribución de la vegetación a lo largo de un sitio puede tener influencia en la disposición, configuración y visualización del registro en superficie (Camilli y Ebert 1992). Es así que la frondosidad de la vegetación representa el grado de visualización (u ocultamiento) de los restos en superficie. En Los Amarillos, la cobertura vegetal tiene un agrupamiento más bien disperso. El clima seco de la zona (Buitrago y Larrán 1994) hace que la vegetación sea predominantemente xerófila, dentro de las cuales abundan las cactáceas (Ruthsatz y Movia 1975).

En cada UMD se registro la superficie que ocupaba y luego fue volcado a SIG. El *theme* "Cobertura vegetal" (Figura

| CLASTO | CONTEXTO SEDIMENTARIO |
|---|---|
| Roca Madre | de Erosión |
| Pedregoso / Roca Madre | |
| Pedregoso / Guijarros □Arenoso | |
| Pedregoso / Derrumbe | |
| Pedregoso-Arenoso / Derrumbe | de Transición |
| Arenoso / Derrumbe | de Acumulación |
| Arenoso | |
| Limoso | |

Tabla 2. Tipos de Superficies sedimentarias

4b) permitió observar su distribución y ocupación areal.

Pendientes

La topografía, a través de la pendiente, también influye sobre la distribución y agrupamiento de los conjuntos arqueológicos superficiales, muchas veces potenciada por la acción del agua o el viento (Stein 1987; Stein y Teltser 1989; Waters y Kuehn 1996).

Íntimamente ligado a la pendiente predominante, se registraron también las vías de escurrimiento del agua (que atraviesan el sitio en forma de innumerables surcos, cárcavas y grietas). Son trazas de la circulación hídrica generada en épocas de precipitaciones pluviales. El registro de las principales pendientes principales y vías de escurrimiento generó mapas en SIG (e.g. Figuras 1b y 3a) que permitieron analizar la influencia de los mismos en la distribución espacial de los actuales conjuntos artefactuales (Duncan y Beckman 2000; Fridman, Stein y Blackhorse 2003).

Manteniendo el perfil expeditivo de registro de variables, se adaptó a una escala cualitativa ordinal los tipos de pendiente explicitados en Barberis (1969) para su clasificación. Entendiendo por *pendiente* a la inclinación de la superficie topográfica en estudio, definida en función de su gradiente y forma de escurrimiento. Diferenciamos cuatro clases (Tabla 3).

## Agentes antrópicos

Los agentes postdepositacionales (pozos de saqueo, excavaciones previas) y depositacionales (zonas de descarte secundario - basurales) fueron registrados en cada UMD y se volcaron a SIG (un agente, un tema) para posicionar su ubicación, analizar la existencia de ciertos patrones y qué respondía a ello. (ver en Figura 6a-b)

Muestreo Sistemático

Con el objetivo de identificar los momentos de ocupación (MO) y estimar la superficie que abarcaron en Los Amarillos, se diseñó un muestreo probabilístico que permitiera recolectar el material arqueológico en superficie. Este tipo de muestreo se presenta muy adecuado para proyectos de mapeo de sitios y permite estimar las extensiones de ocupación en busca de patrones espaciales, representadas por la densidad de artefactos y su distribución en el espacio (Flannery 1976; Kvamme 1998; Morris 1973; Raffino y Alvis 1993; Smyth 1998)

Cada una de las estaciones instaladas (los vértices de las UMD) fueron utilizadas para la implementación de las unidades de recolección del muestreo sistemático (Figura 3b), áreas circulares denominadas Unidades de Muestro Probabilístico. De ellas partieron las interpolaciones a las áreas no alcanzadas y sus resultados se confrontaron con los agentes de formación analizados

Las Unidades de muestreo probabilístico (UMP) fueron diseñadas de tal manera que, por encima de las estructuras visibles, permitieran delimitar espacios del asentamiento en una resolución adecuada al registro analizado y sus historias formacionales. La accidentada topografía impuso la necesidad de diseñar unidades de recolección de fácil implementación en el campo. Por ello, se utilizó la técnica de "soga de perro" (Flannery 1976: 58-59; Binford 1964).

De acuerdo al porcentaje de muestra acordado (5% del total del asentamiento) se conformó un área circular de 50,26 m 2 para cada UMP. Para delimitar dicha superficie se anudó a cada estación un hilo de 4m de radio dibujándose en el suelo el área estipulada. La elección de este tamaño de superficie permitió responder varias cuestiones: a) Abarcar parcialmente (pero en medianas porciones) los diferentes tipos de instalaciones del asentamiento, según la tipología formal elaborada por Nielsen (1996); b) Investigar la dinámica de migración artefactual al facilitar el remontaje de fragmentos hallados en diferentes recintos (demostrando las relaciones entre ambos); c) Estudiar los diferentes procesos de formación a micro-escala (por ejemplo: la acción de la cobertura vegetal, el suelo, el agua y las estructuras arquitectónicas en la conformación de los conjuntos artefactuales); d) al independizarse de la traza y tomar varios puntos dentro cada sector se pueden interpolar los valores de cada UMP en escala a los objetivos planteados, generando visualizaciones más detalladas de cada área sobre su temporalidad.

La recolección de los restos arqueológicos en cada UMP fue total, aplicando el concepto de recolección intensiva sugerido por diversos autores (Kvamme 1998; Lewark y O'Brien 1981; Plog-Plog y Wait 1978) y se llevó a cabo en 3 semanas de trabajo intensivo.

Se recolectaron 11,654 fragmentos cerámicos, 172 desechos de talla, 4 puntas de proyectil, varios artefactos líticos (5 piezas o fragmentos de morteros, 3 manos de moler y 3 yunques) y 2 cuentas de valva de moluscos. Más allá del conteo de cada tipo de artefacto, el análisis para la presente investigación se desarrolló estrictamente sobre el material cerámico. Del resto, solamente fueron analizadas cuatro

| TIPO DE PENDIENTE | Tipo de Escurrimiento |
|---|---|
| Ausencia de pendiente o área llana | Lento |
| Suave a Moderada | Lento a medio |
| Pronunciada | Rápido |
| Barranca o salto | Impetuoso |

Tabla23 Tipos de Pendiente

| COBERTURA VEGETAL | % areales |
|---|---|
| Ausencia / Escasa cobertura | 0 - 20 % |
| Baja | 20 - 40 % |
| Media | 40 - 60 % |
| Elevada | 60 - 80 % |
| Muy elevada | 80 - 100 % |

Tabla 4. Cobertura vegetal

| Abreviatura | **Denominación** | **Característica** |
|---|---|---|
| ***APR*** | Ámbito de participación reducida | Zonas de uso doméstico, habitación |
| ***APC*** | Ámbito de participación comunitaria | Zonas de uso comunal (p. ej. Plazas) |
| ***ZE*** | Zona externa de uso doméstico y/o comunal | Divisores internos, espacios externos a zonas de habitación, Vías de circulación |
| ***B*** | Zona externa de uso específico | Basurales |

Tabla 5. Componentes de instalación

puntas de proyectil utilizadas como dato auxiliar para la identificación de los momentos de ocupación.

Asimismo, a los fines de identificar y controlar con mayor precisión la procedencia del material arqueológico existente en cada UMP, se subdividió a cada una de estas en unidades de procedencia (UP). Para la segmentación se consideró la presencia de ciertos rasgos arquitectónicos y/o topográficos significativos que marcaran diferencias en el terreno a un lado y a otro del mismo (presencia de muro o espacios claramente diferenciados, los saltos o cambios drásticos en la topografía como las barrancas, cárcavas y derrumbes).

Además de la recolección total se dibujó un croquis cada UMP y se registraron los tipos de pendiente y superficie sedimentaria dominante utilizando las clasificaciones apuntadas para las UMD. En el caso de la cobertura vegetal, siguiendo el criterio expeditivo, se anotó la superficie areal cubierta mediante una escala ordinal (Tabla 4) que iba desde ausencia de vegetación hasta una cobertura prácticamente total de la UMP.

Componentes de Instalación:
Siguiendo la tipología presentada por Nielsen (1996), las unidades de muestreo probabilístico fueron clasificadas de acuerdo a las características arquitectónico-espaciales dominantes en su superficie. El fin era capturar diferencias formales, y en menor medida, funcionales de los espacios dentro del asentamiento.

## ANÁLISIS DE DATOS EN LABORATORIO

El material recolectado en las UMP fue analizado en dos etapas. Más allá de la identificación y conteo de cada tipo de artefacto, el análisis se desarrolló estrictamente sobre el material cerámico. La primera etapa o análisis general permitió clasificar en grupos la totalidad del conjunto cerámico y medir el tamaño de cada tiesto. La segunda etapa o análisis de diagnósticos, permitió identificar aquellos tiestos cronológicamente diagnósticos que conformarían el *corpus* de base para las estimaciones de los momentos de ocupación.

Análisis general

Los tiestos fueron primeramente clasificados según el atributo de grupo (Nielsen 1997): clasificación basada en el tratamiento que tiene la superficie de cada fragmento (engobe, pulido, etc. sea su parte interna y/o externa); la presencia de diversos colores en la decoración de la superficie y la pasta con la que está manufacturada. Esta primera clasificación fue el filtro inicial para identificar aquellos restos cerámicos diagnósticos a analizarse en la segunda etapa.

Asimismo, se midió el tamaño de cada uno. La información del tamaño de los fragmentos cerámicos y su distribución espacial permitiría testar la incidencia del "size effect" (Baker 1978, Nielsen 1991; Odell y Cowan 1987; Stein y Teltser 1989) en relación a los diferentes agentes de formación considerados.

Basado en metodologías geológicas de medición granulométrica de los suelos. Se diseño un método similar a la medición de clastos hecha por Folks (1980:23). Se emuló en papel el filtrado de tamices, a partir de una serie de círculos concéntricos. Estos aumentan en tamaño a razón del doble del anterior (Tabla 6), fundamentados en la ecuación geometría circular de radios Phi por conversión de mm de malla de los filtros o tamices de zaranda (Stein y Teltser 1989).

Análisis del material diagnóstico

De la muestra general recolectada se obtuvieron 270 fragmentos cerámicos *cronológicamente diagnósticos*, que posibilitaron la construcción de mapas de densidad para estimar los momentos de ocupación del asentamiento. Se entendió por *cronológicamente diagnóstico* a todo tiesto arqueológico que poseyera atributos de forma, diseño y/o pasta (y no necesariamente todos juntos en el mismo fragmento) lo suficientemente claros como para asignarlo

| **TAMAÑO** | Diámetro (en mm) | ø (Phi) |
|---|---|---|
| T1 - Muy pequeño | =< a 16 | -4 |
| T2 - Pequeño | 16 □32 | -5 |
| T3 - Mediano | 32 □64 | -6 |
| T4 - Grande | 64 □128 | -7 |
| T5 - Muy grande | >= a 128 | -8 |

Tabla 6. Tamaños de fragmentos cerámicos

a un período temporal determinado. Las especificaciones de forma, diseño y pasta están basados en los atributos cronométricos de cerámica expresados por Nielsen (1997; 2001) para PDR I, PDR II y Período Inka de la Quebrada de Humahuaca.

# RESULTADOS

## Momentos de ocupación

Dado los objetivos aquí planteados, se construyeron una serie de mapas de densidad artefactual para cada uno de los momentos de ocupación (PDRI I, PDR II, y P.Inka). Con esto se obtuvo una primera aproximación a la historia ocupacional de Los Amarillos basados en la frecuencia de los tiestos cronológicamente diagnósticos.

Mediante Spatial Analyst 2.0 de ArcView GIS 3.2a ® se interpolaron las frecuencias de los tiestos cronológicamente diagnósticos utilizando el Método de IDW (Inverse Distance weighting) configuración por defecto.

Se generaron una serie de mapas raster que grafican las densidades artefactuales de los fragmentos en cada MO (Figura 5). Una de las ventajas del método IDW (que lo diferencia del Spline) es la posibilidad de establecer cortes de interpolación para los espacios donde la discontinuidad geográfica es un hecho (E.S.R.I. 1999; Hageman y Bennett 2000). Este es el caso de Los Amarillos, donde la presencia de las grandes cárcavas que seccionan el sitio impide manejar la totalidad del mismo como un espacio continuo. El método IDW basa su particularidad al dar "... values to each cell in the output grid theme by weighting the value of each point by the distance that point is from the cell being analyzed and then averaging the values. The influence that a given sample point has on an interpolated value at a different point is weighted by the inverse of the distances between the two points" (ESRI 1999:254)

Los valores de celdas de los mapas raster fueron transformados a números enteros para hacer más realista la interpolación. Este procedimiento tiene ventajas y desventajas dado que llevar la interpolación a números enteros genera una pérdida de información como producto del redondeo decimal. Sin embargo, al mismo tiempo da como resultado mapas de densidad más conservadores, los cuales robustecen las características de las diversas áreas, ya sean zonas de concentración, dispersión o ausencia.

Los mapas se construyeron a partir de los indicadores cronológicos de diseño y forma, considerando también el atributo de pasta para el caso del período inkaico (P.Inka). Además se incluyeron indicadores secundarios como las puntas de proyectil y, para el caso de PDR I las frecuencias relativas del grupo cerámico "negro pulido" cuya representación porcentual parece revestir implicaciones cronológicas para este período (ver Nielsen, 1997:81).

La comparación entre áreas las zonas con continuidad habitacional y aquellas donde fue discontinua, ofrece una idea sobre el desarrollo ocupacional de Los Amarillos

La extensión de PDR I abarca varias zonas de los Sectores 1, 2 y 3 y algo del Sector 4 (Figura 5 – PDR I). Es interesante observar que la parte oeste del Sector 2 no presenta evidencias a nivel superficial de PDR I a diferencia de lo obtenido en las excavaciones del PIO (Figura 2 – PDR I). A pesar de la numerosa presencia artefactual, en los Sectores 5, 6 y 7 existe una ausencia de fragmentos cronológicos de este período.

Algunos indicadores auxiliares permiten reforzar la estimación sobre el área de ocupación temprana. Tal como hubo observado Nielsen (1997) como leve tendencia a nivel regional, existe una interesante asociación entre del grupo cerámico denominado "negro pulido" [3] y el PDR I. Si bien la presencia de este grupo trasunta todos los períodos, su proporción es mayor en PDR I. En el caso de Los Amarillos los porcentajes del Negro pulido (Tabla 7) muestra que, a pesar de las escasas diferencias, los sectores 1, 2, 3 y 4 tienes promedios mayores que los sectores 5, 6 y 7. Corroborando lo obtenido en SIG (Figura 5).

Por otra parte la escasa evidencia de una sola punta pedunculada en el sector 3 (predominantes en las fases del PDR I pero ausentes con posterioridad. Nielsen, *op.cit.*: 101) también sustenta la idea de una ocupación sobre la meseta central (sectores 1, 2 y 3 – Figura 2).

Para PDR II se presentan las mayores frecuencias artefactuales de los tres momentos de ocupación. Las zonas con densidades elevadas se encuentran más repartidas por todo el sitio. *A priori* pareciera corroborarse las conclusiones de investigaciones previas sobre el "momento" PDR II como el de mayor expansión y uso del espacio en el poblado (Figura 5). El mapa muestra una presencia y aumento de la frecuencia cerámica en los sectores 3, 5 y 7. El sector 1 tiene altas frecuencias en torno al acceso 2, aunque parecieran estar influenciadas por la presencia de basurales (en su borde Este).

La zona central del sector 2, donde se emplazan el cúmulo nuclear de APC (ámbitos de participación comunitaria), continúa ocupada aunque las mayores frecuencias se

| SECTOR | UMP | Negro pulido (%) |
|---|---|---|
| 1 | 16 | 1,56 |
| 2 | 14 | 1,39 |
| 3 | 18 | 2,09 |
| 4 | 5 | 1,50 |
| 5 | 12 | 1,38 |
| 6 | 11 | 0,78 |
| 7 | 17 | 0,39 |

Tabla 7. Porcentajes de Negro publico por Sectores

ubican sobre el perímetro de la misma (UMP 9, basural) o en sectores adyacentes (sector 1 y 3). Al mismo tiempo, son significativas las ausencias y bajas frecuencias en las UMP de la zona sur del sector 1 cuando en zonas adyacentes existe una fuerte densidad artefactual. Tal vez aquí el accionar de algún agente de formación como puede ser la gravedad (a través de la pendiente) puede estar afectando la distribución. El sector 3 evidencia una alta frecuencia y se observa en un marcado avance hacia las zonas altas del mismo donde el arreglo habitacional se hace mas espaciado. El sector 5 hay una clara la presencia de PDR II. Por las frecuencias obtenidas pareciera que hubo mayor ocupación sobre la porción sur de la meseta, mermando la intensidad hacia el norte de la misma; sin embargo, se entiende que su ocupación fue íntegra como el arreglo habitacional lo evidencia. Tal vez esta variación podría evidenciar la influencia de ciertos procesos de formación como los saqueos (Figura 6a-b).

Contrariamente a lo esperado, el sector 4 ofrece una frecuencia artefactual menor que el período anterior. Cabe destacar la considerable presencia artefactual en un área fuera del arreglo residencial al norte del sector (UMP 84) que invita a investigar su singularidad. Por otra parte, la porción sur del sector 7, también tiene una densidad media que permite hablar con seguridad de una ocupación efectiva. Sin embargo, es llamativa la ausencia de diagnósticos PDR II en la porción media de la meseta (UMP 12, 47, 64, 58, 60, 45, 46, 59) y la existencia de una muy baja frecuencia hacia el norte en el sector 6. Solo se revierte esta tendencia en los basurales perimetrales del sector (UMP 62, 63), donde la frecuencia artefactual es muy elevada.

Es sabido que la presencia de cerámica netamente inkaica es escasa en la región, ya que predomina la manufacturada localmente. Sin embargo, aun en pequeñas frecuencias, los fragmentos inkaicos hallados pueden ofrecer información sobre la ocupación en las áreas de estudio. El mapa de densidad de periodo Inka muestra una mayor presencia artefactual (2 a 3 fragmentos) sobre la zona nuclear del sitio (Complejo A, B y C del sector 2 – Figura 2). Excepto hallazgos aislados, es nula la presencia de material inka fuera de estos sectores. Esta concentración también pareciera ajustarse a lo planteado en investigaciones previas para este momento (Nielsen y Walker 1999), las cuales proponen un retroceso y merma del espacio habitacional hacia el área nuclear de Los Amarillos.

En los demás sectores se hallaron aislados fragmentos del período. Por ejemplo, se recolectó un excepcional fragmento de "plato pato" con asa ornitomorfa en la UMP 16 (sector 1), ubicada en un recinto pequeño sobre el peñón del extremo este de la meseta central, emplazamiento que le otorga un excelente alcance visual y control sobre los Accesos 2 y 3.

Por último, la presencia más alejada de material inka se ubica en la UMP 84, en la periferia del Sector 4, donde se recolectaron 2 fragmentos del período (diagnosticados por pasta). Esta UMP se halla prácticamente sobre suelo pedregoso y de roca madre que lo convierte en un contexto erosivo. La elevada frecuencia artefactual (n=136) y diagnóstica (n= 8 / inka=2 fragm.) no pareciera ser producto de comportamientos de descarte/uso (está alejado más de 15 metros de cualquier sector residencial y en una altura mayor a la circundante) por lo tanto no estaríamos frente a un basural en principio, ya que se hubiera lavado rápidamente.

Procesos de formación

Se exploraron mediante SIG y algunas pruebas estadísticas, la influencia de los procesos de formación (depositacionales y post-depositacionales) sobre la distribución registrada en superficie, evaluando la existencia de patrones marcados y/o la presencia de rasgos exóticos (variabilidad no esperada) que pudieran incidir en las estimaciones *a priori* obtenidas (mapas de densidad).

Frecuencia cerámica

Para Los Amarillos, la distribución de fragmentos cerámicos es marcadamente heterogénea (Figura 6a), algo esperable por la complejidad del sitio. Las densidades más altas se concentran sobre la meseta central, principalmente en los sectores 1 y 2, y en menor medida en los sectores 3 y 7. Estas densidades descienden hacia el norte y este (sectores 5 y 6) del sitio a pesar de la intensa ocupación que la arquitectura demuestra, Los estadísticos obtenidos en las UMP también exhiben una fuerte asimetría de la distribución cerámica (ver TABLA 8. Asimetría = 3,564).

Del análisis de la frecuencia artefactual sobre la totalidad de las UMP frente al subgrupo de con Basurales se observa que seis de estas (85% de las UMP con basurales) se ubican entre los once primeros lugares en el ranking de cantidad de fragmentos (con frecuencias mayores a 347 tiestos). La unidad de muestreo con mayor número de tiestos también es un basural (UMP 9) y se recolectaron 1229 fragmentos. Esto indica que en ciertas áreas factores como los comportamientos pretéritos de descarte estarían influyendo sobre fuertemente en la densidad y distribución artefactual.

Al comparar en SIG los temas de densidades de fragmentos (totales y diagnósticos - Figuras 6a-b) se observa una clara relación entre la ubicación de los basurales y las altas densidades cerámicas. Por otra parte, en aquellos lugares donde no abundan basurales pero aun es elevada la densidad, pareciera que los pozos de saqueo aportan la mayor cantidad de materiales. Sin embargo, a diferencia de los contextos de descarte secundario, esta asociación no parece tan intensa

**Estadísticos descriptivos**

| | | |
|---|---|---|
| Fragmentos Cerámicos | N | 98 |
| | Total de fragm | 11654 |
| | Media | 118,92 |
| | Desvio estandar | 178,185 |
| | Valor Mínimo | 0 |
| | Valor Máximo | 1230 |
| | Asimetria | 3,564 |

Tabla 8. Estadísticos descriptivos de las UMP (n=98)

dado que existen zonas con gran densidad de saqueos pero mediana o baja frecuencia artefactual (e.g. Sector 5).

Migración vertical

La perdurabilidad en superficie también incide en la presencia y distribución superficial de los fragmentos presentes al momento de la recolección. Fue importante analizar si ciertos agentes influencian significativamente migración vertical (Baker 1978) de los restos materiales.

La dinámica geomorfológica de los contextos sedimentarios, dependiendo del contexto en que se encuentre (erosión o acumulación) puede desenterrar o migrar material como de enterrar o acumular material dependiendo en gran parte de la pendiente y arquitectura presente (Schalanger y Orcutt 1986; Bintliff y Snodgrass 1988). Por otro lado, también la extracción compulsiva antrópica (saqueo) genera "importaciones" de material subsuperficial, subvirtiendo cierto orden depositacional y generando oquedades artificiales que pueden captar fragmentos en superficie. Por lo mismo, el saqueo puede aportar a la superficie nuevos fragmentos debido a su propia extracción compulsiva.

Para observar estas incidencias y no sesgar la muestra, fueron separadas del total de UMP aquellas ubicadas en basurales y otras 5 que se hallaban sobre la cárcava principal (estas últimas por tener una dinámica totalmente particular al resto del sitio). Con las 84 restantes se efectuaron dos pruebas de *ANOVA factorial* y Mann Whittney, una para cada contexto sedimentario. Las variables independientes fueron cobertura vegetal, saqueo y componente de instalación en relación a la variable dependiente de frecuencia cerámica.

La ANOVA, para contextos de erosión (Tabla 9 – n = 44 UMP), arrojó como resultado que los efectos de los factores incluidos tienen dispar influencia y sólo el saqueo emerge con valores significativos. Las dos UMP que contienen saqueo se ubican sobre el Sector 3. Se trata de un sector, netamente habitacional (APR de recintos pequeños y muy pequeños) por lo que las pruebas estadísticas de Mann-Whittney (Tabla 9) estarían evidenciando que el saqueo (a pesar de la pronunciada pendiente del área) es el principal factor que eleva la densidad artefactual.

**Prueba de los efectos inter-sujetos. Contexto de Erosión**

Dependent Variable: Frag Cerámicos

| Fuente | Suma de Cuadrados Tipo III | gl | Media cuadrática | F | Sig. |
|---|---|---|---|---|---|
| Modelo corregido | 508199,325[a] | 11 | 46199,939 | 4,564 | ,000 |
| Intersección | 452308,581 | 1 | 452308,581 | 44,684 | ,000 |
| COMP_URB | 26948,275 | 2 | 13474,137 | 1,331 | ,278 |
| COB_VEG | 14348,070 | 3 | 4782,690 | ,472 | ,704 |
| HUAQUEO | 197437,778 | 1 | 197437,778 | 19,505 | ,000 |
| COMP_URB * COB_VEG | 33622,894 | 4 | 8405,724 | ,830 | ,516 |
| COMP_URB * HUAQUEO | ,000 | 0 | , | , | , |
| COB_VEG * HUAQUEO | ,000 | 0 | , | , | , |
| COMP_URB * COB_VEG * HUAQUEO | ,000 | 0 | , | , | , |
| Error | 323914,857 | 32 | 10122,339 | | |
| Total | 1226180,000 | 44 | | | |
| Total corregido | 832114,182 | 43 | | | |

a. R cuadrado = ,611 ( R cuadrado corregida = ,477)

**Rangos**

| | Cod_Saqueo | N | Rango promedio | Suma de rangos |
|---|---|---|---|---|
| Frag Cerámicos | 1 (con Saqueo) | 2 | 40,00 | 80,00 |
| | 2 (sin Saqueo) | 42 | 21,67 | 910,00 |
| | Total | 44 | | |

**Prueba Mann-Whittney**

| | Frag Cerámicos |
|---|---|
| U Mann-Whitney | 7,000 |
| W de Wilcoxon | 910,000 |
| Z | -1,973 |
| Sig. asintót (bilateral) | ,049 |
| Sig. unilateral | ,042 |

Tablas 9 y 10. ANOVA Contextos sedimentarios

| | | UMP (nº) | |
|---|---|---|---|
| Contexto | Acumulación | **53** | - |
| | Erosión | **42 ; 75** | **13 ; 34** |
| | | Suave | Pronunciada |
| | | Pendiente | |

Tabla 10. Migración horizontal (caso en Sector 5)

Los resultados de ANOVA factorial para contexto de acumulación (n=40 UMP) no expresaron valores significativos. En este caso, las medias artefactuales de las UMP con saqueos no superaron el nivel crítico de significancia, a pesar de contener un número de casos considerablemente mayor que los existentes en el contexto erosivo (n = 12).

En consecuencia no se evidencia una fuerte influencia del tipo de contexto sedimentario en la migración vertical. En cuanto a los saqueos, específicamente, por sí solos no modifican la frecuencia artefactual de manera significativa (sea adicionando o restando); pero tal vez si de manera indirecta sobre contextos de erosión en zonas con gran dinámica horizontal (fuerte pendiente).

Migración horizontal

Existen varios trabajos que investigan la dinámica y los movimientos en plano horizontal. Muchos de ellos lo hacen a partir de observaciones secuenciales en el espacio (Rick 1976) o en el tiempo (e.g. Bintliff y Snodgrass 1998; Bollón 1994). En el presente estudio resultó difícil (por su escala) establecer qué agentes de formación influyen en la migración horizontal. Por lo tanto, se analizó un pequeño grupo de seis UMP que tenían la particularidad de poseer fragmentos remontados de una misma pieza entre diferentes unidades de proveniencia (UP) dentro de las UMP. Es decir, entre diferentes recintos o zonas separadas por muro.

Se generó un cuadro de doble entrada (Tabla 11) que sintetizara las características sobresalientes de estas UMP con el fin de hallar ciertos patrones robustos que indiquen una explicación lógica. Los casos se refieren a sectores domésticos (UMP 34, 53 Sector 3 y UMP 75 Sector 5) o zonas externas muy cercanas a ellos (UMP 42, 43 Sector 3 y UMP 13 Sector 2).

De la tabla resultante emergen algunas tendencias generales. Se puede decir brevemente que la migración horizontal es más recurrente en contextos de erosión sobre todo en zonas de pendiente moderada a pronunciada y no se topa con una fuerte presencia arquitectónica (Sector 3), algo que sucede comúnmente con las zonas abiertas (sean APC, senderos, basurales o simple espacios abiertos). Por el contrario, en los sectores donde la arquitectura tiene mayor presencia, la migración horizontal disminuye si la pendiente no es muy pronunciada (Sector 5). Sin embargo, es posible que la acción de saqueo potencie nuevamente la migración espacial (particularmente en contextos erosivos), trasladando objetos de un recinto a otro muchas veces a varios metros de distancia entre sí (e.g. UMP 34 – Sector 3. migración de 6 mts. de distancia entre fragmentos remontados).

Distribución del material cerámico cronológicamente diagnóstico

Como más arriba se indicó, los fragmentos cronológicamente diagnósticos se identificaron a partir de la muestra general. En consecuencia, si ciertos agentes de formación afectan la frecuencia artefactual global, es esperable que haga lo propio en este subconjunto. Sin embargo ciertas conductas de descarte podrían sobrerrepresentar la muestra, lo mismo que agentes postdepositacionales como el saqueo (Figura 6b).

Lo primero que se testeó fue la relación entre la frecuencia del material diagnóstico y la frecuencia de fragmentos cerámicos en general. Como se observó, las áreas cercanas a basurales y ciertos sectores con presencia de pozos de saqueo definen lugares con mayor densidad artefactual por sobre cualquier otro agente de formación. Sin embargo, ¿Qué tan fuerte es esta relación en el material diagnóstico?

El diagrama de dispersión (Figura 7a) muestra una estrecha relación sobre todo para aquellas zonas (UMP) con Basurales. Lo mismo se observa al superponer el tema Basurales sobre la densidad de diagnósticos (Figura 6b).

Contrastando en SIG las densidades de ambas frecuencias (cerámica general y diagnóstica – Figuras 6a-b) se pudo obtener una idea global de la relación. Se generaron dos mapas raster por método de interpolación IDW (uno para frecuencias cerámicas en general, el otro para frecuencias de diagnósticos cronológicos) a partir de valores de frecuencias estandarizados (puntaje Z) lo que nos permitió concretar la comparación. Con este puntaje las diferencias se tornan significativas si los valores superan Z <= -1 ó Z >= 1 (un desvío estándar por debajo o por arriba de la Media = 0). Mediante una operación aritmética de sustracción (Puntaje Z de Frecuencia total de cerámicos – Puntaje Z de Frecuencia de cerámicas diagnósticas) se obtuvo un nuevo mapa (Figura 7b) que sintetiza las similitudes y diferencias de ambas distribuciones.

Como puede observarse en el mapa resultante, las distribuciones de ambas frecuencias se asemejan bastante a lo largo de todo el asentamiento (valores medios: Z –1 > Media < 1 Z) aunque existen algunos sectores con diferencias menores. Las diferencias con mayor valor de diagnósticos se dan en aquellas áreas con presencia sobre todo de grandes basurales (Sector 1 y 6-7); mientras que algunas cercanas a los pozos de saqueo (e.g Sector 3) y basurales menores aumentan el valor de la cerámica en general (Sector 2 y 3).

Sin embargo, en el caso de los saqueos, no se pudo identificar si tiene relación directa con una mayor presencia de diagnósticos dado que no se observan patrones claros en el mapa. Entonces un diagrama de cajas (Figura 8a)

discriminado por UMP saqueadas y no saqueadas) ofreció un mayor detalle sobre las distribuciones. En este caso se advierte que en zonas de ámbito doméstico (APR) tienen mayores porcentajes de diagnósticos en aquellas UMP con saqueos (la mediana tiene un valor de aproximadamente 4% de diagnósticos sobre el total de fragmentos en UMP huaqueadas, mientras que las UMP de APR sin huaqueo tienen un porcentaje menor, del 1%.).

Viendo que las diferencias eran sustanciales solo en APR (el componentes de instalación más saqueado) se focalizó la observación sobre aquellos sectores donde la densidad de saqueos registrada era mayor. Un nuevo diagrama de cajas (Figura 8b) muestra la tendencia de que los pozos de saqueo elevan el porcentaje de diagnósticos presentes en aquellos sectores donde la densidad es marcadamente alta (Sectores 3 y 5).

Con las reservas del caso de estas estimaciones robustas (agentes no contemplados que pueden llevar a equifinalidad) pareciera ser que a mayor presencia de saqueos aumenta la frecuencia del material diagnóstico aunque este efecto no es general como la figura 6b lo demuestra (fragmentos diagnóstico y distribución de pozos de saqueo).

Tamaño de fragmentos cerámicos

El tamaño de los tiestos puede incidir la preservación y distribución de los artefactos en superficie. El *size-effect* (Ammerman y Feldman 1978; Baker 1978;) distorsiona muchas veces la cantidad de artefactos de tamaño grande frente a los más pequeños en diversos contextos. (Lewarch y O´Brien 1981, Odell y Cowan 1987; Stein y Teltser 1989). A su vez, la fragmentación de las piezas cerámicas varía dependiendo del lugar investigado e influye tanto en la cuantificación artefactual (mayor rotura, mas fragmentos cerámicos en el conteo) como en la identificación cronológica de los materiales (Nielsen 1991; Schiffer 1987).

Se entiende que a mayor tamaño de los fragmentos mayores serian las probabilidades de ser diagnósticos. El gráfico de barras (en Figura 9), tomando el tamaño modal de cada UMP como categorizador de tamaño, muestra como el aumento del mismo eleva las probabilidades de identificación cronológica. Corroborada esta relación se quiso identificar la existencia de alguna segregación espacial de los tamaños y cómo repercutiría sobre la densidad de fragmentos cerámicos.

Mediante ArcView se observó la distribución artefactual de los diferentes tamaños a través del sitio. El mapa temático de Tamaño (Figura 9) grafica las UMP a partir de tortas de porcentaje que representan las proporciones (porcentajes de frecuencia) de los diferentes tamaños en cada unidad de muestreo. Al mismo tiempo el propio tamaño de la torta ofrece una idea sobre la cantidad de fragmentos cerámicos (frecuencia absoluta) que cada UMP contiene. De manera que SIG permite analizar simultáneamente la distribución general de los tamaños, sus porcentajes y su influencia en la frecuencia cerámica total.

Lo que se observa entonces es que los tamaños pequeños aparecen en mayores proporciones en los sectores 1, 2, 3 mientras que los tamaños grandes, sin ser mayoritarios (resultado esperable), aumentan sus proporciones en los sectores 3, 4, 5, 6 y norte del 7. Para darle mayor fuerza a estas primeras tendencias observadas en el mapa fueron testeadas estadísticamente en relación a dos índices de segregación espacial: el ISEG y el ISEA, que se desarrollan a continuación.

Mediante el Índice de segregación espacial global (ISEG) es posible analizar la existencia o no de agrupamiento diferencial de los fragmentos cerámicos cuando se discriminan por categorías. (Buzai, 2003) El ISEG permite medir la segregación espacial (tendencia de fenómenos similares a agruparse espacialmente) de cada categoría de tamaño de fragmento en relación a la población total (cerámica general) y su fórmula es:

$$ISEG_{ab} = 0{,}50 \ \kappa| a_i - b_i |$$

Donde ISEG es el índice de segregación global para la categoría poblacional b respecto del total de la población a
$a_i$ = es el porcentaje de la población que contiene cada unidad espacial.
$b_i$ = es el porcentaje del grupo de población en cuestión.
0,50 = es una constante que permite utilizar solamente la suma de los valores positivos o negativos de la columna ($a_i - b_i$) donde κ = 0, la cual da lugar a la comuna $|a_i - b_i|$ donde la sumatoria es el doble al considerar los valores absolutos (Buzai, 2003: 122)

Si el resultado del índice es cero significa que no existe segregación espacial de la categoría analizada frente a la población total y ambas se distribuyen de manera similar. En contrapartida, cuanto mayor sea la diferencia entre cero y el valor ISEG de una categoría, mayor será la segregación espacial de esa categoría frente a la distribución total.

El cálculo de ISEG para los tamaños indica que todos difieren significativamente de la distribución general (Tabla 10) y que por lo tanto existe una marcada segregación espacial. Esto es especialmente claro en Tamaño 1 (T1), Tamaño 4 (T4) y Tamaño 5 (T5). Los tamaños 2 (T2) y 3 (T3) tienen una distribución más homogénea.

Tomando la información de ISEG es posible utilizar otro índice de segregación el Índice de segregación espacial areal (ISEA) que calcula la proporción en que cada unidad espacial considerada supera, iguala o es inferior al valor de población total en esa misma unidad (Buzai 2003). En consecuencia si ISEA =< 1,00 significa que la proporción de población total es mayor a la unidad espacial considerada; si ISEA = 1,00 las proporciones se distribuyen de manera similar; finalmente, si ISEA >= 1,00 existe segregación en esa unidad espacial y mayor es la segregación cuanto mayor a 1 sea el valor. Para el último caso Buzai (2003 :124) sugiere considerar un ISEA significativo recién cuando el valor sea >= 2,00 dado que este número representa una segregación muy significativa al ser el doble de la distribución total.

| | ISEG |
|---|---|
| T 1 | 45,830 |
| T 2 | 10,538 |
| T 3 | 15,270 |
| T 4 | 40,987 |
| T 5 | 83,044 |

Tabla 11. ISEG para Los Amarillos

Como el ISEA se calcula para cada UMP, es posible ver las tendencias tanto a nivel global como a nivel de sectores, diferenciando estadísticamente el grado de segregación espacial para cada tamaño. De la tabla 11 se puede apreciar que, excepto el Tamaño 2 el cual no tiene segregación espacial en ningún Sector, los demás tamaños si lo tienen.

Al igual que lo observado en Figura 9, estos índices corroboran que los tamaños pequeños están significativamente segregados en mayor proporción sobre los Sectores de acceso al sitio (1, 2, 3), área con fuerte presencia de basurales. Mientras que los tamaños 3 y 4 tienden a ubicarse en zonas más al norte del sitio. En el caso del tamaño 5 es más errático en su segregación aunque el sector 5 aparece como fuerte (donde abundan los pozos de saqueo).

Por lo tanto para los tamaños pequeños (T1 y T2), aunque ampliamente distribuidos por todo el sitio, pareciera que influyen en su segregación el tipo de componente de instalación en relación a un contexto sedimentario de acumulación y una cobertura vegetal baja a muy baja. Las áreas con mayor presencia de tamaños pequeños se ubican en Zonas externas y APC. Estas características están presentes con fuerza en los sectores 2, 7 y en parte el 1.

Para el tamaño medio (T3) no surge ningún factor que modifique significativamente su frecuencia y distribución, lo que también concuerda con los resultados del ISEA (donde se observa una distribución homogénea). Junto con T2 es el tamaño modal de toda la muestra. Los tamaños grandes (T4 y T5) parecen estar en cierta medida influenciados por el tipo de instalación y/o la presencia de pozos de saqueo. Este perfil concuerda con los obtenido por ISEA, sectores con gran pendiente o importante acción erosiva (sectores 3, 1 y 6 y en menor nivel 5). Al probar por ANOVA la influencia de estos factores (componentes de instalación, cobertura vegetal y contexto sedimentario) no resultaron ser concretamente significativos lo que podría evidenciar problemas de equifinalidad.

En resumen, el análisis por diversas vías de la segregación espacial del tamaño muestra una clara tendencia global. Los porcentajes de fragmentos más grandes aumentan conforme se distancie de las áreas de acceso al sitio. En consecuencia, no emergiendo como destacable ninguno de los agentes de formación previamente considerados surgió la idea de investigar al "ocasional visitante" (local o foráneo) como agente antrópico capaz de influir significativamente en la variación, distribución y densidad de los fragmentos según el tamaño.

Recolección no científica de material en superficie

Como se vio más arriba, los fragmentos más grandes aumentan cuanto mas lejos se esté de acceso al sitio. Por otro lado, se sabe que el asentamiento no sólo es y fue visitado por arqueólogos sino también por ocasionales andinistas, turistas interesados en la arqueología y/o personas aficionadas a la alfarería prehispánica. Muchas veces estos *visitantes ocasionales* levantan y toman los objetos, seleccionando con preferencia aquellos más grandes, visibles y completos en cuanto a diseño y forma.

De acuerdo a los resultados obtenidos, los agentes de formación considerados *a priori* no parecen tener influencia significativa. Se consideró entonces, y fuera del planteo inicial, si este agente antrópico podría dar una explicación

| ISEA | Porcentajes de segregación con respecto a la totalidad de UMP | | | | |
|---|---|---|---|---|---|
| | T1 =< 16mm | T2 16 □32 | T3 32 □64 | T4 64 □128 | T5 >= a 128 |
| Sector 1 | 2,04% | - | - | - | 1,02% |
| Sector 2 | 5,10% | - | - | - | 1,02% |
| Sector 3 | - | - | - | 8,16% | 4,08% |
| Sector 4 | - | - | - | 4,08% | - |
| Sector 5 | - | - | 1,02% | 3,06% | 4,08% |
| Sector 6 | - | - | - | 2,04% | 4,08% |
| Sector 7 | 5,10% | - | - | 2,04% | 2,04% |
| Cárcava | - | - | - | 3,06% | 1,02% |
| Los Amarillos | 12,24% | - | 1,02% | 22,44% | 17,34% |

Tabla 12. ISEA Distribución de tamaños por Sectores

sobre ciertas variaciones en la distribución y densidad de los fragmentos por tamaño.

En consecuencia, se hipotetizó que, independientemente del actor en sí, cuánto más cercano a los accesos esté el área en cuestión, mayores serán las probabilidades de que sufra recolecciones de material (tipo *souvenir*) y serán los fragmentos de mayor tamaño los predilectos. En consecuencia, éstos aparecerán en pequeñas proporciones sobre las zonas más accesibles del sitio.

Por *accesibilidad* se entendió a la distancia del punto considerado en relación al acceso principal del sitio (Acceso 1), ingreso por donde actualmente se accede al sitio (Figura 9). Para obtener un patrón ordinal de la accesibilidad y su relación con el tamaño, se construyeron desde el Acceso 1 trece radios concéntricos que se incrementaron en intervalos de 45m permitiendo abarcar con cada incremento 1,5 veces la extensión de una UMD o, lo que es lo mismo, dos UMP. En este caso el valor 1 significó máxima accesibilidad y el valor 13 (último radio concéntrico) refiere a la mínima.

El gráfico de accesibilidad (en Figura 9) ejemplifica la segregación observada por ISEG e ISEA. Por un lado, la presencia (en porcentajes) de tamaños pequeños disminuye a medida que uno se aleja del Acceso 1; mientras que los tamaños grandes se incrementan en el mismo sentido, hacia las zonas más al norte del sitio. El tamaño medio (T3) también tiende a aumentar hacia zonas alejadas, lo cual parece lógico ya que por ser el tamaño medio (fluctuante entre ambas extremos) posee la superficie suficiente como para identificarse motivos y patrones de decoración y forma.

En consecuencia, los resultados estarían indicando una deliberada recolección de fragmentos de tamaños suficientemente grandes como para presentar superficies decoradas (motivos más completos), por lo tanto más atractivos como *souvenir.*

## DISCUSIÓN

De los análisis precedentes se desprende que existe una marcada influencia de los basurales sobre la densidad cerámica en superficie. Estos no sólo aportan un número mayor de material (aumento geométrico de la frecuencia artefactual); sino también una mayor riqueza cronológica al contener desechos de diversos períodos. La fuerte correlación existente entre la frecuencia cerámica general y la cronológicamente diagnóstica demuestra la importancia de los basurales en la construcción de los mapas de densidad de cada MO.

Como la literatura etnoarqueológica ejemplifica (Baer 1991; Hayden y Cannon 1994; Kamp 1991; Schiffer 1987:59; Staski y Sutro 1991), los contextos secundarios se desarrollan allí donde la ocupación es más intensa y continua en el tiempo y donde exista una complejidad habitacional creciente que sature los espacios de descarte próximos.

Los basurales, de comportamiento altamente recurrente y regularizado, se convirtieron en la única traza posible de análisis sobre los patrones de descarte dado el extenso lapso temporal entre las ocupaciones finales y este estudio. El hecho de que éstos se concentren sobre el área nuclear (sectores 1, 2 y 3) y que hacia el norte (sectores 4, 5, 6) la presencia sea escasa y aislada, refuerza la idea de una intensa ocupación sobre la zona nuclear y un uso más tardío para los demás sectores, como las estimaciones de ocupación también lo expresan (Figura 5).

Fuera de las áreas con basurales, la presencia y frecuencia de material cerámico diagnóstico parece estar condicionada por una multiplicidad de agentes postdepositacionales y depositacionales que ínter juegan y se potencian según el lugar. Conviene detenerse un momento para explicitar ciertos patrones observados.

Se percibió en el propio sitio que, algunas veces, las dinámicas postdepositacionales como la graviturbación (potenciada o no por el agua) pueden socavar la superficie presente y desenterrar mayor cantidad de objetos aunque no de manera selectiva (diagnósticamente hablando). Para algunas zonas con baja frecuencia como el Sector 7 podría darse lo que en términos de Wandsnider (1998:23) se denomina *patrón regular,* definido como área reocupada donde se mantiene la misma función que la precedente pero mediante un nuevo patrón. En la parte oeste de este sector pudo haberse desarrollado ese patrón. Excavaciones en el lugar demostraron la existencia de una continuidad habitacional pero con modificaciones edilicias considerables a través del tiempo (tabicamiento de espacios. Nielsen, 2001: 203). Por lo tanto, los cambios espacio/funcionales a través del tiempo pudieron dispersar y reubicar el material artefactual haciendo que disminuya su presencia general sin una tendencia clara. Seguramente, las excavaciones del PIO (Figura 2) en varios recintos del área potenció este descenso del material en superficie al quedar tapado y/o removido el material de superficie (por tierra de zaranda y excavación respectivamente.

La pendiente, a partir de su inclinación y tipo de superficie pudo ordenar los restos artefactuales según el tamaño y forma de los mismos sepultando o descubriendo el material, lo que determina la frecuencia artefactual en superficie (Kirby y Kirby 1976). En general para Los Amarillos el efecto de la pendiente tiende a ser más indirecto que directo en conjunto con otros agentes (pozos de saqueo, avenamientos acuíferos). Asimismo, su relación con la arquitectura también parece tener alguna influencia en la conformación del registro arqueológico en superficie, condicionando su agrupación espacial tanto a nivel depositacional (Staski y Sutro 1991) como postdepositacional (Butzer 1982; Flannery 1976; Hirth 2000; Redman y Anzalone 1980).

Habiendo considerando la influencia de la gravedad desde una perspectiva geológica (Camilli y Ebert 1992; Lewarch y O´Brien 1981; Rick 1976), se pudo analizar los fragmentos cerámicos como un tipo especial de clasto, extrapolando al registro artefactual ciertos modelos de sedimentación y erosión muy generales que ayudaran a comprender la dinámica de migración y su interacción con la arquitectura y los artefactos. En el sitio, la presencia de la arquitectura provocó una merma del impulso gravitacional que imprime la pendiente. Los muros, o cimientos de estos, redireccionan y disminuyen los efectos gravitacionales, eólicos y las hidrodinamias del lugar, canalizando y distribuyendo tanto los sedimentos como los fragmentos cerámicos presentes en superficie. Sobre los sectores llanos, o con poco declive, la migración horizontal es prácticamente nula y generalmente se da por acción del agua o del viento.

La cobertura vegetal presente está estrechamente relacionada con el tipo de pendiente y la arquitectura presente como indican varios autores (Butzer 1982; Dincauze 1987). En el caso de Los Amarillos, tanto por SIG como la estadística utilizada se advierte que su agrupación y distribución no obstruye significativamente la visibilidad y recolección del material en superficie como se suponía.

De estas observaciones, emerge que el accionar antrópico influencia la distribución y preservación del material en superficie por sobre los demás agentes. En escala de importancia, después de las conductas de descarte pretéritas, son las personas en el presente las que afectan la distribución y agrupamiento del material arqueológico en superficie. El accionar de este agente antrópico se puede dividir en dos categorías: a) aquellos que se dedican a una rapiña planificada, efectuando excavaciones puntuales sobre los recintos; y, b) los visitantes ocasionales que levantan y se llevan, a modo de *souvenir*, el material presente en superficie. Seguramente con preferencia de aquellos que presenten definidos patrones de diseño y confección.

Una tercera categoría podría agregarse, para incluir a las excavaciones científicas. En el caso de las propias del PIO, se registraron dos patrones: en áreas donde se efectuaron grandes excavaciones de recinto, el material superficial se vuelve medianamente escaso (e.g. Complejo A y B, o porción media del sector 7 – confróntese Figura 2 y Figura 5) mientras que en áreas donde se realizaron pequeños sondeos se mantiene altas las frecuencias artefactuales cerámicas (Sector 2). En cuanto a las excavaciones previas (Debenedetti 1918) es muy difícil identificarlas ante la ausencia de registros. Además, es probable que en varios lugares estén mezcladas con los pozos de saqueo registrados, con los que comparten similar patrón de desenterramiento (dado que los primeros arqueólogos también iban en busca de contextos funerarios)

Los pozos de saqueos demostraron tener alguna influencia en el porcentaje de diagnósticos (y no tanto en la frecuencia) sobre todo en aquellos Sectores como el 3 y el 5 donde su presencia es elevada (Figura 6a-b). En algunos casos las zonas saqueadas pueden promover el desplazamiento lateral potenciado por un contexto erosivo, trasladando objetos de un recinto a otro, muchas veces a varios metros de distancia entre sí (caso UMP 34 – Sector 3).

El segundo agente antrópico postdepositacional no había sido contemplado al inicio de la investigación por considerarse de bajo impacto a la escala de análisis establecida. Empero, este "recolector ocasional" se presenta ahora como un importante factor que condiciona la distribución y preservación del material cerámico de superficie (sobre todo el diagnóstico). Si bien los análisis implementados son bastante rudimentarios, los resultados obtenidos (sumado a las observaciones cualitativas generadas en el trabajo de campo) parecen corroborar la importancia de este agente.

Schiffer (1987: 114-117) mencionando trabajos de Lightfoot (1978) y Francis (1978) entre otros, describe la estrecha relación entre las zonas de saqueo y los lugares más accesibles del sitio, en donde se da una elevada recolección de material decorado por sobre el no decorado y una selección de los objetos más grandes por sobre los pequeños.

El hecho de que los mayores porcentajes de tiestos grandes se encuentren en las zonas más alejadas al acceso al sitio y a las vías de circulación informales, parece ser una evidencia significativa de cómo la recolección por parte de visitantes ocasionales sesgaría la frecuencia y distribución del material en superficie. Un ejemplo interesante y raro ha sido la frecuencia cerámica de la UMP 84 (Sector 4 Figura 3b). Esta unidad de análisis se halla en el extremo noroeste del sitio, fuera del trazado residencial por aproximadamente unos 15m. Se trata de una zona externa asentada sobre suelo pedregoso y roca madre con claras evidencias de sufrir acciones eólicas y pluviales frecuentes. Sin embargo presenta un porcentaje elevado de fragmentos medianos y grandes (64%) y tiestos diagnósticos de los tres momentos (en total 9). No es posible explicitar una conclusión definitiva sobre este comportamiento, y se necesitaría volver al campo para profundizar el análisis. Sin embargo, podría aventurarse que tal vez se trate de restos de esos pequeños montículos de cerámica apiñada sobre grandes rocas que comúnmente se hallan en varios sectores del sitio. Estas "montañitas" son producto del comportamiento de algunos visitantes quienes agrupan los fragmentos recolectados en esa zona dejándolos a la vista como muestrario (y facilitarle la tarea al arqueólogo?).

Control de las estimaciones

Las estimaciones de área de ocupación para el PDR I (Figura 5) dan como resultado la ocupación de la meseta central (sectores 1, 2 y 3) y del sector 4. La densidad de fragmentos cronológicos de este período está muy influenciada por la presencia de los basurales. Las mayores densidades de fragmentos se concentran en los sectores 1, 2 y en menor medida sobre el 3. Estas zonas pertenecen a la porción habitable de mayor extensión dentro del sitio y la que abarca las tres vías de ingreso en la meseta central. En el caso de los sectores 1 y 2, las áreas cercanas a basurales aportan la mayor cantidad de fragmentos.

La incidencia de los saqueos también es importante en la aparición de material en PDR I. El caso resulta ejemplificador dado que las estimaciones de PDR I podrían modificarse sustancialmente si no se tuvieran en cuenta estos fragmentos diagnósticos. Sería esperable que la interpolación de materiales diagnósticos PDR I, excluyendo lo recolectados sobre áreas de basural y/o saqueo, representen un área de ocupación más dispersa (pequeños manchones) aunque dentro de los mismos sectores.

Es llamativo no haber hallado fuertes indicios de ocupación en el área del Complejo B, como las excavaciones previas del PIO y anteriores si demostraron. Se entiende que aquí jugaron varios factores. Por un lado el muestreo sistemático pudo no haber cubierto correctamente el área nuclear del complejo B. Tan solo dos UMP (26 y 27) se hallan íntegramente en él. Por el otro, la baja frecuencia producto de estas excavaciones previas y el predominio de un contexto de acumulación de sedimentos muy desarrollado, que podría estar ocultando evidencia material. Finalmente la alta accesibilidad del sector también podría influenciar ésta merma (tesis apoyada por los altos porcentajes de tamaños pequeños hallado en ambas UMP, 79 % y 94 % respectivamente).

De cualquier manera, para el PDR I la ausencia de elementos diagnósticos cronológicos en zonas como el sudoeste del sector 1 podría deberse al efecto combinado de la recolección de los turistas, la ausencia de basurales y, la ausencia de saqueos. Estos son los mismos factores que explican la presencia de elementos diagnósticos en otros casos. La ausencia de ocupaciones del PDR I en el sectores 5 y sur del sector 3 estaría ratificada por la ausencia de diagnósticos a pesar de la abundancia de pozos de saqueo. El mismo argumento podría ratificar la presencia sólo moderada de estos materiales en el sector 7.

Los restos del PDR II ocupan la totalidad del sitio. Este período presenta las mayores frecuencias artefactuales de los tres momentos de ocupación. Las zonas con densidades artefactuales elevadas se encuentran más repartidas a lo largo del asentamiento. El mapa muestra una presencia y aumento de la frecuencia artefactual en los sectores 3, 5 y 7 en su expansión hacia el norte. Sin embargo, muchos de los fragmentos asignados para este momento de ocupación podrían, potencialmente, ser cerámicas locales confeccionadas en el siguiente momento (Periodo Inka). Se sabe que la alfarería local no experimenta muchos cambios de un período a otro (Nielsen 1997, 2001) lo cual invita a ser precavidos con las estimaciones de ciertas zonas para el siguiente período.

Para Período Inka la ocupación se circunscribe a la zona nuclear, como se observa en la densidad artefactual (2 a 3 fragmentos por UMP) sobre el sector 2. Para la cerámica de este período la incidencia del tamaño en la identificación del material cronológicamente diagnóstico se reduce drásticamente. Esto se debe a que es posible identificar aquellos manufacturados con "pasta alóctona", propia de la confección inka, no requiriendo de un tamaño específico para ser identificados por diseño o forma.

La presencia de material Inka fuera de la zona nuclear (sector 2) del sitio es casi nula. La concentración pareciera ajustarse a las hipótesis planteadas que proponen un gran retroceso y merma del espacio habitacional hacia el área nuclear de Los Amarillos para esta época. No significa que las áreas adyacentes hayan sido abandonadas por completo. El aislado hallazgo de materiales de la época sobre otros sectores hace suponer que la intensidad de ocupación bajó abruptamente en los sectores 5, 6 y 7. La presencia de cerámica Inka sobre la convergencia de las cárcavas hacia el norte del sitio (en el extremo sur del sector 5) demuestra que no debe caerse en inferencias simplistas. Sin embargo, las excavaciones sobre el centro del sector 5 (Nielsen 2001; Angiorama 2003), donde no se hallaron fragmentos inkaicos, sugieren que la ausencia de materiales cuzqueños podría efectivamente reflejar una retracción de la ocupación.

En resumen, la influencia de los procesos de formación en las estimaciones de la extensión ocupacional opera de diversas maneras aunque sobresalen los agentes antrópicos (depositacionales y postdepositacionales) por sobre los demás considerados. Estos últimos también varían en su influencia de acuerdo al período o atributos que se considere.

Puede decirse que en el caso de los fragmentos de PDR I, la influencia de los saqueos es de carácter *cualitativo*, ya que se centra en cuestiones de presencia/ausencia, como en el caso del sector 3 y los pozos de saqueos presentes. Mientras que la influencia de los basurales sobre materiales de este período es de carácter *cuantitativo* al influir en las densidades de los fragmentos PDR I.

PDR II, al ocupar la casi totalidad del sitio, no presenta inconvenientes para su estimación. Variaciones a su interior demandarán nuevas y más específicas investigaciones, seguramente focalizadas a nivel de diferenciación funcional del asentamiento

En el caso del Período Inka, la incidencia de los procesos de formación también es de carácter cualitativo (presencia/ausencia) por su baja frecuencia. Aunque en este caso con la información recaba no es posible identificar algún agente de formación específico y exclusivo.

Finalmente, si se considera la mayor probabilidad de recolección no científica de material diagnóstico para los sectores cercanos al acceso 1 en comparación a las zonas mas alejadas (resguardadas de los recolectores ocasionales aunque no de los saqueadores) el hecho de que las extensiones de ocupación de los periodos PDR I e P.Inka se hayan desarrollado sobre la zona más accesible del sitio permite reforzar las dos conclusiones mayores: la ausencia de ocupación de los sectores 5 y 6 en PDR I y el abandono de los mismos durante momentos inkaicos.

Seguramente, llevando a cabo una nueva serie de nuevos sondeos sobre diversas áreas del sitio podrán testearse las estimaciones aquí propuestas. En consecuencia no solo se podrá definir con mayor exactitud las áreas de ocupación de los diversos momentos sino también sus características estructurales y funcionales particulares.

## CONCLUSIONES

Los resultados obtenidos permiten aseverar que las partes central y sur del asentamiento (Sectores 1, 2, 3 y en menor medida 4 y 7) tuvieron una intensa y continua ocupación. Por su parte, los sectores 5 y 6 habrían sido ocupados brevemente, sobre todo en momentos de PDR II, como lo demuestra el aumento de fragmentos de ese período y la ausencia de basurales muy desarrollados. El mantenimiento de una conducta de descarte más relajada refuerza la idea de un abandono temprano de estos sectores para el momento inkaico, donde la población se estaría agrupando y retrayendo hacia área central de la meseta (sectores 1, 2 y algo del 3).

El uso de los sistemas de información geográfica permitió experimentar en Los Amarillos nuevas modalidades de análisis espacial para reconstruir de su historia ocupacional. Se para ello diseñaron nuevas vías metodológicas de investigación que aprovechen el material artefactual de superficie, una evidencia tan abundante como sub-utilizada en la región. De manera que el estudio funcionó como banco de pruebas para replicar en el futuro dichas estrategias (estructuradas en un modelo metodológico) en alguno de los numerosos poblados prehispánicos de la región. De esta forma se podrá obtener mayor información, en un tiempo acotado, sobre la evolución habitacional de la región y, en última instancia, sobre la evolución social de la Quebrada de Humahuaca.

Finalmente, el uso de SIG en este tipo de estudios también posibilita la gestión de patrimonio en los sitios prehispánicos de la región, ya que posibilita el monitoreo del impacto turístico frente a la apertura de los mismos al turismo cultural. Este es uno de los problemas más acuciantes actualmente sobre la Quebrada de Humahuaca (declarada Patrimonio Cultural de la Humanidad en 2007); problemática de la cual Los Amarillos tampoco permanece ajeno.

*Agradecimientos*
A todos aquellos que de alguna u otra manera permitieron que llegara a esta instancia, comenzando con la familia nuclear (Renata – gracias por el aguante!, y Giuliana – mi miniexploradora), la patrilineal (Juan Carlos, María Eugenia y Romina), la extendida (Familia Berardi - Silva) y la adoptiva (mis amigos de siempre). A Federico Cirese por su ayuda con la confección final de las figuras. *And, last but not least* un enorme agradecimiento a todos mis amigos, compañeros y colegas (en ese orden) de disciplina: Axel Nielsen, Malena Vazquez, Pablo Mércolli, Karina Menacho, Julio Cesar Avalos, Florencia Avila, Virginia Pineau, Natividad González, María José Figuerero Torres y José Vaquer; con quienes estoy en deuda por el apoyo, comentarios e intercambio de ideas que me permitieron concluir la investigación y el presente artículo.
Como se sabe, la responsabilidad de lo aquí vertido es absolutamente mía, como así también la críticas y observaciones. Sin embargo de surgir algún elogio, favor de hacerlo extensivo a cada uno de los mencionados … vaya que se lo merecen.

## BIBLIOGRAFIA

Albeck, M. E.
1992 El Ambiente como Generador de Hipótesis sobre Dinámica Sociocultural Prehispánica en la Quebrada de Humahuaca. *Cuadernos* 3.:95-108.

Ambrosetti, C. I.
1912 Resultados de las exploraciones arqueológicas en el Pucará de Tilcara. En *Actas del XVII Congreso Internacional de Americanistas*497-498, Buenos Aires.

Ammerman, A. J. y M. W. Feldman
1978 Replicated Collection of Site Surfaces. *American Antiquity* 43 (4):734-740.

Angiorama, C. I.
2003 Producción y circulación de objetos de metal en la Quebrada de Humahuaca en momentos prehispánicos tardíos (900-1535 d.C.). Tesis Doctoral Universidad Nacional de Tucumán, San Miguel de Tucumán.

Baer, R.
1991 Cultural factors affecting relationships between household refuse and household food consumption. En *The ethnoarchaeology of refuse disposal*, editado por E. y L. Sutro (ed) Staski, pp. 5-12. vol. Anthropological Research Pappers N° 42. Arizona University State.

Baker, C.
1978 The size effect: An explanation of variability in surface artifact assemblage content. *American Antiquity* 43 (2):288-293.

Barberis, L. A.
1969 *Guía de reconocimiento de suelos en campaña.* Facultad de Agronomía, 2da Edición, Buenos Aires.

Bennet, W.; E.C. Bleiler y F.H. Sommer
1948 *Northwest Argentine Archaeology.* Yale University Publications in Anthropology, No. 38. New Haven, 1948

Berardi, M. H.
2004 *Historia ocupacional de Los Amarillos (Quebrada de Yacoraite, Jujuy) Análisis del material arqueológico en superficie mediante SIG.* Tesis de Licenciatura en Ciencias Antropólicas, orientación Arqueología. Universidad de Buenos Aires. Facultad de Filosofía y Letras. MS. Se consulta en Biblioteca del Museo Etnográfico, Bs.As.

Binford, L. R.
1964 A consideration of archaeological research design. *American Antiquity* 29 (4):425-441.

Bintliff, J. y A. Snodgrass
1988 Off-site pottery distributions: A regional and interregional perspective. *Current Anthropology* 29 (4):506-513.

Blalock, H.
1992 [1960] *Estadística Social.* Cuarta reimpresión ed. Fondo de Cultura Económica, México.

Bollong, Ch.
1994 Analysis of site stratigraphy and formation processes using patterns of pottery sherd dispersion. *Journal of Field*

*Archeology* 21:15-28.

Buitrago, L. G. y M. T. Larran
1994 *El Clima de la Provincia de Jujuy.* Universidad Nacional de Jujuy

Butzer, Karl W.
1982 *Archaeology as Human Ecology*. Cambridge University Press, Cambridge.

Buzai, G.D.
2003 *Mapas sociales urbanos*. Buenos Aires.

Camilli, E.L. Y J. I. Ebert
1992 Artifact reuse and recycling in continuous suface distributions and implications for interpreting land use patterns. En *Space, Time and Archaeological Landscapes*, editado por J. y L. Wandsnider (ed.) Rossignol, pp. 113-136. Plenum Press, New York.

Carr, C.
1984 The nature of organization of intrasite archaeological records and spatial analytic approaches to their investigation. En *Advances in Archaeological Method and Theory*, editado por M. Schiffer, pp. 103-222. vol. 7. Academic Press, New York.

Casanova, E.
1933 Tres ruinas indígenas en la Quebrada de La Cueva. *Anales del Museo Nacional de Historia Natural "Bernardino Rivadavia"* XXXVII:255-320. Buenos Aires.

1934 Observaciones preliminares sobre la arqueología de Coctaca. En *Actas del XXV Congreso Internacional de Americanistas*25-38. vol. II, Buenos Aires.

1936 *La Quebrada de Humahuaca.* vol. 1 (Separata). Historia de la Nación Argentina, Buenos Aires.

1937 Contribución al estudio de la arqueología de La Isla. *Runa* 1:65-70.

Cremonte, M. B.
1992 Algo mas sobre el Pucará de Tilcara. Análisis de una muestra de superficie. *Cuadernos* 3:35-52. Universidad Nacional de Jujuy.

1995 Hornillos: Análisis y distribución de cerámicas de superficie. *Cuadernos 3* :189-204.

Debenedetti, S.
1910 Exploración arqueológica en los cementerios prehistóricos de la Isla de Tilcara (Quebrada de Humahuaca, Prov. de Jujuy). *Publicaciones de la Sección Antropológica* Vol. 6. Universidad de Buenos Aires. Buenos Aires.

1912 Influencias de la Cultura de Tiahuanaca en la región del noroeste argentino (Nota preliminar). *Publicaciones de la Sección Antropológica* Vol. 11:5-27. UBA.

1918 La XIV y XVII Expedición Arqueológica de la FFyL. *Physis* IV:196-207.

1930 Las Ruinas del Pucará de Tilcara. *Archivos del Museo Etnográfico* II. Buenos Aires.

Dincauze, D. F.
1987 Strategies for Paleoenviromental reconstruction in archaeology. En *Advances en Archaeology Method and Theory*, editado por M. Schiffer, pp. 255-336. vol. 11. Academic Press, New York.

Duncan, R. B y K. A. Beckman
2000 The aplication of GIS Predictive Site Location Models within Pennsylvania and West Virginia. En *Practical Applications of GIS for Archaeologists. A Predictive Modeling Kit*, editado por K. L y R. J. Brandon (ed) Westcott, pp. Taylor & Francis, Londres.

E.S.R.I.
1999 *Extending ArcView GIS*. Enviromental Systems Research Institute, Inc., Redlands, California.

Flannery, Kent (Ed)
1976 *The Early Mesoamerican village*. Academic Press.

Folks, R. L
1980 *Petrology of Sedimentary Rocks*. Hemphill Publishing Company, Austin.

Gonzalez, A. R.
1985 Cincuenta años de Arqueología del Noroeste Argentino (1930-1980): Apuntes de un casi testigo y algo de protagonista. *American Antiquity* 50:505-517.

Hageman, J. B. y D. A. Bennett
2000 Construction of digital elevation models. En *en Practical application of GIS for archaeologist. A predictive modeling kit.*, editado por K. L y R. J. Brandon (ed) Westcott, pp. Cap. 7: 113-127. Taylor & Francis, London.

Hayden, B. y A. Cannon
1994 *The structure of material systems: Ethnoarchaeology in the Maya Highlands* 3. SSA Papers No. 3, Society for American Archaeology, Washington.

Hirth, K.
2000 *Ancient Urbanism at Xochicalco: The evolution and organization of a pre-hispanic society*. University of Utah Press.

Johnson, I. y A. Wilson
2003 Making the most of maps: Field survey on the island of Kythera. *Journal of GIS in Archaeology* 1.

Kamp, K. A.
1991 Waste disposal in syrian village. En *The ethnoarchaeology of refuse disposal*, editado por E. y L. Sutro (ed) Staski, pp. 23-31. vol. Anthropological Research Papers N° 42. Arizona University State.

Kirkby, A. y M. J. Kirkby

1976 Geomorphic processes and the surface survey of archaeological sites in semi-arid areas. En *Geoarchaeology: Earth science and the past*, editado por D. A. Davidson y M. L. Shackley (ed.), pp. Duckworth, Londres.

Krapovickas, P.
1969 La Instalación Aborigén en Pukara de Yacoraite. *Etnia* 10.

1979 El Tránsito entre la Puna Argentina y los Valles Orientales. *America Indigena* XXIX:681-695.

Kvamme, K. L.
1996 Investigating chipping-debris scatters: GIS as an analytical engine. En *New methods, old problems: Geographic Information Systems in modern archaeological research*, editado por H D. (ed) Maschner, pp. 38-71. Southern Illinois University Press, Carbondale.

1998 Spatial structure in mass debitage scatters. En *Surface archaeology*, editado por A. Sullivan III, pp. 127-141. Univ of New Mexico Press, Albuquerque.

Lewarch, D. y M. O' Brien
1981 The expanding role of surface assemblages in archaeological research. En *Advances in Archaeological Method and Theory*, editado por M. Schiffer, pp. 297-342. vol. 4. Academic Press.

Madrazo, G. B.
1969 Los Sectores de edificación en el "Pucará" de Tilcara (Prov. de Jujuy). *Etnia* 9:21-57.

Marengo, C.
El Antigal de Los Amarillos (Quebrada de Yacoraite, provincia de Jujuy). Publicaciones del Instituto de Arqueología, 2. Universidad de Buenos Aires, Instituto de arqueología, 1954

Morris, C.
1973 Muestreo en excavación de sitios urbanos. *Revista del Museo Nacional* Tomo XL:110-133. Univ. de Lima.

Nielsen, A. E.
1988 Un Modelo de Sistema de Asentamiento Prehispánico en los Valles Orientales de Humahuaca. *Comechingonia* 6:129-155.

1989 *La ocupación indígena del territorio Humahuaca oriental durante los Periodos de Desarrollos regionales e Inka*. Tesis Doctoral. Universidad Nacional de Córdoba, Córdoba.

1991 Trampling the archaeological record: An experimental study. *American Antiquity* 56 (3):483-503.

1995 Architectural performance and the reproduction of Social Power. En *Expanding Archaeology*, editado por J. - W. Walker y A. Nielsen Skibo, pp. 47-66. Univ. of Utah Press, Salt Lake City.

1996a Apuntes para el estudio arqueológico de la evolución social en la Quebrada de Humahuaca (Jujuy, Argentina). *Actas del 1er. Congreso de Investigación Social*:435-442. F. F. y L., Universidad de Tucumán.

1996b Estructuras y Jerarquías de Asentamientos en Humahuaca (Jujuy, Argentina) en Vísperas de la Invasión Europea. En *XXV Aniversario del Museo Dr. Eduardo Casanova*, editado por Instituto Interdisciplinario Tilcara, pp. 99-109, Tilcara.

1997 *Tiempo y Cultura Material en la Quebrada de Humahuaca 700-1650 d.C.* Instituto Interdisciplinario Tilcara, Tilcara.

2001 Evolución Social en La Quebrada de Humahuaca (AD 700-1536). En *Historia Argentina Prehispánica*, editado por A. Nielsen y E. Berberian, pp. 171-264. vol. I. Editorial Brujas, Córdoba.

Nielsen, A. E. y M. C. Rivolta
1997 Asentamientos residenciales de Ocupación Breve en la Quebrada de Humahuaca (Jujuy, Argentina). *Chungará* 29 (1): 19-33

Nielsen, A. E. y W. H. Walker
1999 Conquista ritual y dominación política en el Tawantinsuyu. El caso de Los Amarillos (Jujuy, Argentina). En *Sed non satiata: Teoria Social en la Arqueología Latinoamericana Contemporánea*, editado por A. Zarankin y F. A. Acuto, pp. 153-169, Buenos Aires.

Odell, G. y F. Cowan
1987 Estimating Tillage effects on artifacts distributions. *American Antiquity* 53 (3):456-484.

Olivera, D. E. y J.R. Palma
1986 Sistemas adaptativos prehispánicos durante los períodos Agro-alfareros de la Quebrada de Humahuaca, Jujuy, R.A. *Cuadernos del Instituto Nacional de Antropologia* 11: 75-97.

Palma, J. R.
1991 Arquitectura Inka Provincial en Peñas Blancas, Quebrada de Humahuaca. *Comechingonia* 7:5-13.

1996 Estructura de Descarte en un Poblado Prehispánico de la Quebrada de Humahuaca. *Arqueología* 6:47-67.

2000 Urbanismo y Complejidad Social en la Región Humahuaca. *Estudios Sociales del NOA* 4 (2):31-57.

Perez, J.A.
1973 Arqueología de las Culturas Agroalfareras de la Quebrada de Humahuaca (Provincia de Jujuy, República Argentina). *America Indígena* XXXIII : 667-678

Pardo, A. Y Ruiz Diaz, M.A.
2002 *SPSS 11. Guía de análisis de datos*. Mc Graw Hill, Madrid.

Plog, S., F. Plog y W. Wait
1978 Decision making in modern survey. En *Advances in Archaeological Method and Theory*, editado por M. Schiffer, pp. 383-421. vol. 1. Academic Press, New York.

Raffino, R. A
1978. La ocupación inka en el noroeste argentino. Relaciones. XII pp. 95-121

1988 El Data Arquitectónico como Unidad de Análisis en Modelos Arqueológicos Procesuales. En *IX Congreso Nacional de Arqueología Argentina*193-201. vol. Simposio: Las Unidades de Análisis para el estudio del cambio, Buenos Aires.

1991 [1988] *Poblaciones Indígenas en la Argentina.* 2da Edición ed. TEA, Buenos Aires.

Raffino, R. A. y R. J. Alvis
1993 Las ciudades Inka en Argentina. Arqueología de La Huerta de Humahuaca. En *Inka: Arqueología, Historia y Urbanismo del Altiplano Andino*, editado por R. A. Raffino, pp. 37-76. Ediciones El Corregidor, Buenos Aires.

Redman, Ch. L.
1974 Archaeological sampling strategies. vol. No. 55. an Addison-Wesley Module in Anthropology, State University of New York Press.

Redman, Ch. L. y R. D. Anzalone
1980 Discovering architectural patterning at a complex site. *American Antiquity* 45 (2):284-290.

Redman, Ch. L. y P. J. Watson
1970 Systematic, intensive surface collection. *American Antiquity* 35 (3):279-291.

Rick, J. W.
1976 Downslope movement and archaeological intrasite spatial analysis. *American Antiquity* 41 (2):133-144.

Rivolta, M.C. y M.E. Albeck
1992 Los asentamientos tempranos en la localidad de Tilcara (Pcia. de Jujuy).
Palimpsesto 5, pp 173-182

Ruthsatz, B. y C. P. Movia
1975 *Relevamiento de las Estepas Andinas del Noroeste de la Provincia de Jujuy.* Fundación para la Educación, la Ciencia y la Cultura. Buenos Aires

Schalanger, S. y J. Orcutt
1986 *Site surface characteristics and funcional inferences.* American Antiquity 51 (2):296-312.

Schiffer, M.
1983 Toward the indentification of formation processes. *American Antiquity* 48 (4):675-706.

1987 *The Formation Processes of archaeological record.* University of New Mexico Press, Albuquerque

Smyth, Michael P.
1998 Surface archaeology and site organization: New methods for studying urban maya communities. En *Surface Archaeology*, editado por A. (ed.) Sullivan III, pp. University of New Mexico Press, Albuquerque.

Staski, E. y L. Sutro (Ed)
1991 *The ethnoarchaeology of refuse disposal.* Anthropological Research Papers No. 42. Univ. of Arizona Press.

Stein, J. K
1987 Deposits for archaeologists. En *Advances in archaeological methods and theory*337-395. vol. 11. Academic Press.

Stein, J. K. y P. A. Teltser
1989 Size Distributions of Artifact Classes: Combining Macro and Micro-Fractions. *Geoarchaeology* 4 (1):1-30.

Tarrago, M.
1992 Areas de actividad y formación del sitio de Tilcara. *Cuadernos* 3:64-74. Universidad Nacional de Jujuy.

Wandsnider, L. A.
1996 Describing and comparing archaeological spatial structures. *Journal of Archaeological Method and Theory* 3:319-384.

Waters, M. y D. Kuehn
1996 The Geoarchaeology of place: The effect of geological processes on the preservation and interpretation of the archaeological record. *American Antiquity* 61 (3):483-497.

NOTAS

1. El sitio (declarado Monumento Histórico Nacional desde el año 2.000) será abierto al público para su aprovechamiento turístico. La administración del mismo estará a cargo de las comunidades aborígenes del lugar, auxiliados con el asesoramiento técnico del equipo arqueológico del Proyecto de Investigación Omaguaca .

2. Diferencia entre PD y P-A/D: En PD el derrumbe es producto de la pendiente por sobre cualquier otro factor; mientras que en P-A/D emergen con mayor frecuencia en sectores con pendientes leves a mínimas, donde los derrumbes pueden deberse no sólo a la inclinación del terreno (es éste caso tenue) sino también al colapsos del muro debido a factores diversos como la antigüedad de su construcción, el deterioro interno, el pisoteo por parte de animales o humanos.

3. Se trata de una cerámica, generalmente en forma de puco, que posee la superficie interna pulida y de color negro. A veces puede aparecer en ambas superficies (internas y externas).

www.ingramcontent.com/pod-product-compliance
Lightning Source LLC
LaVergne TN
LVHW072253300926
849160LV00018B/1655